Mathematik Primarstufe und Sekundarstufe I + II

Herausgegeben von
Prof. Dr. Friedhelm Padberg, Universität Bielefeld
Prof. Dr. Andreas Büchter, Universität Duisburg-Essen

Die Reihe „Mathematik Primarstufe und Sekundarstufe I + II" (MPS I+II) ist die führende Reihe im Bereich „Mathematik und Didaktik der Mathematik". Sie ist schon lange
auf dem Markt und mit aktuell rund 60 bislang erschienenen oder in konkreter Planung
befindlichen Bänden breit aufgestellt. Zielgruppen sind Lehrende und Studierende an Uni-
versitäten und Pädagogischen Hochschulen sowie Lehrkräfte, die nach neuen Ideen für
ihren täglichen Unterricht suchen.

Die Reihe MPS I+II enthält eine größere Anzahl weit verbreiteter und bekannter Klassi-
ker sowohl bei den speziell für die Lehrerausbildung konzipierten Mathematikwerken für
Studierende aller Schulstufen als auch bei den Werken zur Didaktik der Mathematik für
die Primarstufe (einschließlich der frühen mathematischen Bildung), der Sekundarstufe I
und der Sekundarstufe II.

Die schon langjährige Position als Marktführer wird durch in regelmäßigen Abständen
erscheinende, gründlich überarbeitete Neuauflagen ständig neu erarbeitet und ausgebaut.
Ferner wird durch die Einbindung jüngerer Koautorinnen und Koautoren bei schon lange laufenden Titeln gleichermaßen für Kontinuität und Aktualität der Reihe gesorgt. Die
Reihe wächst seit Jahren dynamisch und behält dabei die sich ständig verändernden Anforderungen an den Mathematikunterricht und die Lehrerausbildung im Auge.

Konkrete Hinweise auf weitere Bände dieser Reihe finden Sie am Ende dieses Buches und
unter http://www.springer.com/series/8296

Friedhelm Padberg · Sebastian Wartha

Didaktik der Bruchrechnung

5. Auflage

 Springer Spektrum

Friedhelm Padberg
Fakultät für Mathematik
Universität Bielefeld
Bielefeld, Deutschland

Sebastian Wartha
Institut für Mathematik
Pädagogische Hochschule Karlsruhe
Karlsruhe, Deutschland

Mathematik Primarstufe und Sekundarstufe I + II
ISBN 978-3-662-52968-3   ISBN 978-3-662-52969-0 (eBook)
DOI 10.1007/978-3-662-52969-0

Die Deutsche Nationalbibliothek verzeichnet diese Publikation in der Deutschen Nationalbibliografie;
detaillierte bibliografische Daten sind im Internet über http://dnb.d-nb.de abrufbar.

Springer Spektrum

Planung: Ulrike Schmickler-Hirzebruch

Gedruckt auf säurefreiem und chlorfrei gebleichtem Papier.

Springer Spektrum ist Teil von Springer Nature
Die eingetragene Gesellschaft ist Springer-Verlag GmbH Deutschland
Die Anschrift der Gesellschaft ist: Heidelberger Platz 3, 14197 Berlin, Germany

Einleitung

Für viele Lernende und auch für manche Lehrende gilt die Beschäftigung mit der Bruchrechnung in Form der Brüche, aber auch der Dezimalbrüche als schwieriges und herausforderndes Gebiet. Wegen des erstmals höheren Abstraktionsgrades passiert es hier durchaus nicht selten, dass bei Lernenden erstmalig das mathematische Verständnis weitgehend auf der Strecke bleibt und an seine Stelle das blinde Auswendiglernen unverstandener und darum leicht zu verwechselnder Regeln tritt. Dies zu verhindern und die Bruchrechnung als faszinierendes und wichtiges Gebiet des Mathematikunterrichts darzustellen, das für alle Lernenden verständlich bleiben kann, ist das zentrale Ziel dieses Buches. Unsere Zielgruppe sind Studierende für das Lehramt der Primarstufe und der Sekundarstufen, Lehramtsanwärterinnen und Lehramtsanwärter mit dem Fach Mathematik sowie praktizierende Lehrerinnen und Lehrer. Unser Buch kann auch für Eltern, Schulbuch- und Lehrplangestalter und alle, die sich für das Thema Bruchrechnung aus persönlichen, unterrichtlichen, empirischen oder theoretischen Gründen interessieren, hilfreich sein.

Die *Didaktik der Bruchrechnung* ist seit fast vier Jahrzehnten auf dem Markt und entwickelte sich sehr rasch zum Standardwerk. Das Buch wurde bislang vier Mal sehr stark überarbeitet, schrittweise erweitert, an die aktuellen Curricula angepasst und auf den neuesten Forschungsstand gebracht. Auch die vorliegende fünfte Auflage stellt wiederum eine gründliche Aktualisierung und Überarbeitung dar. Diese Neuauflage wurde erstmalig von einem Autorenteam geschrieben: Friedhelm Padberg (Universität Bielefeld) ist für die grundlegende Überarbeitung des Teils zu den Brüchen, Sebastian Wartha (Pädagogische Hochschule Karlsruhe) für den Teil zu den Dezimalbrüchen verantwortlich.

Schon bei der vierten Auflage wurden die zentralen Grundvorstellungen der Bruchrechnung sowie die prozessbezogenen mathematischen Kompetenzen im Sinne der Lehrpläne und Bildungsstandards thematisiert. In dieser Neuauflage wird diese Prozessorientierung noch deutlich stärker expliziert. Der Erwerb mathematischer Inhalte bei der Erarbeitung der Leitidee Zahl, speziell Bruchzahl, lässt sich nämlich ideal verknüpfen mit der Ausbildung der prozessbezogenen Kompetenzen des Argumentierens und Begründens, des Kommunizierens und Reflektierens (z. B. beim Auffinden von Lösungswegen sowie im Zusammenhang mit möglichen Problembereichen und Lernhürden). Gleichzeitig ist für das Lösen vielseitiger mathematischer Probleme in der Bruchrechnung die Verwendung verschiedener mathematischer Darstellungen und Symbole erforderlich. In diesem Band werden daher zahlreiche konstruktive Vorschläge gemacht, wie die Lernenden die Bruchzahlen und das Rechnen mit diesen prozessorientiert lernen können.

In diesem Zusammenhang greifen wir auf zahlreiche, genauer auf mehr als 100 gelungene Aufgaben und Lernsituationen aus einer Vielzahl neuester Schulbücher zurück – erstmalig nicht mehr in Schwarz-Weiß, sondern in Farbe. Viele dieser Beispiele bieten auch gute Ansätze für eine inhaltliche Differenzierung bei leistungsheterogenen Lerngruppen.

Unser Band beginnt mit einem knappen Grundlagenteil über Verständnis und Grundvorstellungen sowie die Bedeutung der Prozessorientierung im heutigen Mathematikunterricht. Die für diesen Band grundlegende Frage, ob die Bruchrechnung heute im Mathematikunterricht überhaupt noch thematisiert werden sollte – sei es in Form der Brüche (wird häufiger verneint), sei es in Form der Dezimalbrüche (hier herrscht allgemeiner Konsens) –, wird im zweiten Kapitel differenziert beantwortet. Im dritten Kapitel beschäftigen wir uns gründlich und facettenreich mit der Einführung der Brüche. Im Mittelpunkt stehen hier die zentralen Grundvorstellungen, Schreibweisen und Repräsentanten sowie Unterschiede zwischen Bruchzahlen und natürlichen Zahlen.

Die folgenden fünf Kapitel zum Erweitern/Kürzen, Größenvergleich, Addieren/Subtrahieren, Multiplizieren und Dividieren von Brüchen sind jeweils weithin gleich aufgebaut: Ausgehend von – empirisch belegten – anschaulichen Vorkenntnissen werden jeweils anschließend Grundvorstellungen und anschauliche Zugangswege (ohne jede Regelformulierung) thematisiert, an die sich Hinweise zur zeitlich deutlich später folgenden, systematischen Behandlung (einschließlich Regelformulierung) anschließen. Auch der heutige Mathematikunterricht kann seine Ziele nicht ohne ein variationsreiches Üben erreichen – wenn auch gelegentlich das Gegenteil suggeriert wird. Hier wie auch schon bei der Thematisierung der anschaulichen und systematischen Zugangswege ist die Kenntnis empirisch belegter Problembereiche und Lernhürden zentral wie auch die Kenntnis geeigneter Maßnahmen zur Prävention und Intervention. Ein Abschnitt zur Vertiefung mit weiterleitenden Fragestellungen für besonders interessierte Lernende und Lehrende schließt jedes Kapitel ab. Der Abschnitt zu den Brüchen endet mit einem gründlichen Vergleich der Brüche und natürlichen Zahlen (Kap. 9) sowie mit einem zusammenfassenden Resümee (Kap. 10). Ergänzend finden sich Hinweise zu diagnostischen Tests am Ende dieses Bandes. Der komplette Teil über die Brüche wurde gewohnt zuverlässig und gut von Frau Anita Kollwitz geschrieben, bei der wir uns hierfür herzlich bedanken.

Im zweiten Teil des Buches werden Grundvorstellungen zu Dezimalbrüchen und das Rechnen mit ihnen diskutiert. Den Ausführungen gehen kurze Betrachtungen zur Bedeutung der Prozessorientierung (Kap. 11) und der Rolle von geeigneten Arbeitsmitteln (Kap. 12) in Bezug auf Dezimalbrüche voraus. Die einzelnen Kapitel zu den Zahlvorstellungen (Kap. 13 und 14), dem Erweitern und Kürzen (Kap. 15), dem Größenvergleich (Kap. 16), dem Zusammenhang zwischen Bruch- und Dezimalschreibweise (Kap. 17) sowie zu den vier Grundrechenarten (Kap. 18 bis 20) sind gleich strukturiert: In jedem Kapitel werden zunächst Grundvorstellungen „von der Mathematik aus betrachtet" und anschauliche Zugänge zum Inhalt diskutiert. Darauf bezogen sind anschließend mögliche Schwierigkeiten von Lernenden sowie Daten aus empirischen Studien dargestellt, die aufzeigen, mit welchen Problemen tatsächlich gerechnet werden kann. Auf dieser Grundlage werden mögliche Aufgabenstellungen für die Diagnose dieser Lernhürden formuliert und Hinweise für Lern- und Übungsformate zu deren Überwindung gegeben. Diese sind häufig mit Beispielen aus aktuellen Lehrwerken illustriert. Ein Abschnitt über weiterleitende und vertiefende Fragestellungen für besonders interessierte Lernende und Lehrende schließt jedes Kapitel ab.

Als besonders anspruchsvolle Kompetenz wird ein „ungenaues Arbeiten" mittels Schätzen und Überschlagen mit Dezimalbrüchen angesehen, da es über Rechenfertigkeiten hinaus auch flexible Grundvorstellungen zu den Dezimalbrüchen und den Operationen mit ihnen voraussetzt. Daher wird dieses Thema erst gegen Ende des Buches in Kap. 21 diskutiert. Ein abschließendes Kap. 22 zieht ein Resümee aus den Darstellungen und schlägt Konsequenzen für die unterrichtliche Umsetzung vor. Bedanken möchten wir uns bei Stefan Walzer und Josias Hörhold für ihre hervorragende technische Unterstützung und für die inhaltlichen Rückmeldungen von Anna Schill, Marion Selg und Dr. Axel Schulz.

Zum Schluss noch eine persönliche Anmerkung: Die Zusammenarbeit zwischen uns Autoren war – u. a. wegen des Unterschieds im Lebensalter und des damit verbundenen unterschiedlichen Erfahrungshintergrunds – nie langweilig, sondern stets äußerst interessant, kontrovers, konstruktiv und immer fruchtbar. Anfängliche inhaltliche Differenzen und hieraus resultierende ausgiebige Diskussionen, die schließlich zu einem großen gemeinsamen Nenner in unserer Darstellung führten, zeigten uns deutlich, dass die Bruchrechnung in Form der Brüche und der Dezimalbrüche keineswegs ein uninteressantes, in allen Facetten bereits erforschtes Gebiet ist, sondern nach wie vor spannend, aktuell und voller offener Fragen. Die Bruchrechnung ist es also unbedingt wert, sich mit ihr ausgiebig zu befassen.

Bielefeld und Karlsruhe, Mai 2016   Friedhelm Padberg und Sebastian Wartha

Inhaltsverzeichnis

Zahlen, Operationen und Strategien „verstehen" – einige Grundlagen

1

1.1 „Verstehen" und Grundvorstellungen

Unumstrittenes Ziel des heutigen Mathematikunterrichts ist es, dass die Lernenden die mathematischen Inhalte **„verstehen"** sollen. Was genau unter „verstehen" verstanden werden kann, wie ein „Verständnis" in Abgrenzung zum reinen Beherrschen untersucht und vor allem wie ein solches aufgebaut werden kann, soll hier einleitend skizziert werden. Hierbei ist das Konzept der **mathematischen Grundvorstellungen** (vom Hofe [195]) hilfreich, da dieses die Möglichkeit der Klärung, Untersuchung und Förderung von „Verständnis" ermöglicht. Grundvorstellungen ermöglichen Übersetzungen zwischen Darstellungsebenen, wie wir der folgenden Abbildung entnehmen können:

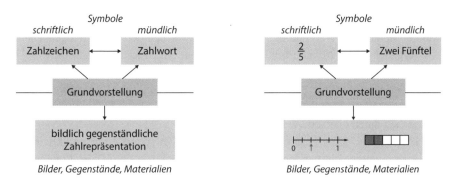

Ein umfassendes Verständnis von Zahlen beinhaltet also das sichere Wissen um Konventionen zu Zahlzeichen, Zahlworten und bildlich-gegenständlichen Zahlrepräsentationen sowie das **flexible Übersetzen** zwischen diesen Darstellungen (Roche [154]). Dies gilt nicht nur für Übersetzungen zwischen Symbolen und bildlich-gegenständlichen Zahlrepräsentationen, sondern auch für Übersetzungen zwischen den verschiedenen bildlich-gegenständlichen Repräsentationen. Der vorstehenden Abbildung können wir

© Springer-Verlag GmbH Deutschland 2017
F. Padberg, S. Wartha, *Didaktik der Bruchrechnung*,
Mathematik Primarstufe und Sekundarstufe I + II, DOI 10.1007/978-3-662-52969-0_1

entnehmen, dass insbesondere bei den Übersetzungsprozessen zwischen den symbolischen und bildlich-gegenständlichen Zahldarstellungen Grundvorstellungen die **zentrale Rolle** spielen. Soll beispielsweise die Zahl $\frac{2}{5}$ an einem gegebenen Quadrat veranschaulicht werden, so ist für den Repräsentationswechsel eine Grundvorstellung zur Zahl nötig. Auch in der Gegenrichtung ist für die Übersetzung eines vorgegebenen Anteils am Einheitsquadrat in die symbolische Notation $\frac{2}{5}$ eine Grundvorstellung zur Bruchzahl erforderlich. Eine Sonderrolle spielt das Übersetzen zwischen symbolischer Zahlnotation und Zahlsprechweise: Das Lesen der Notation $\frac{2}{5}$ als zwei Fünftel lässt noch nicht auf die Aktivierung von Grundvorstellungen schließen, es kann auch nur auf Faktenwissen beruhen.

Eine Grundvorstellung kann bei der Übersetzung in eine ikonische Darstellung (z. B. Quadrat) nur aktiviert werden, wenn Lernende zu den Bezeichnungen „Fünftel" und „zwei Fünftel" auch Grundvorstellungen aufgebaut haben und wissen, dass diese Bezeichnungen beispielsweise „eines von fünf gleich großen Teilen" bzw. „zwei von fünf gleich großen Teilen" bedeuten.

1.2 Verstehen untersuchen

Grundvorstellungen können verstanden werden als gedankliche Modelle, die die Darstellung mathematischer Inhalte auf **verschiedenen Repräsentationsebenen** ermöglichen. So kann die Idee der Subtraktion natürlicher Zahlen in unterschiedlichen Darstellungen interpretiert werden: symbolisch durch einen (geschriebenen oder gesprochenen) Rechenausdruck $17 - 4$, ikonisch durch Bilder oder Bilderserien, handelnd durch Wegnehmen von Gegenständen oder in Form von Rechengeschichten. Wenn zwischen diesen Darstellungen **flexibel übersetzt** werden kann, wird die Aktivierung einer Grundvorstellung zur Subtraktion unterstellt. Während die Übersetzung zwischen den Darstellungsebenen bei $17 - 4$ vergleichsweise trivial erscheint, so ist es bei einem Rechenausdruck wie $\frac{3}{4} : \frac{2}{5}$ oder $0{,}47 + 0{,}03$ für viele Menschen nicht mehr leicht, diesen Term in eine Handlung, ein Bild oder eine passende Sachsituation zu übertragen. In Tab. 1.1 sind verschiedene Darstellungsmöglichkeiten der Aufgabe $0{,}47 + 0{,}03$ aufgeführt. Mit Grundvorstellungen kann zwischen ihnen übersetzt werden.

Von **„Verstehen"** kann gesprochen werden, wenn Grundvorstellungen aktiviert werden. Dies kann untersucht werden, indem Übersetzungen in andere Darstellungen eingefordert werden. Gelingt die Bearbeitung einer mathematischen Fragestellung (z. B. $17 - 4$ oder $0{,}47 + 0{,}03$) auf **einer** Darstellungsebene sicher, dann wird der Inhalt beherrscht. Verstanden ist der Inhalt hingegen, wenn er auch auf **anderen Darstellungsebenen** bearbeitet werden kann, wenn also zu den Termen z. B. Geschichten angegeben, Zeichnungen angefertigt oder Handlungen durchgeführt werden können. Ist eine Übersetzung nicht möglich, dann wird der Inhalt höchstens „gekonnt", nicht aber verstanden.

In der Mathematikdidaktik herrscht große Einigkeit darüber, dass der Aufbau von Grundvorstellungen das zentrale Ziel von Unterricht ist (vom Hofe [196], Padberg [126],

Tab. 1.1 Verschiedene Darstellungen zu einer Addition von Dezimalbrüchen

Darstellung	Repräsentation	Beispiele
schriftlich	Kommaschreibweise	$0,47 + 0,03$
	Stellenwertnotation	4z 7h + 3h
mündlich	Globale Sprechweise	47 Hundertstel plus 3 Hundertstel
	Lokale Sprechweise	null Komma vier sieben plus null Komma null drei
	Gemischt	4 Zehntel, 7 Hundertstel plus 3 Hundertstel
Bilder	Flächendarstellung und Zahlenstrahl	vgl. Abschn. 12.3 und 12.4
Handlungen	Mehrsystemblöcke	zu 4 Zehntelplatten, 7 Hundertstelstangen werden 3 Hundertstelstangen dazugelegt
Tabellen	Stellenwerttafel	E z h E z h 4 7 •••• ••••••• 3 •••
Reale Situationen	Rechengeschichten	Die Flasche kostet 0,47 Euro, die Packung 0,03 Euro. Wie viel kostet beides zusammen?

Heckmann [56], Malle [103]). In der Praxis werden Grundvorstellungen vor allem benötigt, um Ergebnisse interpretieren und kritisch reflektieren zu können (Heckmann [59]). Aktivieren Kinder keine Grundvorstellungen, beispielsweise weil sie nur auf der symbolischen Ebene arbeiten können, dann ist das selbst für das Anwenden von **Regeln** höchst problematisch: Es kann leicht passieren, dass die Regeln verwechselt und durcheinandergebracht werden: Wann und wie werden Kommata verschoben, wann nicht, wo dürfen Nullen eingefügt werden, wo nicht etc. (vgl. auch Heckmann [59]). Steinle und Stacey [175] bezeichnen Kinder als *apparent experts*, also scheinbare Experten, wenn sie Fragestellungen auf syntaktischer Ebene sicher bearbeiten, jedoch keine Vorstellungen und Begründungen zu den verwendeten Regeln angeben können.

Formeln sollen symbolisches Manipulieren erlauben und das Denken entlasten. Sie sollen aber aus „Verständnis" erwachsen (Hefendehl-Hebeker/Prediger [66]). Im Hinblick auf die Erfüllung der Lehrpläne ist daher das Ziel: **Formeln sollen sich nicht vom Verständnis lösen**. Denn Regeln und Tricks sind zwar aus ergebnisorientierter Sichtweise besonders einprägsam, aber auch besonders fehleranfällig, wenn sie nicht verstanden sind.

1.3 Aufbau von Grundvorstellungen

Grundvorstellungen sind **tragfähige flexible mentale Modelle** zu mathematischen Inhalten. Mentale Modelle (Johnson-Laird [81]) sind Repräsentationen im Kopf zu Begriffen oder Sachverhalten und dem Arbeiten damit (z. B. sich **vorstellen**, wie ein Blatt Papier in zehn gleich große Teile gefaltet wird und sieben davon gefärbt sind). Ein mentales Modell zu einem mathematischen Begriff oder Verfahren ist ein Denkmodell mithilfe von

Analogien zu einem realen Modell (z. B. sich **vorstellen**, dass am Zahlenstrahl 0,7 näher an der 1 als an der 0 liegt). Diese Analogien dürfen aber nicht mit einem statischen Bild verwechselt werden. Sie beziehen sich nur auf die **wesentlichen mathematischen Strukturen**, nicht auf Oberflächenmerkmale (vgl. Schnotz/Bannert [165]; nach Vogel/Wittmann [193]): Die Größe des gefalteten und gefärbten Blattes ist nicht relevant, auch nicht dessen Farbe (vgl. Abschn. 3.2.1). Zentral ist, dass das Modell die mathematische Struktur richtig widerspiegelt (sieben Zehntel) und damit flexibel operiert und argumentiert werden kann: Welcher Anteil wird betrachtet und welcher nicht? Wie kann der Anteil beschrieben werden, wenn von den sieben Zehnteln nur der zehnte Teil betrachtet wird? Damit mentale Modelle diese Eigenschaften erfüllen, ist es nicht unerheblich, mit welchen konkreten Modellen der mathematische Inhalt dargestellt wird.

Beim Aufbau von Grundvorstellungen ist daher zunächst ein **geeignetes Darstellungsmittel** zu wählen, an dem die Zahlen und Operationen (im vorliegenden Fall: Brüche bzw. Dezimalbrüche und die vier Grundrechenarten mit ihnen) repräsentiert werden können. So wenig ein rein symbolisches Arbeiten mit Zahlen und Termen zu Grundvorstellungen führt, so sinnlos ist ein bloßes Operieren mit Bildern und Anschauungsmitteln (Wartha/Schulz [206], Heckmann [58]). Zentral ist die Idee der **ständigen Übersetzung**: „Das Ergründen und Ineinander-Überführen verschiedener Darstellungsformen ist also ein wichtiger Schritt hin zu tragfähigen Vorstellungen" (Vogel/Wittmann [193], S. 6).

Heckmann [56] fasst einige Untersuchungen (Wearne/Hiebert [210], Bana et al. [3], Markovits/Sowder [105], Irwin [77]) zu **Veranschaulichungsmaterialien** für Dezimalbrüche zusammen und stellt aufgrund der häufig berichteten niedrigen Lösungshäufigkeiten fest, dass die Auswahl und der Einsatz geeigneter Materialien nicht genügt, sondern eine intensive Besprechung der Konventionen, möglicher Bearbeitungsstrategien am Material und zentraler Fehler daran unverzichtbar ist. Verallgemeinerbare Kriterien für die Auswahl von Arbeitsmitteln, an denen Grundvorstellungen entwickelt werden können, und Hinweise für die unterrichtliche Thematisierung von Konventionen und Strategien finden sich in Bezug auf natürliche Zahlen bei Schipper [163] und Schulz/Wartha [166]. Auf Veranschaulichungen von Brüchen nebst ihrer Bewertung gehen wir im Abschn. 3.4 ein, einen Überblick über die Veranschaulichungen von Dezimalbrüchen geben wir im Kap. 12.

1.4 Überwinden von Grundvorstellungsumbrüchen

In einem erfolgreichen Bruch- und Dezimalbruchlehrgang genügt es nicht, neue Grundvorstellungen aufzubauen und an bestehende anzuknüpfen. Vielmehr erfordert die Zahlbereichserweiterung zahlreiche **Grundvorstellungsumbrüche**. Das bedeutet, dass Brüche und Dezimalbrüche teilweise andere Eigenschaften als natürliche Zahlen haben. Wenn beim Arbeiten mit positiven rationalen Zahlen **alte Grundvorstellungen** aus dem Bereich der natürlichen Zahlen aktiviert werden, dann sind diese oft nicht nur nicht zielführend, sondern sorgen für Fehler. So ist in den natürlichen Zahlen die Deutung der Multiplikation als wiederholte Addition des Multiplikanden ($3 \cdot 5 = 5 + 5 + 5$) eine tragfähige Grundvorstellung. Diese Deutung ist bei der Multiplikation von Brüchen allerdings nur noch in Sonderfällen ($2 \cdot \frac{3}{5} = \frac{3}{5} + \frac{3}{5}$) möglich, jedoch offenkundig nicht mehr im allgemeinen Fall ($\frac{2}{3} \cdot \frac{4}{5}$), da wir $\frac{4}{5}$ nicht $\frac{2}{3}$-mal addieren können. Wir können hier also nicht mehr mit der alten Grundvorstellung weiterarbeiten, ein Grundvorstellungsumbruch ist erforderlich.

Für den Unterricht ist nun zentral, *wie* diese Grundvorstellungsumbrüche aufgegriffen und die damit verbundenen Probleme überwunden werden können. Dies wird in den entsprechenden Kapiteln thematisiert. An dieser Stelle sei schon der Hinweis gegeben, dass eine gelernte Merkregel wie „Multiplizieren mit Zahlen kleiner 1 verkleinert" auf Dauer gegen eine Fehlvorstellung wie „Multiplizieren vergrößert immer" verlieren wird. Das (syntaktische) Wissen um Regeln beeinflusst mentale Modelle wie Grundvorstellungen höchstens marginal (vgl. Bell et al. [6], Barash/Klein [4]). Einer lange Zeit tragfähigen Grundvorstellung kann nur eine neue Grundvorstellung „entgegengestellt" werden. Die Wirksamkeit des Arbeitens mit Fehlerbeispielen durch den Aufbau von **Abgrenzungswissen** (Welche Fehler gibt es und wann gelten Regeln *nicht?*) wurde durch die Studien von Heemsoth/Heinze [62] und Isotani et al. [79] empirisch bestätigt. Insbesondere profitieren auch leistungsschwache Kinder von der Thematisierung von Fehlern.

In den folgenden Kapiteln werden **praktische Hinweise** erarbeitet, wie die Ideen dieses Kapitels umgesetzt werden können. Im Fokus stehen immer Antworten auf folgende Fragen:

- Welche Grundvorstellungen sollen aufgebaut werden?
- Welche Darstellungen und Darstellungsmittel eignen sich hierfür?
- Wie können die Grundvorstellungen aufgebaut werden?
- Wie können diese mit anderen Inhalten vernetzt werden?
- Wie können Grund- und Fehlvorstellungen festgestellt werden?

1.5 Bedeutung der Prozessorientierung

Der Leitgedanke für die *praktische* Umsetzung des Aufbaus von Grundvorstellungen ist die Prozessorientierung. Sie ist eine zentrale Forderung der aktuellen curricularen Vorgaben (Bildungsstandards und Lehrpläne). Sie bewirkt eine Bedeutungsverschiebung im Mathematikunterricht vom (bloßen) Beherrschen von Algorithmen hin zum **reflektierten Nutzen** von Zahlen und Rechenoperationen. Prozessorientierung ist das Gegenteil von Produktorientierung. Bei der **Produktorientierung** stehen Lösungsprodukte, also richtige oder falsche Ergebnisse, im Fokus. Sollen Grundvorstellungen zu den Zahlen und Operationen aufgebaut werden, so greift das zu kurz. Bei der **Prozessorientierung** stehen dagegen die **Bearbeitungswege** im Zentrum des unterrichtlichen Interesses. Diese können nicht nur symbolisch, sondern z. B. auch an Rechtecken, Strecken oder am Rechenstrich, also an bildlich-gegenständlichen Repräsentationen, dargestellt werden. Die

Bearbeitungswege sind die Grundlage von **Reflexionen und Begründungen** für die Wahl von Rechenoperationen bzw. von **Evaluationen** von Ergebnissen aufgrund von Zahlvorstellungen. Die prozessbezogenen Komponenten des Argumentierens und Kommunizierens können durch das Bearbeiten problemhaltiger Aufgabenstellungen (Problemlösen) sowie durch das Einfordern von Erklärungen („Wie hast du gerechnet?", „Warum glaubst du, dass das Ergebnis stimmt?") umgesetzt werden. Diese Kompetenzen werden gefördert, indem Inhalte vernetzt werden. Hierbei bedeutet Vernetzen nicht nur ein bloßes Anknüpfen und Erweitern, sondern auch ein Gegenüberstellen von Gemeinsamkeiten und Unterschieden beispielsweise zwischen natürlichen Zahlen und Bruchzahlen oder zwischen Brüchen und Dezimalbrüchen.

Ist die Bruchrechnung heute noch nötig?

2

Wegen ihrer großen Relevanz für das alltägliche Leben wie auch für den Beruf sind Sinn und Nutzen der **Dezimalbruchrechnung** unbestritten. Dagegen wird über den Sinn und Nutzen der **Bruchrechnung**, also über das Rechnen mit *(gemeinen)* Brüchen, kontrovers diskutiert – unter anderem, da im Unterricht der Klassen 5/6 sehr viel Zeit in die Bruchrechnung und meist deutlich weniger in die Dezimalbruchrechnung investiert wird.

Wir beginnen daher im Folgenden mit einigen häufiger genannten Argumenten, die *gegen* die Behandlung der Bruchrechnung vorgebracht werden (Abschn. 2.1), gehen im zweiten Abschnitt auf ausgewählte Argumente ein, die *für* die Behandlung der Bruchrechnung sprechen, und beenden dieses Kapitel mit einem *Resümee*.

2.1 Die Bruchrechnung ist überflüssig – einige häufiger genannte Argumente

Fehlende Relevanz im Alltag Wir alle haben schon im Bekanntenkreis Äußerungen etwa der folgenden Art gehört: „Nach meiner Schulzeit bin ich in meinem privaten wie beruflichen Leben sehr gut mit nur wenigen einfachen Brüchen wie z. B. $\frac{1}{2}$, $\frac{1}{3}$, $\frac{1}{4}$ und $\frac{3}{4}$ und ohne jegliches Rechnen mit Brüchen ausgekommen". Hieraus wird dann oft gefolgert: Die Bruch*rechnung* ist also weithin irrelevant für das tägliche Leben und daher auch als Schulstoff weitestgehend überflüssig.

Zwei Schreibweisen sind unnötig
Die natürlichen Zahlen notieren wir auch nicht parallel in römischer Zahlschrift *und* mit dem dezimalen Stellenwertsystem, so ein gelegentlich vorgebrachtes Argument. Unsere Vorfahren haben sich hier schon vor mehreren Jahrhunderten für das dezimale Stellenwertsystem entschieden – allerdings auch erst nach einer langen Übergangszeit! Warum

© Springer-Verlag GmbH Deutschland 2017
F. Padberg, S. Wartha, *Didaktik der Bruchrechnung*,
Mathematik Primarstufe und Sekundarstufe I + II, DOI 10.1007/978-3-662-52969-0_2

verhalten wir uns bei den rationalen Zahlen bzw. Bruchzahlen anders und leisten uns hier unverändert den *Luxus* zweier völlig verschiedener Schreibweisen? Entsprechendes gibt es weder bei den natürlichen Zahlen noch bei den ganzen Zahlen und auch nicht bei den reellen Zahlen.

Rechnungen in zwei Schreibweisen sind überflüssiger Ballast
Wir führen heute im Bereich der natürlichen Zahlen keine Rechnungen mehr mit der römischen Zahlschrift durch, sondern rechnen hier ausschließlich mit dem viel effizienteren dezimalen Stellenwertsystem. Wir sollten diese konsequente Umstellung endlich auch bei den Bruchzahlen realisieren. Die Dezimalbrüche sind schon seit vielen Jahrhunderten zur *Vereinfachung* geschaffen worden. Sie sind beim Rechnen viel *effizienter* als die gemeinen Brüche, wie ihr breiter Einsatz im täglichen Leben belegt. Daher sollten diese Dinosaurier endlich ausgemerzt werden.

Gewonnene Zeit für Dezimalbrüche nutzen
Wir verwenden im täglichen Leben keine gemeinen Brüche, sondern nur Dezimalbrüche. Statt jedoch die Dezimalbrüche gründlich zu behandeln, vergeuden wir im Mathematikunterricht sehr viel Zeit mit den gemeinen Brüchen. Wir sollten auf die gemeinen Brüche weitestgehend verzichten und die so gewonnene Zeit in die Dezimalbruchrechnung investieren, um hier größere Erfolge als bislang zu erzielen.

Bequeme Spielwiese für Lehrkräfte abschaffen
Die Bruchrechnung ist eine bequeme Spielwiese für faule Lehrerinnen und Lehrer. Hier gibt es umfangreiche und schon seit Langem erprobte *Aufgabenplantagen*. Ausschließlich aus diesem Grund hält sie sich so hartnäckig als Unterrichtsstoff.

Brüche dienen nur der Selektion bei Prüfungen
Die Bruchrechnung mit gemeinen Brüchen hat nur *einen* Sinn – so ein gelegentlich geäußerter Vorwurf: Sie wird in der Schule, aber auch noch später nach dem Schulabschluss bei Eignungsprüfungen bequem als *Selektionsinstrument* eingesetzt. Wir können daher auf sie verzichten.

2.2   Die Bruchrechnung ist keineswegs überflüssig – einige ausgewählte Argumente

Wir stellen im Folgenden einige ausgewählte Argumente zusammen, die belegen, dass die Bruchrechnung in Form der *gemeinen Brüche* auch noch in Zukunft notwendig bleibt – wenn auch nicht zwangsläufig in der heutigen Form (für weitere Argumente vgl. Padberg [121]).

Allerdings muss man sich bei der Antwort über die **Zielgruppe** im Klaren sein, die man hierbei im Auge hat. Bei den in diesem Abschnitt vorgestellten Argumenten haben wir vor allem Schülerinnen und Schüler von Gymnasien, Realschulen und von vergleichbaren Kursen an Gesamtschulen vor Augen, für die Schülerinnen und Schüler von Hauptschulen und von vergleichbaren Kursen anderer Schulformen gelten die folgenden Argumente dagegen teilweise nur mit Einschränkungen.

2.2.1   Anschauliche Fundierung des Dezimalbruchbegriffs mittels Brüchen

Brüche (insbesondere mit kleinen Nennern) kann man sich anschaulicher vorstellen als Dezimalbrüche. Diese Brüche wie z. B. $\frac{1}{3}$, $\frac{3}{4}$ oder $\frac{5}{8}$ kann man nämlich **handelnd herstellen**. Auf diesem Weg kann gut ein Zusammenhang zwischen symbolischer Ebene und enaktiven oder ikonischen Erfahrungen hergestellt und können so sehr konkrete **anschauliche Vorstellungen** erworben werden. Was soll sich dagegen ein Lernender *ohne* vorherige Behandlung gemeiner Brüche unter 0,333 . . .; 0,75 oder 0,625 vorstellen? Aus diesem Grund ist es erforderlich, dass die Schülerinnen und Schüler im Mathematikunterricht zunächst gründlich enaktiv und ikonisch Erfahrungen mit *Brüchen* sammeln, bevor sie *anschließend* die Dezimalbruchschreibweise als elegante Schreibweise für Brüche speziell mit Zehnerpotenzen als Nenner kennenlernen.

Vorschläge, die Dezimalbruchschreibweise (fast) ausschließlich durch eine **Erweiterung der Stellenwerttafel nach rechts** unter starker Betonung der Analogien zur Stellenwerttafel für natürliche Zahlen einzuführen, sind zumindest problematisch. Schon für das Verständnis der **Stellenwerte** ist nämlich die Kenntnis von Brüchen, genauer von Brüchen mit Zehnerpotenzen im Nenner, notwendig. Diese Brüche mit (sehr) großen Nennern kann man aber nur dann wirklich verstehen, wenn man sich vorher mit kleineren Brüchen – auch auf der enaktiven/ikonischen Ebene – gründlich auseinandergesetzt hat.

Durch die starke Betonung der Analogien zu den natürlichen Zahlen dürften ferner aufgrund **fehlerhafter Analogien** gehäuft Fehler entstehen, wenn die deutlichen **Unterschiede** zu den natürlichen Zahlen nicht stark genug betont werden.

So ist beispielsweise die Erweiterung der Stellenwerttafel **nicht symmetrisch**:

- Es gibt keine „Eintel" (auch wenn viele Lernende dies glauben),
- Zehntel stehen (anders als Zehner) an der ersten Stelle vom Komma aus,
- Hundertstel stehen (anders als Hunderter) an der zweiten Stelle vom Komma aus usw.

Der **Bezugspunkt** für die Bestimmung der Stellenwerte ändert sich ebenso wie die *Blickrichtung*:

- Der Bezugspunkt liegt jetzt *mitten* im Zahlzeichen,
- *zwei* Blickrichtungen sind jetzt erforderlich (und nicht mehr nur eine von rechts nach links).

Kleine Veränderungen bei den **Stellenwertbezeichnungen** bewirken *große* Veränderungen beim multiplikativen Zusammenhang zwischen den Stellenwerten:

- *10 Zehner* ergeben einen Hunderter, aber *10 Zehntel* kein Hundertstel, sondern ein Ganzes,
- *10 Hunderter* ergeben einen Tausender, aber *10 Hundertstel* kein Tausendstel, sondern ein Zehntel usw.

Ferner dürften sich die schon jetzt – bei einer vorhergehenden Behandlung der gemeinen Brüche – im Unterricht zu beobachtenden Probleme von Schülerinnen und Schülern im Umgang mit Stellenwerten bei Dezimalbrüchen eher noch **verschärfen**. So wussten bei einer Untersuchung von Heckmann [57] an Realschulen am Ende der Klasse 6 *nach* der Behandlung der Dezimalbrüche nur

- gut 60 % der Lernenden, wie viele Zehntel einen Einer bilden, sogar nur
- gut 30 % der Lernenden, wie viele Zehntel einen Zehner bilden.

Und selbst die leichtere Aufgabe, die Zehntel bzw. Hundertstel in einem Dezimalbruch (konkret in 7,654) anzukreuzen, lösten nur gut 50 % der untersuchten Realschüler jeweils richtig (vgl. Heckmann [57], S. 329 ff., 349 ff.). Die Befunde belegen, dass viele Lernende *große* Schwierigkeiten mit den Stellenwerten haben und letztere daher *keineswegs* ein „Selbstläufer" sind (vgl. Padberg [125]).

2.2.2   Einsichtige Fundierung des Rechnens mit Dezimalbrüchen mittels Brüchen

Aber nicht nur zur anschaulichen Fundierung des Dezimalbruchbegriffs sind Brüche erforderlich, sie sind auch gut geeignet zur **Fundierung des Rechnens** mit Dezimalbrüchen. So lassen sich – ausgehend von den entsprechenden Rechenregeln für Brüche – **alle Rechenregeln** für Dezimalbrüche **einheitlich und einsichtig** ableiten. Ein Hauptvorteil dieses Ansatzes: Die Rechenregeln stehen so sofort für **alle Bruchzahlen** bereit, während bei der ausschließlichen Arbeit mit Dezimalbrüchen in Klasse 6 zunächst viele Bruchzahlen bei den Rechenoperationen weithin ausgeblendet werden müssen, nämlich *die* Zahlen, die als Dezimalbrüche eine periodische Darstellung haben – aber nicht nur diese, sondern auch noch weitere. So erhält man auch bei Divisionen einfacher endlicher Dezimalbrüche, wie z. B. bei 0,2 : 0,3, häufig periodische Dezimalbrüche als Ergebnis. Dagegen kann $\frac{2}{10} : \frac{3}{10}$ ohne Periode berechnet werden.

2.2.3   Prävention und Intervention bei Problembereichen der Dezimalbruchrechnung mittels Brüchen

Durch Rückgriff auf gemeine Brüche lassen sich auch viele *typische Denkfehler* beim Rechnen mit Dezimalbrüchen aufdecken und hiergegen *Widerstandsniveaus* aufbauen, während dies *ohne* einen Rückgriff auf Brüche häufig wesentlich schwieriger ist. Im Bereich der **Dezimalbrüche** werden nämlich von den Schülerinnen und Schülern **viele Fehler** gemacht, wie eine breit angelegte Untersuchung von Padberg bei Gymnasialschülern belegt (Padberg [119]). Zur Verdeutlichung unserer These dienen die folgenden beiden **weit verbreiteten Fehlermuster**.

- Bei der **Multiplikation** von Dezimalbrüchen (aber auch bei weiteren Rechenoperationen) unterlaufen Lernenden häufig **Komma-trennt-Fehler**. So rechnen sie $0,2 \cdot 0,3 = 0,6$ oder $3,2 \cdot 2,4 = 6,8$. Hierbei werden die Zahlen vor bzw. nach dem Komma getrennt verarbeitet. Die Schülerinnen und Schüler rechnen also bei $3,2 \cdot 2,4$ zunächst $3 \cdot 2 = 6$, dann $2 \cdot 4 = 8$ und erhalten so $6,8$ als Ergebnis. Durch **Rückgriff** auf die zugehörigen gemeinen **Brüche** wird der Denkfehler sofort sichtbar; denn wegen $\frac{32}{10} \cdot \frac{24}{10} = \frac{32 \cdot 24}{100}$ darf nicht getrennt 3 mit 2 und 2 mit 4, sondern muss 32 mit 24 multipliziert *und* durch 100 $(10 \cdot 10)$ dividiert werden.
- Beim **Größenvergleich** von Dezimalbrüchen unterlaufen gerade leistungsstärkeren Lernenden häufiger sogenannte **MK-Fehler**. Bei MK-Fehlern halten sie einen Dezimalbruch für umso kleiner, je mehr Dezimalstellen er aufweist, und umgekehrt für umso größer, je weniger Dezimalstellen er besitzt. So kreuzen diese Lernenden beim Größenvergleich beispielsweise der Dezimalbrüche 0,5; 0,25; 0,125 und 0,3753 den Dezimalbruch 0,3753 als kleinsten Dezimalbruch an, da er die meisten Dezimalstellen hat. Sie übergeneralisieren so fehlerhaft die richtige Idee, dass mit wachsender Zahl von Dezimalstellen der Nenner des zugehörigen Bruches immer größer und damit der Bruch bei gleichem Zähler(!) immer kleiner wird. Durch **Übergang** zu den zugehörigen **Brüchen** und anschließendes Gleichnamigmachen lässt sich auch dieser Fehler gut aufdecken und besprechen.

2.2.4   Leichtere Begründung algebraischer Eigenschaften von $\mathbb{Q}^+$ mittels Brüchen

Im Laufe ihrer Schulzeit lernen die Schülerinnen und Schüler verschiedene Zahlbereiche kennen. In Klasse 6 erfolgt im Regelfall[1] die *erste* Zahlbereichserweiterung von den natürlichen Zahlen $\mathbb{N}$ zu den positiven rationalen Zahlen $\mathbb{Q}^+$. Stehen die Brüche zur Verfügung, so lässt sich **jede** positive rationale Zahl einfach und übersichtlich beschreiben, kann also schon in Klasse 6 über **ganz** $\mathbb{Q}^+$ verfügt werden, wohingegen bei ausschließlicher Dezimalbruchdarstellung von $\mathbb{Q}^+$ die unendlichen **periodischen** Dezimalbrüche an dieser Stelle erhebliche Schwierigkeiten bereiten.

Ein wichtiger Grund für die Zahlbereichserweiterung von $\mathbb{N}$ nach $\mathbb{Q}^+$ ist, dass die **Division** in $\mathbb{N}$ nur eingeschränkt durchgeführt werden kann. Dagegen kann man in $\mathbb{Q}^+$ **ohne jede Einschränkung** dividieren. Der Nachweis hierfür kann in der Bruchschreib-

---

[1] In einigen Schulbüchern für Gymnasien erfolgt seit einigen Jahren zunächst eine Erweiterung zu den ganzen Zahlen und dann zu den rationalen Zahlen.

weise sehr leicht erfolgen; denn die Divisionsregel $\frac{a}{b} : \frac{c}{d} = \frac{a \cdot d}{b \cdot c}$ zeigt unmittelbar auf, dass das Ergebnis jeder Division stets wieder ein Bruch ist. Dies gilt speziell auch für $b = 1$ und $d = 1$. Verfügen wir dagegen nur über die Dezimalbruchschreibweise, so kann dieser Nachweis in Klassenstufe 6 noch nicht erbracht werden.

Bei einer Zahlbereichserweiterung sollen – so eine sinnvolle Forderung im Sinne des Permanenzprinzips – möglichst alle Eigenschaften des ursprünglichen Zahlbereichs erhalten bleiben. Von den natürlichen Zahlen her sind den Schülerinnen und Schülern das **Kommutativ-**, das **Assoziativ-** und das **Distributivgesetz** gut vertraut. Gelten diese Gesetzmäßigkeiten auch in $\mathbb{Q}^+$? Der entsprechende Nachweis kann in *Bruchschreibweise* sehr leicht geführt werden, nämlich einfach durch Rückgriff auf die entsprechenden Eigenschaften in $\mathbb{N}$. Dieser Weg verdeutlicht hiermit gleichzeitig sehr gut ein *allgemeines* Prinzip, das man bei Zahlbereichserweiterungen *weithin* einsetzen kann. Ein Nachweis allein mit Dezimalbrüchen wäre auf jeden Fall komplizierter.

Will man *später* **allgemein** die **Ursachen** für die uneingeschränkte Durchführbarkeit der Division nach der Zahlbereichserweiterung von $\mathbb{N}$ nach $\mathbb{Q}^+$ herausarbeiten, so ist hierfür die Darstellung der positiven rationalen Zahlen als *Brüche* eine wichtige Voraussetzung; denn dass die Division in $\mathbb{Q}^+$ uneingeschränkt durchführbar ist, kann dadurch begründet werden, dass $(\mathbb{Q}^+, \cdot)$ eine kommutative *Gruppe* ist, weil dort u. a. zu jedem Element genau ein inverses Element existiert. Dieser Nachweis der Inverseneigenschaft ist mithilfe des *Kehrbruches* sehr leicht zu führen; denn für jeden Bruch $\frac{a}{b}$ gilt $\frac{a}{b} \cdot \frac{b}{a} = 1$. Wie will man dagegen die Gültigkeit der Inverseneigenschaft mit Dezimalbrüchen begründen?

Bei der Zahlbereichserweiterung von $\mathbb{N}$ nach $\mathbb{Q}^+$ gibt es weitere starke Veränderungen bei der **Multiplikation und Division**. Während im Bereich der natürlichen Zahlen gilt, dass jede Multiplikation bzw. Division (Ausnahme: die Zahlen 0 und 1) vergrößert bzw. verkleinert, gilt dies so nicht mehr im Bereich $\mathbb{Q}^+$. Hier kann die Multiplikation sowohl vergrößern als auch verkleinern, und Gleiches gilt auch für die Division. In *Bruchschreibweise* kann leicht eine Begründung gegeben werden, wann genau und warum das Ergebnis größer bzw. kleiner wird als beispielsweise die erste Zahl.

Ein *anderes* Beispiel für starke Veränderungen ist die **Vorgänger- und Nachfolgerbildung**. Während in $\mathbb{N}$ beispielsweise jede Zahl *genau einen* Nachfolger hat, trifft dies für $\mathbb{Q}^+$ nicht mehr zu. Das hängt damit zusammen, dass die positiven rationalen Zahlen *dicht* liegen, d. h. dass es zwischen zwei verschiedenen Zahlen stets unendlich viele positive rationale Zahlen gibt. Diese Aussage wird in Klasse 6 mit einer beispielgebundenen Beweisstrategie begründet (vgl. Abschn. 5.7), die auf dem hinreichend starken Erweitern der beiden gegebenen *Brüche* beruht.

2.2.5 Wahrscheinlichkeitsrechnung

Sowohl der *Begriff* der **klassischen Wahrscheinlichkeit** als auch einfache, aber grundlegende *Aussagen* zum Umgang mit Wahrscheinlichkeiten wie der **Additions- und Multi-**

plikationssatz der Wahrscheinlichkeitsrechnung lassen sich mithilfe von Brüchen sehr gut erarbeiten und begründen, wie das folgende Beispiel verdeutlicht (vgl. auch Kütting/Sauer [89]):

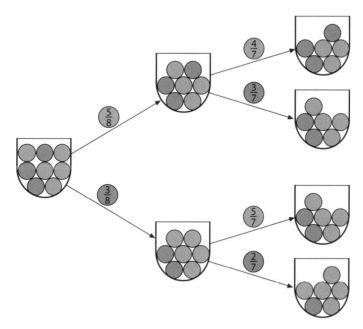

Bei dem Beispiel wird aus einer **Urne** mit roten und blauen Kugeln nacheinander jeweils eine Kugel *blind* gezogen, *ohne* dass sie anschließend wieder *zurückgelegt* wird. Wie groß ist die Wahrscheinlichkeit, eine blaue bzw. eine rote Kugel zu ziehen?

Die Ausgangsurne enthält insgesamt 8 Kugeln, davon sind 3 Kugeln rot und 5 Kugeln blau. Also ist die Wahrscheinlichkeit, eine rote Kugel zu ziehen, $\frac{3}{8}$, und eine blaue Kugel zu ziehen, $\frac{5}{8}$. Entsprechend lassen sich mithilfe von Brüchen auch die Wahrscheinlichkeiten bei weiteren Versuchen anschaulich, knapp und präzise beschreiben. Wie groß ist die Wahrscheinlichkeit, *zwei* blaue Kugeln *nacheinander* zu ziehen? Die Wahrscheinlichkeit beim ersten Ziehen ist $\frac{5}{8}$, beim zweiten Ziehen $\frac{4}{7}$. Also ist die Wahrscheinlichkeit, zufällig zwei blaue Kugeln nacheinander zu ziehen, $\frac{4}{7}$ von $\frac{5}{8} = \frac{4}{7} \cdot \frac{5}{8} = \frac{5}{14}$. Entsprechend ist die Wahrscheinlichkeit, zwei rote Kugeln zufällig nacheinander zu ziehen, $\frac{2}{7}$ von $\frac{3}{8} = \frac{2}{7} \cdot \frac{3}{8} = \frac{3}{28}$. Die Wahrscheinlichkeit, zwei blaue *oder* rote Kugeln zufällig nacheinander zu ziehen, beträgt $\frac{4}{7} \cdot \frac{5}{8} + \frac{2}{7} \cdot \frac{3}{8} = \frac{5}{14} + \frac{3}{28} = \frac{13}{28}$.

Dieses Beispiel verdeutlicht gut die **Vorzüge** der gemeinen **Brüche** gegenüber den Dezimalbrüchen. So besitzen Brüche im Vergleich zu Dezimalbrüchen eine größere **Anschaulichkeit und Prägnanz**. Ferner zeichnen sie sich durch ihre **exakte Wertangabe** im Vergleich zu periodischen oder längeren endlichen Dezimalbrüchen aus. Wie wenig anschaulich fassbar wäre eine gegebene Wahrscheinlichkeit, wie wenig anschaulich insgesamt das vorstehende Baumdiagramm, wenn wir die Wahrscheinlichkeit jeweils mit *Dezimalbrüchen* – also etwa $0,\overline{571428}$ statt $\frac{4}{7}$ – notierten?

Ferner zeigen Unterrichtserfahrungen: Wandeln Schülerinnen und Schüler Wahrscheinlichkeiten in Dezimalbrüche um, so führt das zu **Rundungen** und das wiederum häufig zu einem fundamentalen Fehler: Die Summe der Wahrscheinlichkeiten aller Elementarereignisse (vgl. Kütting/Sauer [89]) ist nicht mehr Eins, sondern häufig *größer* (bzw. kleiner) als Eins.

Aber auch der Zugang zur Wahrscheinlichkeit mittels **relativer Häufigkeiten** (vgl. Kütting/Sauer [89]) – ein sehr wichtiger, paralleler Zugang neben dem Weg über die klassische Wahrscheinlichkeit – führt ganz natürlich auf Brüche und Rechenoperationen mit ihnen.

2.2.6   Gleichungslehre

Für eine erfolgreiche Behandlung der Gleichungslehre sind *gründliche* Kenntnisse der Bruchrechnung erforderlich, wie die folgenden beiden, *sehr einfachen* Beispiele einer Gleichung bzw. eines linearen Gleichungssystems mit *zwei* Variablen mit *natürlichen* Zahlen als Koeffizienten belegen.

Beispiel 1 (Lineare Gleichung)

$$5x + 3y = 7 \iff 3y = 7 - 5x \iff y = \frac{7}{3} - \frac{5}{3}x$$

Für die Lösungsmenge L der linearen Gleichung $5x + 3y = 7$ mit zwei Variablen und der Menge der rationalen Zahlen $\mathbb{Q}$ als Grundmenge gilt also:

$$L = \left\{ (x, y) \;\middle|\; y = \frac{7}{3} - \frac{5}{3}x \text{ und } x \in \mathbb{Q} \right\}$$

Beispiel 2 (Lineares Gleichungssystem)

$$3x + 2y = 1$$
$$x + 3y = 1$$

Äquivalenzumformungen führen zu:

$$x = \frac{1}{3} - \frac{2}{3}y$$
$$y = \frac{2}{7}$$

Für die Lösungsmenge L dieses einfachen linearen Gleichungssystems mit zwei Gleichungen und zwei Variablen gilt also:

$$L = \left\{ \left(\frac{1}{7}, \frac{2}{7} \right) \right\}$$

Für die Bestimmung von Lösungen auf dem vorgestellten Weg oder auch für eine Probe müssen also **Brüche** ebenso wie **Rechenoperationen mit Brüchen** bekannt sein.

Wir können bei den Umformungsschritten auch nicht einfach zu *Dezimalbrüchen* übergehen; denn bei den Umformungen soll ja im Regelfall die Lösungsmenge unverändert bleiben, es soll sich also um **Äquivalenzumformungen** handeln. Bei der Benutzung von Dezimalbrüchen lässt es sich aber nicht vermeiden, dass infolge der Rechenoperationen bei den Umformungsschritten eine mehr oder weniger große Anzahl der vorkommenden Dezimalbrüche relativ lang oder sogar periodisch wird, sodass Rundungen erforderlich werden. Dann handelt es sich aber *nicht* mehr um Äquivalenzumformungen. Um dennoch korrekte Aussagen über die Lösungsmengen machen zu können, müsste man in diesem Fall die **Fehlerfortpflanzung** infolge der Rundungen über *mehrere* Zwischenschritte im Auge behalten – eine Fragestellung, die zweifelsohne sehr interessant und wichtig ist, aber die ohnehin nicht leichte Gleichungslehre mit *zusätzlichen* erheblichen **Schwierigkeiten** befrachten würde. Außerdem ist offensichtlich die Bruchschreibweise bei Gleichungsumformungen fast immer *prägnanter* und übersichtlicher als eine Notation ausschließlich mit Dezimalbrüchen. Soll man auf diese Vorteile verzichten?

Man kann natürlich die Gleichungslehre wegen der Lösungsmöglichkeiten durch **Computeralgebrasysteme** (CAS) komplett infrage stellen – und damit auch dieses Argument zur Notwendigkeit der Bruchrechnung. Aber selbst bei einem stärkeren Einsatz von Computeralgebrasystemen im Mathematikunterricht müssen zunächst das *Verständnis* sowie *Grundfähigkeiten* für das Lösen von *einfachen* Gleichungen und Gleichungssystemen erarbeitet werden. Die beiden vorgestellten einfachen Beispiele überschreiten dieses Niveau sicherlich *nicht*. Daher ist nach unserer Einschätzung auch zukünftig vor der Behandlung der systematischen Gleichungslehre *zunächst* eine gründliche Behandlung der Bruchrechnung erforderlich.

2.2.7   Algebra

Die Gleichungslehre ist zweifelsohne ein wichtiger Teil der Schul*algebra*. Nur wegen des *besonderen* Gewichts des Gleichungslehre-Arguments haben wir dieses vorweg getrennt dargestellt.

Die *Bruchrechnung* bildet eine **wichtige Voraussetzung** für einen erfolgreichen Algebraunterricht, der auf *Einsicht* basiert. In der Bruchrechnung kann nämlich – ganz im Sinne eines **Spiralcurriculums** – auf einem anschaulichen Niveau Einsicht in die Rechenregeln vermittelt werden, die später auch im Algebraunterricht angewandt werden. So verweist Hasemann [54] zu Recht auf den *engen* Zusammenhang zwischen elementaren Brüchen und den Bruchtermen in der Algebra und betont, dass falsches Kürzen bei Termumformungen sowie falsche Operationen mit Termen in der Algebra besonders häufig vorkommen, wenn die Lernenden zuvor in der Bruchrechnung keine *anschaulichen* Vorstellungen erworben haben. Daher ist es auch *nicht* sinnvoll, die Bruchrechnung in die Algebra zu integrieren, wie es gelegentlich gefordert wird; denn dies bedeutet eine starke **Häufung von Schwierigkeiten** in kürzester Zeit und widerspricht auch der – bei komplexeren Sachverhalten sinnvollen – Idee der Curriculumspirale.

2.2.8 Reichhaltige und vielseitige Möglichkeiten zur Prozessorientierung

Die Brüche und das Rechnen mit ihnen bieten zahlreiche Gelegenheiten und vielseitige Möglichkeiten zur Kommunikation, Argumentation, zum Darstellen, Modellieren und zum Problemlösen. Wir gehen hierauf in den nächsten Kapiteln an vielen Stellen genauer ein.

2.3 Resümee

Ziehen wir also das Resüme. Wir haben in diesem Kapitel gesehen:

- Wir benötigen die Bruchrechnung, um viele weitere Bereiche der **Mathematik** in der Schule wie die Gleichungslehre, Algebra und Wahrscheinlichkeitsrechnung wirklich zu verstehen. Eine Verschiebung der Bruchrechnung auf einen späteren Zeitpunkt (zusammen mit der Algebra?), wie gelegentlich gefordert, ist daher – aber auch wegen der damit verbundenen Häufung von Schwierigkeiten – nicht zielführend. Im Gegenteil ist eine Entzerrung der Bruchrechnung mit einem anschaulichen Einstieg schon in Klasse 5 – so auch der aktuelle Trend – sehr sinnvoll.
- Wir benötigen die Bruchrechnung für das **alltägliche Leben**, da wir nur auf ihrer Grundlage die im Alltag wichtigen Dezimalbrüche sowie das Rechnen mit diesen gründlich verstehen. Die Bruchrechnung muss daher auch in Zukunft für Lernende aller Schulformen – wenn auch in unterschiedlichem Umfang – verbindlich bleiben.

Bei der Behandlung der Bruchrechnung muss allerdings der Schwerpunkt von der Beherrschung der Rechenverfahren und der Produktorientierung noch deutlich stärker hin zu einer anschaulichen Fundierung von **Grundvorstellungen** und einer *prozessorientierten* **Sichtweise** verlagert werden. Dies werden wir in den folgenden Kapiteln genauer ausführen.

Zur Einführung von Brüchen

3

In diesem Kapitel beschäftigen wir uns intensiv und unter vielen verschiedenen Gesichtspunkten mit der Einführung der Brüche im Mathematikunterricht. Eine anschauliche, gut gelungene Einführung ist für die gesamte Bruchrechnung von zentraler Bedeutung. Werden nämlich an dieser Stelle des Unterrichts *keine tragfähigen* Grundlagen gelegt, sind heftige Probleme im weiteren Unterrichtsverlauf für die Schülerinnen und Schüler vorprogrammiert.

3.1 Zentrale Grundvorstellungen

Brüche besitzen viele *verschiedene* Gesichter und nicht nur *einen* formalisierten Schattenriss (Hefendehl-Hebeker [63]). Wer daher die Bruchrechnung wirklich verstehen und nicht nur Brüche nach auswendig gelernten, fehleranfälligen Regeln manipulieren will, muss zuvor diese Gesichter gründlich betrachtet und ihre Zusammenhänge verstanden haben.

3.1.1 Einige Verwendungssituationen von Brüchen

Wir verwenden Brüche in **sehr unterschiedlichen Situationen und Kontexten**, wie die folgenden Beispiele belegen:

(1) Max hat die Schinkenpizza in vier gleich große Stücke geschnitten. Sarah isst 3 Stücke. Welchen Teil der Pizza hat sie insgesamt gegessen?

(2) Unser Körper besteht zu $\frac{3}{5}$ seines Gewichts aus Wasser. Melanie wiegt 30 kg. Wie viel Wasser enthält ihr Körper?

(3) Die Tombola beim Schulfest hat 1236 Euro Einnahmen erbracht. $\frac{3}{4}$ hiervon werden an ein Kinderdorf überwiesen. Wie viel Euro erhält das Kinderdorf?

© Springer-Verlag GmbH Deutschland 2017
F. Padberg, S. Wartha, *Didaktik der Bruchrechnung*,
Mathematik Primarstufe und Sekundarstufe I + II, DOI 10.1007/978-3-662-52969-0_3

(4)

Farbkreis

In dem Bild rechts ist ein Farbkreis abgebildet.

>> Wie viele Farben sind dargestellt?

>> Welcher Anteil des Farbkreises ist gelb gefärbt?
   Welcher Anteil des Kreises ist mit Grün-Tönen gefärbt?

>> Wie groß ist der Anteil am Farbkreis an Rot- und Orange-
   Farbtönen?

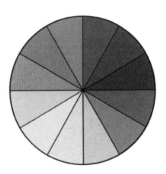

© *Mathematik heute 6*, [S13], S. 43 oben

(5) Wie viel Zentimeter hat $\frac{1}{2}$ m? Wie viel Minuten dauert $\frac{3}{4}$ Stunde? Wie viel Gramm hat $\frac{1}{4}$ kg?

(6) Der Zeiger meiner Tankuhr steht genau in der Mitte zwischen $\frac{1}{2}$ und 1.

(7)

Tanja, Melanie und Sarah haben Geld
geschenkt bekommen. Es reicht nur für zwei
Pizzas. Sie wollen gerecht teilen. Jedes Mäd-
chen soll gleich viel bekommen.
Welchen Anteil an einer Pizza bekommt jedes
Mädchen?

© *Elemente der Mathematik 5* [S3], S. 236 oben

(8) Ist die Gleichung $3 \cdot x = 2$ lösbar? Wie lautet ggf. die Lösung?

(9)

> ### Schuldig oder nicht schuldig?
> Oft wird ein Urteil gesprochen, bei dem nicht eindeutig der Beklagte oder der Kläger
> schuldig ist. Beide haben eine Teilschuld und müssen gemeinsam die Kosten des Ge-
> richtsverfahrens tragen.
> a) „Die Kosten des Verfahrens trägt zu drei Teilen der Beklagte und zu einem Teil der
>   Kläger." Welchen Bruchteil der Gerichtskosten müssen Kläger und Beklagter in die-
>   sem Fall bezahlen?
> b) In einem anderen Fall entscheidet das Gericht: „Die Kosten des Verfahrens in Höhe
>   von 1600 Euro werden zwischen Beklagtem und Kläger im Verhältnis 3 zu 5 aufge-
>   teilt." Wie viel müssen die beiden Streitparteien jeweils bezahlen?

© *Mathematik Neue Wege 5* [S17], S. 232, Nr. 21

(10) Pia will die Wände ihres Zimmers violett streichen. Sie kauft dazu 2 Dosen mit blauer
     und 3 Dosen mit roter Farbe und mischt hieraus die violette Farbe. Alle Dosen sind

gleich groß. Welcher Bruchteil der Mischung ist blaue Farbe, welcher Bruchteil rote Farbe?

(11) In Peters Klasse sind 28 Kinder. Davon kommen 7 zu Fuß und 14 mit dem Rad in die Schule. Welcher Anteil der Klasse kommt zu Fuß, welcher mit dem Rad?

(12) Welcher Anteil ist dunkel gefärbt?

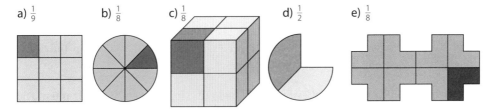

a) $\frac{1}{9}$ b) $\frac{1}{8}$ c) $\frac{1}{8}$ d) $\frac{1}{2}$ e) $\frac{1}{8}$

© *Fundamente der Mathematik 5* [S7], S. 153, Nr. 4

(13) Du warst gestern eine viertel Stunde zu spät in der Tennishalle. Unser erster Satz hat $\frac{3}{4}$ Stunde gedauert.

Betrachten wir die vorstehenden Beispiele genauer, so können wir mindestens die folgenden unterschiedlichen Verwendungssituationen bei Brüchen erkennen:

1. Bruch als Anteil Analysieren wir die Beispiele (**1**), (**4**) und (**12**) genauer, so wird hier jeweils der betreffende **Anteil eines Ganzen** gesucht. Bei (**1**) ist das Ganze die Schinkenpizza, bei (**4**) der Farbkreis und bei (**12**) sind dies jeweils völlig unterschiedliche Figuren (Quadrat, Kreis, Würfel, Teil eines Kreises, ein Vieleck). Hierbei ist die Situation bei (**12**) besonders einfach. Es wird hier jede Figur restlos in gleich große Teile zerlegt und *ein* Teil dunkel gefärbt. Sein Anteil an dem jeweiligen Ganzen muss bestimmt werden. Diesen Anteil können wir durch besonders einfache Brüche, nämlich durch **Stammbrüche** bezeichnen, also durch Brüche, bei denen der Zähler 1 ist. Bei (**1**) muss dagegen das Ganze *zunächst* in vier gleich große Teile zerschnitten bzw. bei (**4**) beim Farbkreis in 12 gleich große Teile unterteilt werden. *Ein* Teil beträgt also $\frac{1}{4}$ bzw. $\frac{1}{12}$ des jeweiligen Ganzen. *Danach* werden dann hiervon jeweils *mehrere* Teile genommen und der so erhaltene *Anteil vom Ganzen* bestimmt. Sarah hat also nicht $\frac{1}{4}$, sondern das Dreifache, also $\frac{3}{4}$ der Schinkenpizza gegessen, und vom Farbkreis ist nicht nur $\frac{1}{12}$, sondern $\frac{3}{12}$ in Grün-Tönen gefärbt. Hierbei kann der Anteil auch größer als 1 sein, wie wir im weiteren Verlauf noch genauer sehen werden. Bei Brüchen gibt also der **Nenner** an, in wie viele gleich große Teile wir das Ganze zerschneiden oder zerlegen, und der **Zähler**, wie viele Teile wir hiervon nehmen bzw. betrachten.

Bislang war das Ganze in unseren Beispielen *ein einziges* geometrisches Gebilde wie beispielsweise ein Kreis oder ein Rechteck. Im Beispiel (**11**) bilden dagegen die **28 Schüler** einer Klasse das Ganze. Das Ganze muss also bei der Anteilbestimmung nicht *kontinuierlich* sein (wie bei den geometrischen Gebilden), es kann auch *diskret* sein.

Von ganz anderer Struktur ist das Beispiel (**7**). Das Ganze ist hier nicht mehr – wie bislang – *eine* Pizza, sondern *zwei* Pizzas. Dieses neue Ganze soll gerecht verteilt werden (Verteilsituation). Wir sprechen in diesem Fall vom Bruch als **Anteil mehrerer Ganzer**, wobei diese Kurzformulierung beinhaltet, dass das „neue" Ganze aus mehreren Ganzen besteht – wie im Beispiel (**7**) aus zwei Pizzas. Wir gehen auf diese beiden Teilaspekte der Grundvorstellung **Bruch als Anteil** (Anteil eines Ganzen, Anteil mehrerer Ganzer) im Abschn. 3.2 noch genauer ein.

Etwas anders als wir unterscheiden Schink [161] und Wessel [212] *drei* Teilaspekte. Hierbei entspricht der dritte Teilaspekt „relativer Anteil von Mengen" unserem Teilaspekt „Anteil eines Ganzen" in der diskreten Version.

2. Bruch als Maßzahl In den Beispielen (**5**) und (**13**) sind die Brüche **Maßzahlen**. Die Brüche treten darum in diesen Sachsituationen kombiniert mit einer Maßeinheit auf und bezeichnen Größen.

3. Bruch als Operator In den Beispielen (**2**) und (**3**) werden die Brüche offenbar wiederum anders eingesetzt. Hier werden die Brüche zur knappen Beschreibung von auf Größen anzuwendenden **multiplikativen Handlungsanweisungen** benutzt. In (**2**) muss $\frac{3}{5}$ von 30 kg und in (**3**) $\frac{3}{4}$ von 1236 Euro bestimmt werden. Den **Operator** „$\frac{3}{5}$ **von**" (in der Literatur wird dieser Ansatz auch **Von-Ansatz** genannt) kann man sich zusammengesetzt vorstellen aus „teile durch 5" (kurz (: 5), Divisionsoperator) und „verdreifache" (kurz (·3), Multiplikationsoperator). Wir können nachweisen, dass die Reihenfolge von Divisionsoperator und Multiplikationsoperator stets vertauscht werden darf (Padberg [126]) und darum bei der Bestimmung von „$\frac{3}{5}$ von 30 kg" entweder zunächst durch 5 dividiert und danach das Ergebnis verdreifacht oder umgekehrt zunächst verdreifacht und dann durch 5 dividiert wird (letzteres ist hier offenbar ungünstiger). Völlig analog können wir auch bei „$\frac{3}{4}$ von 1236 Euro" vorgehen.

In den beiden genannten Beispielen ist das Ganze eine diskrete Menge (1236 Euro beispielsweise vorgestellt als 1236 1-Euro-Stücke, 30 kg als 30 1-Kilogramm-Stücke). Aber auch bei der Operator-Grundvorstellung kann das Ganze kontinuierlich sein wie im Beispiel: „Bilde $\frac{3}{4}$ von diesem Rechteck".

4. Brüche und Verhältnisse In den Beispielen (**9**) und (**10**) kommen **Verhältnisse** vor. Bei (**9**) werden die Kosten in Teil a) offenbar im Verhältnis 3 : 1 aufgeteilt, der Beklagte muss also $\frac{3}{4}$, der Kläger $\frac{1}{4}$ der Kosten zahlen. In Teil b) muss der Beklagte $\frac{3}{8}$ von 1600 Euro, also 600 Euro, und der Kläger $\frac{5}{8}$ von 1600 Euro, also 1000 Euro bezahlen.

In Beispiel (**10**) verhalten sich die beiden verwendeten Farben Blau und Rot wie 2 : 3. Also sind $\frac{2}{5}$ der Mischung blau und $\frac{3}{5}$ rot. Die Beispiele zeigen, wie Verhältnisangaben bei inneren Teilverhältnissen inhaltlich gleichwertig in **Bruchangaben** umgewandelt werden können.

5. Brüche und Quotienten Das Beispiel (**7**) kann auch als **Divisionsaufgabe** 2 : 3 gedeutet werden, der durch die Anteilvorstellung das Ergebnis $\frac{2}{3}$ zugeordnet wird, also $2 : 3 = \frac{2}{3}$ und allgemein $a : b = \frac{a}{b}$ für $a, b \in \mathbb{N}$.

6. Brüche als Lösungen linearer Gleichungen Im Beispiel (**8**) ist $\frac{2}{3}$ die Lösung der linearen Gleichung $3 \cdot x = 2$. Offensichtlich besteht zwischen diesem Aspekt und dem Quotientenaspekt $2 : 3 = \frac{2}{3}$ ein sehr enger Zusammenhang.

7. Brüche als Skalenwerte Im Beispiel (**6**) dient der Bruch $\frac{1}{2}$ zur genaueren Bezeichnung einer Stelle auf einer Skala – in diesem Fall bei einer Tankskala im Auto. Ein enger Zusammenhang zum Einsatz von Brüchen als Maßzahlen ist offensichtlich.

8. Quasikardinalität Dieser Gesichtspunkt kommt in den vorstehenden Beispielen **nicht** explizit vor. Er ist jedoch später beispielsweise bei der Addition oder Subtraktion insbesondere gleichnamiger Brüche hilfreich. Schreiben wir beispielsweise $\frac{3}{4}$ in der Form 3 Viertel, so ist die *Analogie* zum Einsatz von 3 als *Kardinalzahl* beim Ausdruck 3 Äpfel unübersehbar. Allgemein können wir Brüche $\frac{a}{b}$ in diesem Sinne „quasikardinal" als Größen mit der Maßzahl a und der Größeneinheit $\frac{1}{b}$ auffassen (vgl. auch Griesel [44], Padberg [126], Führer [31]).

3.1.2 Zwei zentrale Grundvorstellungen

Die vorgestellten Bruchzahlaspekte überlappen sich vielfach. Einige **Überlappungen** haben wir schon im vorstehenden Abschnitt genannt, einige weitere sollen hier knapp aufgeführt werden:

- Anteil und Maßzahl,
- Anteil und Operator,
- Anteil (Anteil mehrerer Ganzer) und Quotient,
- Quasikardinalität und Maßzahl.

Die vorstehend erwähnten Überlappungen belegen, dass der Aspekt **Anteil** für das Verständnis von Brüchen grundlegend ist und unter den verschiedenen Aspekten eine herausragende Rolle einnimmt. Diese Einschätzung teilen u. a. auch Pitkethly und Hunting [137] in ihrer gründlichen Metaanalyse mit dem Titel *A review of recent research in the area of initial fraction concepts*. Wir heben daher diesen Aspekt heraus als:

Grundvorstellung 1: Bruch als Anteil Hierbei haben wir im vorigen Abschnitt schon **zwei Teilaspekte** dieser Grundvorstellung benannt: Bruch als Anteil *eines* Ganzen (kontinuierlich, diskret) und Bruch als Anteil *mehrerer* Ganzer. Die folgenden drei Beispiele dienen nochmals der Verdeutlichung dieser beiden Teilaspekte der Grundvorstellung 1. Eine genauere Analyse finden Sie im Abschn. 3.2.

1. Vor Pia liegt ein Rechteck. Es ist in vier gleich große Teile unterteilt, drei davon sind blau. Welcher Anteil des Rechtecks ist blau? (kontinuierlich)
2. Vor Pia liegen 4 Perlen, 3 davon sind blau. Welcher Anteil der Perlen ist blau? (diskret)
3. Vier Mädchen teilen sich gerecht (gleichmäßig) drei Pizzas. Welchen Anteil erhält jedes Mädchen? (Bruch als Anteil mehrerer Ganzer)

Neben dieser Grundvorstellung 1 hat noch ein weiterer der oben genannten Aspekte eine größere Bedeutung für die Bruchrechnung. Wir heben ihn daher hier heraus als:

Grundvorstellung 2: Bruch als Operator Diese Grundvorstellung spielt insbesondere bei der **Multiplikation** von Brüchen eine wichtige Rolle.

Die folgenden beiden Beispiele dienen der Verdeutlichung dieser Grundvorstellung:

1. Färbe $\frac{3}{4}$ von dem Rechteck blau (kontinuierlich).
2. Lege $\frac{3}{4}$ von den 12 Perlen vor dir auf die linke Seite (diskret).

Auch bei der Grundvorstellung *Bruch als Operator* kann das Ganze kontinuierlich und diskret sein.

Aufgaben wie: „Bilde $\frac{3}{5}$ von 45.000 Euro" sind nach Prediger et al. [148] für Lernende aus zwei Gründen besonders schwierig: 1. Das Ganze (45.000 Euro) gibt mehr Elemente an als der Nenner (5). 2. Der Darstellungswechsel von grafisch dargestelltem Ganzen, z. B. Rechtecken, hier hin zu rein symbolisch gegebenem Ganzen (45.000 Euro) bereitet Schwierigkeiten. In dem genannten Artikel beschreiben Prediger et al. vier Förderelemente zur Förderung des Verständnisses dieses Aufgabentyps.

Die Anteil- und Operatorvorstellungen hängen offenkundig eng zusammen. Genauer gibt es jedoch folgende Unterschiede: Die Operator-Grundvorstellung betont stärker die **Herstellung**, also die *dynamische* Komponente, die Anteil-Grundvorstellung stärker das **Ergebnis**, also die *statische* Komponente bei Brüchen.

Der von einigen Forschern (z. B. Streefland [178]) ebenfalls herausgehobene **Verhältnisaspekt** ist zweifelsohne eine wichtige Komponente des Bruchbegriffs, ist jedoch für den Aufbau der Bruch*rechnung* nicht tragfähig. Er kann beispielsweise bei der Behandlung des Erweiterns und Kürzens sowie des Größenvergleichs hilfreich sein, ist allerdings z. B. zur Einführung der Addition von Brüchen unbrauchbar. Er legt nämlich eine andere – falsche – Additionsdefinition nahe und verursacht somit leicht typische Fehlvorstellungen (vgl. Führer [31]). Im Alltag treten zudem Verhältnisangaben häufiger als Anteile auf (Führer [32], Jahnke [80], zitiert nach Wartha [198], S. 59) und inhaltlich können viele Sachverhalte sowohl durch Anteile als auch Verhältnisse beschrieben werden (vgl. auch Streit/Barzel [180]).

3.1.3 Alternative Zugänge

Die aktuelle Form der Erarbeitung der Bruchrechnung im Mathematikunterricht stützt sich dominant auf die Grundvorstellung 1 *Bruch als Anteil* (kurz: Anteil-Grundvorstellung) sowie ergänzend – insbesondere im Bereich der Multiplikation – auf die Grundvorstellung 2 *Bruch als Operator* (kurz: Operator-Grundvorstellung).

Dies war im **Zeitablauf** keineswegs schon immer so. So dominierte beispielsweise in den 1970er und 1980er Jahren für rund 15 Jahre die Operator-Grundvorstellung in den deutschen Schulbüchern und die Anteil-Grundvorstellung spielte nur eine äußerst untergeordnete Rolle. Allerdings waren die Probleme mit dem Operatorkonzept insbesondere in seiner reinen Form, aber auch noch in der später modifizierten Form so gravierend, dass dieses Konzept heute schon seit rund 30 Jahren wieder weitgehend aus den Bruchrechenlehrgängen verschwunden ist. Wegen einer genaueren Beschreibung des Operatorkonzepts sowie insbesondere auch seiner Mängel verweisen wir hier auf Padberg ([126], S. 15–19, und [116], S. 106–169).

Neben dem Operatorkonzept werden in der Literatur zwei weitere Konzeptionen zur Behandlung der Bruchrechnung erwähnt und propagiert, die allerdings – anders als das Operatorkonzept – nie in nennenswertem Umfang explizit Eingang in die Schulbücher gefunden haben. Wir skizzieren sie im Folgenden knapp. Bei dem **Gleichungskonzept** werden Bruchzahlen als Lösungen linearer Gleichungen eingeführt, so beispielsweise $\frac{3}{4}$ als Lösung der Gleichung $4 \cdot x = 3$ oder $\frac{2}{3}$ als Lösung von $3 \cdot x = 2$ (vgl. Abschn. 3.1.1). Auf dieser Grundlage lassen sich dann mehr oder weniger gut das Erweitern und Kürzen von Brüchen sowie die Rechenoperationen einführen. Allerdings wird hierbei aus der Fülle von Bruchzahlaspekten nur ein einziger – nicht besonders breit vernetzter – Aspekt herausgegriffen. Hierauf die komplette Bruchrechnung aufzubauen – wie von Freudenthal ([28], S. 206) vorgeschlagen –, ist daher sehr einseitig, äußerst formal und wird den vielen Aspekten der Bruchzahlen nicht gerecht. Eine genauere Darstellung dieses Konzepts und insbesondere Hinweise auf die damit verbundenen gravierenden Probleme finden Sie bei Padberg [126], S. 19 f.

Eine weitere Konzeption ist das **Äquivalenzklassenkonzept**, bei dem die Idee der Bruchzahl als Klasse gleichwertiger („äquivalenter") Brüche, die bei jedem Bruchrechenkonzept zumindest implizit thematisiert werden muss, explizit gemacht wird und Grundlage für den Bruchrechenlehrgang ist. Während dieser Weg an der Universität bei der Einführung der rationalen Zahlen weit verbreitet ist, spielt er in der Schulmathematik wegen seines hohen Abstraktionsgrades zu Recht keine Rolle. In Phasen der Betonung der *Wissenschaftsorientierung* beim Mathematikunterricht wurde von Verfechtern dieses Weges etwa mit folgenden Argumenten für ihn geworben: „Ich habe die Bruchrechnung der Schule nie verstanden. Erst in der Vorlesung zum Aufbau des Zahlensystems der Universität ist mir klargeworden, worum es geht. Man sollte doch den ganzen unmathematischen Kram [‚Pfannkuchenmethode bzw. Tortenmethode'] lassen und sich gefälligst an dem üblichen Standard der Hochschulmathematik orientieren" (zitiert nach Griesel ([43], S. 6). Dieser Zugangsweg ist zwar fachlich „sauber", aber wegen seiner Überforderung der Lernenden und der fehlenden Praxisorientierung für die Schule nicht geeignet. Daher hat er sich in der Schulpraxis nie durchsetzen können. Für eine detailliertere Darstellung der Nachteile dieses Weges verweisen wir auf Padberg [126], S. 21 f.

3.2   Bruch als Anteil – zwei Teilaspekte

Wie schon in Abschn. 3.1.1 erwähnt, ist es sinnvoll, bei der Grundvorstellung *Bruch als Anteil* zwei Teilaspekte zu unterscheiden, nämlich Bruch als Anteil *eines* Ganzen und Bruch als Anteil *mehrerer* Ganzer. Letzteres ist – wie in Abschn. 3.1.1 schon erwähnt – eine Kurzformulierung für den Sachverhalt, dass das „neue" Ganze aus mehreren „Ganzen" besteht, etwa aus 3 Pizzas, die gleichmäßig (gerecht) an 4 Kinder verteilt werden. Hierbei ist der erste Teilaspekt offenkundig vorstellungsmäßig leichter.

3.2.1   Teilaspekt 1 – Anteil eines Ganzen

Beim *Einstieg* in die Bruchrechnung werden häufig zunächst Kreise verwendet, die anschaulich als Pizzas oder Torten gedeutet werden. Kreise bieten nämlich den Vorteil, dass so das Ganze besonders prägnant ist. Sobald die Lernenden Teile eines Ganzen selbst herstellen müssen, eignen sich hierfür allerdings Rechtecke und auch Strecken in vielen Situationen deutlich besser.

Ein gutes Beispiel für einen entsprechenden **Einstieg** ist das folgende Schulbuch (*Elemente der Mathematik* 5):

Teilen eines Ganzen in gleich große Teile
Teilen sich zwei Freunde gleichmäßig *eine* Pizza, so bekommt jeder eine *halbe* Pizza.
a) Wie viel Pizza bekommt jeder, wenn sich 3, 4, 5, 6 Freunde eine Pizza teilen? Zeichne auch.
b) Wie viele drittel, viertel, fünftel, sechstel Pizzas ergeben jeweils eine ganze Pizza?

1 *ganze* Pizza   1 *halbe* Pizza   1 *halbe* Pizza

1 *ganze* Pizza   =   2 *halbe* Pizzas

a)

| ganze | drittel | viertel | fünftel | sechstel |
| Pizza | Pizza | Pizza | Pizza | Pizza |

Bei 3 Freunden bekommt jeder eine *drittel* Pizza, bei 4 Freunden bekommt jeder eine *viertel* Pizza, bei 5 Freunden bekommt jeder eine fünftel Pizza, bei 6 Freunden bekommt jeder eine *sechstel* Pizza.

b) 1 *ganze* Pizza = 3 *drittel* Pizzas   1 *ganze* Pizza = 5 *fünftel* Pizzas
   1 *ganze* Pizza = 4 *viertel* Pizzas   1 *ganze* Pizza = 6 *sechstel* Pizzas

© *Elemente der Mathematik* 5 [S3], S. 224, Nr. 1

Die Pizza, also das Ganze, wird in dem Beispiel in 2, 3, 4, 5, 6, . . . gleich große Teile
zerlegt. So erhalten wir im Kontext von Pizzas Halbe, Drittel, Viertel, Fünftel, Sechstel,
. . .. Neben dem Zahlwort wird parallel das zugehörige Zahlzeichen ($\frac{1}{2}$, $\frac{1}{3}$, $\frac{1}{4}$, $\frac{1}{5}$, $\frac{1}{6}$, . . .) eingeführt und so die anschauliche Vorstellung verankert, dass **ein Drittel** ($\frac{1}{3}$) **eins von drei
gleich großen Teilen eines Ganzen** oder ein Viertel ($\frac{1}{4}$) *eins* von vier gleich großen Teilen
eines Ganzen bedeutet. Auf diesem Weg können die Stammbrüche anschaulich eingeführt
und auch gleichzeitig gut die Erkenntnis gewonnen werden, dass 2 halbe Pizzas, 3 drittel
Pizzas, 4 viertel Pizzas, . . . jeweils *eine* ganze Pizza ergeben.

Das folgende Schulbuchbeispiel (*Mathematik heute* 5) verdeutlicht, dass Lernende bei
Rechtecken Unterteilungen deutlich leichter selbst finden und darstellen können als beim
Kreis. Außerdem gibt es bei Rechtecken oft mehrere verschiedene Darstellungen.

Auch ein Rechteck stellt ein Ganzes dar. Denke z. B. an einen Blechkuchen.
a)   In wie viele gleich große Teile ist das Ganze zerlegt? Wie heißt ein solcher Teil?

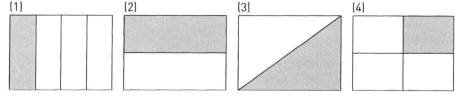

(1)   (2)   (3)   (4)

b) Nimm ein (rechteckiges) Blatt Papier. Färbe vom Ganzen
(1) ein Viertel;   (2) ein Achtel;   (3) ein Drittel;   (4) ein Sechstel.
Falte dazu das Blatt geeignet.

© *Mathematik heute* 5 [S12], S. 171, Nr. 2a,b

Bei *Rechtecken* können wir Anteile gut *ikonisch* (zeichnerisch) darstellen. Durch **Falten**
eines rechteckigen Blattes **Papier** können wir Anteile auch *enaktiv*, also durch Handlungen gewinnen. So erhalten wir besonders leicht Halbe, Viertel, Achtel, aber auch Drittel
und Sechstel.

Neben Kreisen und Rechtecken eignen sich zur Darstellung von Brüchen auch gut
Strecken oder – mit Einschränkungen – Quader.

Eine gute Möglichkeit, die Charakteristika von (Stamm-)Brüchen mittels Beispielen
und Gegenbeispielen zu vertiefen, bilden die folgenden beiden Schulbuchbeispiele. Das
erste Schulbuchbeispiel (*Mathematik heute* 5) klärt gut ab, dass es nicht ausreicht, das
Ganze in drei Teile zu unterteilen, um $\frac{1}{3}$ darzustellen. Vielmehr ist zentral, dass **alle Teile
jeweils gleich groß** sind.

Wo hat sich ein Fehler eingeschlichen? Erkläre.

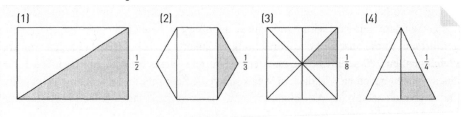

© *Mathematik heute* 5 [S12], S. 172, Nr. 10

Wichtig ist aber auch die Einsicht, dass beispielsweise Viertel *keine* feste „**Größe**" haben, sondern unterschiedlich groß sein können, und dass sie sich auch in der „**Form**" stark unterscheiden können, wie das Schulbuch *mathewerkstatt 5* zunächst für Stammbrüche gut herausarbeitet:

Unterschiedliche Viertel

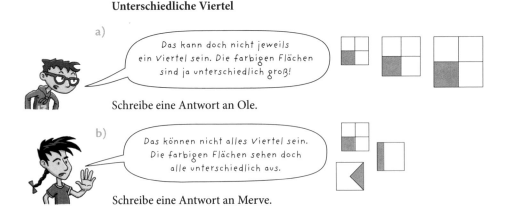

© *mathewerkstatt* 5 [S19], S. 108, Nr. 7 a,b

Zerlegen wir ein Ganzes in n gleich große Teile ($n \in \mathbb{N}$) und nehmen hiervon *ein* Teil, so beschreiben wir die entsprechenden Anteile – wie schon zu Beginn dieses Kapitels kurz erwähnt – speziell durch **Stammbrüche** $\frac{1}{n}$, also durch Brüche mit dem Zähler 1. Nehmen wir hiervon mehrere (m) Teile, so beschreiben wir den Anteil durch Brüche $\frac{m}{n}$. Der Nenner n gibt uns hierbei also an, in wie viele gleich große Teile wir ein Ganzes zerlegen, und der Zähler m, wie viele dieser Teile wir betrachten. Ist speziell $m < n$, so sprechen wir von **echten Brüchen**; gilt $m \geq n$, so sprechen wir von **unechten Brüchen**. In diesem Fall können wir – sofern der Zähler *kein* Vielfaches des Nenners ist – die Brüche auch als **gemischte Zahlen** schreiben (Beispiel: $\frac{5}{3} = 1\frac{2}{3}$). Ist der Zähler speziell ein Vielfaches des Nenners, so können wir diese Brüche sogar als natürliche Zahlen notieren (Beispiel: $\frac{3}{3} = 1$).

Völlig analog wie bislang bei den besonders leichten Stammbrüchen können und sollten die Charakteristika des Bruchbegriffs auch bei beliebigen Brüchen deutlich an Beispielen und Gegenbeispielen herausgearbeitet werden – etwa wie es das folgende Schulbuchbeispiel (*Fundamente der Mathematik* 6) zeigt:

Stolperstelle: Überprüfe die Zeichnungen und begründe, warum sie richtig oder falsch sind. Zeichne eine richtige Lösung ins Heft.

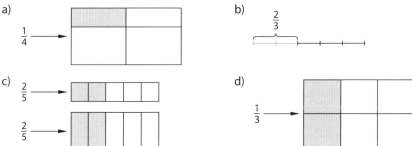

© *Fundamente der Mathematik* 6 [S9], S. 12, Nr. 9

Wichtig ist außerdem, dass die Schülerinnen und Schüler die Einsicht gewinnen, dass auch **Nicht-Stammbrüche** wie beispielsweise $\frac{3}{4}$ sowohl von der *Form* wie auch von der *Größe* her äußerst unterschiedlich aussehen können (vgl. *mathewerkstatt* 5):

Ein Bruch – verschiedene Formen

a) Fünf Kinder haben fünf verschiedene Bilder zum Bruch $\frac{3}{4}$ gezeichnet.

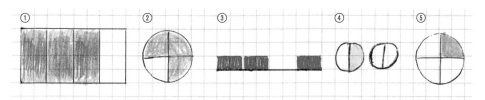

Begründe, warum alle Bilder den Bruch $\frac{3}{4}$ richtig darstellen.

b) $\frac{3}{4}$ kann sogar bei der gleichen Grundform unterschiedlich aussehen.
Zeichne zwei gleich große Rechtecke. Färbe auf unterschiedliche Weise jeweils $\frac{3}{4}$.
Zeichne auch bei einem Kreis und bei einer Strecke je zwei Möglichkeiten für $\frac{3}{4}$.

c) $\frac{3}{4}$ kann auch unterschiedlich groß sein.
Erkläre das anhand der beiden Rechtecke.

© *mathewerkstatt* 5 [S19], S. 103, Nr. 3 a,b,c

Neben der ikonischen Darstellung von Brüchen mittels Rechtecken, Kreisen und Strecken sowie der enaktiven Darstellung mittels Falten von rechteckigem Papier können wir Brüche nach Vorschlägen von Winter [214] auch gut enaktiv herstellen durch das probierend-korrigierende Rollen von Papierstreifen bzw. – breiter einsetzbar und tragfähiger – durch das Arbeiten mit Streifenmustern (für Details vgl. Padberg [126], S. 34 f.).

Zusammenfassend halten wir fest: Um den schraffierten Teil des nachfolgend dargestellten Rechtecks als $\frac{3}{4}$ zu identifizieren, müssen die Lernenden folgende Fragen richtig verstehen, beantworten und begründen können:

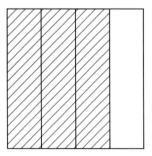

1. Was ist das Ganze?
2. In wie viele Teile ist das Ganze zerlegt worden?
3. Sind die Teile jeweils gleich groß?
4. Wie groß ist jedes Teil bezogen auf das Ganze?
5. Wie viele Teile sind hier (durch die Schraffur kenntlich gemacht) zusammengefasst worden?

Für den „umgekehrten" Weg, den Anteil $\frac{3}{4}$ eines Rechtecks zu schraffieren, müssen bei der Zeichnung ebenfalls obige Fragestellungen analog beachtet werden.

3.2.2 Teilaspekt 2 – Anteil mehrerer Ganzer

Der zweite Teilaspekt ist für Lernende deutlich komplizierter als der erste (vgl. Neumann [112], Padberg/Krüger [132]). Die Lernenden müssen nämlich hierbei einsehen, dass mehrere Ganze – zum Beispiel drei Stücke Streuselkuchen – das *neue* Ganze bilden, das gerecht verteilt werden soll (vgl. *mathewerkstatt* 5):

Auf dem Tisch liegen drei Stücke Streuselkuchen.
Auch den Kuchen wollen sich die vier Freunde gerecht untereinander teilen.

Zeichne ins Heft, wie du die drei Stücke aufteilen würdest.

© *mathewerkstatt* 5 [S19], S. 99, 3 b

Die vier Freunde im vorstehenden Schulbuchbeispiel können die drei Stücke Streuselkuchen auf dem Tisch beispielsweise folgendermaßen **gerecht verteilen**:

- Jeder bekommt von jedem der drei Stücke jeweils ein Viertel, also jeder insgesamt drei Viertel Stück Kuchen.
- Zunächst werden zwei Stücke Kuchen gerecht verteilt, jeder bekommt also ein halbes Stück. Anschließend wird das dritte Stück gerecht verteilt. Jeder bekommt ein Viertel, also jeder insgesamt drei Viertel Stück Kuchen.
- Einer der Freunde bekommt von jedem Stück ein Viertel, also insgesamt drei Viertel Stück Kuchen. Die drei übrigen Freunde bekommen jeweils das „Reststück", also ebenfalls drei Viertel Stück Kuchen.

In allen drei Fällen hat also jeder drei Viertel von einem Stück Streuselkuchen bekommen und von dem gesamten Streuselkuchen ein Viertel. Da wir die Streuselkuchenstücke wie Rechtecke auf verschiedene Arten halbieren oder auch vierteln können, gibt es **viele**

verschiedene Wege, die drei Streuselkuchenstücke gerecht an vier Personen zu verteilen. Schon Middleton/van den Heuvel-Panhuizen/Shew [108] beschreiben eindrucksvoll, wie variationsreich und kreativ Schülerinnen und Schüler das gerechte Verteilen von Sandwiches bearbeiten, Streefland ([179], [178], [176] u. a.) zeigt das gerechte Verteilen von Pizzas bei geeigneter Fragestellung. An dieser Stelle sollte im Mathematikunterricht auch thematisiert werden, dass sich *keineswegs* alle Dinge *gerecht* verteilen lassen – etwa durch die Fragestellung: „Welche der folgenden Dinge können an 3 Kinder gerecht verteilt werden: 2 Pizzas, 2 Euro, 2 Flaschen Apfelsaft, 2 Luftballons?"

Die **Division** wird im Bereich der **natürlichen Zahlen** unter anderem über das gerechte (gleichmäßige) Verteilen eingeführt (für genauere Details vgl. Padberg/Benz [127], S. 154 ff.). So gilt beispielsweise $8 : 4 = 2$, da beim gerechten Verteilen von 8 Äpfeln an 4 Personen jede Person 2 Äpfel erhält und entsprechend können wir im Bereich der natürlichen Zahlen über die Grundvorstellung des gerechten Verteilens bei jeder in $\mathbb{N}$ lösbaren Divisionsaufgabe das Ergebnis erhalten. Wegen der Aufgabe mit den 3 Stücken Kuchen und den vier Freunden ist es daher auch naheliegend, jetzt der in $\mathbb{N}$ unlösbaren Aufgabe $3 : 4$ in der Menge der **Bruchzahlen** das Ergebnis $\frac{3}{4}$ zuzuordnen und allgemein Aufgaben $m : n$ mit $m, n \in \mathbb{N}$ das – auf analogem Weg findbare – Ergebnis $\frac{m}{n}$. Für alle $m, n \in \mathbb{N}$ gilt daher: $m : n = \frac{m}{n}$.

Nach Thematisierung der beiden Teilaspekte der Grundvorstellung *Bruch als Anteil* ist es wichtig, dass die Lernenden einsehen, dass **beide Teilaspekte gleichwertig** sind (vgl. hierzu auch Padberg [126], S. 38 f.). Eine gute Grundlage für zielführende Diskussionen bildet die folgende Aufgabe (*mathewerkstatt* 5):

Till und Pia erklären beide, was drei Fünftel bedeutet.

Ich nehme einen Kreis und teile ihn in fünf Teile. Jedes Teil ist ein Fünftel. Drei Fünftel bedeuten dann: Ich nehme drei solche Fünftel.

Ich nehme drei Kreise, gebe fünf Kindern von jedem Kreis gleich viel.

a) Zeichne zu Tills Erklärung ein Bild.

b) Was für ein Bild stellt Pia sich vor?

c)

Es kann doch nicht sein, dass $\frac{3}{5}$ bei Pia und Till das Gleiche ist. Till hat nur einen Kreis geteilt und Pia drei Kreise!

Erkläre Merve an Hand der Bilder, warum dennoch beide Recht haben.

© *mathewerkstatt* 5 [S19], S. 103, Nr. 2

3.3 Bruch als Anteil – zwei sachorientierte Bemerkungen

Den Bruchbegriff zu verstehen stellt – wie wir in den Abschn. 3.1 und 3.2 deutlich erkennen konnten – eine starke kognitive Herausforderung für die Lernenden dar, da sie jederzeit **mehrere** Komponenten **gleichzeitig** im Blick behalten müssen: „Ein Bruch wird nicht nur als eine Zahl gedeutet, sondern bezieht sich als Anteil auf ein Referenzobjekt, das Ganze [. . .]. Zur Bestimmung des Anteils bedarf es der Ermittlung eines Teils. Anders ausgedrückt: Ein einzelner Bruch besteht aus der **Trias** von dem **Anteil** (der die Beziehung zwischen dem Teil und dem Ganzen ausdrückt), dem **Ganzen** (auf das sich der Anteil bezieht und von dem der Teil betrachtet wird) und dem **Teil** (der von einem bestimmten Ganzen genommen wird und eine durch den Anteil ausgedrückte Beziehung zu ihm unterhält). Beim Umgang mit Brüchen hängen diese drei Komponenten untrennbar miteinander zusammen und lassen sich nur zirkulär (er-)klären. Zugleich sind sie die Grundlage zum Verständnis und verständigen Nutzen der Grundvorstellungen zu Brüchen." (Schink/Meyer [162], S. 3)

Die Ersten, die den heute zentralen **Begriff Anteil** sowohl in das Curriculum der Bruchrechnung eingeführt und dort in den Vordergrund gerückt als auch in der mathematischen Hintergrundtheorie der Bruchrechnung benutzt haben, sind Griesel/Postel (persönliche Mitteilung von Heinz Griesel vom 26.05.2015). Eine erste Antwort zum **mathematischen Status** des Begriffs Anteil gibt Griesel in der Arbeit *Messen und Aufbau des Zahlensystems* (in Hefendehl-Hebeker/Hußmann [65], S. 53–64): „In den meisten Bruchrechencurricula steht der Begriff des Anteils (an einem Ganzen) im Vordergrund und nicht das Messen, also das multiplikative Vergleichen eines Messobjekts mit einem Vergleichsobjekt. Es ist im Prinzip so, dass der Begriff gebrochene Zahl (positive rationale Zahl) zusammen mit dem Begriff des Anteils in einem Modellierungsverfahren, also anwendungsorientiert aufgebaut und gebildet wird. [. . .] Das Anteilbestimmen kann als ein **Spezialfall des Messens** [Hervorhebung: F.P.] angesehen werden. Der Spezialfall besteht darin, dass das jeweilige Messobjekt ein Teil des Vergleichsobjektes ist bzw. bei Anteilen größer als 1 das Vergleichsobjekt Teil des Messobjekts ist. [. . .] Das Vergleichsobjekt wird in der Bruchrechnung üblicherweise Ganzes genannt. Es wird im jeweiligen Kontext fest vorgegeben."

3.4 Schreibweisen und Repräsentanten

Bruchzahlen können auf *viele verschiedene* Arten geschrieben und auch dargestellt (repräsentiert) werden.

Schreibweisen Während die natürlichen Zahlen im Wesentlichen nur über **eine** – und dazu noch eindeutige – Schreibweise verfügen, besitzen die Bruchzahlen **viele verschiedene** Schreibweisen, und zwar als:

- Gemeiner Bruch (geschriebenes Zahlzeichen, z. B. $\frac{1}{5}$)
- Gemeiner Bruch (gesprochenes Zahlwort, z. B. ein Fünftel)
- Dezimalbruch (z. B. 0,75)
- Maßstab (z. B. 1:25.000)
- Verhältnis (z. B. 3 zu 4 oder 3 : 4)
- Quotient (z. B. 4 : 5)
- Prozent (z. B. 25 %)
- Promille (z. B. 3 ‰)

Repräsentanten Bruchzahlen können nicht nur auf viele verschiedene Arten geschrieben, sondern auch dargestellt („repräsentiert") werden. Am stärksten eingesetzt werden im Unterricht **geometrische Figuren/Bilder** als Repräsentanten von Brüchen, so insbesondere Rechtecke/Quadrate, Strecken, Kreise, Quader/Würfel, wie wir in den Abschn. 3.1 und 3.2 gesehen haben. Neben ihrem Einsatz als Bilder z. B. in Schulbüchern können diese geometrischen Figuren auch als Material eingesetzt oder – insbesondere im Fall von Rechtecken – durch Falten handelnd (enaktiv) gewonnen werden. Aber auch Gegenstände aus dem alltäglichen Leben werden gerne als Repräsentanten für Brüche genutzt, so Pizzas/(runde) Torten oder Blechkuchen/Schokolade. Aber auch mithilfe von **Rechengeschichten** oder realen Situationen, insbesondere **Verteilungssituationen**, lassen sich Brüche gut repräsentieren.

Rechtecke und *Kreise* – bzw. Gegenstände des täglichen Lebens mit dieser Form – werden bei der Einführung der Brüche besonders häufig eingesetzt. Besitzt eine dieser Formen Vorzüge gegenüber der anderen? Zur Beurteilung ziehen wir folgende **Kriterien** heran:

- Ist das Ganze klar zu erkennen?
- Kann man die Unterteilung leicht und auf verschiedene Arten durchführen?
- Wie sieht es mit der Einsetzbarkeit im weiteren Verlauf der Bruchrechnung aus (Erweitern/Kürzen, Rechenoperationen)?

Während die Kreisform bezüglich des ersten Gesichtspunktes – auch bei Brüchen größer als 1 – Vorzüge aufweist und darum zu Beginn der Bruchrechnung gerne eingesetzt wird, ist die Rechtecksform in den beiden anderen Punkten der Kreisform klar überlegen. Neben Kreis und Rechteck werden im Unterricht häufiger auch *Strecken* zur Veranschaulichung eingesetzt. Gerade im Hinblick auf die spätere Darstellung der Bruchzahlen auf dem *Zahlenstrahl* oder der Zahlengeraden ist diese Darstellungsform wichtig. Beim Einsatz von „Material" muss allerdings darauf geachtet werden, dass es nicht nur eine rein illustrierende Funktion hat. Das benutzte Modell muss so beschaffen sein und auch so eingesetzt werden, dass es *mental* repräsentierbar ist.

Für die *variationsreiche Einübung* sowohl der Zuordnung eines Repräsentanten zur symbolischen Darstellung des Bruches als auch umgekehrt eignen sich **Geobretter**, wie das Schulbuch *Mathematik Neue Wege 6* gut am Beispiel des 5×5-Geobretts demonstriert:

Brüche mit dem 5×5-Geobrett

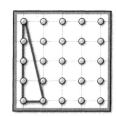

a) Christoph hat mit einem Haushaltsgummi $\frac{1}{8}$ der Fläche des Geobrettes umspannt. Finde noch zwei weitere Möglichkeiten, $\frac{1}{8}$ der Fläche zu umspannen.

b) Laura hat mit Haushaltsgummis weitere Figuren gespannt. Welcher Bruchteil des Geobretts ist jeweils umspannt?

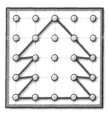 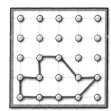 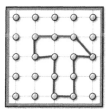 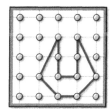

c) Spanne das Haushaltsgummi so, dass $\frac{3}{4}$ ($\frac{3}{8}$, $\frac{9}{16}$, $\frac{7}{16}$, $\frac{10}{16}$) der Fläche umspannt ist.

d) Erfinde selbst weitere Figuren und gib deren Bruchteil an der Gesamtfläche an.

© *Mathematik Neue Wege 6* [S18], S. 85, Nr. 31

3.5 Bruchalbum und Stationenlernen – zwei innovative Ansätze

Durch die Erstellung eines Bruchalbums und durch ein entsprechend arrangiertes Lernen an Stationen können Lernende ihr **Bruchverständnis** mit *vielen Sinnen* und durch *variationsreiche Handlungen* entwickeln. Im Rahmen eines Unterrichtsversuchs zur Einführung des Bruchbegriffs hat Tessars [184] beides gründlich erprobt.

Bruchalbum Der Erstellung des Bruchalbums liegt folgendes **Konzept** zugrunde: „Mithilfe des Bruchalbums sollen die Schüler verschiedene Darstellungsarten von Brüchen erkennen, indem sie die Brüche als Ziffer, Zahlwort und Bild darstellen (mathematische Darstellungen verwenden), sowie inhaltliche Vorstellungen zu Brüchen entwickeln, indem sie ein und denselben Bruch in verschiedenen Kontexten darstellen" (Tessars [184], S. 5). Konkret sollen die Schülerinnen und Schüler in ihre „Alben" Geschichten schreiben, Brüche aus dem Alltag, aus Zeitschriften einkleben, Bilder malen. Um einen zu vordergründigen Bildeinsatz zu verhindern, werden die Lernenden aufgefordert, zu Bildern immer einen Satz zu notieren, der die symbolische Repräsentationsebene des Bruches im Auge hat. Zum Abschluss bei der Rückgabe der Bruchalben wurde ein **Museumsgang**

durchgeführt, der die Lernenden sehr motivierte. Das **Resümee** (Tessars [184], S. 13): „Das Bruchalbum regte viele Schüler dazu an, das Thema Brüche mit ihrer Erfahrungswelt zu verknüpfen. Viele Schüler zeigten dabei eine hohe Eigeninitiative und entwickelten selbstständig Ideen."

Lernen/Üben an Stationen   Tessars [184] entwarf acht verschiedene Stationen mit dem Ziel, dass die Schülerinnen und Schüler einen tragfähigen Bruchbegriff entwickeln bzw. üben und festigen. Ihr **Konzept** bei den Stationen: „Die Stationen wurden unter Berücksichtigung der verschiedenen Aspekte ganzheitlichen Lernens (personaler, methodischer), der drei Repräsentationsebenen (insbesondere der enaktiven) sowie der verschiedenen Bruchzahlaspekte (Padberg) konzipiert." (Tessars [184], S. 8)

Die acht Stationen konnten in beliebiger Abfolge bearbeitet werden. An einigen Stationen besteht zwecks Differenzierung die Möglichkeit, mehr als eine einzelne Aufgabe zu bearbeiten. Die acht Stationen laufen unter den **Überschriften**: Textaufgaben, Zahlenstrahl, LÜK-Kästen, Musik, Geobrett, Kunst-Bild (Max Bill), Spiele (Bruchwürfeln, Trimino-Spiel), Saftmischungen. *Insgesamt* aktivieren die Stationen Saftmischungen, Geobrett und Spiele die Lernenden am stärksten, allerdings war das *individuell* durchaus auch unterschiedlich. Tessars zieht folgendes **Resümee**: ([184], S. 13): „Das Lernen an Stationen weckte bei einem großen Teil der Schüler Neugier und Interesse, wodurch sie konzentriert, selbstständig und aktiv ihr Bruchverständnis gefestigt und geübt haben. Die Schüler zeigten Freude beim Arbeiten an den Stationen."

3.6   Drei Grundaufgaben

Wie die bisherigen Beispiele schon gezeigt haben, stehen im Bruchrechenunterricht üblicherweise zwei Grundaufgaben bei der Einführung des Bruchbegriffs im Mittelpunkt.

Erste Grundaufgabe   *Vor Lea liegt ein großes Stück Pflaumenkuchen. Hiervon bekommt sie zwei Drittel. Wie groß ist Leas Teil?*

Bei diesem Aufgabentyp ist also das Ganze (ein großes Stück Pflaumenkuchen) und der Anteil, den Lea bekommt (zwei Drittel bzw. $\frac{2}{3}$), gegeben. Gesucht ist Leas Teil (vgl. die folgende Abbildung).

Zweite Grundaufgabe   *Vor Lea liegt ein großes Stück Pflaumenkuchen, von dem ihr Teil abgeschnitten ist (vgl. die folgende Abbildung). Welchen Anteil hat Leas Teil am großen Stück Pflaumenkuchen?*

Bei diesem Aufgabentyp ist also das Ganze (ein großes Stück Pflaumenkuchen) und Leas Teil gegeben. Gesucht ist, welchen Anteil Leas Teil am großen Stück Pflaumenkuchen hat.

Dritte Grundaufgabe Während wir in der ersten Aufgabe das Teil und in der zweiten Aufgabe den Anteil aus den beiden übrigen Größen bestimmen, fehlt noch die **Bestimmung des Ganzen** aus den beiden übrigen Größen. Dieser Aufgabentyp kommt bislang in der Schule relativ selten vor, er sollte in Zukunft stärker berücksichtigt werden.

Lisas Teil (konkret als Stückchen Kuchen dargestellt) ist $\frac{2}{3}$ von dem großen Stück Pflaumenkuchen. Wie groß ist dieses Stück?

Anders als bei den beiden ersten, weit verbreiteten Aufgabentypen wird hier nicht die Zerlegung eines Ganzen bestimmt, sondern aus der bekannten Zerlegung des Ganzen auf einen Repräsentanten des ursprünglichen Ganzen geschlossen. Die Vorgehensweise ist relativ leicht, wenn der Anteil speziell ein **Stammbruch** $\frac{1}{n}$ ist. Dann müssen wir das Teil nur n-mal aneinandersetzen und erhalten so einen Repräsentanten des Ganzen. Ist der Anteil **kein Stammbruch**, sondern ein Bruch $\frac{m}{n}$ mit $m > 1$, so müssen wir das Teil restlos in m gleich große Teilstücke zerlegen und hiervon n Teile aneinandersetzen. So erhalten wir einen Repräsentanten des Ganzen.

Die vorstehende Analyse zeigt, dass dieser Aufgabentyp **nicht leicht** ist. Dies ist ganz gewiss ein wichtiger Grund dafür, warum er bislang nur relativ selten im Unterricht thematisiert wird. Auch in einer Untersuchung von Tunc-Pekkan [188] mit 656 leistungsstarken amerikanischen Viert- und Fünftklässlern zeigte sich, dass viele Schülerinnen und Schüler mit diesem Aufgabentyp große **Schwierigkeiten** hatten, und dies sogar bei den Aufgaben, wo der Anteil ein Stammbruch war.

Die folgende Abbildung (aus Schink [161], S. 56) veranschaulicht gut den Zusammenhang der drei Grundaufgaben.

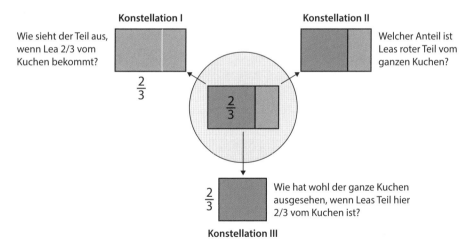

Zwischen diesen drei Grundaufgaben bei der Einführung des Bruchbegriffs und den drei **Grundaufgaben der Prozentrechnung** besteht ein enger Zusammenhang. Während bei der Bruchrechnung die drei Größen Teil, Anteil und Ganzes sowie ihr Zusammenspiel untersucht werden, sind dies bei der Prozentrechnung die korrespondierenden Größen Prozentwert, Prozentsatz und Grundwert.

3.7 Anschauliche Vorkenntnisse zu Brüchen

Welche anschaulichen Vorkenntnisse zu Brüchen besitzen Schülerinnen und Schüler *unmittelbar vor* der systematischen Behandlung der Bruchrechnung? Was dürfen wir aufgrund von Vorarbeiten in der Grundschule sowie durch den Umgang mit (einigen wenigen) Brüchen im täglichen Leben schon voraussetzen? Worauf können wir aufbauen?

Erste Hinweise zu diesen Fragen liefert eine von Padberg [122] durchgeführte Studie (schriftlicher Test in 6 Klassen des 6. Schuljahres mit insgesamt 157 Schülerinnen und Schülern). Diese Untersuchung zeigt, dass wir *keineswegs* zu Beginn der Klasse 6 davon ausgehen können, dass sich bis dahin schon verschiedene wichtige Aspekte des Bruchzahlbegriffs (vgl. Abschn. 3.1) auf anschaulicher Grundlage mehr oder weniger vollständig entwickelt haben, zumindest nicht bei der überwiegenden Zahl der Lernenden. So darf man die – in breitem Umfang schon vorhandene – Fertigkeit, Bruchsymbole *lesen* zu können, keineswegs als Indiz dafür deuten, dass anschauliche Bruchvorstellungen schon in breiterem Umfang vorhanden sind. Vielmehr wird von den weitaus meisten Schülerinnen und Schülern in dieser Untersuchung bislang kaum ein Zusammenhang zwischen der **Zahlenwelt** (Beispiel: $\frac{3}{4}$) und der **Bilderwelt** der Brüche (Beispiel: dreiviertel Pizza) gesehen (vgl. auch Hasemann [53] und Hefendehl-Hebeker [63]). Widersprüchliche Ergebnisse in diesen verschiedenen Welten (reale Welt, Zahlenwelt) sind für Schülerinnen und Schüler durchaus akzeptabel; denn einmal handelt es sich um Zahlen und einmal um Stücke (von Pizzas).

Selbst bei **einfachen Stammbrüchen** (mit Ausnahme von $\frac{1}{2}$ und in gewissem Umfang auch von $\frac{1}{4}$) sind die Vorkenntnisse zu diesem Zeitpunkt überraschend gering. Die *erste* Grundvorstellung *Bruch als Anteil* (vgl. Abschn. 3.1.2) kann von den *meisten* Schülerinnen und Schülern selbst in diesem einfachen Sonderfall noch *nicht* aktiviert werden, wie die sehr schwachen Ergebnisse bei den Brüchen $\frac{1}{3}$ und $\frac{1}{6}$ deutlich belegen. Brüche, die **keine Stammbrüche** sind, bereiten den Schülerinnen und Schülern noch deutlich *mehr* Schwierigkeiten. Die *erste* Grundvorstellung kann daher selbst im einfacheren Teilaspekt *Anteil eines Ganzen* bei *einfachen* Nicht-Stammbrüchen wie $\frac{3}{4}$ und $\frac{2}{3}$ erst in wenigen Fällen aktiviert werden, und Entsprechendes gilt erst recht für den komplexeren Teilaspekt *Anteil mehrerer Ganzer*. Daher sollte man zu Beginn der *systematischen* Bruchrechnung in Klasse 6 die – *ohne* eine vorhergehende intuitiv-anschauliche Einführung in Klasse 5 – vorhandenen anschaulichen Vorerfahrungen der Schülerinnen und Schüler zum Bruchbegriff, zur Gleichwertigkeit von Brüchen und zur Ordnung von Brüchen **keineswegs überschätzen** und zu rasch zur *symbolischen* Bruchebene übergehen. Vielmehr ist es in diesem Fall erforderlich, zunächst längere Zeit auf einer *anschaulichen* Ebene zu arbeiten, hierbei aber natürlich den Bezug zwischen Anschauung und Bruchsymbol bei den Brüchen im Blick zu behalten und herzustellen.

Für eine *realistische* Einschätzung des Vorwissens der *eigenen* Schülerinnen und Schüler über Brüche ist der von Padberg entwickelte *diagnostische Test* (vgl. Anhang) hilfreich. Der Test zeigt Stärken und Defizite gut auf und ermöglicht es so, maßgeschneidert und individuell auf vorhandenes Vorwissen sowie auf Defizite einzugehen.

3.8   Ein unterrichtlicher Zugang zu den Bruchzahlen

Wie die natürlichen Zahlen, so können auch Brüche am **Zahlenstrahl** dargestellt werden. Um $\frac{3}{4}$ dort darzustellen, unterteilt man die Strecke von 0 bis 1 gleichmäßig in 4 gleich lange Teile und notiert $\frac{3}{4}$ am Ende des dritten Teilstücks. Völlig analog findet man zwischen 0 und 1 für jeden echten Bruch einen Platz auf dem Zahlenstrahl. Aber auch für Brüche größer als 1 ist dies analog möglich, besonders leicht in der Schreibweise als gemischte Zahl.

Das folgende Schulbuchbeispiel (*Mathematik heute* 6) zeigt deutlich zweierlei:

- Beim Notieren von Brüchen am Zahlenstrahl stehen an den einzelnen Punkten (Strichen) – anders als bei den natürlichen Zahlen – nicht nur ein Bruch, sondern mehrere – genauer **unendlich viele** – Brüche (vgl. Kap. 4 *Erweitern/Kürzen*).
- Auch auf den Plätzen, wo **natürliche Zahlen** stehen, finden wir (unendich viele) Brüche.

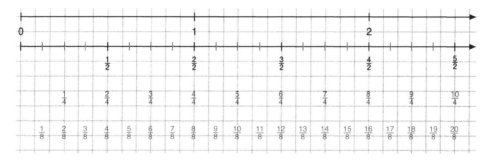

© *Mathematik heute* 6 [S13], S. 63, Nr. 1

Bruchzahlen werden also bei diesem Schulbuchkonzept über **Punkte** (Teilstriche) **am Zahlenstrahl** eingeführt: Alle Brüche, die unterhalb desselben Teilstrichs stehen, sind gleichwertige Schreibweisen für dieselbe Bruchzahl. Das in Abschn. 3.1.3 beim Äquivalenzklassenkonzept genannte Schema der Klassenbildung, also die Zusammenfassung gleichwertiger Brüche zu *einer* Bruchzahl, ist gut erkennbar. Der hier gewählte Ansatz, Zahlen durch Punkte am Zahlenstrahl zu erklären und als gegeben anzusehen, ist **ausbaufähig**. Er ist nicht nur bei den natürlichen, den ganzen und den rationalen Zahlen tragfähig, sondern auch noch bei den reellen Zahlen. Leider verzichten viele Schulbücher auf eine explizite Einführung der Bruchzahlen.

Die vorstehende Abbildung gibt auch schon Hinweise darauf, dass **natürliche Zahlen** als spezielle Bruchzahlen aufgefasst werden können (z. B. $1 = \frac{2}{2} = \frac{4}{4} = \frac{8}{8}$ oder $2 = \frac{4}{2} = \frac{8}{4} = \frac{16}{8}$), die in die umfassendere Menge der Bruchzahlen eingebettet sind (wegen einer ausführlichen und tiefer gehenden Begründung der Einbettung der natürlichen Zahlen in die Menge der Bruchzahlen vergleiche Padberg et al. [131], S. 86–88).

Warum bezeichnen die **Brüche** eigentlich **Zahlen**? Zur Beantwortung dieser Frage müssen wir uns klarmachen, was für Lernende dieser Klassenstufe bis zu diesem Zeitpunkt für (natürliche) Zahlen *charakteristisch* ist: Man kann mit Zahlen *rechnen*, sie der Größe nach *ordnen*, sie am *Zahlenstrahl* darstellen und mit ihrer Hilfe *Größen* benennen. All diese Eigenschaften treffen auch auf Bruchzahlen zu, wie wir zum Teil bislang schon gesehen haben oder in den nächsten Kapiteln noch sehen werden. Neben den vielen Gemeinsamkeiten gibt es zwischen natürlichen Zahlen und Bruchzahlen aber auch deutliche Unterschiede, wie wir im nächsten Abschnitt sehen werden.

3.9   Unterschiede zwischen den natürlichen Zahlen und Bruchzahlen

Die **natürlichen Zahlen** werden im täglichen Leben in sehr verschiedenartigen Situationen benutzt und für vielfältige Zwecke eingesetzt. Entsprechend viele **verschiedene Gesichter** (meist *Zahlaspekte* genannt) besitzen sie (vgl. Padberg/Benz [127], S. 13–16):

- Sie dienen zur Beschreibung von *Anzahlen* („Wie viele?", Kardinalzahlaspekt).
- Sie kennzeichnen eine *Reihenfolge* (Rangplatz) innerhalb einer Reihe („An welcher Stelle?", Ordinalzahlaspekt, oft noch genauer differenziert in *Ordnungszahl* (2./zweiter) und *Zählzahlaspekt* („ich bin im Buch auf Seite 9")).
- Sie dienen zur Bezeichnung von *Größen* („Wie lang?" usw., Maßzahlaspekt; hiermit eng verwandt ist der *Skalen*aspekt).
- Sie beschreiben die *Vielfachheit* einer Handlung oder eines Vorgangs („Wie oft?", Operatoraspekt).
- Sie werden besonders häufig zum *Rechnen* benutzt (Rechenzahlaspekt, oft noch unterteilt in algorithmischen und algebraischen Aspekt).
- Sie dienen auch dazu, Dinge zu kennzeichnen und zu unterscheiden, kurz: zu *codieren* (Codierungsaspekt).

Vergleichen wir diese verschiedenen Gesichter der natürlichen Zahlen mit den verschiedenen **Gesichtern der Bruchzahlen** (vgl. Abschn. 3.1), so sind *vielfältige* Unterschiede offensichtlich: So bleiben nur *wenige* Zahlaspekte fast *unverändert* erhalten (Rechenzahl, Maßzahl), ein Teil wird *stark modifiziert* (Operatoraspekt), andere Aspekte *verschwinden völlig* oder bleiben nur noch in ganz spezieller Form erhalten (Kardinalzahlaspekt, Ordinalzahlaspekt, Codierungsaspekt) und schließlich sind auch einige Zahlaspekte zumindest in dieser vollständigen Form *neu* bei den Bruchzahlen und von den natürlichen Zahlen her so nicht bekannt (Anteil, Verhältnis, Quotient, Lösung linearer Gleichungen).

Auf weitere wichtige Veränderungen beim Zahlbegriff gehen wir im Kap. 5 *Größen-vergleich* noch ein. Aber nicht nur bei den Zahlaspekten, sondern auch bei der **Zahldar-stellung** gibt es heftige Veränderungen: Statt *einer* Schreibweise wie bei den natürlichen Zahlen gibt es jetzt *mehrere*, sehr verschiedenartige Schreibweisen (vgl. Abschn. 3.4). Und auch die *Zahlnotation* ist *nicht* mehr *so eindeutig*, wie es bei den natürlichen Zahlen der Fall ist ($\frac{1}{2} = \frac{2}{4} = \frac{3}{6} = \ldots$).

Die deutlichen **Unterschiede** sollten im Unterricht explizit thematisiert werden, etwa in der Form:

- „Vergleicht die verschiedenen Gesichter der natürlichen Zahlen und der Bruchzahlen. Wo seht ihr Unterschiede? Warum? Wo Gemeinsamkeiten?" Oder:
- Zur Überzeugung der Schülerinnen und Schüler von der Eindeutigkeit der Notation der *Bruchzahlen* sollte die Gleichwertigkeit von Brüchen in vielen unterschiedlichen Kontexten erarbeitet werden. Als Aufgabenformat schlägt beispielsweise Prediger ([141], S. 511) das Schreiben von Rechengeschichten vor: „Erzähle eine Geschichte, in der die Gleichwertigkeit $\frac{3}{4} = \frac{6}{8}$ vorkommt. Die Brüche können dabei Apfel-Schorle-Mischungen, Pizza-Verteilungs-Situationen oder anderes beschreiben." (vgl. Kap. 4)

Erweitern/Kürzen von Brüchen

4

Wegen der geringen anschaulichen Vorkenntnisse (vgl. Abschn. 4.1) muss im Unterricht zunächst gründlich das Phänomen *gleichwertiger Brüche* entdeckt und genauer analysiert werden (Abschn. 4.2). Erst auf dieser anschaulichen Basis kann anschließend das Erweitern (Abschn. 4.3) und Kürzen (Abschn. 4.4) sinnvoll erarbeitet und durch möglichst *variationsreiche* Aufgabenstellungen (vgl. Abschn. 4.5) eingeübt werden. Problembereiche und Hürden nebst Hinweisen zur Prävention und Intervention thematisieren wir im Abschn. 4.6. Das Kapitel endet mit Beispielen zur vertieften Behandlung des Erweiterns und Kürzens.

4.1 Anschauliche Vorkenntnisse

Die anschaulichen Vorkenntnisse zur **Gleichwertigkeit von Brüchen** (Äquivalenz von Brüchen) bei Schülerinnen und Schülern der Klasse 6 testete Padberg unmittelbar *vor* der systematischen Behandlung der Bruchrechnung in verschiedenen Kontexten *u. a.* mit den folgenden **drei Aufgaben** (Padberg [122]):

- Pizzabäckerei Caruso und Pizzabäckerei Donato backen gleich große Pizzas. Pizzabäckerei Caruso teilt ihre runden Pizzas in 6 gleich große Teile. Caroline kauft 3 Teile. Pizzabäckerei Donato teilt ihre runden Pizzas in 8 gleich große Teile. Moritz kauft 4 Teile. Wer hat mehr Pizza bekommen? An Distraktoren werden angeboten: Caroline, Moritz, beide gleich viel, ich weiß es nicht.
- In einem gegebenen Quadrat mit 4 Zeilen und 4 Spalten sind 12 Felder (die 3 unteren Zeilen) von 16 Feldern schraffiert. Die Fragen dazu: Welcher Bruchteil des Quadrats ist schraffiert? Kannst du diesen Bruchteil noch anders ausdrücken?

© Springer-Verlag GmbH Deutschland 2017
F. Padberg, S. Wartha, *Didaktik der Bruchrechnung*,
Mathematik Primarstufe und Sekundarstufe I + II, DOI 10.1007/978-3-662-52969-0_4

- In einem gegebenen Rechteck mit 3 Zeilen und 4 Spalten sind 8 von 12 Feldern (die beiden unteren Zeilen) schraffiert. Fragestellungen analog wie bei der vorhergehenden Aufgabe.

Erwartungsgemäß erkennen die Schülerinnen und Schüler die Gleichwertigkeit zweier Brüche am häufigsten im **Sonderfall** $\frac{1}{2}$, also bei der **ersten Aufgabe**. Trotz eines vertrauten Kontextes kreuzen jedoch *nur* gut 40 % der untersuchten Lernenden den richtigen Distraktor an. Typisch für eine *richtige* Begründung des gefundenen Ergebnisses ist die Argumentation von Konstantin: „Keiner von denen hat mehr bekommen, weil Pizzabäckerei Caruso, die teilt ja in 6 gleichgroße Stücke, und Caroline hat 3, das wäre dann die Hälfte. Und die andere Pizzabäckerei, die teilt das ja in 8 gleich große Stücke, und Moritz kauft 4 Teile, und das wäre dann auch die Hälfte. Beide gleich." Die Lernenden verfügen in dieser Phase im günstigsten Fall über eine *implizite* Vorstellung von Gleichwertigkeit, die so nur bei wenigen einfachen Stammbrüchen angewandt werden kann.

Verglichen mit dem *eigentlich* leichten Sonderfall $\frac{1}{2}$ fällt die Lösungsquote bei den **beiden anderen Aufgaben** nochmals sehr deutlich ab – und zwar am stärksten bei der dritten Aufgabe mit dem Bruch $\frac{2}{3}$, die nur noch rund 10 % der Schülerinnen und Schüler richtig lösen, gleich viele Schülerinnen und Schüler erhalten hier $\frac{2}{4}$ als falsches Ergebnis.

Eine **mögliche Erklärung** für die unterschiedliche Fehlerhöhe bei $\frac{2}{3}$ und $\frac{3}{4}$ vermittelt die Begründung von Florian für die *falsche* Antwort $\frac{2}{4}$ bei der dritten Aufgabe: „$\frac{2}{4}$, warum dachte ich das, weil ja das sind hier Viertel [die vier schraffierten Felder der untersten Zeile] und hier Viertel. 2 sind dann schraffiert." Lernende mit dieser fehlerhaften Antwortstrategie fallen zwar bei der dritten Aufgabe auf, erhöhen jedoch bei der zweiten Aufgabe die Lösungsquote, da sie wegen der 3 Zeilen mit jeweils 4 schraffierten Kästchen in dem entsprechenden Quadrat *formal* richtig $\frac{3}{4}$ antworten.

Dass die **Gleichwertigkeit von Brüchen** bislang von den Lernenden im günstigsten Fall nur *intuitiv* gespürt wird und sich keineswegs schon im Sinne der **Grundvorstellung des Verfeinerns bzw. Vergröberns von Unterteilungen** ausgebildet hat, kann man auch daran erkennen, dass auf die Frage „Kannst du den Bruch auch noch anders ausdrücken?" bei der zweiten Aufgabe *kein* Lernender neben $\frac{3}{4}$ beispielsweise noch $\frac{12}{16}$ nennt und bei der dritten Aufgabe nur *ein* einziger Lernender neben $\frac{2}{3}$ noch $\frac{8}{12}$ angibt – obwohl dies in beiden Fällen durch das gegebene Quadrat bzw. Rechteck und seine Unterteilung sehr naheliegt. Im 6. Schuljahr ist also noch viel gründliche Arbeit erforderlich, bis die Lernenden über einen anschaulich fundierten Äquivalenzbegriff bei Brüchen verfügen (vgl. auch Hefendehl-Hebeker [63]). Keinesfalls sollte man die vorhandenen anschaulichen Vorerfahrungen überschätzen und rasch zur Kalkülebene übergehen. Daher thematisieren wir im nächsten Abschnitt gründlich *anschauliche Zugangswege* zur Gleichwertigkeit von Brüchen.

4.2 Gleichwertige Brüche – anschauliche Zugangswege

Einen möglichen **ersten Impuls**, um über einen kognitiven Konflikt an die Gleichwertigkeit von Brüchen heranzuführen, können wir dem folgenden Schulbuchbeispiel (*Fundamente der Mathematik* 6) entnehmen:

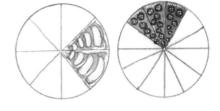

■ Jette: „Vom Apfelkuchen sind nur noch
zwei Stücke übrig. Von der Erdbeertorte noch
drei. Aber ich esse doch viel lieber
Apfelkuchen."
Mutter: „Aber es ist doch von beiden Kuchen
noch ein Viertel übrig. Von beiden Kuchen ist
genau gleich viel übrig, Jette."
Hat Jette oder ihre Mutter recht? Begründe. ■

© *Fundamente der Mathematik 6* [S8], S. 17, oben

Dieser erster Impuls lässt sich dann gut zielgerichtet weiterführen über die leicht zu realisierende Handlung des **Faltens von Papierblättern**. Falten wir nämlich ein Blatt, so erhalten wir leicht eine **Verfeinerung** einer gegebenen Unterteilung, wie die folgenden beiden Beispiele zeigen:

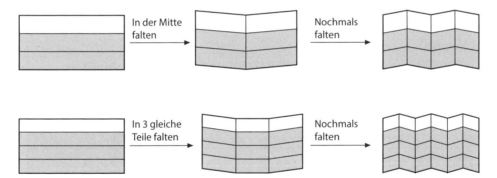

Welcher Teil des Blattes ist jeweils blau gefärbt? Durch das Falten ändert sich offenbar nicht der *Anteil* der blau gefärbten Fläche am Blatt, wohl aber die Anzahl der Unterteilungen. Die Unterteilung wird *verfeinert*. Daher benennen wir diese Anteile im ersten Beispiel spontan meist durch $\frac{2}{3}$, $\frac{4}{6}$ und $\frac{8}{12}$ sowie im zweiten Beispiel durch $\frac{3}{4}$, $\frac{9}{12}$ und $\frac{18}{24}$ – also trotz jeweils *gleichen* Anteils durch *verschiedene* Brüche. Machen wir das Falten wieder rückgängig und betrachten hierzu die Bilder von rechts nach links, so erhalten wir eine **Vergröberung** der Ausgangsunterteilung und beobachten bei der Benennung der Anteile durch Brüche Entsprechendes wie bei der Verfeinerung.

Oder betrachten wir die folgende Abbildung aus einem Schulbuch (*Elemente der Mathematik 5*):

Gib mithilfe verschiedener Brüche an, welcher Anteil der Tafel Schokolade noch vorhanden ist.

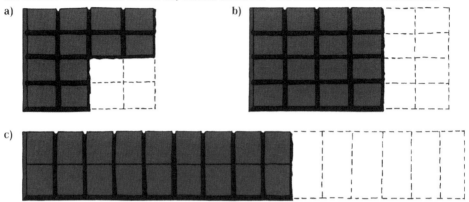

© *Elemente der Mathematik 5* [S3], S. 238

Diesen (gleichen!) Anteil der jeweils noch vorhandenen Schokolade können wir mithilfe verschiedener Brüche beschreiben, nämlich beispielsweise im Aufgabenteil a) mit $\frac{12}{16}$ oder $\frac{6}{8}$ oder $\frac{3}{4}$. Da der **Anteil jeweils gleich** ist, bezeichnen wir die Brüche als **gleichwertig** und schreiben hierfür $\frac{3}{4} = \frac{6}{8} = \frac{12}{16}$.

Wie kommt es, dass wir diese gleichen Anteile durch *verschiedene* Brüche bezeichnen (können)?

Betrachten wir zur **Begründung** die folgenden drei gleich großen Quadrate:

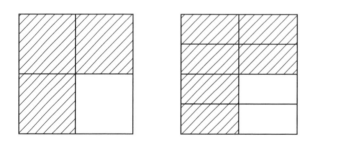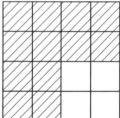

Unterteilen wir die Ausgangsfläche *doppelt* so oft, so ist jede Teilfläche nur *halb so* groß, also müssen wir *doppelt* so viele Teilstücke zusammenfassen; unterteilen wir die Ausgangsfläche *viermal* so oft, so ist jede Teilfläche ein *Viertel* so groß, also müssen wir *viermal* so viele Teilstücke zusammenfassen usw. *Halbieren* wir umgekehrt die Anzahl der jeweils gleich großen Teilstücke einer unterteilten Fläche durch die Zusammenfassung von jeweils 2 Teilstücken, so ist jedes Teilstück doppelt so groß, also müssen wir nur noch *halb* so viele Teilstücke zusammenfassen, um wieder zum gleichen Anteil zu gelangen. Während die Verfeinerung theoretisch beliebig weiter fortgesetzt werden kann, sind bei der Vergröberung durch die vorgegebene Unterteilung offenbar Grenzen gesetzt.

Weitere Zugangswege zur Gleichwertigkeit von Brüchen über das **gerechte Verteilen von Pizzas** („alle gleich viel") und über **gleich gute Ergebnisse beim Papierkorbball** („alle gleich gut") sowie eine mögliche Begründung der Gleichwertigkeit deutet die folgende Abbildung aus dem Schulbuch *mathewerkstatt* 6 an:

Alle gleich gut – alle gleich viel

a) Beim Pizzaessen sollen alle gleich viel Pizza bekommen.
   Schreibe die drei folgenden Sätze ins Heft und ergänze die passenden Zahlen.

Elise bekommt zwei Stücke von der Salamipizza, die in sechs Teile geschnitten ist.	*Die Thunfischpizza ist in doppelt so viele Stücke geschnitten. Anna bekommt ▪ Stücke.*	*Carina bekommt 6 Stücke von der Pilzpizza. Insgesamt hat diese Pizza ▪ Stücke.*

b) Drei Teams haben Papierkorbball gespielt, alle Gruppen waren gleich gut.
   Ergänze die fehlenden Zahlen im Heft und gib die Anteile als Brüche an.

Sverrcs Team: Bei 2 von 5 Würfen getroffen.	Khaleds Team: Bei ▪ von 15 Würfen getroffen.	Renés Team: 10-mal getroffen bei ▪ Versuchen.

c) Denke dir eine eigene Situation zu $\frac{5}{7} = \frac{15}{21}$ aus.

d) *Bei doppelt so vielen Versuchen brauchst du auch doppelt so viele Treffer, damit es gleich gut ist.*

Benutze Pias Idee, um die Lösungen aus a) bis c) zu erklären.

© *mathewerkstatt* 6 [S21], S. 63, Nr. 11

Eine originelle Einführung der Gleichwertigkeit von Brüchen mittels **Tischordnungen** beim gerechten Verteilen von Pizzas stammt von Streefland [176]: Bei diesem Zugangsweg kommt gleichzeitig die Beziehung zwischen Brüchen und **Verhältnissen** ins Spiel:

24 Kinder bestellen 18 Pizzas. Wie können sie sich im Restaurant hinsetzen?

An **einen** großen Tisch. Da muss dann auch die gesamte Bestellung Platz finden, alle 18 Pizzas.

$$\frac{18}{24}$$

Oder an **zwei** kleinere Tische? Dann geschieht mit der Bestellung jeweils dasselbe, wenn man gerecht bleiben will. Auf jeden Tisch kommen 9 Pizzas, an jedem Tisch sitzen 12 Kinder.

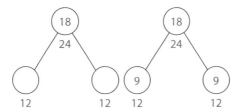

Bei **drei** Tischen kann das Pizzaverteilen fortgesetzt werden mit einer entsprechenden Verteilung der Bestellung.

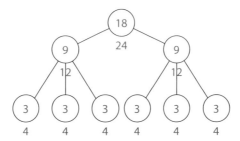

Offensichtlich sind die Portionen, die durch die folgenden Tischordnungen beschrieben werden, gleich groß und damit gerecht. Daher können wir kurz festhalten:

$$\left(\frac{18}{24}\right) = \left(\frac{9}{12}\right) = \left(\frac{3}{4}\right)$$

Startet man nach einiger Übung im Diagramm sofort mit *mehr* als 2 Tischen, so kann das Verteilverfahren *abgekürzt* werden, wenn beispielsweise beim Verteilen von 16 Pizzas an 24 Personen nicht zunächst mit einem 12-Personen-Tisch, sondern sofort mit einem 6-Personen- oder gar 3-Personen-Tisch begonnen wird.

Der Ansatz über die gleichwertigen Tischordnungen beim Pizzaverteilen ermöglicht den Schülerinnen und Schülern *individuelle* Konstruktionen und Lösungswege. So wird diese Operation vermutlich besser im Kopf verankert. Dieser Zugangsweg ermöglicht auch einen natürlichen Übergang von den Baumdiagrammen der Tischordnungen zu den viel knapper zu notierenden **Tabellen verhältnisgleicher Zahlenpaare** („ratio tables") und somit eine Verknüpfung des Verhältnisaspekts mit dem allgemeinen Bruchzahlbegriff. Bezogen auf die Portion, die jeder bekommt, lassen sich Klassen *gleichwertiger* Tische zusammenstellen, und auch in dieser Hinsicht lässt sich der *Bruchzahlbegriff* gut vorbereiten.

Der vorgestellte Ansatz von Streefland über Tischordnungen ist sehr tragfähig und hilft, variationsreich die Gleichwertigkeit von Brüchen, aber auch die Kleinerrelation, die Addition, Subtraktion und Division vorzubereiten (vgl. Padberg [126], S. 51 f.).

Nach Prediger et al. [145] sowie Wessel [212] ist die **Bruchstreifentafel** ein weiteres zentrales Anschauungsmittel für die Bruchrechnung. Mit ihrer Hilfe lässt sich die *Gleichwertigkeit* von Brüchen – insbesondere auch für leistungsschwächere Lernende – sehr anschaulich vermitteln. Die Bruchstreifentafel ist nämlich eine gemeinsame Darstellung vieler verschiedener Bruchstreifen und somit jeweils verschiedener Einteilungen des (gleichen) Ganzen in Halbe, Drittel, Viertel, Fünftel usw. (für eine Kopiervorlage der Bruchstreifentafel vgl. Prediger et al. [147], S. 35). Auf einen Blick können wir hier leicht gleichwertige Brüche erkennen, ggf. unterstützt durch das vertikale Anlegen eines Lineals.

Die **Gleichwertigkeit verschiedener Brüche** sollte für einige Zeit zunächst **nur anschaulich** – wie in diesem Abschnitt beschrieben – erarbeitet werden. Die Begriffe Erweitern und Kürzen sowie die entsprechenden Regeln sollten in dieser Phase auf *keinen* Fall eingeführt bzw. formuliert werden.

Bei der anschaulichen Einführung gleichwertiger Brüche sollten auf jeden Fall **folgende Ziele** erreicht werden (vgl. auch Prediger [143], S. 9):

- Die Lernenden entdecken, dass derselbe Anteil oder eine gleichwertige Verteilungssituation etwa bei Pizzas oft durch *verschiedene Brüche* beschrieben werden kann. Diese Brüche werden daher gleichwertig genannt.
- Die Lernenden erklären in unterschiedlichen Kontexten, warum zwei gegebene Brüche *gleichwertig* sind.
- Die Lernenden finden zu einem gegebenen Bruch in verschiedenen Kontexten möglichst viele *gleichwertige* Brüche.

Besonders die in diesem Abschnitt gewonnene Erkenntnis, dass wir durch das **Verfeinern bzw. Vergröbern von Unterteilungen** zu gleichwertigen Brüchen gelangen, ist für das Erweitern und Kürzen als **Grundvorstellung** von zentraler Bedeutung.

4.3 Erweitern – systematische Behandlung

In dieser Unterrichtsphase wird das Erweitern als *elegante* und *zeitsparende* Methode entdeckt, um die in 4.2 variationsreich und rein anschaulich thematisierte Gleichwertigkeit von Brüchen **rein rechnerisch** festzustellen. Bei diesem Gesamtansatz steht also nicht der Kalkül im Mittelpunkt, dem wir in einigen wenigen „Anwendungsaufgaben" eine inhaltliche Deutung geben, sondern umgekehrt dient uns der Kalkül als „Denkentlastung für ein inhaltlich längst mit Sinn gefülltes und vertrautes Konzept" (Prediger [143], S. 8).

Den **Übergang** vom anschaulichen Weg zum Kalkül können wir beispielsweise durch folgende Aufgabenstellung anstoßen (Prediger [143], S. 9): „Nina sagt: ‚Die Mühe mit den Bildern muss ich mir gar nicht immer machen! Mir ist aufgefallen, dass ich nur oben und unten dasselbe machen muss!' Schau dir gleichwertige Brüche an. Was könnte Nina meinen? Hat sie Recht? Kannst du daraus eine besser verstehbare Regel aufschreiben, wie man ganz schnell gleichwertige Brüche findet?"

Oder wir lassen die Lernenden eine **fortschreitende Verfeinerung** eines Quadrats **analysieren**:

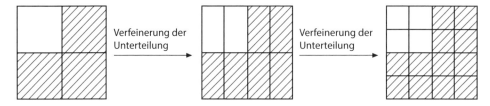

Verfeinern wir die Unterteilung bei dem gegebenen Quadrat, so entsteht aus dem Bruch $\frac{3}{4}$ wegen der Verdoppelung bzw. Vervierfachung der Anzahl der Unterteilungen, und damit auch der Anzahl der schraffierten Teile, der Bruch $\frac{6}{8} = \frac{3\cdot2}{4\cdot2}$ bzw. $\frac{12}{16} = \frac{3\cdot4}{4\cdot4}$, und es gilt: $\frac{3}{4} = \frac{6}{8} = \frac{12}{16}$. Der **Verfeinerung** der Unterteilung des Quadrats entspricht also beim Bruch ein **Multiplizieren des Zählers und Nenners** im Beispiel mit 2 bzw. 4, also jeweils mit *derselben* natürlichen Zahl. Wir erhalten also rein rechnerisch sehr leicht *gleichwertige Brüche*, indem wir Zähler und Nenner mit **derselben Zahl** multiplizieren. Dieses Multiplizieren von Zähler und Nenner eines Bruches mit derselben (von 0 und 1 verschiedenen) natürlichen Zahl nennen wir **Erweitern**. Da wir – zumindest theoretisch – die Verfeinerung beliebig stark durchführen können (wir können die Anzahl der gleich großen Teile des Quadrats verdoppeln, verdreifachen, vervierfachen usw.), kann man auf diese Art anschaulich einsehen, dass man einen gegebenen Bruch mit *jeder* natürlichen Zahl erweitern kann, dass also gilt:

Satz 4.1 *Wir können Brüche mit jeder natürlichen Zahl r (außer 0 und 1) erweitern, d. h., für alle natürlichen Zahlen r gilt:*

$$\frac{m}{n} = \frac{m \cdot r}{n \cdot r}$$

Auf diese Weise erhalten wir also ausgehend von *einem* Bruch $\frac{m}{n}$ beliebig viele verschiedene, hierzu *gleichwertige* Brüche.

4.4   Kürzen – systematische Behandlung

Während die *Verfeinerung* einer gegebenen Unterteilung, z. B. eines Rechtecks – zumindestens theoretisch – beliebig stark durchgeführt werden kann, lässt sich eine **Vergröberung** nur in begrenztem Umfang realisieren, wie man schon dem folgenden Beispiel entnehmen kann.

Beispiel

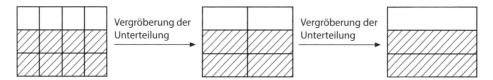

Vergröbern wir wie im Bild die Unterteilung, so entsteht aus dem Bruch $\frac{8}{12}$ wegen der Halbierung bzw. Viertelung der Anzahl der Unterteilungen – und damit auch der Anzahl der schraffierten Teile – der Bruch $\frac{4}{6} = \frac{8:2}{12:2}$ bzw. der Bruch $\frac{2}{3} = \frac{8:4}{12:4}$, und es gilt:

$$\frac{8}{12} = \frac{4}{6} = \frac{2}{3}.$$

Dem **Vergröbern** der Unterteilung des Rechtecks im Bild entspricht also beim Bruch ein **Dividieren des Zählers und Nenners** durch 2 bzw. 4, also jeweils durch *dieselbe* natürliche Zahl. Diese dem Erweitern entgegengesetzte Operation bezeichnet man als **Kürzen**. Offensichtlich kann man einen Bruch nur durch die *gemeinsamen* Teiler von Zähler und Nenner kürzen. Wir erhalten also:

Satz 4.2 *Wir können Brüche durch alle gemeinsamen Teiler des Zählers und Nenners kürzen, d. h., für alle gemeinsamen Teiler k von m und n mit $m, n, k \in \mathbb{N}$ gilt:*

$$\frac{m}{n} = \frac{m : k}{n : k}$$

Zwischen dem Erweitern und Kürzen eines Bruches besteht also ein **wesentlicher Unterschied**: Wir können einen gegebenen Bruch mit *jeder* natürlichen Zahl erweitern, aber wir können ihn nur durch *gemeinsame Teiler* von Zähler und Nenner kürzen. Beim Kürzen teilt man i. Allg. Zähler und Nenner so lange durch gemeinsame Teiler, bis schließlich Zähler und Nenner *teilerfremd* sind, d. h. nur noch 1 als gemeinsamen Teiler besitzen. Der Bruch ist dann vollständig gekürzt, und man spricht auch von der *Grundform* des Bruches oder vom **Kernbruch**. Bei Kenntnis des *größten* gemeinsamen Teilers (*ggT*) von Zähler und Nenner kann man durch die Division von Zähler und Nenner durch diesen *ggT* den Kernbruch schon in *einem* Schritt erreichen.

Aufgrund der Kenntnis des Kürzens von Brüchen können wir jetzt auch die Frage beantworten, wie man zwei Brüchen **direkt** (also ohne Rückgriff auf Veranschaulichungen wie z. B. Rechtecke) ansehen kann, ob sie gleichwertig sind.

Satz 4.3 *Zwei Brüche sind genau dann gleichwertig (äquivalent), wenn sie durch Kürzen in denselben Kernbruch übergehen.*

Die auf den ersten Blick naheliegendere Formulierung, dass die beiden Brüche durch Kürzen *ineinander* überführt werden können, reicht offensichtlich *nicht* aus (Beispiel: $\frac{4}{6} = \frac{6}{9}$).

Aber auch mithilfe des Erweiterns – und zwar auf den gemeinsamen Nenner $n \cdot q$ – können wir die gestellte Frage offensichtlich direkt beantworten. Wir erhalten in diesem Fall mithilfe des „Kreuzproduktes" folgende griffige Formulierung:

Satz 4.4 *Die Brüche $\frac{m}{n}$ und $\frac{p}{q}$ sind genau dann gleichwertig (äquivalent), wenn gilt:* $m \cdot q = n \cdot p$.

Die Schülerinnen und Schüler müssen also in diesem Zusammenhang verstehen, dass das Kürzen und Erweitern nur Veränderungen auf der Ebene der Brüche, *nicht* aber auf der Ebene der Bruchzahlen bewirkt. Daher besitzen Bruchzahlen – im Gegensatz zu den natürlichen Zahlen – unendlich viele verschiedene Namen.

4.5 Variationsreiches Üben

Für ein gründliches Verständnis des Erweiterns und Kürzens ist nicht nur eine sorgfältige und anschaulich fundierte Einführung notwendig, sondern es sind auch variationsreiche Übungen erforderlich. Im Folgenden stellen wir daher beispielhaft **einige Aufgabenformate** vor.

- **Welche Anteile sind eingefärbt?**
  Das folgende Beispiel stammt aus dem Schulbuch *Fokus* 6:

  Welche Anteile sind eingefärbt? Gib an, mit welcher Zahl erweitert oder gekürzt wurde.

  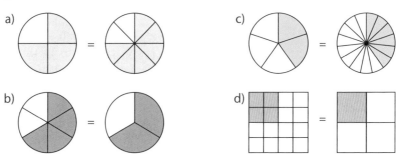

  © *Fokus Mathematik* 6 [S6], S. 62, Nr. 1

- **Verfeinerung der Einteilung**
  Verfeinere die Einteilung des Rechtecks, indem du jedes Teilstück
  a) in zwei Teile,   b) in drei Teile und   c) in vier Teile

unterteilst. Welcher Anteil ist gefärbt? (vgl. *Mathematik heute* 5)

(1) 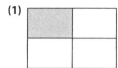   **(2)**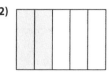

© *Mathematik heute* 5 [S12], S. 188, Nr. 6

- **Erweiterungszahl**
  Mit welcher Zahl wurde bei $\frac{4}{5} = \frac{12}{15}$ erweitert?
- **Schrittweises Kürzen**
  Kürze schrittweise so weit wie möglich:
  a) $\frac{18}{24}$ b) $\frac{15}{45}$ c) $\frac{72}{108}$
- **Erweitere auf Hundertstel**
  Erweitere $\frac{3}{4}$ und $\frac{7}{20}$ jeweils auf Hundertstel.
- **Gleiche Nenner**
  Erweitere die Brüche $\frac{3}{4}$ und $\frac{5}{6}$ so, dass sie einen gleichen Nenner haben.
- **Wahr oder falsch**
  Ist $\frac{4}{5} = \frac{28}{35}$ bzw. $\frac{3}{5} = \frac{36}{65}$ wahr oder falsch? Falls falsch: Ändere bei dem zweiten Bruch entweder den Zähler oder den Nenner so ab, dass eine wahre Aussage entsteht. Begründe deine Vorgehensweise.
- **Setze geeignete Zahlen ein**
  Setze in die Kästchen geeignete Zahlen ein:
  a) $\frac{1}{2} = \frac{\Box}{6}$ b) $\frac{2}{3} = \frac{10}{\Box}$ c) $\frac{\Box}{6} = \frac{10}{30}$
- **Gleichwertige Brüche I**
  Die folgende, in Partnerarbeit zu bearbeitende Aufgabe stammt aus dem Schulbuch *Elemente der Mathematik 5*:

Welcher Anteil ist grün, welcher gelb gefärbt? Gib mehrere Brüche an. Vergleiche dann mit deinem Nachbarn. Begründet einander eure Ergebnisse.

 a)   **b)**   **c)**   **d)**

© *Elemente der Mathematik 5* [S3], S. 239, Nr. 3

- **Gleichwertige Brüche II**
  Finde zu jedem Bruch drei gleichwertige Brüche. Wann hast du gekürzt, wann erweitert?
  a) $\frac{1}{5}$ b) $\frac{18}{36}$ c) $\frac{6}{9}$ d) $\frac{12}{4}$ e) $\frac{5}{1}$
  Begründe deine Vorgehensweise.

- **Ein Spiel**

  Das folgende **Domino-Spiel** entstammt dem Schulbuch *Mathematik heute* 5:

  Stellt euch ein *Domino-Spiel* wie dieses aus Pappe her. Die „Spielsteine" werden gemischt und an die Mitspieler verteilt. Ein Spieler legt einen Stein in die Mitte. Reihum darf jeder Spieler links und rechts Brüche mit demselben Wert anlegen.
  Wer keinen passenden Stein besitzt, setzt aus. Sieger ist, wer zuerst alle Steine anlegen konnte.

© *Mathematik heute* 5 [S12], S. 190, Nr. 11

4.6 Mögliche Problembereiche und Hürden/Prävention und Intervention

Zwischen unserer **Alltagssprache** und der **Fachsprache** im Mathematikunterricht bestehen bei den Begriffen *Erweitern* und *Kürzen* **deutliche Unterschiede**, die im Unterricht durch entsprechende Aufgaben thematisiert werden müssen, um so unnötige Probleme zu vermeiden. So verbinden wir im täglichen Leben mit dem Begriff des Erweiterns die Vorstellung des Vergrößerns, mit dem Begriff des Kürzens (Beispiel: Kürzen des Gehalts) die Vorstellung des Verkleinerns, während sowohl das Erweitern als auch das Kürzen im Mathematikunterricht die betreffende Zahl *unverändert* lassen. Lernende können bis zum Zeitpunkt der systematischen Behandlung der Bruchrechnung offensichtlich **kaum Vorerfahrungen** mit gleichwertigen Brüchen sammeln, wie die in Abschn. 4.1 geschilderte Untersuchung aufgezeigt hat. Im günstigsten Fall haben sie sich bis dahin erste spezielle Strategien bei ganz wenigen einfachen Stammbrüchen wie $\frac{1}{2}$ angeeignet. Ähnliches bezüglich **spezieller Strategien** berichtet auch Hart ([51], [50]) – und dies sogar noch *während* oder sogar *nach* der systematischen Behandlung im Unterricht.

Befunde von Hart – erhoben in Großbritannien mittels Einzelinterviews – belegen nämlich, dass Schülerinnen und Schüler auch bei richtigen Lösungen häufiger mit *eigenen*, nicht im Unterricht behandelten Strategien arbeiten. So wird beim Lösen der Aufgaben $\frac{1}{3} = \frac{2}{?}$ oft argumentiert: 1 addiert zu 1 ergibt 2, 3 addiert zu sich selbst ergibt 6. Diese Strategie ist nur beim **Verdoppeln** unproblematisch, während sie bei einer Aufgabe wie $\frac{2}{3} = \frac{?}{15}$ äußerst umständlich und fehlerträchtig ist. (Bei der Untersuchung von Hart liegen die Richtigkeitsquoten bei der zweiten Aufgabe auch wesentlich unter den entsprechenden Quoten der ersten Aufgabe.) Bei der Aufgabe $\frac{5}{10} = \frac{?}{30}$ dagegen argumentieren die Schüler häufig: 5 ist die Hälfte von 10, also suche ich *die* Zahl, die die Hälfte von 30 ist. Auch hier wird also mit einer Strategie gearbeitet, die nur in diesem Sonderfall (der Zähler ist die **Hälfte** des Nenners) gut funktioniert, die aber beispielsweise bei einer Aufgabe wie $\frac{2}{7} = \frac{?}{35}$ *nicht* angewandt werden kann. So unbedingt wünschenswert diese speziellen Strategien in der Anfangsphase auch sind, die Schülerinnen und Schüler dürfen hier *nicht* stehen bleiben, sondern müssen behutsam an **verallgemeinerbare Strategien** herangeführt werden.

Das Problem, in konkreten Kontexten – beispielsweise der Pizzabäckereien in Abschn. 4.1 – *gleichzeitig* die **Anzahl** der gekauften Teile **und** die **Größe** der Teile im Blick behalten zu müssen, führt leicht zu *zwei typischen Fehlern*: Mehr Lernende achten ausschließlich auf die *Anzahl* der Teile, halten daher die beiden Einkäufe – und damit die entsprechenden Brüche – nicht für gleichwertig und argumentieren folgerichtig, dass Moritz mehr Pizza gekauft hat. Die anspruchsvollere – aber ebenfalls fehlerhafte – Argumentation ausschließlich mit der *Größe* der Teile erfolgt seltener. Diese beiden möglichen Fehler müssen daher bei der Einführung gut im Blick behalten werden.

Stehen allerdings im Unterricht die syntaktischen Regeln zum Kürzen und Erweitern zur Verfügung, haben die Schülerinnen und Schüler beim *isolierten* Abtesten der Techniken des Kürzens und Erweiterns nur noch äußerst selten Schwierigkeiten und erreichen sehr hohe Lösungsquoten von oft sogar weit über 90 % (vgl. Padberg [126], S. 56).

Nur bei *speziellen Zahlenkonstellationen* fällt beim **Kürzen** die hohe Lösungsquote etwas ab. So kürzen in verschiedenen Untersuchungen von Padberg rund 20 %(!) der Schüler jeweils fehlerhaft $\frac{9}{18} = \frac{1}{9}$ bzw. $\frac{9}{18} = \frac{3}{6} = \frac{1}{3}$. Hierbei ist die 9 beim Kürzen von $\frac{9}{18}$ offenbar so *dominant*, dass die Schülerinnen und Schüler zwar richtig im Zähler $9 : 9 = 1$ rechnen, aber im Nenner fehlerhaft 9 notieren und so zum Ergebnis $\frac{1}{9}$ gelangen. Analog kann man offenkundig das falsche Kürzen bei $\frac{3}{6} = \frac{1}{3}$ erklären. Es handelt sich hier um so genannte *Assoziationsfehler* (vgl. Schaffrath [159], Pippig [136]).

Beim Kürzen muss man jedoch unterscheiden zwischen der *Beherrschung* dieser Technik und ihrer *Durchführung* etwa *nach* einer Additionsaufgabe. So sinkt nach Lörcher [96] durch die Forderung nach einem *vollständig* gekürzten Ergebnis der Lösungsprozentsatz bei *kürzbaren* Ergebnissen in Realschulen auf zwei Drittel und in Hauptschulen auf weniger als die Hälfte ab. Ursache hierfür ist jedoch *nicht* eine mangelhafte Beherrschung der Technik des Kürzens. Es wird vielmehr nur einfach am Ende der Aufgabe *vergessen*, das Ergebnis noch weiter auf Kürzbarkeit zu untersuchen.

Beim **Erweitern** ist eine gewisse Unsicherheit nur bei *den* Aufgaben erkennbar, die auf die *Einbettung* der natürlichen Zahlen in die Menge der Bruchzahlen Bezug nehmen (Beispiel: $5 = \frac{\square}{3}$). Eine Verwechslung von Erweitern und Multiplizieren erfolgt ausschließlich nur in der *einen* Richtung, dass beim Multiplizieren eines Bruches mit einer natürlichen Zahl fehlerhaft erweitert wird. Dies geschieht allerdings dort *sehr häufig* (vgl. Abschn. 7.7).

4.7   Vertiefung

In diesem Abschnitt stellen wir exemplarisch einige **Aufgabenformate** zur vertieften Behandlung des Erweiterns und Kürzens vor.

- **Alle Möglichkeiten**

  Der Bruch $\frac{18}{24}$ ist durch Erweitern entstanden. Aus welchem Bruch kann er entstanden sein? Schreibe *alle* Möglichkeiten auf und begründe, dass es *alle* sind.

- **Fehlende Zahl**

  Bestimme durch Kürzen bzw. Erweitern die fehlende Zahl:

  a) $\frac{28}{35} = \frac{\square}{15}$ b) $\frac{9}{12} = \frac{6}{\square}$ c) $\frac{\square}{9} = \frac{7}{21}$

- **Viele Lösungen**

  Welche Zahlen können in den Kästchen stehen? Schreibe einige Lösungen auf. Finde möglichst viele. Wie hängen die Lösungen zusammen? Beschreibe!

  a) $\frac{3}{\square} = \frac{12}{\square}$ b) $\frac{\square}{12} = \frac{\square}{6}$ c) $\frac{\square}{5} = \frac{20}{\square}$

- **Schrittweises Kürzen**

  Diese Aufgabe stammt in dieser Form aus dem Schulbuch *Elemente der Mathematik* 5:

Milena und Jan haben begonnen, den Bruch $\frac{48}{72}$ schrittweise zu kürzen. Vervollständige beide Wege. Was stellst du fest?

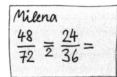

© *Elemente der Mathematik* 5 [S3], S. 243, Nr. 13

- **Erweitern und Multiplikation mit 1**

  Erkläre das Erweitern eines Bruches mithilfe der Multiplikation mit 1.

  Bemerkungen

  (1) Diese Aufgabe kann erst nach der Behandlung der Multiplikation bearbeitet werden.

  (2) Allgemeine Begründung: Für alle $n \in \mathbb{N}$ gilt beispielsweise $\frac{3}{4} = \frac{3}{4} \cdot 1 = \frac{3}{4} \cdot \frac{n}{n} = \frac{3 \cdot n}{4 \cdot n}$.

- **Kürzen und Multiplikation mit 1**

  Erkläre das Kürzen eines Bruches mithilfe der Multiplikation mit 1.

  Bemerkung

  Begründe das Kürzen ähnlich wie in der vorhergehenden Aufgabe, nur in umgekehrter Richtung.

- **Überraschendes Kürzen**

  Jan hat eine Entdeckung gemacht: Er „kürzt" $\frac{16}{64}$, indem er im Zähler und Nenner die 6 streicht. Stimmt das Ergebnis? Wende das Verfahren auch bei $\frac{49}{98}$ an. Bestimme weitere Beispiele, bei denen dieses Verfahren funktioniert. Warum funktioniert es nicht immer? (vgl. auch Grassmann [40], S. 268).

Größenvergleich von Brüchen

5

Bei den natürlichen Zahlen und bei den Dezimalbrüchen können wir direkt schon anhand der *Ziffernschreibweise* entscheiden, welche von zwei gegebenen Zahlen die größere ist. Bei Brüchen funktioniert dies *nicht* so einfach. Entsprechend gering sind die *anschaulichen Vorerfahrungen* zum Größenvergleich *vor* Beginn der Bruchrechnung (vgl. Abschn. 5.1), *gründliche anschauliche Vorarbeiten* sind daher erforderlich (Abschn. 5.2). Erst *dann* kann der Weg über die Hauptnennerbestimmung *systematisch* beschritten werden (Abschn. 5.3). Andernfalls ist die Gefahr groß, dass die Schülerinnen und Schüler bei sämtlichen Bruchvergleichen *schematisch* nach diesem Rezept vorgehen. Nach der Vorstellung variationsreicher Aufgabenformate zum Üben in Abschn. 5.4 thematisieren wir wichtige Fehlvorstellungen von Schülerinnen und Schülern sowie gravierende Grundvorstellungsumbrüche beim Größenvergleich im Abschn. 5.5. Nach der Vorstellung ausgewählter Maßnahmen für eine erfolgreiche Prävention und Intervention im Abschn. 5.6 zeigen wir im letzten Abschn. 5.7 vielseitige Möglichkeiten zur Vertiefung auf.

5.1 Anschauliche Vorkenntnisse

Anschauliche Vorkenntnisse von Schülerinnen und Schülern lassen sich mit folgenden **drei Aufgabentypen** gut testen (Padberg [122]):

(1) Kreuze jeweils die *größere* Zahl an und *begründe*, warum sie größer ist:

$$a)\ \frac{2}{5}\ \text{und}\ \frac{4}{5} \quad b)\ \frac{1}{3}\ \text{und}\ \frac{1}{4} \quad c)\ \frac{2}{3}\ \text{und}\ \frac{2}{5} \quad d)\ \frac{2}{3}\ \text{und}\ \frac{3}{2}.$$

Bemerkung: Wegen möglicher Schwierigkeiten mit der *Ziffern*schreibweise von Brüchen (Beispiel: $\frac{2}{5}$) benutzen wir im Test jeweils parallel auch das mündliche Zahlwort (Beispiel: 2 Fünftel).

© Springer-Verlag GmbH Deutschland 2017
F. Padberg, S. Wartha, *Didaktik der Bruchrechnung*,
Mathematik Primarstufe und Sekundarstufe I + II, DOI 10.1007/978-3-662-52969-0_5

(2) Um wie viel ist
    a) eine dreiviertel Stunde länger als eine halbe Stunde?
    b) dreiviertel Meter länger als ein halber Meter?
    c) Dreiviertel größer als ein Halb?
(3) Kannst du einen Bruch angeben, der
    a) zwischen ein Halb und 1 liegt?
    b) zwischen ein Viertel und ein Halb liegt?

Die Untersuchung lieferte folgende **Ergebnisse** (Padberg [122]):

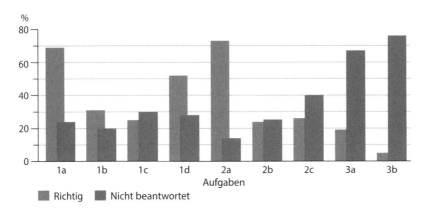

Erste Aufgabe Beim *ersten* Aufgabentyp ist die Lösungsquote von Lernenden der Klasse 6 unmittelbar *vor* der systematischen Bruchrechnung bei zwei Aufgaben *relativ* hoch, möglicherweise weil hier bei **1a** die von den natürlichen Zahlen vertraute Strategie unverändert zu einem richtigen Ergebnis führt und weil bei **1d** *einer* der beiden Brüche deutlich erkennbar größer als 1 ist – zumal es sich hier speziell um Halbe handelt. Ferner kann auch die *passende* Abfolge der natürlichen Zahlen bei der quasikardinalen Schreibweise ($2 < 4$ bzw. $2 < 3$) ein „richtiges" Ergebnis provozieren und so die Lösungsquote zusätzlich vergrößern. Bei den übrigen beiden Aufgaben übertragen 40 % bis 50 % der Lernenden die Kleinerrelation *fehlerhaft* von den vertrauten natürlichen Zahlen auf die Brüche, wie die Begründungen im Test, aber auch in den Interviews belegen. Beispiel Susan bei Aufgabe **1b**: „Ja, weil das sind $\frac{1}{3}$ und das sind $\frac{1}{4}$ und $\frac{1}{4}$ sind natürlich mehr ... weil hier 4 ist und das 3 ..."

Zweite Aufgabe Die *hohe* Lösungsquote bei der Aufgabe **2a**, die sogar noch höher ist als beim Vergleich *gleichnamiger* Brüche, zeigt drastisch auf, wie sorgfältig Aufgaben bei empirischen Untersuchungen ausgewählt werden müssen. Ursache für die hohe Lösungsquote sind *nicht* gute Bruchvorstellungen, sondern durch den häufigen alltäglichen Gebrauch fest verankerte *Gleichsetzungen* von $\frac{3}{4}$ Stunde mit 45 Minuten und von einer halben Stunde mit 30 Minuten, die oft zu dem richtigen Ergebnis 15 Minuten oder $\frac{1}{4}$

Stunde führen. Die viel niedrigeren Lösungsquoten bei **2b** und **2c** zeigen das vorhandene Vorwissen beim Größenvergleich einfacher Brüche *realistischer* an. Die fest verankerten Gleichsetzungen bei den Zeiteinheiten provozieren häufig **fehlerhafte Übergeneralisierungen**:

So glauben mehr als ein Drittel der Lernenden, dass $\frac{3}{4}$ m um 15 cm bzw. 15 m länger ist als $\frac{1}{2}$ m, und fast ein Viertel der Lernenden nennt beim Vergleich von $\frac{3}{4}$ und $\frac{1}{2}$ als Unterschied 15. Allerdings kann die Abfolge der drei Aufgaben in der Untersuchung dieses Ergebnis im Sinne eines Einschleifeffekts *zusätzlich* beeinflusst haben.

Dritte Aufgabe Einen Bruch zwischen ein Viertel und ein Halb anzugeben, bereitet den Lernenden mit Abstand die *meisten* Schwierigkeiten. Nur 5 % der Lernenden geben hier eine richtige Antwort und nennen meistens die naheliegende Zahl $\frac{1}{3}$. Über 75 % der Lernenden können dagegen *keinen* entsprechenden Bruch angeben und kreuzen „nein" an bzw. lassen die entsprechende Aufgabe aus. Auch die Aufgabe **3a**, einen Bruch zwischen ein Halb und 1 anzugeben, wird nur von *wenigen* Lernenden richtig gelöst, und zwar dann meistens durch $\frac{3}{4}$.

Die **sehr großen Probleme** der Lernenden mit diesen Aufgaben sprechen eine deutliche Sprache, gerade auch unter dem Gesichtspunkt, wie weit sich bei ihnen bis zur Klasse 6 *ohne* vorhergehende anschauliche Thematisierung der Bruchrechnung im Unterricht schon die Vorstellung von Brüchen als Anteil eines Ganzen bei einfachen Brüchen ausgebildet hat. Gründliche Vorarbeiten für einen anschaulich fundierten Größenvergleich sind also für *viele* Schüler zu diesem Zeitpunkt noch erforderlich.

5.2 Anschauliche Wege zum Größenvergleich

Verfügen die Lernenden über anschauliche Vorstellungen von Brüchen, so lässt sich auf dieser Grundlage der Größenvergleich von Brüchen **anschaulich und variationsreich** durchführen. Während es nämlich bei den natürlichen Zahlen im Wesentlichen nur *eine* Strategie gibt, um Zahlen hinsichtlich der Größe zu vergleichen, gibt es bei den Brüchen **sehr viele, verschiedene Strategien** in Abhängigkeit von den gegebenen Brüchen. Der übliche Standardweg über den Hauptnenner, also den kleinsten gemeinsamen Nenner, sollte daher *keineswegs* rasch, sondern erst nach einem *längeren*, variationsreichen Agieren auf der semantischen Ebene eingeführt werden – und zwar als eine Strategie zum Größenvergleich, die im konkreten Einzelfall oft *nicht* optimal ist, mit deren Hilfe wir aber *stets* beliebige gegebene Brüche miteinander vergleichen können.

Gleiche Nenner Die nachstehende Tortenaufgabe bereitet anschaulich den Vergleich von Brüchen mit gleichen Nennern, also von *gleichnamigen* Brüchen, vor (vgl. *Mathematik Neue Wege* 6):

Große Torte statt vieler Worte

Für die Geburtstagsgäste möchte Opa Beneke ausreichend Torte besorgen. Eigentlich wollte er der erste Kunde sein, aber da war jemand schneller …

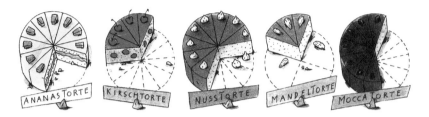

a) Von welcher Sorte ist am wenigsten übrig, von welcher am meisten?

b) Finde mehrere Namen für den übrig gebliebenen Bruchteil jeder Torte.

Beispiel:
$\frac{3}{12}$ Kuchen = $\frac{1}{4}$ Kuchen

© *Mathematik Neue Wege* 6 [S18], S. 93, Nr. 3 a, b

Auf den ersten Blick sieht man unmittelbar, dass von der Mandeltorte am wenigsten und von der Ananastorte am meisten übrig geblieben ist. Auf diesem Weg können wir hier auch zwei beliebige Torten jeweils miteinander vergleichen.

Wie eine genauere Analyse zeigt, ist für diesen Vergleich wichtig, dass **alle Torten** jeweils gleich groß sind und dies auch für **alle Tortenstücke** jeweils gilt. Dass ein Tortenstück jeweils ein Zwölftel der betreffenden Torte ist, können wir durch die Unterteilung teils direkt sehen (wie bei der Kirschtorte), teils leicht erschließen (wie bei der Mandeltorte). Daher reicht offenkundig in diesem Fall der direkte Vergleich der **Anzahl** der übrig gebliebenen Tortenstücke je Torte aus, um die Frage **a)** zu beantworten. Auf der Ebene der Brüche sehen wir so unmittelbar ein, dass z. B. 7 Zwölftel < 9 Zwölftel bzw. $\frac{7}{12} < \frac{9}{12}$ gilt, da 7 < 9 ist. Dieser Fall des Größenvergleichs ist besonders leicht, da hier die Ordnungsbeziehung von $\mathbb{N}$ unmittelbar auf die Brüche übertragen werden kann. In diesem Sonderfall braucht also nur die *Anzahl* der Teile verglichen zu werden, da die Größe übereinstimmt. Die Nähe dieses Sonderfalls zu $\mathbb{N}$ ist allerdings *nicht unproblematisch* (Gefahr der Übergeneralisierung; vgl. Abschn. 5.5).

Die Frage **b)**, die anhand der Abbildung sehr anschaulich beantwortet werden kann, legt schon brauchbare erste Grundlagen für den Vergleich *ungleichnamiger* Brüche, nämlich durch den so nahegelegten Übergang zu einer gemeinsamen Unterteilung.

Gleiche Zähler Ein Vergleich von **Stammbrüchen**, also von Brüchen mit dem Zähler 1, ist besonders leicht durchzuführen. So gilt $\frac{1}{3} < \frac{1}{2}$, da wir im ersten Fall einen Repräsentanten – etwa eine Strecke oder ein Rechteck – in 3, im zweiten Fall dagegen nur in 2 gleich große Teile teilen. Dieser Rückgriff auf die Vorstellung von Brüchen als Anteil eines Ganzen hilft zugleich, Fehler, die gerade bei Stammbrüchen gehäuft vorkommen und auf einer *Übergeneralisierung* der Kleinerrelation in $\mathbb{N}$ beruhen, zu vermeiden (vgl. Abschn. 5.5).

Ein Vergleich von Stammbrüchen ist besonders einfach, weil diese Brüche jeweils den *gleichen* Zähler, nämlich 1, besitzen. Aber auch **beliebige Brüche mit gleichen Zählern** lassen sich durch Rückgriff auf die Vorstellung von Brüchen als Anteil *mehrerer* Ganzer leicht vergleichen. So gilt $\frac{2}{5} < \frac{2}{3}$; denn teilen wir etwa eine Strecke von der Länge 2 *dm* in 5 gleiche Teile, so ist das Ergebnis offenkundig kleiner, als wenn wir sie nur in 3 gleiche Teile teilen. Aber auch durch Rückgriff auf die Vorstellung von Brüchen als Anteil *eines* Ganzen lässt sich die Beziehung $\frac{2}{5} < \frac{2}{3}$ direkt begründen. In diesem Sonderfall muss also nur die **Größe** der erhaltenen Teile verglichen werden, denn ihre Anzahl stimmt ja überein.

Weder gleiche Nenner noch gleiche Zähler Anknüpfend an das Tortenmodell im ersten Fall liegt es beim Vergleich zweier beliebiger Brüche nahe, von den Vierteln etwa bei der Mandeltorte auch hier zu Zwölfteln, also zu einer **gemeinsamen Unterteilung** beider Torten, überzugehen. So können wir auf der Basis **gleichnamiger Brüche** leicht den Vergleich durchführen. Allerdings ist es oft wesentlich leichter und weiterführend, hierbei statt auf Kreise auf Rechtecke oder Streifen zurückzugreifen. Generell ist beim Vergleich grundlegend, dass das **Ganze** in der Größe jeweils übereinstimmt, wie die folgende Aufgabe gut abklärt (vgl. *mathewerkstatt* 6).

Vergleichen mit Streifen

Till und Ole vergleichen die Treffer beim Papierkorbball aus Aufgabe 1.

a) Till und Ole haben die Ergebnisse auf verschiedenen Wegen verglichen.
- Wie hat Till verglichen? Wer hat seiner Ansicht nach gewonnen?
- Wie hat Ole verglichen und warum? Wer hat Oles Ansicht nach gewonnen?
- Wer hat fairer verglichen, Till oder Ole? Warum findest du diesen Weg fairer?

© *mathewerkstatt* 6 [S21], S. 46, Nr. 2 a

Wollen wir daher beispielsweise $\frac{5}{8}$ und $\frac{2}{3}$ der Größe nach vergleichen, so wählen wir zunächst für beide Brüche z. B. **ein gleich großes Rechteck** aus und tragen dort $\frac{5}{8}$ bzw. $\frac{2}{3}$ ein, indem wir für $\frac{5}{8}$ das *eine* Rechteck senkrecht und für $\frac{2}{3}$ das *andere* Rechteck waagerecht unterteilen (vgl. die folgende Abbildung aus *Mathematik Neue Wege* 6):

© *Mathematik Neue Wege* 6   Welcher der Brüche $\frac{5}{8}$ und $\frac{2}{3}$ ist größer? Begründe.
[S18], S. 97, Beispiel c

Lösung im Rechteckmodell:

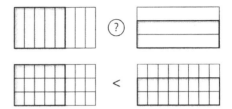

16 Teilstücke sind mehr als 15 ebenso
große Teilstücke.

Indem wir die beiden Unterteilungen *„übereinanderlegen"*, erhalten wir für beide Rechtecke eine gemeinsame Unterteilung. Wir brauchen jetzt nur noch die **Anzahl der kleinen Rechtecke** zu vergleichen und erhalten so $\frac{5}{8} < \frac{2}{3}$. Offenkundig können wir so beliebige Brüche (kleiner als 1) vergleichen.

In **Sonderfällen** können wir jetzt aber auch schon allein durch die **kombinierte Betrachtung von Zähler und Nenner** einen Größenvergleich durchführen. Unter Rückgriff auf die Vorstellung von Brüchen als Anteil eines Ganzen können wir begründen, dass $\frac{3}{8} < \frac{4}{7}$ gilt. Der linke Bruch besteht nämlich aus Achteln, die kleiner als Siebtel sind. Zusätzlich gilt noch $3 < 4$. Dieser Vergleich lässt sich immer so durchführen, wenn bei *einem* der beiden gegebenen Brüche einheitlich sowohl die Größe der erhaltenen Teile als auch ihre Anzahl kleiner ist.

Vergleichszahl Neben den bisherigen Fällen können wir aber auch z. B. $\frac{4}{5}$ und $\frac{6}{7}$ *direkt* ohne Bestimmung eines gemeinsamen Nenners (oder Zählers) mithilfe einer **Bezugsbasis** der Größe nach vergleichen. So ist $\frac{4}{5}$ um $\frac{1}{5}$, $\frac{6}{7}$ dagegen nur um $\frac{1}{7}$ kleiner als 1, also gilt: $\frac{4}{5} < \frac{6}{7}$. Neben der Bestimmung des **Abstands** von einer *gemeinsamen* größeren (oder auch kleineren) Zahl bietet es sich oft an, eine **dazwischen gelegene Zahl** als Vergleichsbasis zu wählen.

Beispiele

$$(1) \ \frac{3}{8} < \frac{5}{9}; \ \text{denn} \ \frac{3}{8} < \frac{1}{2} \ \text{und} \ \frac{5}{9} > \frac{1}{2}.$$

$$(2) \ \frac{5}{6} < \frac{6}{5}; \ \text{denn} \ \frac{5}{6} < 1 \ \text{und} \ \frac{6}{5} > 1$$

$$(3) \ \frac{29}{6} < \frac{26}{5}; \ \text{denn} \ 4\frac{5}{6} < 5 \ \text{und} \ 5\frac{1}{5} > 5.$$

Relative Häufigkeiten Ein gutes Kontextproblem für das Erfinden des Vergleichens über Anteile (**relative Häufigkeit**) beschreibt Prediger in mehreren Publikationen (Prediger, Glade, Schmidt [147], Prediger [145], *Mathewerkstatt* 6 [S21]). Spannend und motivierend bei diesem Zugangsweg ist, dass hierbei die Nutzung von Brüchen erst erfunden werden muss, um beispielsweise bei der Frage: „Wer hat bei einem Spiel mehr Treffer erzielt: Jungen oder Mädchen?", zu einem gerechten Vergleich zu kommen.

Verhältnisse Einen anschaulichen Weg, der von Verteilungssituationen z. B. mit Pizzas ausgeht und über Verhältnistabellen zum Größenvergleich von Brüchen führt, hat Streefland sehr gründlich beschrieben. Für genauere Details verweisen wir hier auf Padberg [126], S. 61–63.

Größen In Sonderfällen kann man durch Rückgriff auf Größen und **Umwandlung in kleinere Einheiten** Brüche der Größe nach vergleichen:

- $\frac{1}{2}$ kg $< \frac{3}{4}$ kg, da 500 g < 750 g
- $\frac{3}{4}$ m $< \frac{4}{5}$ m, da 75 cm < 80 cm
- $\frac{1}{4}$ h $< \frac{1}{3}$ h, da 15 min < 20 min
- $\frac{3}{10}$ Euro $< \frac{2}{5}$ Euro, da 30 ct < 40 ct

Die in diesem Abschnitt insgesamt beschriebene Phase der Erarbeitung *anschaulicher Vorstellungen* beim Größenvergleich von Brüchen sollte *nicht zu kurz* sein und *variationsreich* und *flexibel* verlaufen, um so gleichzeitig auch noch die Kenntnis der Bruchzahlen weiter zu vertiefen. Auch die Chance, die Kleinerrelation – wie schon bei den natürlichen Zahlen, so auch bei den Bruchzahlen – durch die Beziehung *liegt links von* am **Zahlenstrahl** zu veranschaulichen, sollte unbedingt genutzt werden. Am Zahlenstrahl können wir auch gut verschiedene schon genannte Strategien besprechen (gleiche Nenner, Bezugspunkte wie 1 oder $\frac{1}{2}$).

Insgesamt ist es wichtig, dass die Lernenden gute Strategien möglichst *selbstständig* entdecken. Offenkundig ist dieser Weg für die Lehrkräfte allerdings anspruchsvoller
als das rasche, zielgerichtete Ansteuern des Standardweges über die Hauptnennerbestimmung, wie Smith ([171], S. 42) pointiert herausstellt: „. . . places far greater demands on
teachers' knowledge than does traditional instruction. Without rich and flexible understandings themselves, teachers may either reject student ideas without consideration because they are not part of their own understanding or accept them without qualification
simply because they were generated by students. Neither stance is an appropriate peda-
gogical response to the diversity and generativity of students' understandings."

5.3 Systematische Behandlung

Ein Größenvergleich von Brüchen beispielsweise durch Rückgriff auf geeignet unterteilte
Rechtecke ist zwar recht anschaulich, aber auf Dauer **sehr aufwändig**. Man wird daher im
Unterricht nicht auf Dauer auf dem in Abschn. 5.2 beschriebenen Argumentationsniveau
stehen bleiben. Durch die Vorarbeiten dort liegt es nahe, bei den Rechteckdarstellungen
von Brüchen eine gemeinsame Unterteilung anzustreben. Auf der **Zahlenebene** bedeutet
dies bekanntlich, zu gleichnamigen Brüchen überzugehen. Diese kann man nämlich – wie
schon in Abschn. 5.2 erwähnt – besonders leicht vergleichen. Es gilt:

Satz 5.1 *Für alle Brüche $\frac{m}{n}$ und $\frac{p}{n}$ gilt: $\frac{m}{n} < \frac{p}{n}$ genau dann, wenn $m < p$.*
    *Brüche mit unterschiedlichen Nennern werden zunächst durch Erweitern oder Kürzen
gleichnamig gemacht und dann verglichen.*

Für den Größenvergleich können wir mit *beliebigen gemeinsamen* Nennern arbeiten.
Um den Rechenaufwand gering zu halten, verwendet man jedoch meist den *kleinsten*
gemeinsamen Nenner, also den **Hauptnenner**. In *zwei Sonderfällen* lässt sich der Hauptnenner zweier Brüche besonders leicht bestimmen:

- *Teilt* der eine Nenner den zweiten ohne Rest, so ist der größere Nenner schon der
  Hauptnenner.
- Haben die beiden Nenner *keinen* gemeinsamen Teiler außer 1, sind sie also *teilerfremd*,
  so ist das Produkt der beiden Nenner der Hauptnenner.

Generell kann man stets folgendermaßen den Hauptnenner bestimmen: Man bildet so lange **Vielfache des größeren Nenners**, bis der kleinere Nenner zum ersten Mal eines dieser
Vielfachen ohne Rest teilt. Dieses Verfahren über die Vielfachenreihe reicht im Unterricht
i. Allg. völlig aus. Nur bei komplizierteren Zahlen oder mehreren Nennern benutzt man
ggf. die *Primfaktorzerlegung* der Nenner, um so den Hauptnenner zu bestimmen.

5.4 Variationsreiches Üben

Für ein tieferes und gründliches Verständnis des Größenvergleichs von Brüchen sind variationsreiche Übungen erforderlich. Wir stellen hier exemplarisch **einige Aufgabenformate** vor:

- **Vergleiche mit 1 oder $\frac{1}{2}$**
  Welcher Bruch ist der kleinere? Begründe!
  a) $\frac{8}{7}$ und $\frac{11}{12}$ b) $\frac{4}{9}$ und $\frac{3}{5}$
- **Vergleiche, ohne zu erweitern**
  Welcher Bruch ist der kleinere? Begründe!
  a) $\frac{1}{8}$ und $\frac{1}{7}$ b) $\frac{2}{5}$ und $\frac{2}{7}$ c) $\frac{4}{7}$ und $\frac{3}{8}$ d) $\frac{5}{6}$ und $\frac{5}{7}$
- **Nenne einen Bruch dazwischen und begründe**
  a) $\frac{2}{7}$ und $\frac{4}{7}$ b) $\frac{3}{5}$ und $\frac{3}{7}$ c) $\frac{1}{4}$ und $\frac{1}{7}$ d) $\frac{1}{7}$ und $\frac{2}{7}$
- **Verändere Zähler/Nenner**
  Gib jeweils einen kleineren und einen größeren Bruch zu $\frac{7}{11}$ $\left(\frac{3}{4}\right)$ an.
  a) Ändere nur den Zähler.
  b) Ändere nur den Nenner.
- **Ordne nach der Größe**

Gib die dargestellten Brüche an und ordne sie der Größe nach.

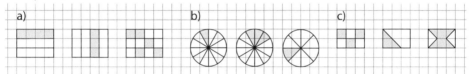

© *Fundamente der Mathematik* 6 [S9], S. 22, Nr. 5

- **Suche einfachere Brüche**
  Unter $\frac{19}{30}$ kann man sich nur schwer etwas vorstellen. Aber es gilt: $\frac{19}{30} \approx \frac{20}{30}$ und $\frac{20}{30} = \frac{2}{3}$.
  Bestimme einfachere Brüche:
  a) $\frac{31}{40}$ b) $\frac{20}{31}$ c) $\frac{21}{100}$
- **Trefferquote**
  Beim Schießen auf eine Torwand erzielt Tanja bei 20 Schüssen 7 Treffer, Tim bei 30 Schüssen 11 Treffer und Maria bei 40 Schüssen 17 Treffer. Den Anteil der Treffer an der Gesamtzahl der Schüsse nennt man auch *Trefferquote*. Stelle die Daten in einer geeigneten Tabelle zusammen. Wer hat die beste, wer hat die schlechteste Trefferquote? Begründe! (*Elemente der Mathematik* 6 [S5], S. 20)

- **Gewinnchancen**

  Auf dem Schulfest stehen drei Stände mit jeweils einer Tombola. Auf den Losbehältern steht:

  A: 360 Lose – 90 Gewinne

  B: 400 Lose – 105 Gewinne

  C: 200 Lose – 48 Gewinne

  Bei welchem Losbehälter sind die Gewinnchancen am größten? Wo am kleinsten?
  (*Fokus Mathematik* 6 [S6], S. 65, leicht variiert)

- **Labyrinth**

  Das Üben der Kleinerrelation kann auch gut *spielerisch* gestaltet werden, wie es das folgende Beispiel verdeutlicht (Baroody/Coslick [5], S. 9–23). Gleichzeitig lässt sich so ein allzu rigides Agieren rein auf der syntaktischen Ebene verhindern.

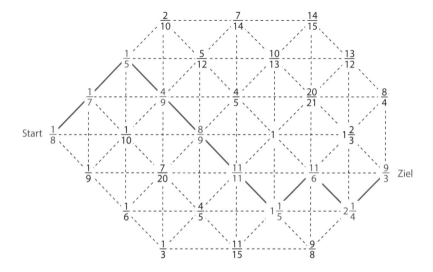

Auf dem Weg vom Start zum Ziel muss der nächste Bruch immer größer sein als der vorhergehende. *Ein* möglicher Weg ist durch die dicke, durchgehende rote Linie schon angedeutet. Die Aufgabenstellung kann hier etwa lauten:

„Finde möglichst viele *verschiedene* Wege. Begründe die einzelnen Schritte jeweils möglichst *unterschiedlich*."

5.5 Mögliche Problembereiche und Hürden

Bei dem Größenvergleich von Brüchen ist die Erfolgsquote der Schülerinnen und Schüler selbst **nach** der systematischen Behandlung im Unterricht **überraschend gering**. Die folgende, im Rahmen des PALMA-Projekts gestellte Aufgabe löste von rund 2400 am Ende des 7. Schuljahres untersuchten Schülerinnen und Schülern nur *ein Drittel* richtig:

- Welche Zahl ist am größten? Kreuze an:
$\frac{4}{5}$ $\frac{3}{4}$ $\frac{5}{8}$ $\frac{7}{10}$

Hierbei ist die Lösungsquote auch am Gymnasium (rund 40 %) und an der Realschule (rund 30 %) extrem gering – insbesondere wenn man die hohe Ratewahrscheinlichkeit bei dieser Multiple-Choice-Aufgabe beachtet. Der mit Abstand in allen Schulformen am häufigsten angekreuzte Distraktor ist $\frac{3}{4}$ (Wartha [199], S. 173 ff.).

Beim Größenvergleich von Brüchen kommen nach Padberg/Krüger [132] und Wartha [199] folgende **Fehlerstrategien** am häufigsten vor (angeordnet nach ihrer Häufigkeit):

- **Kleinerer Nenner bedeutet stets größeren Bruch** (unabhängig vom Zähler)
  Diese Strategie erklärt die häufige Nennung von $\frac{3}{4}$ in der PALMA-Aufgabe; denn 4 ist in dieser Zahlenmenge der kleinste Nenner, daher auch nach Ansicht vieler Schüler der größte Bruch. Diese Fehlerstrategie beruht auf der **Übergeneralisierung** einer in Sonderfällen richtigen Strategie. Der Blick wird hier nur *einseitig* auf die Größe, nicht aber auf die Anzahl der Teile gerichtet.
- **Größerer Nenner bedeutet größeren Bruch**
  Bei dieser Fehlerstrategie wird die **Ordnung der natürlichen Zahlen** fehlerhaft auf den Bereich der Brüche übertragen. So wird etwa bei Brüchen mit gleichen Zählern, insbesondere bei Stammbrüchen, häufiger folgendermaßen argumentiert: $\frac{1}{3} < \frac{1}{4}$, da $3 < 4$ (vgl. Abschn. 5.1). Nach Beobachtungen von Post et al. [140] können für diesen Fehler aber auch **Verständigungsschwierigkeiten** die Ursache sein, nämlich dass den Schülerinnen und Schülern nicht klar ist, ob bei der Kleinerbeziehung nach der *Anzahl* oder nach der *Größe* der Teile gefragt wird. Wird *nur* nach der **Anzahl** der (insgesamt erhaltenen) Teile gefragt, so muss in diesem Sinne $\frac{1}{2} < \frac{1}{3}$ gelten, während unter dem Gesichtspunkt der **Größe der Teile** die vertraute Beziehung $\frac{1}{3} < \frac{1}{2}$ gilt. Verunsichernd für diese Schülerinnen und Schüler kommt hinzu, dass bei *gleichnamigen* Brüchen der Blick nur auf die *Anzahl* der Teile, bei Brüchen mit *gleichen Zählern* bei Benutzung der Vorstellung der Brüche als Anteil mehrerer Ganzer der Blick nur auf die *Größe* der einzelnen Teile gerichtet wird.
- **Größerer Zähler bedeutet größeren Bruch**
  Bei dieser Strategie wird der Blick einseitig auf die *Anzahl* der Teile – ohne Berücksichtigung ihrer Größe – gerichtet.
- **Getrennte Betrachtung von Zähler und Nenner**
  Bei gleich lautender Ordnung im Zähler und Nenner wird diese Ordnung auf die Brüche übertragen (Beispiel $\frac{3}{5} < \frac{5}{12}$, da $3 < 5$ und $5 < 12$ gilt). Bei dieser Fehlerstrategie wird der Bruch nicht als *eine* Zahl, sondern werden Zähler und Nenner als **getrennte Zahlen** aufgefasst, die entsprechend auch getrennt verglichen werden. Die (gleich lautende) Ordnung wird fälschlich und unreflektiert auf die zugrunde liegenden Brüche übertragen. Diese Fehlerstrategie führt teils zu richtigen, teils zu falschen Ergebnissen.

So führt diese Strategie im Fall der Brüche $\frac{3}{5}$ und $\frac{7}{9}$ zu der richtigen Beziehung $\frac{3}{5} < \frac{7}{9}$, während sie im Fall der Brüche $\frac{3}{5}$ und $\frac{4}{7}$ zu der falschen Beziehung $\frac{3}{5} < \frac{4}{7}$ führt.

- **Ergänzung zum Ganzen**

  Nach Beobachtungen von Mack [101] antworten Schülerinnen und Schüler auf die Frage, ob $\frac{4}{5}$ oder $\frac{5}{6}$ größer ist, häufiger: Beide Brüche sind gleich groß, denn beiden fehlt jeweils *ein* Stück zum Ganzen. Auch hier wird also der Blick einseitig auf die *Anzahl* der fehlenden Stücke gerichtet und nicht gleichzeitig auch noch deren *Größe* berücksichtigt. Eine *andere*, in den Untersuchungen von Padberg/Krüger [132] gefundene Begründung für die Gleichheit von $\frac{4}{5}$ und $\frac{5}{6}$ lautet: Beide Brüche sind gleich groß, weil der Unterschied zwischen Zähler und Nenner jeweils gleich groß ist, nämlich 1 ist.

- **Orientierung an bekannten Alltagsbrüchen**

  Die Schüler verfügen nur über ein kleines Repertoire an Brüchen ($\frac{1}{2}$, $\frac{1}{4}$ und $\frac{3}{4}$, eventuell noch $\frac{1}{3}$ und $\frac{2}{3}$), von denen sie eine Größenvorstellung haben, die übrigen Brüche sind für sie inhaltsleere Zeichenkombinationen. Daher wählen sie den größten Bruch aus, von dem sie eine inhaltliche Vorstellung besitzen. Aus diesem Grund wählen die Schülerinnen und Schüler möglicherweise ebenfalls $\frac{3}{4}$ bei der PALMA-Aufgabe aus.

Lernenden unterlaufen generell dann besonders leicht **Fehler**, wenn beim Übergang von dem seit Langem vertrauten Bereich der natürlichen Zahlen zu dem neuen Bereich der Brüche *keine Kontinuität* in den grundlegenden anschaulichen Vorstellungen herrscht, sondern hier krasse **Veränderungen und Umbrüche** erfolgen. Die folgenden Punkte beschreiben die wichtigsten entsprechenden Stellen beim Größenvergleich:

- **Vorgänger und Nachfolger**

  Wir können bei den Bruchzahlen **keinen** (unmittelbaren) Vorgänger oder Nachfolger mehr angeben – im krassen Unterschied zu den natürlichen Zahlen. Hierdurch ist auch die bei den natürlichen Zahlen sehr anschauliche Vorstellung einer *Perlenschnur* (mit einem Anfang, aber ohne Ende) nicht mehr brauchbar; denn welche Perle folgt beispielsweise auf $\frac{1}{3}$? Spontan werden viele Lernende $\frac{2}{3}$ sagen. Durch einfaches Erweitern lässt sich allerdings diese Annahme leicht widerlegen, denn beispielsweise gilt $\frac{2}{6} < \frac{3}{6} < \frac{4}{6}$.

- **Dichte**

  Durch stärkeres Erweitern der Brüche $\frac{1}{3}$ und $\frac{2}{3}$ – etwa mit 100 – erkennen die Lernenden, dass nicht nur *ein* Bruch, sondern eine *größere Anzahl* von Brüchen zwischen beiden Brüchen liegt. Da wir die beiden Brüche mit beliebig großen Zahlen erweitern können, liegen sogar **unendlich viele** Brüche zwischen $\frac{1}{3}$ und $\frac{2}{3}$, und auch allgemein zwischen zwei beliebigen verschiedenen Bruchzahlen (vgl. auch Padberg/Danckwerts/Stein [131], S. 90 f.). Die Bruchzahlen liegen also – wie man sagt – überall **dicht**. Trotz dieser „Dichte" bedecken die Bruchzahlen den Zahlenstrahl allerdings noch *nicht* lückenlos. Es bleiben noch unendlich viele Lücken für die positiven Irrationalzahlen wie z. B. $\sqrt{2}$, e oder π (vgl. Padberg/Danckwerts/Stein [131], S. 159/162, S. 172 ff.), wie erst deutlich später im Unterricht begründet werden kann. Eine **Konsequenz** dieser „Dichte" schon für die Klasse 6: Wir können zu einer gegebenen Bruchzahl offensichtlich **keinen** unmittelbaren Nachfolger und auch *keinen* unmittelbaren Vorgänger angeben – wie schon vorstehend behauptet.

- **Kleinste Zahl**
  In der Menge der natürlichen Zahl ist 1 (bzw. 0) die kleinste (positive) Zahl. Dagegen gibt es **keine kleinste positive Bruchzahl**. Zu *jeder* noch so kleinen positiven Bruchzahl können wir leicht eine *kleinere* angeben, indem wir nämlich deren Nenner um 1 vergrößern.

Die vorstehend genannten **Grundvorstellungsumbrüche** (Dichte, Vorgänger/ Nachfolger, kleinste positive Zahl) sollten *möglichst vielen* Lernenden verständlich gemacht werden, denn sie sind – wie Winter ([215], S. 15) zu Recht betont – „keine Angelegenheit der Vertiefung für leistungsstärkere Schülerinnen und Schüler, sondern von grundlegender Bedeutung für das Verständnis von Bruchzahlen und ihren Anwendungen". Allerdings dürfen hierbei die Schwierigkeiten keineswegs unterschätzt werden. Warthas ([199], S. 79–82) Zusammenfassung des gegenwärtigen Forschungsstands zu Schülerproblemen im Umfeld der Dichte von Bruchzahlen kommt nämlich zu folgendem *Resümee*: „Die Mehrzahl der Schüler verharrt in den Vorstellungen zu natürlichen Zahlen, die grundlegende Revision des Vorwissens (jede natürliche Zahl hat einen Vorgänger und Nachfolger) für die Bruchzahlen (zwischen zwei Brüchen ist immer ein weiterer Bruch) fand nicht statt." ([199], S. 81). Diese Probleme beschränken sich keineswegs auf Schülerinnen und Schüler der unteren Sekundarstufe, sondern sind auch noch in der Oberstufe und sogar bei Lehramtsanwärtern zu beobachten ([199], S. 81).

Vielfältige Hinweise, wie wir erfolgreich mit den in diesem Abschnitt genannten Problemen und Hürden umgehen können, liefert der folgende Abschn. 5.6.

5.6 Prävention und Intervention

Für erfolgreiche Maßnahmen zur Prävention und Intervention beim Größenvergleich von Brüchen sind folgende Gesichtspunkte hilfreich:

- **Herstellung dauerhafter Verbindungen zwischen symbolischer und semantischer Ebene**
  Die Herstellung von dauerhaften *Verbindungen* zwischen der Argumentation auf der symbolischen Ebene und passenden anschaulichen Strategien ist wichtig. So stellt

Mack [101] in einer Untersuchung gleichzeitig Fragen des Typs: „Teile eine Pizza in 6 gleich große Teile, eine andere gleich große Pizza in 8 gleich große Teile. Wenn du von jeder Pizza ein Teil nimmst, welches ist größer?", *sowie* des Typs: „Welcher Bruch ist größer: $\frac{1}{6}$ oder $\frac{1}{8}$?" Während alle Schüler die *kontextgebundenen* Aufgaben richtig lösen, lösen die meisten Schüler die *rein formal* gegebenen Aufgaben anfangs falsch. Mack ([101], S. 22) schließt hieraus: „The differences between the students' explanations for the problem presented in different contexts, and the fact that four of the five students unsuccessfully compared fractions presented symbolically immediately after successfully comparing fractions presented in the context of a real-world problem, suggested that the students' informal knowledge related to comparing fractional quantities was initially disconnected from their knowledge of fraction symbols . . . Informal knowledge about fractions was initially used only for problems presented in the context of real-world situations, and knowledge of symbols and procedures was used for symbolic and concrete representations."

Der folgende Interviewausschnitt (Padberg/Bienert [128], S. 28; **S** bedeutet Schüler, **I** Interviewer) verdeutlicht ebenfalls die Bedeutung fundierter anschaulicher Vorstellungen sowie das hierdurch mögliche erfolgreiche *Zusammenspiel* beim Lösen reiner Bruchaufgaben zum Größenvergleich (Vergleich von $\frac{1}{3}$ und $\frac{1}{4}$):

S: Hm, $\frac{1}{3}$. Begründung . . . Ja, $\frac{1}{3}$ ist größer, weil 3 mehr als 4 ist, äh, $\frac{1}{4}$ ist größer, weil 4 mehr als 3 ist, mein ich doch.

I: Hm, wenn ich jetzt also 'ne Torte hätte und du willst da möglichst viel von bekommen, dann würdest du sagen, ich nehm' lieber 'nen Viertel der Torte als 'nen Drittel der Torte?

S: Au ja, stimmt doch, ja also $\frac{1}{3}$ ist dann doch größer.

I: Warum?

S: Äh, weil äh das dann weniger Teile sind, und dann hat ein Teil auch mehr Kuchen – so gesehen.

- **Anschauliches Argumentieren mit tragfähigen Modellen**

Eine Begründung

Ilka behauptet: „Wenn zwei Brüche den gleichen Zähler haben, aber unterschiedliche Nenner, weiß ich auch direkt, welcher Bruch größer ist. Im Modell sieht man das sofort." Überprüfe Ilkas Behauptung an weiteren Beispielen. Erkläre, warum sie recht hat.

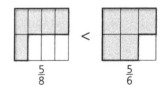

$$\frac{5}{8} \quad < \quad \frac{5}{6}$$

© *Mathematik Neue Wege* 6 [S18], S. 97, Nr. 18

- **Beurteilung fehlerhafter, anschaulicher Begründungen**

Stolperstelle: Anton, Moritz und Jasper wollten begründen, warum $\frac{1}{3}$ kleiner als $\frac{1}{4}$ ist.
Was ist an ihren Begründungen jeweils falsch?

a) Anton: *Am gefärbten Anteil sieht man* $\frac{1}{3} < \frac{1}{4}$.

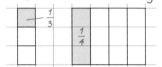

b) Moritz: *Der kleinere Bruch liegt am Zahlenstrahl weiter links. Also ist* $\frac{1}{3} < \frac{1}{4}$.

c) Jasper: $\frac{1}{3} < \frac{1}{4}$, *da* $3 < 4$.

© *Fundamente der Mathematik* 6 [S9], S. 24, Nr. 14

- **Eigenständiges Suchen und Beurteilen verschiedener Wege**

Wege zum Vergleichen von Brüchen

$\frac{2}{3} \square \frac{2}{8}$

$\frac{6}{14} \square \frac{12}{20}$

$\frac{6}{7} \square \frac{4}{7}$

a) Vergleicht die Brüche am Rand.

b) Überlegt euch möglichst viele verschiedene Wege,
    wie man zwei Brüche vergleichen kann.

c) In einer anderen Klasse wurden die folgenden 6 Wege gesammelt.
    - Überprüft, ob alle 6 Wege zu einem richtigen Ergebnis führen.
    - Welcher Weg passt besonders gut zu welcher Aufgabe aus a)?
    - Findet eigene Beispiele für die Wege.

Weg 1: Ich zeichne wie Ole gleich lange Streifen und vergleiche die Länge des markierten Teils.

Weg 2: Ich denke mir eine passende Situation zu den Brüchen aus.

Weg 3: Ich vergleiche mit $\frac{1}{2}$, denn man sieht leicht, ob ein Bruch größer oder kleiner als $\frac{1}{2}$ ist.

Weg 4: Bei gleichen Zählern vergleiche ich die Nenner: Je größer der Nenner, desto kleiner der Bruch.

Weg 5: Bei gleichen Nennern vergleiche ich die Zähler: Je größer der Zähler, desto größer der Bruch.

Weg 6: Ich vergleiche die Differenz zwischen Zähler und Nenner.

d) Kontrolliert gegenseitig eure Beispiele und Wege aus b) und c).
    Übertragt sie dann in den Wissensspeicher.

© *mathewerkstatt* 6 [S21], S. 53, Nr. 3

5.7 Vertiefung

Exemplarisch stellen wir hier **einige Aufgabenformate** zur vertieften Behandlung des Größenvergleichs bei Brüchen vor. Insbesondere bei den ersten sieben Aufgaben sollte bei der Lösung und Besprechung vor allem an anschaulichen Modellen argumentiert werden. Dies hilft, die Grundvorstellungen zu aktivieren und zu vernetzen.

- **Gleiche Nenner**
  Überprüfe zunächst an Beispielen und begründe dann:
  Von zwei Brüchen, die den gleichen Nenner haben, ist *der* Bruch kleiner, der den kleineren Zähler hat.
- **Gleiche Zähler**
  Überprüfe zunächst an Beispielen und begründe dann mithilfe von Rechtecken:
  Von zwei Brüchen, die den gleichen Zähler haben, ist *der* Bruch kleiner, der den größeren Nenner hat.
- **Verdoppeln I**
  Überprüfe zunächst an Beispielen, und begründe oder widerlege:
  Verdoppelt man jeweils den Zähler und Nenner eines Bruches, dann wird auch der Bruch doppelt so groß.
- **Verdoppeln II**
  Überprüfe zunächst an Beispielen, und begründe oder widerlege:
  Erweitert man einen Bruch zunächst mit dem Faktor 4 und kürzt den so erhaltenen Bruch anschließend durch 2, so bleibt der Bruch gleich groß.
- **Mitte**
  Welche Zahl liegt in der Mitte zwischen
  a) 8 und 9   b) $\frac{1}{2}$ und $\frac{1}{3}$ c) $\frac{1}{4}$ und $\frac{1}{5}$ d) $\frac{1}{4}$ und $\frac{2}{5}$
- **Dichte von Brüchen**
  a) Gib 5 Brüche an zwischen (1) $\frac{1}{3}$ und $\frac{1}{2}$ sowie (2) $\frac{3}{5}$ und $\frac{4}{5}$.
  b) Gib 100 Brüche an zwischen $\frac{3}{5}$ und $\frac{4}{5}$.
  c) Erläutere, wie man 1 000 (10 000) Brüche zwischen $\frac{3}{5}$ und $\frac{4}{5}$ angeben kann.
  d) Tim sagt: „Ich kann beliebig viele Brüche angeben, die zwischen $\frac{3}{5}$ und $\frac{4}{5}$ liegen."
  Hat Tim Recht? Begründe.
- **Veränderung eines Bruches**
  Wie *ändert* sich ein Bruch (der Bruch $\frac{3}{4}$), *wenn*
  a) der Zähler größer wird *und* der Nenner
  (1) größer wird,   (2) gleich bleibt,   (3) kleiner wird?
  b) der Zähler gleich bleibt *und* der Nenner
  (1) größer wird,   (2) gleich bleibt,   (3) kleiner wird?

c) der Zähler kleiner wird *und* der Nenner

(1) größer wird, (2) gleich bleibt, (3) kleiner wird?

Wann kannst du eine Aussage machen, wann musst du noch Zusatzforderungen stellen (vgl. auch Baroody/Coslick [5], S. 9 – 20)?

- **Größer als 1**

  Für die natürlichen Zahlen a, b, c gelte $a > b > c$.

  a) Welcher Bruch ist größer als 1? (1) $\frac{a}{b}$ (2) $\frac{c}{a}$ (3) $\frac{a+b}{c}$ (4) $\frac{a}{b+c}$

  b) Welcher Bruch ist größer? (1) $\frac{b}{c}$ oder $\frac{b}{a}$ (2) $\frac{c}{a}$ oder $\frac{c}{b}$ (3) $\frac{a}{a}$ oder $\frac{b}{c}$ (vgl. auch Heller/Post/Behr [67], S. 390 f.)

- **Bruch zwischen $\frac{a}{b}$ und $\frac{c}{d}$**

  Eine *anspruchsvolle* Möglichkeit zur Vertiefung kann sich auch aus der folgenden Fragestellung ergeben (vgl. Lopez-Real [95]):

  „Bestimme einen Bruch zwischen $\frac{3}{5}$ und $\frac{7}{9}$." Eine von Schülern oft benutzte Strategie ist es, einen Bruch zu bestimmen, dessen Zähler zwischen 3 und 7 sowie dessen Nenner zwischen 5 und 9 liegt, wie z. B. $\frac{5}{7}$. Offenbar gilt $\frac{3}{5} < \frac{5}{7} < \frac{7}{9}$. Diese Strategie ist sogar bei *vielen* Brüchen erfolgreich; denn meist werden von den Lernenden spontan Zähler und Nenner *so* gewählt, dass sie – wie im Beispiel – *mittig* zwischen den gegebenen Zählern und Nennern liegen. Lopez-Real weist nun u. a. nach, dass der Bruch $\frac{\mathbf{a+c}}{\mathbf{b+d}}$ immer zwischen $\frac{a}{b}$ und $\frac{c}{d}$ liegt. Sofern $a + c$ und $b + d$ gerade Zahlen und somit die Ausdrücke $\frac{a+c}{2}$ und $\frac{b+d}{2}$ in $\mathbb{N}$ bildbar sind, liegt dann aber auch $\frac{\frac{a+c}{2}}{\frac{b+d}{2}}$ immer zwischen $\frac{a}{b}$ und $\frac{c}{d}$. Wählt man dagegen den Bruch *so*, dass sein Zähler nahe bei dem Zähler des *einen* Bruches und sein Nenner nahe bei dem Nenner des *anderen* Bruches liegt (Beispiel: $\frac{4}{8}$), so liegt dieser Bruch i. Allg. *nicht* zwischen den beiden gegebenen Brüchen.

- **Mächtigkeit der Bruchzahlen**

  Die Frage der *Mächtigkeit* der Menge der Bruchzahlen kann schon in **leistungsstarken Klassen** des 6. Schuljahres thematisiert werden. Lassen sich – so etwa eine geeignete Frage – die Bruchzahlen *so* anordnen, dass wir sie mithilfe der natürlichen Zahlen $1, 2, 3, 4, \ldots$ durchnummerieren können? Interessante Hinweise zur methodischen Gestaltung dieser Frage kann man den anregenden Arbeiten von Winter [213] und Hefendehl-Hebeker [64] entnehmen.

  Wegen der Dichte der Bruchzahlen werden die Schüler spontan behaupten, dass es wesentlich „*mehr*" Bruchzahlen als natürliche Zahlen gibt und daher ein derartiges Durchnummerieren *nicht* möglich ist. Durch das **Cantor'sche Diagonalverfahren** erhalten wir jedoch folgende Anordnung der Brüche:

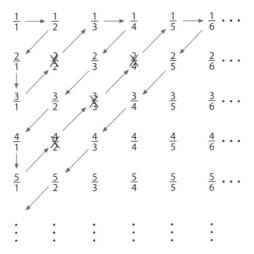

Streichen wir *die* Brüche, die eine schon aufgeführte Bruchzahl darstellen, so können wir die Bruchzahlen folgendermaßen nummerieren:

Nummer der Bruchzahl	1	2	3	4	5	6	7	8	9	10	...
Bruchzahl	$\frac{1}{1}$	$\frac{1}{2}$	$\frac{2}{1}$	$\frac{3}{1}$	$\frac{1}{3}$	$\frac{1}{4}$	$\frac{2}{3}$	$\frac{3}{2}$	$\frac{4}{1}$	$\frac{5}{1}$	...

Lassen wir die Lernenden dies durchführen, so können sie die Erfahrung gewinnen, dass man bei *unendlichen* Mengen nicht mehr naiv – wie bei endlichen Mengen – von „mehr" oder „weniger" oder „gleich viel" Elementen sprechen kann, sondern dass man hier nur die Frage stellen kann, ob die Elemente von zwei Mengen einander **paarweise zugeordnet** werden können oder nicht. Diese paarweise Zuordnung ist hier offensichtlich möglich (vgl. auch Padberg/Danckwerts/Stein [131], S. 91/2). Die Mengen der Bruchzahlen und der natürlichen Zahlen sind daher **gleichmächtig**.
Durch die oben durchgeführte paarweise Zuordnung zwischen den natürlichen Zahlen und den Bruchzahlen können die Lernenden ferner *erste* Vorerfahrungen bezüglich eines deutlichen *Unterschieds* zwischen *endlichen* und **unendlichen Mengen** gewinnen: Bei unendlichen Mengen gibt es – im Gegensatz zu endlichen Mengen! – *echte* Teilmengen, deren Elemente sich paarweise den Elementen der gegebenen Menge zuordnen lassen. (Weiteres Beispiel: gerade Zahlen, alle natürlichen Zahlen.)

Einige der in diesem Abschn. 5.7 angesprochenen Beispiele (z. B. die Frage der Mächtigkeit) eignen sich gut für *eine* Form der **Differenzierung** im Unterricht. Da diese Stoffgebiete für den *weiteren* Aufbau der Bruch*rechnung* nicht erforderlich und vor allem nur im Hinblick auf spätere allgemeine algebraische Fragestellungen von Interesse sind, kann man sie gut als *Zusatzstoff* einsetzen, der nur von den *leistungsstärkeren* Klassen bearbeitet wird. Durch diese Aufgaben ist ebenfalls eine *individuelle Förderung* leistungsstarker Lernender möglich.

Addition und Subtraktion von Brüchen 6

Unmittelbar vor Beginn der systematischen Bruchrechnung sind die *anschaulichen Vorkenntnisse* zur Addition und Subtraktion von Brüchen nur gering (vgl. Abschn. 6.1). Daher gehen wir zunächst gründlich in Abschn. 6.2 auf *anschauliche Wege* zur Addition und Subtraktion von Brüchen ein. Anschließend thematisieren wir den Übergang von diesen anschaulichen Wegen zur *systematischen Behandlung* der Addition und Subtraktion (vgl. Abschn. 6.3). Nach einem Blick auf *gemischte Zahlen* im Abschn. 6.4 betonen wir im folgenden Abschnitt die Bedeutung *variationsreichen Übens* und konkretisieren dies durch Beispiele. Die Beschreibung möglicher Problembereiche und Hürden – einschließlich der wichtigsten Fehlerstrategien – schließen sich an (vgl. Abschn. 6.6). Vielseitige Hinweise auf wichtige Gesichtspunkte zur effektiven und gezielten *Prävention und Intervention* folgen in Abschn. 6.7. Das Kapitel zur Addition und Subtraktion von Brüchen endet mit konkreten Beispielen zur *Vertiefung* in Abschn. 6.8.

6.1 Anschauliche Vorkenntnisse

Die anschaulichen Vorkenntnisse zur Addition und Subtraktion selbst einfacher Brüche unmittelbar *vor* ihrer systematischen Behandlung im Mathematikunterricht sind **überraschend gering**. So lösten *nur* knapp 20 % der in Klasse 6 untersuchten Schülerinnen und Schüler folgende Aufgabe richtig: „Schraffiere zunächst die *Hälfte* dieses Rechtecks, danach schraffiere noch ein *Viertel* dieses Rechtecks. Wie viel hast du *insgesamt* schraffiert?" – trotz konkreter Vorgabe eines durch Striche schon in Viertel unterteilten Rechtecks. Die in dieser Untersuchung einer *anderen* Gruppe gestellte Aufgabe: „Kannst du die Aufgabe *drei Viertel Rechteck minus ein halbes Rechteck* mithilfe der folgenden Zeichnung lösen?", wurde sogar von nur rund 10 % der Lernenden richtig gelöst, obwohl hier ein durch Striche schon in Viertel unterteiltes Rechteck konkret vorgegeben war (vgl. Padberg [126], S. 71, S. 91 f.).

© Springer-Verlag GmbH Deutschland 2017
F. Padberg, S. Wartha, *Didaktik der Bruchrechnung*,
Mathematik Primarstufe und Sekundarstufe I + II, DOI 10.1007/978-3-662-52969-0_6

6.2   Grundvorstellungen und anschauliche Wege zur Addition und Subtraktion von Brüchen

Addition von Brüchen

Die **Grundvorstellung** der Addition natürlicher Zahlen als Zusammenfassen (Zusammenschieben, Zusammenlegen, . . .) oder Hinzufügen bleibt bei den Bruchzahlen unverändert erhalten, wie das folgende Schulbuchbeispiel gut aufzeigt. Ausgehend von einer den Lernenden vertrauten **Sachsituation** führt es nämlich über die Frage: „Wie viel Kuchen ist an jedem Stand insgesamt nicht verkauft worden?", anschaulich zur Addition von Brüchen (vgl. *Elemente der Mathematik* 6):

Auf dem Schulfest sind an den Kuchenständen einige Stücke vom Blechkuchen übrig geblieben.

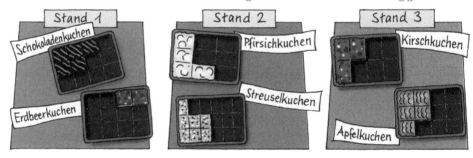

© *Elemente der Mathematik* 6 [S5], S. 21, Einstieg

Beim **Stand 1** sind 5 von 12 Stücken Schokoladenkuchen, also $\frac{5}{12}$ dieses Kuchens, sowie 2 von 12 Stücken Erdbeerkuchen, also $\frac{2}{12}$ dieses Kuchens, nicht verkauft worden. Beide Kuchenbleche sind *gleich groß*. Schieben wir daher die Kuchenstücke in Gedanken auf *einem* Blech zusammen, so sehen wir unmittelbar, dass $5 + 2$ Stücke, also

$$\frac{7}{12} \quad \text{Kuchen nicht verkauft wurden.}$$

Die Lösung dieser Aufgabe ist besonders leicht, da *beide Bleche gleich groß* sind, die Kuchen in beiden Fällen einheitlich geschnitten wurden und daher *jedes Stück Kuchen gleich groß* ist (nämlich jeweils $\frac{1}{12}$ des ganzen Kuchens). Daher besitzen die Brüche zur Bezeichnung der Kuchenstücke bei beiden Blechen mit 12 den gleichen Nenner, sind also *gleichnamig*. Durch das (vorgestellte) **Zusammenschieben der Kuchenstücke** auf *einem* Blech wird so das gegebene Problem gelöst und zugleich die Addition *gleichnamiger* Brüche auf sehr anschauliche Grundlagen gestellt.

Der Grundgedanke des *Zusammenschiebens* von 5 Zwölfteln und 2 Zwölfteln Kuchen entspricht hierbei – wie schon einleitend knapp skizziert – völlig dem *Zusammenlegen* von 5 Äpfeln und 2 Äpfeln, also dem Addieren in der Menge der *natürlichen Zahlen* im Sinne des Kardinalzahlmodells (vgl. Padberg/Büchter [129], S. 195 f.). Die **Grundvorstellung** zur Addition bleibt also gegenüber den natürlichen Zahlen *unverändert*. Wir können zwei

Anteile – hier als Kuchenstücke veranschaulicht – zusammenfassen oder auch zu einem Anteil einen zweiten Anteil hinzufügen. Daher ist diese Grundvorstellung für die Lernenden *leicht*. Wollen wir allerdings das **Ergebnis** ablesen, so stoßen wir – wie nachfolgend beim Stand 2 und Stand 3 anschaulich klar wird – sehr rasch auf deutlich größere **Schwierigkeiten**.

Die entsprechende Fragestellung beim **Stand 2** bewirkt bei einer Lösung in Partnerarbeit deutlich mehr Diskussionsbedarf; denn abweichend vom Stand 1 sind die **Kuchenstücke** jetzt auf den beiden gleich großen Blechen **unterschiedlich groß**. Sehen wir uns die Kuchenunterteilung genauer an, so erkennen wir, dass die Stücke vom Pfirsichkuchen genau *doppelt so groß* sind wie die Stücke vom Streuselkuchen. Teilen wir also jedes Stück Pfirsichkuchen geeignet in zwei gleich große Teile und verdoppeln wir somit ihre Anzahl, so sind jetzt beide Kuchenstücke wiederum gleich groß und wir können analog wie bei Stand 1 die Frage nach den nicht verkauften Kuchenstücken beantworten. Nach der Halbierung der Stücke des Pfirsichkuchens sind (jetzt!) 8 von 18 Stücken, also $\frac{8}{18}$ dieses Kuchens, sowie 7 von 18 Stücken, also $\frac{7}{18}$ des Streuselkuchens, nicht verkauft. Schieben wir die Kuchenstücke auf einem Blech zusammen, so sind jetzt *insgesamt* $8 + 7$ Stücke, also $\frac{15}{18}$ Kuchen, nicht verkauft worden.

Während wir beim Stand 2 nur die Stücke *einer* Kuchensorte (in Gedanken) halbieren mussten, um zur Lösung zu kommen, ist dies bei **Stand 3** so nicht möglich. Eine Halbierung der Größe der Kirschkuchenstücke – und damit die Verdoppelung ihrer Anzahl – ist jetzt nicht zielführend. Offenbar müssen hier **beide Kuchen stärker unterteilt werden**, und zwar beispielsweise der Kirschkuchen je Stück dreifach und der Apfelkuchen zweifach. Bei geeigneter Vorgehensweise ist dann bei beiden Kuchensorten *ein* Stück $\frac{1}{24}$ des Kuchens. Die weitere Argumentation verläuft dann wie beim Stand 2.

Bei den Kuchenständen 2 und 3 haben wir gesehen, dass die **Grundvorstellung** zur Addition auch in diesen Fällen unverändert leicht verständlich bleibt, dass wir aber ohne eine *gemeinsame* Unterteilung kein Ergebnis ablesen können. Das Problem bei der Addition ist also nicht die konzeptuelle Seite (sie bleibt unverändert!), sondern die prozedurale Seite der Ergebnisfindung (sie ändert sich sehr stark!). Erste Hinweise zu einer möglichen Vorgehensweise – zu möglichen Strategien – haben wir gerade bei den Kuchenständen 1 bis 3 gewonnen, eine generelle Lösung thematisieren wir in Abschn. 6.3.

Das Beispiel von Stand 3 führt außerdem gut die (anschaulichen) **Grenzen** des Kuchenkontextes vor Augen und kann ein Motiv dafür bilden, ab jetzt die entsprechenden Fragestellungen rein mit Brüchen an geeigneten **Rechtecken** ohne Kuchenkontext weiter zu vertiefen und einzuüben. Hierbei bieten Rechtecke bei der Addition und auch Subtraktion von Brüchen den Vorteil, dass der Übergang zu einer gemeinsamen Unterteilung (gleiche Größe der verschiedenen Kuchenstücke!) deutlich leichter und auch bei viel mehr Beispielen möglich ist als bei der Benutzung von **Kreisen** (vgl. Subtraktion). **Strecken oder Stäbe** nehmen in dieser Hinsicht eine mittlere Position ein. Hinweise auf *weitere* Möglichkeiten bzw. Modelle für eine anschauliche Grundlegung der Addition und Subtraktion von Brüchen finden Sie bei Padberg [126], S. 74 f.

Subtraktion von Brüchen

Während die Grundvorstellung des Zusammenfassens oder Hinzufügens für das Verständnis der Addition von Brüchen sehr hilfreich ist, ist es bei der Subtraktion die **Grundvorstellung** des Wegnehmens oder Vergleichens/Unterschied-Bestimmens – entsprechend wie auch schon bei der Subtraktion natürlicher Zahlen. Dies zeigt gut das folgende Beispiel für das Wegnehmen:

Lauras Mutter will beim Bäcker Torten für ein Fest kaufen.
In der Auslage im Laden befinden sich $\frac{3}{4}$ einer ganzen Schokoladentorte, $\frac{7}{12}$ einer ganzen Ananastorte und $\frac{2}{3}$ einer ganzen Pfirsichtorte. Lauras Mutter kauft $\frac{1}{4}$ einer ganzen Schokoladentorte, $\frac{1}{2}$ einer ganzen Ananastorte und $\frac{1}{2}$ einer ganzen Pfirsichtorte.
Welcher Anteil an einer ganzen Torte bleibt beim Bäcker jeweils übrig?
Notiere dies jeweils als Term und berechne seinen Wert.

Schokoladentorte   Ananastorte   Pfirsichtorte

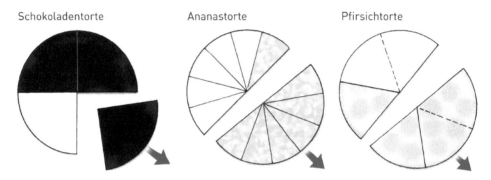

© *Elemente der Mathematik* 6 [S5], S. 22, Nr. 2

Allerdings ist die *zeichnerische Darstellung* des Wegnehmens etwas schwieriger und anspruchsvoller als die des Zusammenfassens. Ausgehend von vertrauten alltäglichen Fragestellungen anschauliche Grundlagen für die Subtraktion *gleichnamiger* Brüche am Kreismodell zu legen, ist dabei noch relativ gut machbar (sofern die Zeichnungen nicht selbst erstellt werden müssen!). Bei *ungleichnamigen* Brüchen ist dies deutlich schwieriger, wie die vorstehenden Beispiele der Ananas- und Pfirsichtorte andeuten.

Die bei der Addition schon erwähnten deutlichen Unterschiede im Schwierigkeitsgrad zwischen der *unveränderten* konzeptuellen und der *stark veränderten* prozeduralen Seite gelten auch hier für die Subtraktion. Analog wie bei der Addition ist auch hier eine **gemeinsame Unterteilung** erforderlich. Den generellen Weg beschreiben wir in Abschn. 6.3.

Wie bei der Addition erwähnt, ist auch bei der Subtraktion gleichnamiger Brüche der **quasikardinale Aspekt** hilfreich, nämlich die Betonung der starken Analogie zwischen natürlichen Zahlen und Bruchzahlen, etwa am Beispiel der Schokoladentorte: 3 Viertel Torte weniger 1 Viertel Torte ergibt 2 Viertel Torte, also eine halbe Torte – genauso wie 3 Äpfel weniger 1 Apfel 2 Äpfel ergeben. Während der Kuchen- und Tortenkontext sehr anschaulich die Grundlagen für die Addition und Subtraktion *gleichnamiger* Brüche liefert, ermöglicht er zugleich eine zielgerichtete Motivierung für das erforderliche Gleichnamigmachen bei der Addition und Subtraktion *ungleichnamiger* Brüche.

Größen Die Ergebnisse der Addition und Subtraktion ausgewählter ungleichnamiger Brüche können wir auch ohne explizites Gleichnamigmachen durch *Rückgriff auf Größen* bestimmen, wie die folgenden Beispiele zeigen:

$$\frac{1}{5}\,\text{m} + \frac{3}{4}\,\text{m} = 20\,\text{cm} + 75\,\text{cm} = 95\,\text{cm} = \frac{95}{100}\,\text{m} = \frac{19}{20}\,\text{m}$$

$$\frac{3}{4}\,\text{m} - \frac{1}{2}\,\text{m} = 75\,\text{cm} - 50\,\text{cm} = 25\,\text{cm} = \frac{1}{4}\,\text{m}$$

$$\frac{1}{2}\,\text{h} + \frac{1}{4}\,\text{h} = 30\,\text{min} + 15\,\text{min} = 45\,\text{min} = \frac{3}{4}\,\text{h}$$

$$\frac{3}{4}\,\text{ha} - \frac{5}{8}\,\text{ha} = 7500\,\text{m}^2 - 6250\,\text{m}^2 = 1250\,\text{m}^2 = \frac{1}{8}\,\text{ha}$$

$$\frac{3}{8}\,\text{kg} + \frac{1}{4}\,\text{kg} = 375\,\text{g} + 250\,\text{g} = 625\,\text{g} = \frac{625}{1000}\,\text{kg} = \frac{5}{8}\,\text{kg}$$

Gleichzeitig kann der Weg über Größen auch zur *Überprüfung* anderweitig gefundener Ergebnisse bei der Addition und Subtraktion von Brüchen eingesetzt werden.

Umkehroperation
Von den **natürlichen Zahlen** her ist uns bekannt, dass die Subtraktion die Umkehroperation der Addition ist und umgekehrt. Dies hat zur Folge, dass die Grundschüler beispielsweise neben dem kleinen Einspluseins nicht auch noch zusätzlich das komplette Einsminuseins auswendig beherrschen müssen. So kann die (bessere) Vertrautheit mit der Addition genutzt werden, um entsprechende Subtraktionsaufgaben zu lösen (vgl. Padberg/Benz [127], S. 114 ff.). Dies gilt offensichtlich auch für **Brüche**, wie man sich leicht am Kuchenmodell klarmachen kann. Kennen wir $\frac{5}{7}$ als Lösung von $\frac{2}{7} + \frac{3}{7}$, so kennen wir gleichzeitig – *ohne erneute Rechnung* – das Ergebnis der Subtraktionsaufgaben $\frac{5}{7} - \frac{2}{7}$ und $\frac{5}{7} - \frac{3}{7}$. Gleiches gilt natürlich auch für Subtraktionsaufgaben mit ungleichnamigen Nennern. Wegen beispielsweise $\frac{1}{3} + \frac{1}{4} = \frac{7}{12}$ gilt $\frac{7}{12} - \frac{1}{3} = \frac{1}{4}$ und $\frac{7}{12} - \frac{1}{4} = \frac{1}{3}$. Die Deutung der Subtraktion als Umkehroperation ist insbesondere auch für die Bearbeitung anspruchsvollerer Textaufgaben nötig, wie etwa: „Vor Johanna liegt ein Teil eines Kuchens. Nachdem sie $\frac{2}{5}$ Kuchen gegessen hat, ist noch $\frac{1}{4}$ übrig. Welcher Anteil lag am Anfang da?"

Daneben kann die Umkehroperation auch zur Überprüfung von Rechnungen eingesetzt werden.

6.3   Addition und Subtraktion – systematische Behandlung

Nach einigen Additionen und Subtraktionen von Anteilen überwiegend auf der Grundlage des Rechteck-, Kreis- und Stabmodells gelangen die Schülerinnen und Schüler anschließend durch eine nachträgliche **Analyse ihrer anschaulichen Lösungswege** zu der Erkenntnis: Besonders leicht ist das Zusammenfügen und Wegnehmen von Anteilen, wenn von vornherein schon eine *gemeinsame* Unterteilung vorliegt – wie z. B. der *gleichnamige* Fall von Stand 1 im vorigen Abschnitt belegt. Ist dies nicht der Fall, müssen wir zur Lösung des Problems erst eine gemeinsame Unterteilung finden.

In dieser Phase, also *vor* der systematisierten Lösung, sollen nach Vorschlägen von Marxer/Wittmann [106] konkret für die Addition und Subtraktion von Brüchen geeignete Aufgaben gezielt durch eine *flexible und aufgabenadäquate* Vorgehensweise, also mithilfe des **Zahlenblicks** (vgl. Rathgeb-Schnierer [151]), gelöst werden. So lässt sich oft der Rechenaufwand erheblich reduzieren. Konkret schlagen Marxer/Wittmann ([106], S. 28) hierfür *zwei Maßnahmen* vor:

- „Das Einschätzen von Brüchen und Aufgaben *vor* dem Rechnen, das heißt das Erkennen und Bewerten der jeweils spezifischen Zahleigenschaften und Zahlbeziehungen einer Aufgabe im Hinblick darauf, ob sie für die Lösung hilfreich sein können.“
- „Das Wählen von Lösungswegen, die den aufgabenspezifischen Gegebenheiten gerecht werden, indem die jeweils spezifischen Zahleigenschaften und Zahlbeziehungen einer Aufgabe genutzt werden, statt isolierte Automatismen.“

Der Übergang zur systematischen Behandlung lässt sich *anschließend* gut mithilfe von Rechtecken realisieren.

Beim Einsatz von **Rechtecken** finden wir nämlich stets *eine* **gemeinsame Unterteilung**, wenn wir das Rechteck waagerecht entsprechend dem *einen* Nenner und senkrecht entsprechend dem *zweiten* Nenner unterteilen. Diese Unterteilung entspricht aber nur in Sonderfällen einer *minimalen* – oder *gröbsten* – gemeinsamen Unterteilung. Dies ist nur der Fall, wenn die Nenner teilerfremd sind. In den anderen Fällen wird man aus Effektivitätsgründen noch weiter konkret nach einer gröberen bzw. der gröbsten gemeinsamen Unterteilung suchen.

Dem Aufsuchen einer gemeinsamen Unterteilung auf der Ebene der Repräsentanten (Rechtecke, Kreise, Stäbe, ...) entspricht auf der rechnerischen Ebene ein **Gleichnamigmachen der Brüche**, dem Aufsuchen der *gröbsten* gemeinsamen Unterteilung der Übergang zum zugehörigen **Hauptnenner**. Dieser ergibt sich rein rechnerisch als *kleinstes gemeinsames Vielfaches* (kgV) der Nenner.

Hiermit verfügen wir jetzt über ein Verfahren, wie wir stets *rein rechnerisch* die Summe und Differenz von Brüchen erhalten können:

Satz 6.1 (Addition und Subtraktion von Brüchen) *Sind die Brüche gleichnamig, so addiert bzw. subtrahiert man die Zähler und behält den gemeinsamen Nenner bei.*

Sind die Brüche ungleichnamig, so macht man sie zunächst gleichnamig. Dann addiert bzw. subtrahiert man sie.

Bemerkung Bei der *Subtraktion* von Brüchen bemerken wir sehr schnell, dass diese Rechenoperation auch hier – wie schon in der Menge der natürlichen Zahlen – *nicht* stets durchführbar ist. Wir können nur so lange problemlos subtrahieren, wie der Minuend mindestens so groß ist wie der Subtrahend. Sind Minuend und Subtrahend gleich, so erhalten wir null als Ergebnis. Die Subtraktion bildet also – im Gegensatz zur Addition – *keine* (uneingeschränkt durchführbare) Verknüpfung in der Menge der Brüche. Erst nach der Durchführung einer *weiteren* Zahlbereichserweiterung – nach dem Übergang zur Menge *aller rationalen Zahlen* – können alle vier Grundrechenarten (mit Ausnahme der Division durch null) uneingeschränkt durchgeführt werden.

Kombinierter Fall (Natürliche Zahl und Bruch)
Aufgaben wie $5 + \frac{3}{4}$ lassen sich ohne jede formale Rechnung lösen, wenn der Begriff der *gemischten Zahl* (vgl. Abschn. 6.4) bekannt ist; denn $5\frac{3}{4}$ ist definiert als $5 + \frac{3}{4}$. Dies gilt auch für Aufgaben wie $\frac{4}{5} + 6$, sofern neben dem Begriff der gemischten Zahl auch zumindest implizit das Kommutativgesetz der Addition bekannt ist (vgl. Abschn. 6.8). Aufgaben wie $4 - \frac{1}{4}$ lassen sich relativ leicht lösen, wenn man 4 in $3 + \frac{4}{4}$ zerlegt und so unmittelbar $3\frac{3}{4}$ als Ergebnis findet. Auf komplexere Aufgaben mit gemischten Zahlen wie $3\frac{2}{5} + 7\frac{1}{4}, 7\frac{3}{5} - 2\frac{1}{4}$ und $7\frac{1}{4} - 2\frac{3}{5}$ gehen wir im folgenden Abschnitt ein.

6.4 Gemischte Zahlen

Gemischte Zahlen wie $7\frac{3}{5}$ definiert man als bequeme Kurzschreibweise für $7 + \frac{3}{5}$.

Das **Addieren** *gemischter Zahlen* ist daher vom Grundverständnis her leicht. Bei Aufgaben wie $3\frac{2}{5} + 7\frac{1}{4} = 3 + 7 + \frac{2}{5} + \frac{1}{4}$ kommt nämlich zur vertrauten Addition von Brüchen nur die leichte Addition $3 + 7$ im Bereich der natürlichen Zahlen hinzu. Man kann natürlich die gemischten Zahlen auch in Brüche verwandeln und im obigen Beispiel dann rechnen $3\frac{2}{5} + 7\frac{1}{4} = \frac{17}{5} + \frac{29}{4} = \frac{68}{20} + \frac{145}{20} = \frac{213}{20} = 10\frac{13}{20}$. Offensichtlich ist dieser zweite Weg im Regelfall deutlich umständlicher.

Das **Subtrahieren** *gemischter Zahlen* ist dagegen in Teilen komplizierter, wenn wir nicht den auch hier stets beschreitbaren, aber aufwändigeren Weg des Verwandelns der gemischten Zahlen in Brüche beschreiten. Während die Aufgabe $7\frac{3}{5} - 2\frac{1}{4} = 7\frac{12}{20} - 2\frac{5}{20} = 5\frac{7}{20}$ keine besonderen Anforderungen stellt, bereitet eine Aufgabe wie $7\frac{1}{4} - 2\frac{3}{5}$ etwas mehr Schwierigkeiten, da wir rechnen müssen: $7\frac{1}{4} - 2\frac{3}{5} = 7\frac{5}{20} - 2\frac{12}{20} = 6\frac{25}{20} - 2\frac{12}{20} = 4\frac{13}{20}$. Wegen einer differenzierteren *Abfolge im Schwierigkeitsgrad* bei der Subtraktion gemischter Zahlen verweisen wir hier auf Padberg [126], S. 94.

Gegen die Bezeichnungs- bzw. die Schreibweise bei gemischten Zahlen werden gelegentlich *zwei* **Einwände** erhoben:

- Die *Bezeichnungsweise* ist nicht zutreffend; denn die mit $5\frac{1}{2}$ bezeichnete Zahl können wir genauso gut mit dem Bruch $\frac{11}{2}$ benennen. Man müsste daher eigentlich – ziemlich kompliziert! – von „gemischten Zahl*zeichen*" sprechen.
- Die *Schreibweise* ist problematisch, da sie in der Algebra zu Fehlern führen könnte ($a\frac{b}{c}$ könnte dort später fälschlich als $a + \frac{b}{c}$ statt als $a \cdot \frac{b}{c}$ gedeutet werden).

Die Einführung der gemischten Zahlen bewirkt oft deutliche **Vorteile** bei

- der Kleinerrelation bei Brüchen $\frac{35}{3} < \frac{61}{5}$; denn $11\frac{2}{3} < 12\frac{1}{5}$;
- der Addition von Brüchen $\frac{35}{3} + \frac{61}{5} = 11\frac{2}{3} + 12\frac{1}{5} = 23\frac{13}{15}$;
- der Subtraktion von Brüchen $\frac{35}{3} - \frac{21}{5} = 11\frac{2}{3} - 4\frac{1}{5} = 7\frac{7}{15}$.

Wir benötigen ferner die gemischten Zahlen zur Einführung und Begründung der Rechenoperationen mit *Dezimalbrüchen* auf der Grundlage der Brüche.

6.5 Variationsreiches Üben

Auch in einem zeitgemäßen Mathematikunterricht ist Üben unverändert notwendig. Das Üben sollte sich allerdings nicht auf das Abarbeiten gleichförmiger Aufgabenplantagen beschränken, sondern in intelligenter und variationsreicher Form stattfinden. Wir verdeutlichen diese Zielsetzung an ausgewählten Aufgaben.

- **Zahlenmauer**
  Zahlenmauern oder Rechenmauern sind ein den Schülerinnen und Schülern schon aus der Grundschule vertrautes Aufgabenformat. Während dort natürliche Zahlen eingesetzt werden, müssen hier jetzt passende Brüche gefunden werden. Durch Vorgabe der Zahl an der Spitze der Zahlenmauer (wie bei dem folgenden Beispiel aus: *Elemente der Mathematik 6*) verfügen die Schülerinnen und Schüler über eine gute *Kontrollmöglichkeit*.

Bei den folgenden Rechenmauern steht über zwei benachbarten Steinen die Summe der beiden Zahlen darunter. Ergänze die Mauern in deinem Heft.

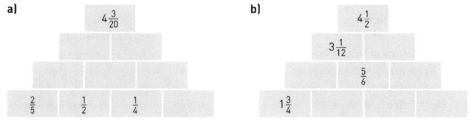

© *Elemente der Mathematik 6* [S5], S. 27, Nr. 34

- **Zauberquadrate**

  Zauberquadrate oder *magische Quadrate* bieten ebenfalls reichhaltige Übungsmöglichkeit für variationsreiches Addieren und Subtrahieren von Brüchen. Für magische Quadrate ist charakteristisch, dass die Summe der Zahlen – hier speziell der Brüche – in jeder Zeile, Spalte und Diagonale jeweils gleich ist. Durch die Anzahl der Felder und die Position der Brüche lässt sich der Schwierigkeitsgrad gut variieren. Das folgende Beispiel haben wir dem Schulbuch *Lambacher Schweizer* entnommen.

Die Summe der Brüche in jeder Zeile, Spalte und Diagonale eines magischen Quadrats ist immer gleich.
a) Finde die fehlenden Zahlen der ersten beiden Quadrate, so dass die Summe der Zeilen, Spalten und Diagonalen immer 1 ist.
b) Finde die fehlenden Zahlen der letzten beiden Quadrate, so dass sie „magisch" sind.

	$\frac{4}{4}$	$\frac{5}{8}$	
$\frac{3}{8}$		$\frac{3}{4}$	$\frac{3}{2}$
	$\frac{11}{8}$	$\frac{2}{4}$	
$\frac{16}{8}$			$\frac{7}{8}$

$\frac{2}{4}$	$\frac{1}{10}$		
		$\frac{3}{10}$	
		$\frac{1}{5}$	$\frac{14}{20}$
$\frac{4}{8}$	$\frac{2}{5}$	$\frac{6}{8}$	$\frac{2}{8}$

© *Lambacher Schweizer* 6 [S10], S. 63, Nr. 16

- **Setze ein!**

  Setze für jedes Kästchen eine Zahl ein, so dass die Rechnung stimmt:

$$\frac{5}{13} + \frac{\square}{13} = \frac{12}{13}; \quad \frac{8}{15} - \frac{4}{\square} = \frac{4}{\square}; \quad \frac{\square}{\square} + \frac{11}{12} = \frac{3}{2}; \quad \frac{5}{8} - \frac{\square}{\square} = \frac{1}{4}$$

- Das folgende Aufgabenbeispiel unterstützt zusätzlich die Lösungsfindung durch geeignete Kreis- und Rechteckdiagramme:

Lücken füllen
Vervollständige die Aufgaben und schreibe sie in dein Heft.

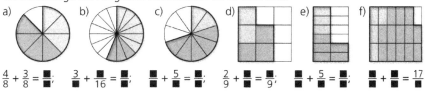

a)   b)   c)   d)   e)   f)

$$\frac{4}{8} + \frac{3}{8} = \frac{\blacksquare}{\blacksquare}; \quad \frac{3}{\blacksquare} + \frac{\blacksquare}{16} = \frac{\blacksquare}{\blacksquare}; \quad \frac{\blacksquare}{\blacksquare} + \frac{5}{\blacksquare} = \frac{\blacksquare}{\blacksquare}; \quad \frac{2}{9} + \frac{\blacksquare}{\blacksquare} = \frac{\blacksquare}{9}; \quad \frac{\blacksquare}{\blacksquare} + \frac{5}{\blacksquare} = \frac{\blacksquare}{\blacksquare}; \quad \frac{\blacksquare}{\blacksquare} + \frac{\blacksquare}{\blacksquare} = \frac{17}{\blacksquare}$$

© *Mathematik Neue Wege* 6 [S18], S. 112, Nr. 5

- **Suche verschiedene Lösungspaare**

  Suche für jede Gleichung mindestens 3 Lösungspaare. Wie gehst du hierbei vor?

$$\frac{5}{6} + \frac{\square}{4} = \frac{\square}{12}; \quad \frac{\square}{4} + \frac{\square}{6} = 1; \quad \frac{\square}{6} - \frac{\square}{4} = 1$$

- **Drei Brüche – viele Ergebnisse**

  Bei der folgenden Aufgabenstellung (vgl. *Neue Wege* [S18], S. 117) kommen nur die drei Brüche $\frac{1}{2}$, $\frac{2}{3}$ und $\frac{5}{4}$ vor. Dennoch gibt es viele Ergebnisse:

Drei Brüche – viele Ergebnisse

In allen Rechenausdrücken kommen die gleichen drei Brüche vor. Wie viele verschiedene Ergebnisse erhältst du? Berechne und vergleiche.

a) $\frac{5}{4} + \frac{2}{3} + \frac{1}{2}$ b) $\frac{5}{4} + \frac{2}{3} - \frac{1}{2}$ c) $\frac{5}{4} - \frac{2}{3} + \frac{1}{2}$

d) $\frac{5}{4} - \frac{2}{3} - \frac{1}{2}$ e) $\frac{5}{4} + \left(\frac{2}{3} - \frac{1}{2}\right)$ f) $\left(\frac{5}{4} - \frac{2}{3}\right) + \frac{1}{2}$

Bilde selbst solche Rechenausdrücke mit drei anderen Brüchen (z. B. $\frac{5}{4}$; $\frac{2}{3}$ und $\frac{1}{5}$) und stelle sie deinem Nachbarn als Aufgabe.

© *Mathematik Neue Wege* 6 [S18], S. 117, Nr. 27

- **Labyrinth**

  Das Aufgabenformat „Labyrinth" bietet ebenfalls vielfältige, intelligente Übungsmöglichkeiten. Bei dem folgenden Labyrinth müssen Wege von A nach E gefunden werden mit (1) dem kleinsten bzw. (2) dem größten Summenwert:

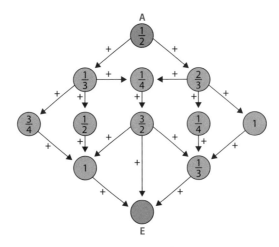

6.6 Mögliche Problembereiche und Hürden

Vorbemerkungen

Dieser Abschnitt (sowie die entsprechenden Abschnitte bei den *übrigen* Rechenoperationen) stützt sich überwiegend auf zwei umfangreiche empirische Untersuchungen, und zwar auf

- die in das PALMA-Projekt (R. Pektrun, München; R. vom Hofe, Bielefeld; W. Blum, Kassel) eingebettete Untersuchung von **Sebastian Wartha**, Pädagogische Hochschule Karlsruhe (Wartha [199]), sowie auf
- umfangreiche, von **Friedhelm Padberg** an der Universität Bielefeld durchgeführte Studien (Padberg [117]).

Aus den jeweils umfangreicheren Stichproben des PALMA-Projektes beziehen wir uns hier meist auf die Ergebnisse am Ende der Klasse 6 sowie bei den Untersuchungen von Padberg auf die Ergebnisse zu Beginn der Klasse 7. Die PALMA-Stichprobe (vgl. Wartha [199]) umfasst 733 Schülerinnen und Schüler aus 28 Klassen von 14 verschiedenen Gymnasien, 596 Schülerinnen und Schüler aus 20 Klassen von 10 verschiedenen Realschulen sowie 730 Schülerinnen und Schüler aus 33 Klassen von 18 verschiedenen Hauptschulen. Padbergs Stichprobe besteht aus 861 Schülerinnen und Schülern aus 28 Klassen von 8 verschiedenen Realschulen (sowie zusätzlich rund 400 Schülerinnen und Schülern aus zwei Voruntersuchungen).

Zusätzlich bildet die Analyse weiterer deutscher sowie insbesondere englischsprachiger Untersuchungen zur Bruchrechnung eine weitere wichtige Grundlage dieser Abschnitte. Im Folgenden nicht genauer mit Quellenangaben belegte Untersuchungsbefunde stammen aus Padbergs empirischen Untersuchungen.

Im Folgenden benutzen wir häufiger die Termini *systematischer Fehler* bzw. *typischer* oder *charakteristischer Fehler*. Hierbei bezeichnen wir **Fehler** *eines* Lernenden als **systematisch**, wenn sie bei *mindestens 50 %* aller entsprechenden Aufgaben *bzw.* in den (wenigen) Fällen, in denen *nur zwei* Aufgaben als Bezugsbasis zur Verfügung stehen, in *beiden* Fällen von diesem Lernenden gemacht werden. **Fehler** nennen wir **typisch** oder *charakteristisch*, wenn sie bei der untersuchten Stichprobe insgesamt *gehäuft* vorkommen, wobei diese Fehler systematisch, aber auch rein aus Flüchtigkeit gemacht werden können.

6.6.1 Grundvorstellungen und Rechenkalkül

Man kann Additions- und Subtraktionsaufgaben mit Brüchen ausschließlich formal ohne jegliches inhaltliches Verständnis durch Regelanwendung lösen, oder man kann zugleich auch inhaltliche Grundvorstellungen hierzu besitzen. Zweifelsohne ist die zweite Version wünschenswerter.

Um über die Verteilung genauere Informationen zu gewinnen, wurde im PALMA-Projekt die Aufgabe $\frac{1}{4} + \frac{1}{6}$ am Ende des 6. Schuljahres sowohl als Rechenaufgabe wie auch in ikonischer Veranschaulichung („Färbe zuerst $\frac{1}{4}$ des Kreises und dann noch $\frac{1}{6}$ des Kreises. Welchen Bruchteil des Kreises hast du insgesamt gefärbt?" Grundlage hierbei: ein Kreis mit 12 Sektoren) 1010 Lernenden gestellt.

Hierbei wurde die Aufgabe in **geometrischer Einkleidung** (kurz: **G**) insgesamt nur halb so oft richtig gelöst wie die **reine Kalkülaufgabe** (kurz: **K**), beispielsweise bei den Realschülern von 31 % bei G gegenüber 66 % bei K (Wartha [199], S. 192).

Noch interessanter und aussagekräftiger ist das Ergebnis der **Kreuztabelle aus G und K**:

G richtig und K richtig: 25 %
G richtig und K falsch: 5 %
K richtig und G falsch: 33 %
K falsch und G falsch: 36 %

Wartha ([199], S. 195) zieht hieraus den Schluss: Wer anschauliche Grundvorstellungen besitzt, beherrscht i. Allg. auch den Kalkül.

Es gibt aber eine *große Gruppe* (ein Drittel!), die zwar den Kalkül – in diesem Beispiel die Addition – nach Regeln richtig ausführen, aber keine ikonische Veranschaulichung dieser Operation vornehmen kann und die vermutlich keine Grundvorstellungen vom Bruch als Anteil (Teil vom Ganzen) aufgebaut hat. Für diese Gruppe bedeutet daher das **Addieren** von Brüchen mit großer Wahrscheinlichkeit nur ein **rein technisches Manipulieren nach unverstandenen Regeln**. Nach der Analyse von weiteren Rechenoperationen und einem Vergleich von Leistungen am Ende von Klasse 6 und 7 resümiert Wartha weiter gehend ([199] S. 196): „Diese Aufgabenanalyse illustriert das allgemein nachgewiesene Phänomen, dass Kompetenzzuwächse in erster Linie auf Verbesserungen der rechnerischen Fähigkeiten und nicht auf den Aufbau von Grundvorstellungen und einem damit einhergehenden tieferen inhaltlichen Verständnis zurückzuführen sind."

6.6.2 Anschauliche Vorstellungen – oft Fehlanzeige

Während die Wartha-Untersuchung am Ende des 6. Schuljahres, also direkt nach der Behandlung der Bruchrechnung, durchgeführt wurde, untersuchten Malle/Huber ([104], S. 20 f.) bei gut 200 österreichischen Gymnasialschülern ein Jahr *nach* der Behandlung der Bruchrechnung die Frage, wie weit anschauliche Grundvorstellungen wie Vereinigen, Hinzufügen, Weiterschreiten u. Ä. zu diesem Zeitpunkt bei der Addition von Brüchen (noch) vorhanden sind und zeichnerisch wiedergegeben werden können. Sie stellten hierzu die Aufgabe: „Stelle $\frac{1}{2} + \frac{1}{3} = \frac{5}{6}$ **auf verschiedene Arten anschaulich dar.**" Das Ergebnis: Nur gut die Hälfte hat die Aufgabe richtig oder teilweise richtig (sic!) gelöst! Einige Lernende tun sich schon schwer bei der Darstellung der Brüche mithilfe von Kreisen oder Rechtecken. Vielfältig sind die Schwierigkeiten bei der Darstellung am Zahlenstrahl. Häufig ist auch eine zwar richtige Darstellung der einzelnen Brüche festzustellen, jedoch als Teile verschiedener Ganzer. Die folgende Abbildung (Malle/Huber [104], S. 21) verdeutlicht gut diese Probleme vieler Lernenden:

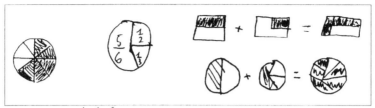

Abb. 1: So wurde $\frac{1}{2} + \frac{1}{3} = \frac{5}{6}$ durch Kreise bzw. Rechtecke dargestellt

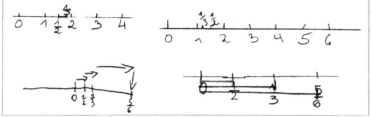

Abb. 2: So wurde $\frac{1}{2} + \frac{1}{3} = \frac{5}{6}$ auf dem Zahlenstrahl dargestellt

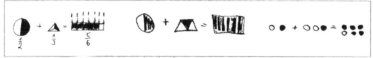

Abb. 3: Manche Lernende stellen $\frac{1}{2} + \frac{1}{3} = \frac{5}{6}$ mit unterschiedlichen Ganzen dar

Obwohl bei der Addition *keine* wesentlichen Grundvorstellungsumbrüche gegenüber den natürlichen Zahlen auftreten, sind dennoch – nach der vorstehenden Untersuchung – die Grundvorstellungen zur Addition selbst *nach* der Behandlung der Bruchrechnung *keineswegs* in ausreichendem Umfang vorhanden.

6.6.3   Schwierigkeitsfaktoren

Rechnungen durch Rückgriff auf anschauliche Grundvorstellungen zu lösen, fällt – wie wir gerade gesehen haben – vielen Lernenden *deutlich schwerer* als eine Rechenaufgabe syntaktisch durch Anwendung einer Rechenregel zu lösen. Aber auch schon das Einfordern einer anschaulichen Begründung für das gefundene Ergebnis erhöht für viele Schülerinnen und Schüler stark den Schwierigkeitsgrad einer Aufgabe.

Eine Aufgabe wie $\frac{1}{5} + \frac{2}{5}$ oder $\frac{3}{4} - \frac{1}{4}$ ist für die meisten Lernenden – zumindest auf der syntaktischen Ebene – sehr leicht, eine Aufgabe wie $\frac{19}{20} + \frac{8}{15}$ oder $\frac{5}{11} - \frac{2}{5}$ dagegen wesentlich schwerer. Folgende Faktoren bewirken deutliche Unterschiede im **Schwierigkeitsgrad von Aufgaben** – nicht nur auf der syntaktischen Ebene:

- *Größe* des Zählers und Nenners
- Beziehung der *Nenner* zueinander (gleichnamig – ein Nenner ist ein Vielfaches des anderen Nenners – die Nenner sind teilerfremd – die Nenner besitzen gemeinsame Teiler (> 1), sind jedoch nicht Vielfache voneinander)
- *Kürzbarkeit* des Ergebnisses (nicht kürzbar – der Zähler oder der Nenner ist selbst schon die Kürzungszahl – einmaliges Kürzen – mehrfaches Kürzen)
- *Größe* der Summe bzw. der Differenz (die Summe bzw. Differenz ist kleiner als 1, gleich 1 oder größer als 1)/*Umwandelbarkeit* des Ergebnisses in eine gemischte Zahl
- *Kombination* von Brüchen und natürlichen Zahlen
- *Gemischte Zahlen* (beide Zahlen – nur eine Zahl)

Wie stark eine **Kombination verschiedener Schwierigkeitsfaktoren** in einer Aufgabe die Lösungsquote insgesamt *heruntersetzt*, belegen eindrucksvoll Untersuchungsbefunde von Lörcher [96]. Man muss allerdings beim Kürzen zwischen der *Beherrschung* des Kürzungskalküles durch die Schülerinnen und Schüler und der *Ausführung* des Kürzens am Ende etwa einer Additionsaufgabe unterscheiden (vgl. auch Abschn. 4.6). Während die Schülerinnen und Schüler das Kürzen als Technik hochprozentig beherrschen, wird das Kürzen am Ende einer Aufgabe relativ häufig „vergessen".

6.6.4 Abfolge im Schwierigkeitsgrad – ein Überblick

Padbergs Untersuchung *nach* Abschluss der systematischen Bruchrechnung (Padberg [117]) ergibt im Bereich der **Addition** konkret folgende (gerundete) Lösungsquoten:

- Addition gleichnamiger Brüche: 85 % richtig
- Addition ungleichnamiger Brüche: 70 % richtig
- Natürliche Zahl plus Bruch: 55 % richtig
- Bruch plus natürliche Zahl: 50 % richtig.

Erwartungsgemäß fällt die Addition *gleichnamiger* Brüche den Lernenden am leichtesten. Der deutliche Abfall in dem unter semantischen Gesichtspunkten besonders leichten *kombinierten Fall* (Bruch kombiniert mit natürlicher Zahl) ist dagegen auf den ersten Blick sehr überraschend, ebenso die Tatsache, dass dieser Fall den Lernenden schwerer fällt als die Addition *ungleichnamiger* Brüche.

Für die **Subtraktion** ergibt diese Untersuchung folgende Abfolge im Schwierigkeitsgrad:

- Subtraktion gleichnamiger Brüche: 80 % richtig
- Subtraktion ungleichnamiger Brüche: 70 % richtig
- Natürliche Zahl minus Bruch: 45 % richtig

Die Lösungsquoten vergleichbarer Additions- und Subtraktionsaufgaben mit Brüchen unterscheiden sich also nur geringfügig. Die Subtraktion *Natürliche Zahl minus Bruch* bereitet den Lernenden allerdings noch *mehr* Schwierigkeiten als schon die entsprechende Additionsaufgabe.

6.6.5 Bruch plus Bruch/Bruch minus Bruch

$\frac{3}{4} + \frac{1}{3} = \frac{4}{7}$, eigentlich hätte es gut reinpassen müssen!

Die Fehler konzentrieren sich bei der **Addition** weit überwiegend auf *eine* Fehlerstrategie, nämlich auf die Strategie

$$\textbf{A1:} \quad \frac{a}{b} + \frac{c}{d} = \frac{a+c}{b+d}$$

Bei der **Subtraktion** konzentrieren sich die Fehler auf die A1 entsprechende Fehlerstrategie

$$\textbf{S1:} \quad \frac{a}{b} - \frac{c}{d} = \frac{a-c}{b-d}$$

Da die Schülerinnen und Schüler die Fehlerstrategie S1 jedoch *nur* anwenden, wenn sie die Zahlen im Zähler und im Nenner jeweils in „gleicher" Richtung subtrahieren können (Beispiele: $\frac{5}{8} - \frac{1}{3}$, $\frac{3}{4} - \frac{5}{8}$), kommt S1 bei ungleichnamigen Brüchen *etwas seltener* vor als A1 bei der Addition. Ist nämlich, wie etwa bei $\frac{5}{3} - \frac{1}{6}$, ein „gleichsinniges" Subtrahieren im Zähler und Nenner unmöglich, so lösen die Schülerinnen und Schüler dieses Problem (meist) durch Auslassen der Aufgabe bzw. (seltener) durch Ausweichen auf eine andere Fehlerstrategie, etwa auf jene, die Zähler wie gewohnt zu subtrahieren und einen der beiden ursprünglichen Nenner als Nenner des Ergebnisses zu verwenden.

Die Fehlerstrategie A1 bzw. S1 wird bei der Addition bzw. Subtraktion *ungleichnamiger* Brüche häufiger angewandt als bei gleichnamigen Brüchen, und zwar zumeist *systematisch*. Mehr als 10 % der Schülerinnen und Schüler formulieren sogar die Additionsregel in dieser Form, nämlich als Zähler plus Zähler durch Nenner plus Nenner. Auch im PALMA-Projekt ist A1 bei der Aufgabe $\frac{1}{4} + \frac{1}{6}$ der mit weitem Abstand häufigste Fehler. 16 % aller untersuchten Schülerinnen und Schüler erhalten am Ende der Klasse 6 hier $\frac{2}{10}$ als (Zwischen-) Ergebnis (Wartha [199], S. 193).

Deutlich *häufiger* tritt die Hauptfehlerstrategie A1 bei den kürzlich von *Wittmann* [222] untersuchten Lernenden von Real- und Werkrealschulen der 6. und 7. Jahrgangsstufe auf (347 Schülerinnen und Schüler; jeweils 6 verschiedene Additionsaufgaben, 2 gleichnamig, 4 ungleichnamig). Das Fehlermuster A1 wurde bei allen 6 Aufgaben von einem erheblichen Teil der Schülerinnen und Schüler gemacht mit nur geringen aufgabenspezifischen Unterschieden (minimal von gut 20 %, maximal von gut 25 %). Knapp 10 % der Schülerinnen und Schüler machten diesen Fehler A1 sogar *systematisch* bei *allen* 6 Aufgaben. Die Hoffnung von Wittmann, dass bei der Aufgabe $\frac{1}{2} + \frac{1}{4}$ mit ihren *Alltagsbrüchen* ein hoher Anteil der Lernenden die Lösung „*sehen*" würde, hat sich nicht bestätigt. Nur knapp 10 % der Schülerinnen und Schüler lösten diese Aufgabe ohne jede schriftliche Nebenrechnung, erschreckend viele der Lernenden beschritten dagegen selbst bei $\frac{1}{2} + \frac{1}{4}$ den sehr formalen Standardweg einschließlich einer schriftlichen Bestimmung des Hauptnenners.

Auch bei Untersuchungen im **Ausland** dominiert im Bereich der Addition eindeutig das Fehlermuster A1. So unterläuft bei Repräsentativerhebungen in den *USA* jeweils 20 % bis 30 % der Lernenden der obige Fehler bei der Addition ungleichnamiger Brüche (vgl. Post [139], Carpenter et al. [17]), und auch bei einer breiteren Untersuchung von Hart in *England* (vgl. Hart [51]) ist dieses Fehlermuster der häufigste Fehler bei der Addition.

Als **Ursachen** für diese Fehlerstrategien A1 bzw. S1 kommen folgende Faktoren infrage:

- **Mängel im Bruchzahlverständnis:** Der Bruch benennt für diese Lernenden nicht *eine* Zahl, sondern besteht aus *zwei* voneinander *unabhängigen natürlichen* Zahlen, die entsprechend getrennt addiert bzw. subtrahiert werden.
- **Unscharfe anschauliche Bruchvorstellungen**, wie das folgende Diagramm belegt (vgl. auch Peck/Jencks [134]):

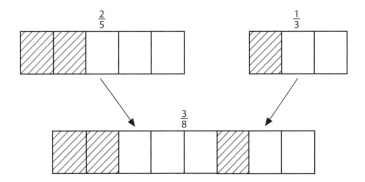

Diesen Lernenden ist unklar, dass bei der Addition von Brüchen bei jedem Summanden wie auch bei der Summe stets auf *dieselbe* Bezugsgröße Bezug genommen werden muss.

- **Verwechslung** der Addition von Brüchen mit der im täglichen Leben häufiger vorkommenden – und daher vertrauteren – *Addition von Verhältnissen* (vgl. Borasi/Michaelsen [11], Howard [72]), die gerade durch A1 *richtig* beschrieben wird.
  Beispiel: „Jan hat zunächst 3 von 5, danach 2 von 4 Spielen gewonnen. Er hat insgesamt 5 ($= 3 + 2$) von 9 ($= 5 + 4$) Spielen gewonnen."
  Im Unterschied zur Addition von Brüchen *muss* also bei der Addition von Verhältnissen die Bezugsgröße der Summanden *nicht* identisch sein, es ergibt sich sogar die Bezugsgröße der Summe stets als Summe der Bezugsgrößen der Summanden.
- Übertragung der vom schriftlichen Addieren bzw. Subtrahieren bei den natürlichen Zahlen vertrauten Strategie **„Verknüpfe Gleichartiges"** (dort z. B. Einer plus Einer, Zehner plus Zehner usw.) auf das Addieren bzw. Subtrahieren von Brüchen (hier Zähler plus Zähler, Nenner plus Nenner bzw. Addition der Zahlen oben und getrennte Addition der Zahlen unten) und so Gewinnung eines formal korrekt aussehenden Ergebnisses (vgl. Daubert/Gerster [21]).
- Übertragung des rechnerisch sehr leichten und einprägsamen **Multiplikationsrahmens** auf die Addition und Subtraktion.

Neben dem *dominanten* Fehlermuster A1 bzw. S1 spielen die folgenden beiden charakteristischen Fehlerstrategien nur noch eine sehr *untergeordnete* Rolle:

- Addition bzw. Subtraktion der *ursprünglichen* Zähler bei korrekter Bildung des Hauptnenners (Beispiel: $\frac{3}{5} + \frac{1}{2} = \frac{3+1}{10} = \frac{4}{10}$), möglicherweise verursacht durch die Regelkurzformulierung „erst gleichnamig machen, dann die Zähler addieren".
- Multiplikation statt Addition – möglicherweise als Ausweichreaktion bei komplizierteren Additionsaufgaben.

Auf geeignete Maßnahmen, die gegen diese Fehlermuster eingesetzt werden können, gehen wir gründlich im Abschn. 6.7 *Prävention und Intervention* ein.

6.6.6 Kombinierter Fall (Bruch und natürliche Zahl)

Bei diesem Aufgabentyp ist der deutliche Unterschied zwischen dem *sehr leichten* Grundverständnis und der *hohen* Fehlerquote der Schülerinnen und Schüler – der höchsten von allen Additions- und Subtraktionsaufgaben! – äußerst frappierend. Es überrascht hier auch bei der Addition der nur *geringe* Vorsprung von Aufgaben des Typs „natürliche Zahl plus Bruch" vor Aufgaben vom Typ „Bruch plus natürliche Zahl".

Die Fehler konzentrieren sich bei der **Addition** auf *eine* Fehlerstrategie, nämlich auf

$$\textbf{A2:}\quad n + \frac{a}{b} = \frac{n+a}{b} \quad \text{bzw.} \quad \frac{a}{b} + n = \frac{a+n}{b}$$

bzw. bei der **Subtraktion** auf

$$\textbf{S2:}\quad n - \frac{a}{b} = \frac{n-a}{b} \quad (\text{bzw.} \quad n - \frac{a}{b} = \frac{|n-a|}{b})$$

Im Durchschnitt benutzen rund 20 % der Schülerinnen und Schüler je Aufgabe die Fehlerstrategie A2. Neben A2 bzw. S2 sind nur noch *Einbettungsfehler* von Bedeutung, also Fehler im Zusammenhang mit der Einbettung der natürlichen Zahlen in die Menge der Bruchzahlen. Am häufigsten setzen die Schülerinnen und Schüler hierbei $n = \frac{n}{n}$.

Die **Schwierigkeiten** der Schüler mit diesem – auf der *semantischen* Ebene – *äußerst einfachen* Aufgabentyp basieren nach unserer Einschätzung auf folgenden **Ursachen**:

- Einer **Unterschätzung** dieses Aufgabentyps („völlig trivial") und entsprechend einer Vernachlässigung im Unterricht.
- Einem *zu starken Agieren* vieler Schülerinnen und Schüler auf der **syntaktischen Ebene** statt auf der – hier äußerst einfachen – semantischen Ebene. Auf der *syntaktischen* Ebene ist dieser Aufgabentyp natürlich *schwerer* als der allgemeine Fall. Statt durch Rückgriff auf anschauliche Bruchvorstellungen direkt $5 - \frac{1}{3} = 4\frac{2}{3}$ oder $3 + \frac{1}{5} = 3\frac{1}{5}$ zu rechnen, wird vielfach sehr formal z. B.

$$3 + \frac{1}{5} = \frac{3}{1} + \frac{1}{5} = \frac{15}{5} + \frac{1}{5} = \frac{16}{5} = 3\frac{1}{5}$$

gerechnet – mit diversen Fehlermöglichkeiten bei der Einbettung, beim Erweitern, bei der Addition und schließlich beim Umwandeln.

Die sehr niedrigen Lösungsquoten bei diesem Aufgabentyp belegen klar deutliche Defizite in den *anschaulichen* Bruchvorstellungen sowie möglicherweise eine mangelnde *Flexibilität* der Schülerinnen und Schüler (stattdessen erfolgt oft ein stures Abarbeiten sämtlicher Aufgaben nach starren Schemata).

- Einer oft zu geringen *Verinnerlichung* des zeichenorientierten Wissens über die **Einbettung der natürlichen Zahlen** in die Menge der Bruchzahlen. Hierauf beruht das nicht notwendig bewusste Dilemma: „In welcher Welt befinden wir uns eigentlich, in der vertrauten ‚normalen' Welt der (natürlichen) Zahlen oder in der Welt der komplizierten Brüche?" (Winter [215], S. 14).
- Einer fehlerhaften Übertragung des eingängigen **Multiplikationsrahmens** $n \cdot \frac{a}{b} = \frac{n \cdot a}{b}$ auf die Addition bzw. Subtraktion.

6.7 Prävention und Intervention

Eine effektive und gezielte Prävention und Intervention ist bei fehlerhaften Schülerstrategien bezüglich Addition und Subtraktion wegen der Konzentration auf nur *wenige* verschiedene Fehlermuster gut möglich. Folgende Maßnahmen bzw. Hinweise können hierbei hilfreich sein:

- Einen gut durchdachten Weg zur **Sensibilisierung** gegenüber den wichtigsten Fehlerstrategien zeigt das folgende Schulbuchbeispiel auf (*mathewerkstatt* 6):

Fehler in Rechnungen

a) Überprüfe durch Abschätzen der Ergebnisse, welche der folgenden Rechnungen falsch sind. Prüfe dazu insbesondere, ob die Ergebnisse kleiner oder größer als 1 sind.

(1) $\quad \frac{2}{5} + \frac{3}{10} = \frac{7}{10}$ (2) $\quad \frac{1}{3} + \frac{1}{4} = \frac{1}{7}$ (3) $\quad \frac{2}{3} + \frac{4}{5} = \frac{6}{8}$

(4) $\quad \frac{2}{10} - \frac{1}{5} = \frac{1}{5}$ (5) $\quad \frac{13}{20} - \frac{4}{5} = \frac{1}{10}$ (6) $\quad \frac{100}{100} - \frac{20}{50} = \frac{80}{50}$

b) Verbessere die falschen Rechnungen.

c) Betrachte die falschen Rechnungen genauer:
Was könnte sich derjenige, der das geschrieben hat, dabei gedacht haben?

d) Suche für einen der falschen Rechenwege ein Zahlenbeispiel, um jemanden zu überzeugen, dass der Rechenweg nicht stimmen kann.

© *mathewerkstatt* 6 [S21], S. 73, Nr. 44

- Während bei dem vorstehenden Schulbuchbeispiel im Wesentlichen *vorgegebene* Lösungen betrachtet und analysiert werden, sind **Strategiekonferenzen** ein guter Weg, um *selbst gefundene* Lösungswege und Lösungen zu diskutieren (vgl. Hußmann/Prediger [76] sowie konkret bezogen auf die Addition von Brüchen Scherres [160]). Strategiekonferenzen haben sich im Mathematikunterricht der Primarstufe schon seit vielen Jahren bewährt. Ausgangspunkt ist jeweils ein Arbeitsbogen mit herausfordernden Aufgaben, bei dem zusammen mit der Lösung der gewählte Lösungsweg knapp schriftlich erläutert werden muss. Die sich *anschließende* Strategiekonferenz mit der ganzen Klasse bietet dann reichhaltige Argumentations- und Diskussionsanlässe zu den unterschiedlichen, von der Klasse gefundenen Lösungswegen sowie zu ihrer Beurteilung und trägt so zu einem tieferen Verständnis bei.

- Vor dem Rechnen mittels der Additions- und Subtraktions*regel* müssen zunächst **anschauliche Grundvorstellungen** zur Addition und Subtraktion sicher aufgebaut werden. Auf dieser Grundlage müssen **Lösungsstrategien** zum konkreten Lösen von Aufgaben anschaulich entwickelt und begründet werden. Diese müssen auch bewusst beim Lösen von Aufgaben – besonders zu Beginn, aber auch immer mal wieder später *nach* der Regelformulierung! – eingesetzt werden. Eine *zu frühe* Regelnennung beeinträchtigt nämlich die Schülerinnen und Schüler in *zweierlei* Hinsicht (vgl. auch Mack [100]): Ergebnisse werden nur noch (fast) ausschließlich durch den Rückgriff auf die Regel gefunden und nicht mehr durch Rückgriff auf anschauliche Vorstellungen (vgl. auch Padberg/Bienert [128]). Ferner vertrauen die Schülerinnen und Schüler Ergebnissen, die sie durch – auch falsche – Regelbenutzung gefunden haben, stärker als den anschaulich erhaltenen Ergebnissen.

- Unter *inhaltlichen* Gesichtspunkten **leichte Aufgaben** wie z. B. die kombinierten Fälle (Bruch und natürliche Zahl) sollten ausschließlich auf der Grundlage *anschaulicher Grundvorstellungen* über die Brüche – und **auf keinen Fall formal-kalkülmäßig** – gelöst werden, um so die Schülerinnen und Schüler zu mehr Flexibilität und zur Vermeidung der sturen Benutzung starrer Schemata und Kalküle zu erziehen.

- Eine Überprüfung, ob ein gefundenes Ergebnis von der **Größenordnung** her überhaupt stimmen kann, entlarvt die Strategien A1 und A2 sowie S1 und S2 in sehr vielen Fällen schon als fehlerhaft. Dieses *Abschätzen* muss daher unbedingt bewusst thematisiert werden, da die Schülerinnen und Schüler sonst hiermit große *Schwierigkeiten* haben, wie die folgenden Daten aus einer amerikanischen Repräsentativerhebung (Post [139]) belegen:
  Bei der Bestimmung der Summe von $\frac{12}{13} + \frac{7}{8}$ durch Überschlagsrechnung wurden von den vorgegebenen Antworten „1, 2, 19, 21, ich weiß nicht" 19 und 21 am häufigsten, und zwar von jeweils mehr als einem Viertel(!) der Schülerinnen und Schüler, angekreuzt. Zur Prävention des Fehlers A1 ist es auch hilfreich, im Unterricht bewusst die Addition von *Verhältnissen* und die Addition von *Brüchen* zu kontrastieren, und zwar mit ihren Gemeinsamkeiten, aber auch wichtigen Unterschieden.

- Das **Herstellen kognitiver Konflikte** bei den Schülerinnen und Schülern durch die Wahl von Extrembeispielen oder von besonders einfachen Aufgaben, bei denen die Schülerinnen und Schüler die Ergebnisse auf verschiedenen Wegen (z. B. rechnerisch und zeichnerisch) finden können, ist oft hilfreich beim Aufbau von Abwehrmechanismen gegen Fehlerstrategien. Der kognitive Konflikt bei *unterschiedlichen* Ergebnissen derselben Aufgabe in verschiedener Einkleidung (reine Rechenaufgabe, anschauliche

Aufgabenstellung z. B. mit Pizzas) führt aber durchaus *nicht* immer unmittelbar zu einem Sieg der richtigen anschaulichen Vorstellung über das reine Kalkül, wie das folgende Interview mit Tony (Mack [100], S. 27 f.) gut verdeutlicht:

„I: When you add fractions, how do you add them?

Tony: Across. Add the top numbers across and the bottom numbers across.

I: I want you to think of the answer to this problem in your head. If you had $\frac{3}{8}$ of a pizza and I gave you $\frac{2}{8}$ more of a pizza, how much pizza would you have?

Tony: Five-eighths. (Goes to his paper on his own initiative and writes $\frac{3}{8} + \frac{2}{8} =$, gasps, stops, then writes $\frac{5}{8}$.) I don't think that's right. I don't know. I think this (the 8 in $\frac{5}{8}$) just might be 16. I think this'd be $\frac{5}{16}$.

I: Let's use our pieces to figure this out. (Tony gets out $\frac{3}{8}$ and then $\frac{2}{8}$ of the fraction circles and puts the pieces together.) Now how much do you have?

Tony: Five eighths. It seems like it would be sixteenth ... This is hard."

Auch bei den übrigen untersuchten Schülerinnen und Schülern beobachtet Mack [100] den Versuch, den kognitiven Konflikt bei entsprechend verursachten *inkonsistenten* Antworten dadurch zu lösen, dass sie stärker auf die fehlerhaften *Regeln* vertrauen. Mack ([100], S. 28) endet: „... it was necessary to spend a great deal of time solving real-world problems, then modeling the problems with concrete materials, and finally, recording the problems symbolically."

- Benutzt man *anfangs* die **quasikardinale Schreibweise für Brüche** (also z. B. 2 Drittel, 3 Fünftel), so ist bei der Addition und Subtraktion insbesondere gleichnamiger Brüche die starke *Analogie* zu dem – den Schülerinnen und Schülern vertrauten – Rechnen mit natürlichen Zahlen und Größen sehr hilfreich. Diese Betonung des *quasikardinalen Aspektes* hilft, bei den Schülerinnen und Schülern ein *hohes Widerstandsniveau* gegen die charakteristischen Fehlerstrategien A1 und S1 aufzubauen, und stellt zugleich auch eine gute *Merkhilfe* für die Additions- und Subtraktionsregel dar.

- Das **gezielte Vergleichen und Gegeneinander-Absetzen** der Rechnungen bei der Addition $\frac{a}{b} + \frac{c}{d}$ und der Multiplikation $\frac{a}{b} \cdot \frac{c}{d}$ hilft, eine fehlerhafte Übertragung des sehr einprägsamen und rechentechnisch viel leichteren Multiplikationsrahmens $\frac{a}{b} \cdot \frac{c}{d} = \frac{a \cdot c}{b \cdot d}$ auf die Addition mit dem daraus resultierenden Fehlermuster A1 zu verhindern, und trägt so zum Aufbau einer möglichst umfassenden Immunität gegen die $\mathbb{N}$-*Verführer* (Streefland [177]) bei. Analoges gilt auch für die Subtraktion.

- Die **kombinierten Fälle** werden offenkundig in ihrem Schwierigkeitsgrad häufig *unterschätzt*. Sie sind daher gezielt zu berücksichtigen.

- Das bewusste **Kontrastieren** der Addition $n + \frac{a}{b}$ bzw. $\frac{a}{b} + n$ und der Multiplikation $n \cdot \frac{a}{b}$ bzw. $\frac{a}{b} \cdot n$ hilft, bei den Schülerinnen und Schülern Abwehrmechanismen gegen das häufig benutzte Fehlermuster A 2 $n + \frac{a}{b} = \frac{n+a}{b}$ aufzubauen. Analoges gilt auch für die Subtraktion.

- Eine sorgfältige und anschauliche Behandlung der **Einbettung** der natürlichen Zahlen in die Bruchzahlen trägt dazu bei, die in vielen Bereichen der Bruchrechnung von uns beobachteten fehlerhaften Einbettungen zu vermeiden.

Zum Abschluss eine Bemerkung, die für die gesamte Bruchrechnung gilt. Man wähle den **Zahlenraum** der Zähler und Nenner *klein(er)*. Das *Prinzip* des Rechnens mit Brüchen sollte nämlich im Vordergrund stehen, nicht ein Jonglieren mit komplizierten Zählern und Nennern.

6.8 Vertiefung

In diesem Abschnitt stellen wir einige **ausgewählte Beispiele** zur Vertiefung und Differenzierung bei der Erarbeitung der Addition und Subtraktion von Brüchen vor. Diese Beispiele bieten vielfältige Möglichkeiten zum *Argumentieren*, zum *Kommunizieren* und zum *Lösen mathematischer Probleme* im Sinne der Bildungsstandards [86] und eröffnen so vielfältige Möglichkeiten für einen **prozessorientierten Unterricht**. Es ist sicher gewinnbringender, über *eines* der folgenden Probleme 15 Minuten zu diskutieren und so zu einer einsichtigen und anschaulichen Lösung vorzustoßen, als 15 Routineaufgaben in dieser Zeit nur kurz abzuhaken.

- **Stammbrüche 1**
  Lässt sich z. B. der einfachste Stammbruch, nämlich $\frac{1}{2}$, als Summe zweier Stammbrüche darstellen? Wir finden bald, dass $\frac{1}{2} = \frac{1}{4} + \frac{1}{4}$ gilt. Können wir weitere, können wir gar *alle* Stammbrüche als Summe zweier *gleicher* Stammbrüche darstellen? Nach einigem Suchen finden die Schüler, dass dies stets funktioniert, da nämlich – algebraisch formuliert – immer gilt: $\frac{1}{n} = \frac{1}{2n} + \frac{1}{2n}$.
- **Stammbrüche 2**
  Aber auch die Darstellung als Summe zweier *verschiedener* Stammbrüche ist für jeden Stammbruch $\frac{1}{n}$ mit $n > 1$ stets möglich. In $\frac{1}{2} = \frac{1}{3} + \frac{1}{6}$ ist der Nenner des ersten Summanden um 1 größer als der Nenner von $\frac{1}{2}$, und es ergibt sich der zweite Nenner als Produkt $2 \cdot 3$. Entsprechend lässt sich *jeder* Stammbruch $\frac{1}{n}$ darstellen als $\frac{1}{n} = \frac{1}{n+1} + \frac{1}{n \cdot (n+1)}$, wie man leicht z. B. durch Gleichnamigmachen überprüfen kann. Wir können also jeden Stammbruch $\frac{1}{n}$ als Summe zweier gleicher, aber für $n > 1$ auch als Summe zweier verschiedener Stammbrüche darstellen.
- **Stammbrüche 3**
  Gibt es bei einzelnen oder gar bei allen Stammbrüchen *weitere* Zerlegungen in zwei Summanden? Am Beispiel von $\frac{1}{6}$ sehen wir, dass dies zumindest bei einigen Stammbrüchen möglich ist. Wir finden nämlich beispielsweise $\frac{1}{6} = \frac{1}{12} + \frac{1}{12}$, $\frac{1}{6} = \frac{1}{7} + \frac{1}{42}$, $\frac{1}{6} = \frac{1}{9} + \frac{1}{18}$, $\frac{1}{6} = \frac{1}{10} + \frac{1}{15}$ und $\frac{1}{6} = \frac{1}{8} + \frac{1}{24}$. Funktioniert dies so oder ähnlich bei *allen* Stammbrüchen? Hängt dies speziell vom Nenner ab (Primzahlen, zusammengesetzte Zahlen)? Gibt es auch additive Zerlegungen in *mehr* als zwei Stammbrüche? Lassen sich Stammbrüche auch als *Differenzen* von Stammbrüchen schreiben? Viele weitere Fragestellungen sind im Zusammenhang mit Stammbrüchen naheliegend. Für weitere Details und einige Antworten auf die angesprochenen Fragen vergleiche man Brockmeyer [12], Grover [46] und Sjuts [170].

- **Stammbrüche 4**

  Die alten Ägypter schrieben sogar alle Brüche als Summe von Stammbrüchen. Wie im Schulbuch *Fokus Mathematik 6* ([S6], S. 78) realisiert, kann gut schrittweise an diese Fragestellung herangeführt werden:

  a) Zerlege die Brüche $\frac{2}{5}, \frac{2}{7}, \frac{2}{11}, \frac{2}{15}, \frac{3}{5}, \frac{9}{16}, \frac{4}{19}$ in eine Summe aus zwei verschiedenen Stammbrüchen.

  b) Suche eine Stammbruchzerlegung für die folgenden Brüche. Beschreibe dein Vorgehen: $\frac{4}{5}, \frac{5}{7}, \frac{6}{7}, \frac{7}{9}, \frac{8}{9}, \frac{11}{16}$.

- **Nachbarbrüche**

  Beim Subtrahieren von zwei Brüchen erhalten wir durchaus öfter die Zahl 1 als Zähler des Ergebnisses – sogar ohne zu kürzen. Ein einfaches Beispiel ist $\frac{1}{3} - \frac{1}{4} = \frac{1}{12}$. Da zwei Brüche $\frac{n}{3}$ und $\frac{m}{4}$ keine kleinere Differenz als $\frac{1}{12}$ haben können, bezeichnet man $\frac{1}{3}$ und $\frac{1}{4}$ in der Literatur auch als „**Nachbarbrüche**" – eine Bezeichnung, die nicht unproblematisch ist – und legt allgemein fest: Zwei Brüche $\frac{a}{b} < \frac{c}{d}$ heißen Nachbarbrüche, wenn $\frac{c}{d} - \frac{a}{b} = \frac{1}{b \cdot d}$ gilt. Im Umfeld der Nachbarbrüche kann eine Reihe interessanter „Forschungsaufgaben" gestellt werden (für Details vgl. Humenberger ([75], S. 259 f.). Eine gute unterrichtliche Aufbereitung dieser Fragestellung enthält das Schulbuch *Mathematik Neue Wege 6*.

  „Differenzen unter Nachbarn"

  Berechne

  a) $\frac{1}{2} - \frac{1}{3}$ b) $\frac{1}{3} - \frac{1}{4}$ c) $\frac{1}{4} - \frac{1}{5}$ d) $\frac{1}{5} - \frac{1}{6}$ e) $\frac{1}{6} - \frac{1}{7}$

  f) Schaue dir die Ergebnisse von a), b), c), d) und e) an. Was werden vermutlich die Differenzen $\frac{1}{7} - \frac{1}{8}, \frac{1}{9} - \frac{1}{10}$ und $\frac{1}{99} - \frac{1}{100}$ sein?

  g) Überprüfe deine Vermutungen aus der Aufgabe f) durch eine Rechnung.

  © *Mathematik Neue Wege 6* [S18], S. 118, Nr. 31

  „Differenzen unter Nachbarn – Fortsetzung"

  Berechne

  a) $1 - \frac{1}{2}$ b) $\frac{2}{3} - \frac{1}{2}$ c) $\frac{3}{4} - \frac{2}{3}$ d) $\frac{4}{5} - \frac{3}{4}$ e) $\frac{5}{6} - \frac{4}{5}$

  f) Schaue dir die Ergebnisse der Teilaufgaben an. Was werden vermutlich die Differenzen $\frac{6}{7} - \frac{5}{6}$ und $\frac{10}{11} - \frac{9}{10}$ sein?

  g) Überprüfe deine Vermutungen aus der Aufgabe f) durch eine Rechnung.

  © *Mathematik Neue Wege 6* [S18], S. 118, Nr. 32

- **Summenbildung**

  a) Gegeben seien 6 Kärtchen mit den Zahlen 1, 3, 4, 5, 6 und 7. Lege vier Kärtchen so auf das Summenraster $\frac{A}{B} + \frac{C}{D}$, dass du die größte Summe erhältst, die kleiner als 1 ist. Notiere anschließend die gefundene größte Summe.

  b) Gegeben seien 13 Kärtchen mit den Zahlen 1, 2, 3, 4, 5, 8, 10, 11, 12, 13, 20, 23 und 24. Lege sechs von diesen Kärtchen so auf das Summenraster $\frac{A}{B} + \frac{C}{D} = \frac{E}{F}$, dass die Summe stimmt. Gibt es verschiedene Möglichkeiten?

- **Veränderung der Summe**

  Wie verändert sich die Summe $\frac{a}{b} + \frac{c}{d}$, wenn

  a) b größer wird,

  b) a größer wird,

  c) a und b größer werden,

  d) c kleiner wird,

  e) a größer und b kleiner wird,

  f) a größer und d kleiner wird,

  g) b kleiner und c größer wird?

  Begründe in jedem Fall, ob die Summe größer wird, kleiner wird oder ob man dies nicht entscheiden kann.

- **Zahlenrätsel**

  Das folgende Beispiel für ein Zahlenrätsel stammt aus dem Schulbuch *Elemente der Mathematik* 6:

Anne stellt gerne Zahlen-rätsel. An welche Zahl hat sie jeweils gedacht?

a) Rechts siehst du, wie Luc Annes Zahlenrätsel gelöst hat. Erläutere seine Überlegung.

b) Löse folgendes Zahlen-rätsel.

    (1) Wenn ich von meiner Zahl $\frac{4}{15}$ subtrahiere, erhalte ich $\frac{9}{15}$.

    (2) Die Differenz aus meiner Zahl und $\frac{4}{7}$ ist $\frac{3}{14}$.

    (3) Die Summe aus $\frac{3}{8}$ und meiner Zahl ist $\frac{7}{12}$.

© *Elemente der Mathematik* 6 [S5], S. 23, Nr. 4

- **Forschungsaufgabe**

  Die folgende Aufgabe kommt aus dem Schulbuch *Mathematik Neue Wege 6*. Sie regt zu vielfältigen „Forschungen" an:

Forschungsaufgabe

Josef meint: „Wenn man zum Zähler und zum Nenner eines Bruches die gleiche Zahl addiert, erhält man einen größeren Bruch."
a) Überprüfe die Behauptung von Josef an den Brüchen $\frac{3}{8}$; $\frac{5}{6}$; $\frac{6}{5}$; $\frac{8}{3}$ und beschreibe, wie du vorgegangen bist.
b) Was meinst du zu Josefs Behauptung? Formuliere deine Vermutung und überprüfe sie an weiteren Brüchen. Kannst du sicher sein, dass deine Vermutung immer zutrifft?

© *Mathematik Neue Wege* 6 [S18], S. 117, Nr. 29

- **Algebraische Struktur**

  Eine *weitere* Möglichkeit zur Vertiefung und Differenzierung bietet die Analyse der **additiven Struktur der Brüche**. So ist die Addition von Brüchen *kommutativ* und *assoziativ*, wie man durch Rückgriff auf die entsprechenden Eigenschaften der natürlichen Zahlen oder von Größen leicht zeigen kann. Diese Rechengesetze können auch zum *vorteilhaften Rechnen* eingesetzt werden (Beispiel: „Berechne $(\frac{2}{5} + \frac{4}{7}) + \frac{1}{5}$"). Dagegen gilt bei der **Subtraktion** von Brüchen weder das Kommutativ- noch das Assoziativgesetz, wie man mit Gegenbeispielen leicht zeigen kann.

  Ferner sind die Kleinerrelation und die Addition *auch* bei Brüchen im Sinne des **Monotoniegesetzes der Addition** verträglich, d. h., für $\frac{m}{n}, \frac{p}{q}, \frac{r}{s}$ folgt aus $\frac{m}{n} < \frac{p}{q}$ stets $\frac{m}{n} + \frac{r}{s} < \frac{p}{q} + \frac{r}{s}$. Eine Herausarbeitung dieser Struktureigenschaften ist vor allem für die *leistungsstärkeren* Schülerinnen und Schüler von Bedeutung und bietet sich so gut zur Differenzierung an.

Multiplikation von Brüchen 7

Wir gehen in diesem Kapitel zunächst einleitend auf anschauliche *Vorkenntnisse* bzgl. der Multiplikation ein (Abschn. 7.1) und beschreiben anschließend *anschauliche Wege* zur Bestimmung von Anteilen von Anteilen sowie zur Bestimmung des Flächeninhaltes von Rechtecken mit einfachen Brüchen als Maßzahlen (Abschn. 7.2).

Bei der *systematischen* Behandlung der Multiplikation im Unterricht kann man *drei Fälle* unterscheiden: Natürliche Zahl mal Bruch (Abschn. 7.3), Bruch mal natürliche Zahl (Abschn. 7.4) und Bruch mal Bruch (Abschn. 7.5). Hierbei ist der *erste* Fall wegen seiner starken Analogie zur vertrauten Multiplikation im Bereich der natürlichen Zahlen der *leichteste*. Er knüpft gut an die *Vorerfahrungen* der Lernenden an und wird daher i. Allg. zuerst behandelt. Es schließt sich der meist eng hiermit zusammenhängende Sonderfall der Division durch eine natürliche Zahl an, bevor abschließend die beiden übrigen Multiplikationsfälle zusammenhängend behandelt werden.

Bei der Multiplikation von Brüchen (Abschn. 7.5) greifen wir in Abschn. 7.5.1 auf die Grundvorstellung *Anteil vom Anteil*, in Abschn. 7.5.2 auf die Grundvorstellung *Flächeninhalt* zurück und leiten so sorgfältig die Multiplikationsregel ab. Wir beenden den Abschn. 7.5 mit einem Vergleich dieser beiden Zugangswege. Auch im heutigen Mathematikunterricht ist variationsreiches Üben (Abschn. 7.6) unverändert wichtig. Auf die sehr differenzierte und gründliche Analyse möglicher Problembereiche und Hürden im Abschn. 7.7 folgen im Abschn. 7.8 Hinweise zur Prävention und Intervention. Das Kapitel endet mit vielseitigen Hinweisen für eine mögliche Vertiefung und Differenzierung für leistungsstärkere Lernende.

© Springer-Verlag GmbH Deutschland 2017   99
F. Padberg, S. Wartha, *Didaktik der Bruchrechnung*,
Mathematik Primarstufe und Sekundarstufe I + II, DOI 10.1007/978-3-662-52969-0_7

7.1 Anschauliche Vorkenntnisse

In der Untersuchung von Padberg ([122]) über die anschaulichen Vorerfahrungen von Schülerinnen und Schülern unmittelbar *vor* der systematischen Behandlung der Bruchrechnung werden die anschaulichen Vorkenntnisse zur **Multiplikation von natürlichen Zahlen und Brüchen** (kombinierter Fall) mit **zwei Testaufgaben** abgetestet:

(1) Lea kauft fünf Beutel Kartoffeln. In jedem Beutel sind *dreiviertel* Kilogramm. Wie viel [kg] Kartoffeln hat Lea insgesamt gekauft?

Die *sehr wenigen* Schülerinnen und Schüler, die bei (1) eine richtige Lösung finden, wandeln – unter großen Mühen – die dreiviertel Kilogramm zunächst in Gramm um und stoßen so zu einer Lösung vor *oder* arbeiten mit dem quasikardinalen Aspekt wie Alexander:

$\vdots$

I: Hm. Und was musst du genau rechnen?
A: Fünf mal die drei Viertel.
I: Genau. [...] Was könnte das sein? [...]
A: 15 Viertel sind das dann.
I: Prima. Ja, schreib' mal hin. Wie bist du jetzt darauf gekommen? Wie hast du dir das überlegt?
A: Fünf mal drei, und dann sind das 15 Viertel.
I: Und warum muss ich hier nur fünf mal drei rechnen?
A: Weil es drei Stück in einem Beutel sind, drei solche Viertel.

Eine Zurückführung auf die *wiederholte Addition* erfolgt in dieser Untersuchung bei den richtigen Lösungen von (1) nicht.

Die zweite Testaufgabe lautet:

(2) Wie viel sind zwei Drittel von 36 Äpfeln?

Die sehr niedrige Lösungsquote bei dieser Aufgabe von ebenfalls unter 10 % und die hohe Zahl an Auslassungen belegen deutlich, dass sich auch die Operator-Grundvorstellung keineswegs von alleine bis zum Beginn der Klasse 6 aufgrund von alltäglichen Erfahrungen entwickelt, sondern dass sie zunächst anschaulich und gründlich erarbeitet werden muss. Häufigster Fehler ist das Ergebnis 12, also die Bestimmung von nur *einem* Drittel von 36.

Auch eine **Untersuchung von Wartha** ([199], S. 158 f.) offenbart Probleme bei der Operator-Grundvorstellung von Brüchen am Ende des 5. Schuljahres. Die sehr leichte Aufgabe: „Du darfst dir ein Zehntel der dargestellten Schokolade nehmen. Kreuze so viele Stückchen Schokolade an, wie du nehmen darfst." (zugehöriges Bild: ein 4 × 5-Feld), lösen nur rund 60 % der Gymnasial-, 30 % der Real- und 20 % der Hauptschüler richtig

($N_{\text{gesamt}} = 2070$). Die fehlerhaften Lösungen konzentrieren sich auf das Einzeichnen von 10 Kreuzen, also auf die fehlerhafte Übersetzung „ein Zehntel vom Ganzen" entspricht „zehn Stücken des Ganzen" – eine Fehlvorstellung, die sich hartnäckig hält und auch 2 Schuljahre später(!) noch häufig zu beobachten ist, trotz der zwischenzeitlichen Behandlung der Bruchrechnung.

Anschauliche Vorkenntnisse bezüglich der **Multiplikation von Brüchen** werden von Padberg [122] mit der folgenden Aufgabe getestet:

(3)   Eine 120 Euro teure Jacke wird im Sommerschlussverkauf zunächst auf die *Hälfte* heruntergesetzt. Als auch dies nichts nützt, wird sie anschließend nochmals kräftig auf *ein Drittel* dieses neuen Preises heruntergesetzt. Wie teuer ist sie jetzt? Erkläre kurz deine Rechnung. Bruchteil des ursprünglichen Preises?

Durch diese Aufgabe kann man feststellen, wie weit Lernende in konkreten Kontexten **Anteile von Anteilen** bilden können, wie weit sie also schon Vorerfahrungen zur **Operator-Grundvorstellung** (vgl. 7.5.1) mitbringen. Hierbei müssen die Lernenden in (3) nur halbieren und dritteln. Dies fällt ihnen um einiges *leichter* als das Bilden von zunächst drei Vierteln und dann von einem Drittel in einer weiteren analogen Aufgabe (4). Zum richtigen Ergebnis (endgültiger Preis) stoßen daher bei (3) mehr Lernende vor als bei (4) – dennoch gelingt dies nur einer kleinen Minderheit (bei (3): 20 %, bei (4): unter 10 %). Die Abschlussfrage nach der Beziehung des endgültigen Preises zum Ausgangspreis beantwortet kaum ein Lernender richtig.

Die genannten Befunde (vgl. auch Abschn. 7.7 und 7.8) legen folgende Konsequenz nahe: *Vor* der systematischen Behandlung der Multiplikation von Brüchen müssen unbedingt zunächst tragfähige *anschauliche* Grundlagen gelegt werden – und zwar *ohne* jegliche syntaktische Regelformulierung. Hierzu geben wir im nächsten Abschnitt einige Hinweise.

7.2   Anschauliche Wege zur Multiplikation

Die folgenden Hinweise beziehen sich auf die **Multiplikation von Brüchen mit Brüchen**; auf entsprechende anschauliche Vorarbeiten für die kombinierten Fälle (Bruch und natürliche Zahl) gehen wir hier nicht näher ein. Im **Vordergrund** steht die Bildung von **Anteilen von Anteilen**, ergänzend wird auch die Bestimmung des *Flächeninhalts* von Rechtecken mit Brüchen als Maßzahlen thematisiert. Die anschauliche Basis für die spätere Behandlung der Multiplikation sollte *möglichst vielseitig* sein. Wir nennen daher exemplarisch einige Beispiele für geeignete

- Sachsituationen,
- Materialien (enaktive Ebene),
- Bilder/Zeichnungen (ikonische Ebene).

Sachsituationen

1.

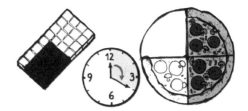

» Katrin hat noch $\frac{3}{4}$ von $\frac{1}{2}$ Tafel Schokolade.

» Marc: „Zum Einkaufen habe ich $\frac{1}{2}$ Stunde gebraucht. $\frac{2}{3}$ der Zeit musste ich an der Kasse warten."

» Von einer Pizza ist noch $\frac{3}{4}$ übrig. Paul isst $\frac{2}{3}$ davon.

© *Mathematik heute* 7 [S14], S. 42, Einstieg

2. Ein Paar Skier wird im Winterschlussverkauf von 240 Euro zunächst auf zwei Drittel heruntergesetzt. Anschließend wird dieser neue Preis nochmals drastisch auf die Hälfte (ein Viertel, drei Viertel) gesenkt. Was kosten jetzt die Skier? Auf welchen Bruchteil des ursprünglichen Preises sind die Skier insgesamt heruntergesetzt worden?

3. Goldbarren

In einem Märchen muss die Prinzessin drei Stadttore passieren. Jedem Torwächter muss sie $\frac{1}{3}$ des Goldes, das sie mit sich trägt, geben, damit er das Tor öffnet. Claudias kleine Schwester meint traurig: „Nun hat die Prinzessin kein Gold mehr." Stimmt das? Die Frage kann man auch zeichnerisch beantworten. Zeichne den Goldbarren in dein Heft. Was bleibt der Prinzessin nach jedem Tor von dem Barren übrig?

© *Mathematik Neue Wege* 6 [S18], S. 123, Nr. 22

Materialien Besuden [8] gibt in seiner *Arbeitsmappe* mit dem Untertitel „Verwendung von Arbeitsmitteln für eine anschauliche Bruchrechnung" vielfältige Hinweise zum Einsatz von Materialien zur Erarbeitung der Multiplikation. Er setzt hierbei insbesondere das Legespiel Tangram, die Legeplättchen Exi, Bruchquadrate, das Geobrett sowie Cuisenaire-Stäbe ein. Das vorgestellte Material ist i. Allg. jeweils nur für *spezielle* Brüche gut geeignet.

Wegen seiner leichten Verfügbarkeit ist **normales Papier** – beispielsweise im Format DIN A4 oder kleiner – nach unserer Einschätzung besonders gut für das anschauliche Bilden von Anteilen von Anteilen geeignet. Entsprechendes Papier lässt sich preiswert und leicht besorgen und problemlos in verschiedene Richtungen *falten* (nur waagerecht; nur senkrecht; zuerst senkrecht, dann waagerecht; zuerst waagerecht, dann senkrecht). Es ist an dieser Stelle hilfreich, wenn Brüche schon bei der Erarbeitung des Bruchzahlbegriffes durch Falten von Papierstreifen – etwa im Sinne der Vorschläge von Winter [214] – hergestellt wurden. Dann sind die Schüler nicht nur mit dem Halbieren, Vierteln und Achteln, sondern auch dem Dritteln, Fünfteln usw. durch Falten von Papierstreifen vertraut (vgl. Abschn. 3.2.1). Bei diesen Voraussetzungen lassen sich besonders leicht *Aufgaben* der folgenden Form bearbeiten:

- Halbiere zunächst deinen Papierbogen durch Falten. Drittele die so erhaltene Fläche anschließend und schraffiere sie dann. Wie groß ist diese Fläche (Anteil des ursprünglichen Papierbogens)?

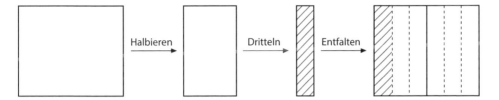

- Wie groß sind zwei Drittel von der Hälfte dieses Papierbogens?

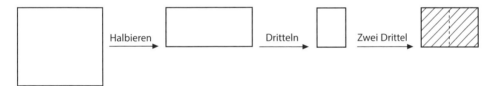

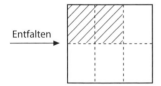

- Wie groß ist ein Drittel von der Hälfte dieses Papierbogens? Wie groß ist die Hälfte von einem Drittel des Papierbogens? Vergleiche!
- Bestimme durch Falten $\frac{2}{3}$ von $\frac{4}{5}$ von diesem Papierbogen! Welchen Anteil des Bogens erhältst du so?

So oder ähnlich lassen sich durch das Falten von Papier sehr anschaulich *viele* Anteile von Anteilen bestimmen. Es empfiehlt sich, die Faltvorgänge sowohl *vor* als auch *nach* dem Falten häufiger durch die Lernenden beschreiben zu lassen. Durch gleiche Anteilbildungen (z. B. ein Viertel von zwei Dritteln) bei *verschieden* großen Papierbögen kann man die Unabhängigkeit des Ergebnisses von der Größe des Ausgangsbogens gut erarbeiten.

Zeichnungen/Bilder Zur Erarbeitung des Anteils von Anteilen eignen sich besonders gut **Rechtecke** und auch *Quadrate*. Strecken und Kreise sind nur bei einfachen Spezialfällen hilfreich. Bei der Benutzung von **Karopapier** können viele Anteilbildungen leicht zeichnerisch durchgeführt werden, da durch eine geeignete Wahl von Kästchenanzahlen für die Länge und Breite von Rechtecken viele Unterteilungen gut realisiert werden können, wie auch das folgende Beispiel aus dem Schulbuch *Fundamente der Mathematik 6* zeigt:

a) In den Bildern ist ein Anteil von einem Anteil dargestellt. Notiere mit Brüchen. Gib auch das Ergebnis an.

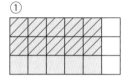 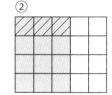

b) Stelle $\frac{3}{4}$ von $\frac{5}{8}$ bildlich dar wie in a) und gib das Ergebnis an.

© *Fundamente der Mathematik* 6 [S8], S. 105, Nr. 2

Muss ein geeignetes Rechteck oder gar ein Kreis zunächst noch bestimmt werden, so ist dies für Lernende schwerer, als wenn ein solches schon passend vorgegeben wird. Entspricht die Anzahl der Karos bei Rechtecken hierbei jeweils *genau* den Nennern, so ist dies *deutlich* leichter, als wenn die Anzahl der Karos ein Vielfaches von einem oder beiden Nennern ist.

Die bisherigen Beispiele dienen dazu, die – auch für das tägliche Leben bedeutsame – Bestimmung von **Anteilen von Anteilen** ausführlich und anschaulich zu erarbeiten. Hiermit werden gleichzeitig auch Grundlagen für den entsprechenden Zugangsweg zur Multiplikationsregel (vgl. Abschn. 7.5.1) gelegt. Parallel können wir an dieser Stelle aber auch schon rein auf anschaulicher Basis den **Flächeninhalt** von Rechtecken mit einfachen Brüchen als Maßzahlen bestimmen lassen – wie es das folgende Beispiel verdeutlicht – und somit zugleich Vorarbeiten für den in Abschn. 7.5.2 beschriebenen Weg leisten:

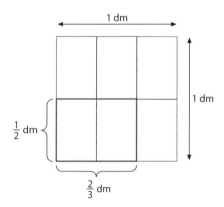

Durch die beiden Unterteilungen wird das Quadrat *restlos* in 6 flächeninhaltsgleiche Rechtecke zerlegt. Die Gesamtfigur hat den Flächeninhalt $1\,\mathrm{dm}^2$, jedes Teilrechteck also den Flächeninhalt $\frac{1}{6}\,\mathrm{dm}^2$. Das Rechteck mit den Seitenlängen $\frac{1}{2}\,\mathrm{dm}$ und $\frac{2}{3}\,\mathrm{dm}$ hat daher den Flächeninhalt $\frac{2}{6}\,\mathrm{dm}^2 = \frac{1}{3}\,\mathrm{dm}^2$.

Bei beiden Fragestellungen (Anteile von Anteilen; Flächeninhalt) sollten frühzeitig **Abschätzungen/Überschläge** bzgl. des Ergebnisses durchgeführt werden. Bestimmen wir beispielsweise die Hälfte von einem Drittel (oder bestimmen wir anschaulich den Flächeninhalt eines Rechtecks mit den entsprechenden Maßzahlen), so kann aufgrund der Sachsituation, der Handlung oder Zeichnung die Frage beantwortet werden, ob das Ergebnis größer oder kleiner als das Ganze/die Einheit (als 1) ist, ob es größer bzw. kleiner als $\frac{1}{3}$, größer bzw. kleiner als $\frac{1}{2}$ oder größer bzw. kleiner als beide Zahlen ist.

Durch **vielfältige Präsentationsformen** (Sachsituationen, Material, Zeichnungen) sowie durch *Übersetzungen* zwischen diesen verschiedenen Präsentationsformen, aber auch innerhalb einer Präsentationsform (inter- bzw. intramodaler Transfer) kann die Multiplikation von Brüchen gut inhaltlich vorbereitet werden. Der *entscheidende* Punkt ist jedoch, dass all diese Aufgabenstellungen *rein* durch semantische Argumentationen gelöst werden und eine syntaktische Regelformulierung in dieser Phase auf *keinen* Fall erfolgt.

7.3   Natürliche Zahl mal Bruch – Grundvorstellung und systematische Behandlung

Die zentrale **Grundvorstellung** für die Multiplikation **natürlicher Zahlen** ist ihre Deutung als **wiederholte Addition** des 2. Faktors. So wird beispielsweise $3 \cdot 5$ erklärt über $3 \cdot 5 = 5 + 5 + 5$, also über die wiederholte Addition von 5. Hierbei gibt 3, also der erste Faktor an, wie oft 5 addiert werden muss (wegen der konkreten Grundlegung in diesem Zusammenhang über zeitlich-sukzessive Handlungen und räumlich-simultane Anordnungen vergleiche Padberg/Benz [127], S. 128 ff.). Können wir entsprechend auch im Fall des Vervielfachens von Brüchen, also bei der Multiplikation von Brüchen mit natürlichen Zahlen, vorgehen? Das folgende Schulbuchbeispiel (*Neue Wege* 6) begründet dies anschaulich:

Vervielfachen

Das Dreifache von $\frac{2}{7}$

$$3 \cdot \frac{2}{7} = \quad \frac{2}{7} \quad + \quad \frac{2}{7} \quad + \quad \frac{2}{7} \quad = \quad \frac{6}{7}$$

© *Mathematik Neue Wege* 6 [S18], S. 120, Nr. 1

Die **Grundvorstellung** der Multiplikation als **wiederholte Addition** ist also (zumindest) für das **Vervielfachen von Brüchen** unverändert weiter brauchbar. Es ist daher naheliegend, dass wir die Multiplikation von Brüchen mit diesem Sonderfall und nicht mit dem allgemeinen Fall beginnen. Hier sind ferner nach einer neueren Untersuchung von Prediger [146] die Erfolgserlebnisse und Erfolgsquoten deutlich höher als dort.

Der vorstehenden Abbildung können wir genauer entnehmen, dass hierdurch die Multiplikation speziell auf die Addition *gleichnamiger* Brüche zurückgeführt wird ($3 \cdot \frac{2}{7} = \frac{2}{7} + \frac{2}{7} + \frac{2}{7}$), also ausschließlich die Zähler – bei unverändertem Nenner – dreimal addiert werden. Zwangsläufig erhalten wir so $3 \cdot \frac{2}{7} = \frac{2}{7} + \frac{2}{7} + \frac{2}{7} = \frac{2+2+2}{7} = \frac{3 \cdot 2}{7}$, also insgesamt: $3 \cdot \frac{2}{7} = \frac{3 \cdot 2}{7}$.

Für **beliebige natürliche Zahlen** $n > 1$ und **Brüche** $\frac{p}{q}$ erhalten wir analog:

$$n \cdot \frac{p}{q} = \underbrace{\frac{p}{q} + \frac{p}{q} + \ldots + \frac{p}{q}}_{n \text{ Summanden}} = \frac{\overbrace{p + p + \ldots + p}^{n \text{ Summanden}}}{q} = \frac{n \cdot p}{q}.$$

Also gilt für $n > 1$:

$$n \cdot \frac{p}{q} = \frac{n \cdot p}{q}.$$

Wie in $\mathbb{N}$ definieren wir auch hier die Multiplikation mit 0 und 1 durch $1 \cdot \frac{p}{q} = \frac{p}{q}$ und $0 \cdot \frac{p}{q} = 0$ und erhalten so:

Satz 7.1 *Für alle $n \in \mathbb{N}_0$ und Brüche $\frac{p}{q}$ gilt:*

$$n \cdot \frac{p}{q} = \frac{n \cdot p}{q}.$$

Neben dem Hinweis auf die Analogie zu $\mathbb{N}$ kann man auch durch Rückgriff auf *kleinere Maßeinheiten* belegen, dass dieser Ansatz sinnvoll ist (Beispiel: $3 \cdot \frac{1}{4}$ kg $= 3 \cdot 250$ g $= 750$ g $= \frac{3}{4}$ kg). Ergänzend ist die Betonung des *quasikardinalen Aspektes* hilfreich, um so weit verbreiteten Schülerfehlern bei diesem Multiplikationsfall (vgl. Abschn. 7.7) entgegenzuwirken. Beispiele wie $3 \cdot \frac{2}{7} = 3 \cdot 2$ Siebtel $= 6$ Siebtel $= \frac{6}{7}$ machen unmittelbar klar, dass *nur* der Zähler multipliziert, der Nenner jedoch beibehalten wird.

7.4 Bruch mal natürliche Zahl – Grundvorstellung und systematische Behandlung

Ist auch in diesem Fall die Grundvorstellung der Multiplikation als **wiederholte Addition** tragfähig? Betrachten wir das Beispiel $\frac{2}{3} \cdot 6$, so sehen wir sofort ein, dass wir 6 **nicht** $\frac{2}{3}$-mal addieren können. Diese Grundvorstellung lässt sich offensichtlich nur verwenden, wenn der erste Faktor eine natürliche Zahl ist, sie ist also in diesem Fall nicht mehr tragfähig. Schon im Zusammenhang mit der Einführung der Brüche (Kap. 3) haben wir die Grundvorstellung **Bruch als Operator** (z. T. auch Von-Ansatz genannt) in kontinuierlicher wie diskreter Version kennengelernt. Dies hilft uns jetzt, auch diesen Sonderfall zu verstehen. Wir erklären (genauer: definieren) hierzu $\frac{2}{3} \cdot 6$ durch $\frac{2}{3}$ von 6 (auf die Problematik des Gleichsetzens von *mal* und *von* gehen wir in Abschn. 7.5.1 ein). Wir erhalten so $\frac{2}{3}$ von 6 sind 4 und damit $\frac{2}{3} \cdot 6 = 4$. Offensichtlich lassen sich so alle derartigen Multiplikationsfälle lösen, bei denen der Nenner die natürliche Zahl teilt. Wie sieht es aber beispielsweise bei $\frac{2}{7} \cdot 3$ aus, wo dies *nicht* gilt? Das folgende Schulbuchbeispiel (*Neue Wege* 6) zeigt uns einen gut gangbaren Weg auf, der sogar **stets** (zumindest theoretisch) zum Erfolg führt:

Berechnen von Anteilen

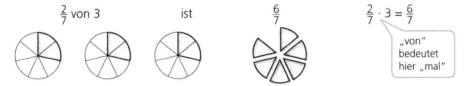

$\frac{2}{7}$ von 3   ist $\frac{6}{7}$ $\frac{2}{7} \cdot 3 = \frac{6}{7}$

„von" bedeutet hier „mal"

© *Mathematik Neue Wege* 6 [S18], S. 120, Nr. 2

Wir bilden zunächst durch **drei Ganze** (Kreise) ein „neues" Ganzes, nämlich Drei. Von diesem **neuen Ganzen** können wir $\frac{2}{7}$ bilden, indem wir von *jedem einzelnen* Ganzen $\frac{2}{7}$ bilden. Wir erhalten so $\frac{2}{7} \cdot 3 = \frac{6}{7}$, multiplizieren also den Zähler mit der natürlichen Zahl und behalten den Nenner bei. Eine Analyse der anschaulichen Lösungen im Fall $n \cdot \frac{a}{b}$ (Vervielfachen) und $\frac{a}{b} \cdot n$ (Operator) ergibt: In beiden Fällen, beim Vervielfachen (Abschn. 7.3) und beim Operatoransatz (Von-Ansatz), erhalten wir stets dasselbe Ergebnis; denn wir multiplizieren stets den Zähler mit der natürlichen Zahl bzw. umgekehrt und behalten den Nenner bei. Wegen des Kommutativgesetzes in $\mathbb{N}$ können wir zumindest in diesen Spezialfällen die Reihenfolge der Faktoren vertauschen, und es gilt hierfür ein Kommutativgesetz.

Anschaulich haben wir hiermit abgeleitet:

Satz 7.2 *Für alle $n \in \mathbb{N}_0$ und Brüche $\frac{p}{q}$ gilt $\frac{p}{q} \cdot n = \frac{p \cdot n}{q}$.*

Viele aktuelle Schulbücher leiten allerdings die Aussage von Satz 7.2 nicht über den Operatoransatz (Von-Ansatz) ab, sondern setzen mehr oder weniger selbstverständlich das **Kommutativgesetz** der Multiplikation von Brüchen voraus und erhalten so wegen Abschn. 7.3:

$$\frac{p}{q} \cdot n = n \cdot \frac{p}{q} = \frac{n \cdot p}{q} = \frac{p \cdot n}{q}, \quad \text{also } \frac{p}{q} \cdot n = \frac{p \cdot n}{q}.$$

Da viele Lernende dieser Klassenstufe ohnehin die Gültigkeit des Kommutativgesetzes auch für Brüche naiv als gegeben ansehen, fördert dieser Ansatz noch diese weit verbreitete problematische Einstellung.

Untersuchungen von Prediger [146] belegen, dass den Lernenden wegen des erforderlichen Umbruchs bei den Grundvorstellungen gegenüber $\mathbb{N}$ der Fall *Bruch mal Natürliche Zahl* schwerfällt und erheblich größere Schwierigkeiten bereitet als der mit vertrauten Grundvorstellungen zu lösende Fall *Natürliche Zahl mal Bruch*. So kreuzten bei der Multiple-Choice-Aufgabe „Wie können wir $\frac{2}{3}$ von 36 rechnen? Kreuze an!" den Distraktor $36 - \frac{2}{3}$ gut 10 %, den Distraktor $36 : \frac{2}{3}$ beachtliche 70 % und nur knapp 15 % den richtigen Distraktor $\frac{2}{3} \cdot 36$ an (Basis: 830 Schülerinnen und Schüler, 376 aus Klasse 7 und 454 aus Klasse 9 von allen Schulformen). Dieses Ergebnis zeigt, dass bei der Einführung der Brüche, spätestens jedoch bei der Multiplikation, die **Grundvorstellung** *Bruch als Operator* gründlich thematisiert werden muss. An der häufigen Nennung des fehlerhaften Distraktors $36 : \frac{2}{3}$ und damit an der geringen Erfolgsquote hat übrigens die oft als Schuldige angeführte, von $\mathbb{N}$ übernommene **Fehlvorstellung** „Multiplizieren vergrößert immer, Dividieren verkleinert stets" nach einer Detailanalyse von Prediger ([146], S. 82) nur einen **sehr geringen Anteil** (vgl. auch Abschn. 7.7).

7.5 Bruch mal Bruch – Grundvorstellungen und systematische Behandlung

In Abschn. 7.2 haben wir schon auf *anschauliche* Art und Weise Anteile von Anteilen gebildet. Wir interessierten uns dort jeweils für das **Ergebnis** in den konkreten Beispielen, **nicht** aber für einen eventuellen **rechnerischen Zusammenhang** zwischen den beiden zugehörigen Brüchen und dem Ergebnis.

Für die Ableitung der Multiplikationsregel im allgemeinen Fall *Bruch mal Bruch* beschreiten wir hier zwei Wege, einmal über die Grundvorstellung *Anteil vom Anteil* (in der Literatur auch Von-Ansatz genannt) sowie über die Grundvorstellung *Flächeninhalt* (eines Rechtecks).

7.5.1 Grundvorstellung: Anteil vom Anteil

Die mnemotechnisch leichte Multiplikationsregel zu behalten und auf reine Rechenaufgaben anzuwenden, ist nicht übermäßig schwer. Eine herausfordernde Aufgabe ist es jedoch, die Multiplikation **fest** mit geeigneten **Grundvorstellungen zu verbinden**. Dies belegen beispielsweise die folgenden beiden Aufgaben (Prediger [146]): „Formuliere eine Textaufgabe, die mithilfe der Gleichung $\frac{2}{3} \cdot \frac{1}{4} = \frac{2}{12}$ gelöst werden kann", die nur von 4 % der Lernenden gelöst werden konnte. Aber auch bei einer klassischen *Anteil von Anteil-*

Einführungsaufgabe („Färbe $\frac{3}{4}$ des Rechtecks. Färbe nun $\frac{2}{5}$ von diesen $\frac{3}{4}$ in einer anderen Farbe. Nenne den Bruch, der jetzt den Teil des Rechtecks beschreibt, der doppelt gefärbt ist.") konnten gerade 3 % der Schülerinnen und Schüler aus den Klassen 7 und 9 die *Rechnung* angeben, mit der man diesen Bruch erhält (vgl. auch Padberg [126], S. 119).

Im Folgenden führen wir mithilfe der schrittweisen Bestimmung von $\frac{2}{3}$ von $\frac{4}{5}$ zur Grundvorstellung **Anteil vom Anteil** und schließlich zur Multiplikationsregel. Die folgende Abbildung verdeutlicht die Vorgehensweise.

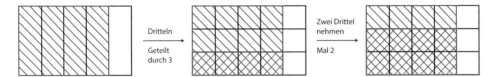

Im ersten Schritt bestimmen wir $\frac{4}{5}$ von einem Ganzen (Rechteck). Hierzu unterteilen wir das Rechteck z. B. senkrecht in 5 gleich große Teile und schraffieren hiervon 4 Teile. Wir greifen hierzu nur auf die bekannte Grundvorstellung *Anteil eines Ganzen* zurück. Im nächsten Schritt verändern wir unseren Blickwinkel. Das neue Ganze ist jetzt $\frac{4}{5}$ von dem ursprünglichen Ganzen. Von dem neuen Ganzen nehmen wir $\frac{2}{3}$, indem wir es in eine andere Richtung (z. B. waagerecht) in drei gleich große Teile unterteilen und hiervon zunächst einen Teil und insgesamt zwei Teile in einer anderen Farbe schraffieren. Auch hierfür ist nur die Grundvorstellung *Anteil vom Ganzen* notwendig. Der doppelt schraffierte Bereich gibt uns gerade $\frac{2}{3}$ von $\frac{4}{5}$ von dem vorgegebenen Ganzen an. Die Aufgabe ist hiermit auf der ikonischen Ebene gelöst. Um zur **rechnerischen Lösung** vorzustoßen, müssen wir jetzt das ursprüngliche Ganze wieder in den Blick nehmen und den Anteil bestimmen, den das schrittweise erhaltene Rechteck am ursprünglichen Rechteck hat. Wir haben das Rechteck in der einen Richtung in 5 gleich große Teile (2. Nenner) und in der zweiten Richtung in 3 gleich große Teile (1. Nenner) zerlegt. Wir zerlegen also das gegebene Rechteck in $3 \cdot 5 = 15$ flächeninhaltsgleiche Teilrechtecke *(Produkt der Nenner)*. Der Flächeninhalt eines Teilrechtecks entspricht also einem Fünfzehntel ($\frac{1}{15} = \frac{1}{3\cdot5}$) des Flächeninhalts des Ausgangsrechtecks. Bei der Bildung $\frac{2}{3}$ von $\frac{4}{5}$ nehmen wir hiervon 2 Teilrechtecke (Zähler des ersten Bruches) in der einen Richtung und 4 Teilrechtecke (Zähler des zweiten Bruches) in der anderen Richtung, also insgesamt $2 \cdot 4$ *(Produkt der Zähler!)* Teilrechtecke. Wir erhalten so: Das Ergebnis von $\frac{2}{3}$ von $\frac{4}{5}$ ist $\frac{8}{15}$. Erklären (genauer: definieren) wir das Produkt $\frac{2}{3} \cdot \frac{4}{5}$ durch $\frac{2}{3}$ von $\frac{4}{5}$, so erhalten wir $\frac{2}{3} \cdot \frac{4}{5} = \frac{8}{15}$. Bei dem Ableitungsweg sehen wir gleichzeitig exemplarisch, dass der Zähler des Produkts dem Produkt der Zähler und der Nenner des Produkts dem Produkt der Nenner entspricht. Wir haben so anschaulich abgeleitet:

Satz 7.3 *Für alle Brüche $\frac{m}{n}, \frac{p}{q}$ gilt $\frac{m}{n} \cdot \frac{p}{q} = \frac{m\cdot p}{n\cdot q}$.*

Bemerkungen

- Statt ikonisch mithilfe eines Rechtecks lassen sich die Überlegungen vollkommen analog enaktiv mithilfe von entsprechenden **Faltungen eines Papierbogens** realisieren.
- Nach der Ableitung auf der enaktiven und ikonischen Ebene kann man ggf. die Produktregel auch rein auf der **Zahlenebene** ableiten. Der Übergang von hier bis zu einem Beweis mit *Variablen* ist nicht übermäßig schwer (für Details vgl. Padberg [126], S. 107).
- Auf der formalen Ebene können wir die beiden Sonderfälle (Abschn. 7.3 und 7.4) leicht in den Satz 7.3 einbinden. Für $n = 1$ erhalten wir die Regel für *Natürliche Zahl mal Bruch*, für $q = 1$ die Regel für *Bruch mal natürliche Zahl*. Insofern reicht es, abschließend **eine einzige Multiplikationsregel** auszuformulieren.
- Für eine sorgfältige und gut durchdachte Ableitung der Multiplikationsregel über die Grundvorstellung **Anteil vom Anteil** im Sinne der **fortschreitenden Schematisierung** verweisen wir hier auf Arbeiten von Glade ([36], [37]). Glade ([36], S. 11 f.) zieht folgendes Fazit seines Ableitungsweges: „Regelfindungsprozesse für die Multiplikation von Brüchen können so gestaltet werden, dass der Aufbau von Vorstellungen mit der Entwicklung von kalkülmäßigen Lösungswegen einhergeht. Dabei ist die Trias von Teil, Ganzem und Anteil mit ihren Wechselwirkungen für die inhaltliche Durchdringung des Anteils vom Anteil zentral, auch wenn sie im fortschreitenden Ablauf der Schematisierung immer mehr in den Hintergrund tritt. Ein solches Vorgehen hilft Vorstellungen und Rechenkalkül zu verknüpfen, vielfältige Prozesse zu erleben und somit ein reflektiertes Bild von mathematischer Aktivität und dem Anwenden von Rechenkalkülen als Denkentlastung zu gewinnen."

Bei der rechnerischen wie zeichnerischen Ebene bleibt das zentrale *Problem* die **Gleichsetzung von „mal" und „von"**. Dass diese Gleichsetzung zu sinnvollen Ergebnissen im Sinne des *Permanenzprinzipes* führt, kann man im *Nachhinein* belegen mithilfe von

- Flächeninhaltsberechnungen (vgl. Abschn. 7.5.2),
- Sachaufgaben (etwa über den Zusammenhang von Menge und Preis oder Zeit und Weg),
- Gleichungsketten (vgl. Padberg [126]).

7.5.2 Grundvorstellung: Flächeninhalt

Für den Flächeninhalt eines Rechtecks mit den Seitenlängen a dm und b dm ($a, b \in \mathbb{N}$) gilt bekanntlich: $F = (a \cdot b)$ dm^2. Soll diese **Flächeninhaltsformel** auch für **Rechtecke** mit *Brüchen* als Maßzahlen Gültigkeit behalten, so hat dies Konsequenzen für die Produktdefinition bei Brüchen, wie wir am Beispiel $\frac{2}{3} \cdot \frac{4}{5}$ aufzeigen:

1. Bei der Bestimmung des Flächeninhalts aufgrund der **Zeichnung** ergibt sich:

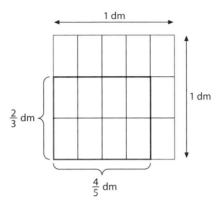

Wir unterteilen das Einheitsquadrat in $3 \cdot 5 = 15$ flächeninhaltsgleiche Rechtecke (dies entspricht dem Produkt der Nenner), also hat jedes Teilrechteck den Flächeninhalt $\frac{1}{15}$ dm². Hiervon nehmen wir $2 \cdot 4 = 8$ Rechtecke (dies entspricht dem Produkt der Zähler), also gilt:

$$F = \frac{8}{15}\,\mathrm{dm}^2 = \frac{2 \cdot 4}{3 \cdot 5}\,\mathrm{dm}^2$$

2. Verlangen wir im Sinne des **Permanenzprinzips** die Gültigkeit der vertrauten *Flächeninhaltsformel* auch für Rechtecke mit *Brüchen* als Maßzahlen, so muss für den Flächeninhalt F gelten:

$$F = \left(\frac{2}{3} \cdot \frac{4}{5}\right)\,\mathrm{dm}^2$$

3. **Insgesamt** *muss* also gelten: $\frac{2}{3} \cdot \frac{4}{5} = \frac{2 \cdot 4}{3 \cdot 5}$
   Diesem und noch weiteren ähnlichen Beispielen können wir gut entnehmen, dass wir unter den gegebenen Voraussetzungen das Produkt zweier Brüche **zwangsläufig** auf diese Art definieren müssen.

Bei geeigneten Maßzahlen lässt sich *zusätzlich* durch Übergang zu *kleineren Maßeinheiten* zeigen, dass die gewählte Definition sinnvoll ist.

7.5.3   Vergleich beider Wege

Ein Vergleich beider Wege ergibt folgende Gemeinsamkeiten und Unterschiede (für ein ausführliches Bewertungsraster vgl. Padberg [126]):

- Die beiden Zugangswege zur Multiplikation über die Grundvorstellung *Anteil vom Anteil* und über die Grundvorstellung *Flächeninhalt* hängen eng miteinander zusammen. Ferner gibt es deutliche Entsprechungen zu den zugrunde liegenden Vorstellungen bei den beiden wichtigsten Zugangswegen zur Multiplikation natürlicher Zahlen, nämlich über die Grundvorstellung *zeitlich-sukzessive Handlungen* (dynamisch) und die Grundvorstellung *räumlich-simultane Anordnung* (statisch) (für Details vgl. Padberg/Benz [127], S. 128 ff.). Die **Bilder**, mit deren Hilfe wir bei den Brüchen auf der ikonischen Ebene argumentieren, **stimmen weitgehend überein**. Bei der Argumentation mit der Grundvorstellung *Anteil vom Anteil* entsteht allerdings das Bild **sukzessive im Zeitablauf** (dynamisch), bei der Argumentation mit der Grundvorstellung *Flächeninhalt* liegt das Bild dagegen von Anbeginn *räumlich-simultan* schon vor (statisch).
- Beide Zugangswege basieren auf anschaulichen **Grundvorstellungen**.
- Bei beiden Wegen besteht ein enger Zusammenhang zwischen dem Ableitungsweg und wichtigen **Anwendungssituationen** der Multiplikation.
- Bei der Begründung der Ableitungswege auf der enaktiven/ikonischen Ebene funktioniert die Ableitung wegen der „Sichtbarkeit" der Bezugsbasis (des Ganzen) bei beiden Wegen am besten nur für **echte Brüche**.
- Beim Weg über den **Flächeninhalt** greifen wir eine schon von den natürlichen Zahlen **bekannte Grundvorstellung** auf, für den anderen Weg trifft dies so maßgeschneidert *nicht* zu.
- Bei dem Weg über den **Flächeninhalt** ist die **Multiplikation** als Rechenoperation unmittelbar naheliegend, es gibt kein Problem mit der Motivation der Gleichsetzung von *mal* und *von*.
- Die Grundvorstellung **Flächeninhalt** ist von der Vorstellung her **leichter** als die Schachtelung bei der Grundvorstellung *Anteil vom Anteil*.

7.6 Variationsreiches Üben

- **Zahlenmauer**
  Ein in aktuellen Schulbüchern weit verbreitetes Aufgabenformat sind **Zahlenmauern** oder **Rechenmauern** zur Multiplikation von Brüchen – analog zu den Rechenmauern zur Addition von Brüchen (vgl. Abschn. 6.5). Bei Vorgabe der Zahl an der Spitze besteht für die Schülerinnen und Schüler eine einfache Möglichkeit zur Kontrolle. Vor dem Weiterrechnen sollte jeweils gekürzt werden. Das folgende Beispiel stammt aus dem Schulbuch *mathewerkstatt 6*:

a) Auf einem Stein steht immer das Produkt der Steine darunter.
   Welche Zahlen fehlen?

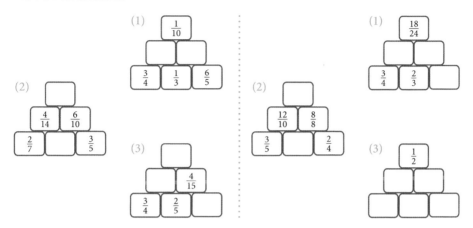

b) Erfindet eigene Mal-Mauern mit Brüchen und löst sie.
   Tauscht die Mauern dann untereinander und prüft, ob richtig gerechnet wurde.

© *mathewerkstatt* 6 [S21], S. 162, Nr. 26

- **Labyrinth**

   Auch das **Labyrinth** gibt unter einer motivierenden Fragestellung vielfältige Anlässe
   zum Multiplizieren (und Addieren) von Brüchen. Es stammt aus dem Schulbuch *Fokus
   Mathematik* 6:

   Wähle einen Pfad von links nach
   rechts so, dass
   a) die Summe der Zahlen möglichst
   groß (klein) wird.
   b) das Produkt der Zahlen möglichst
   groß (klein) wird.
   c) beim abwechselnden Multiplizieren
   und Addieren der Wert möglichst groß
   (klein) wird.

© *Fokus Mathematik* 6 [S6], S. 88, Nr. 40

- **Zahlen gesucht**

    a) $\frac{2}{3} \cdot \frac{\square}{\square} = \frac{4}{15}$ b) $\frac{\square}{3} \cdot \frac{4}{\square} = \frac{8}{15}$ c) $3 \cdot \frac{\square}{\square} = \frac{9}{15}$

    d) $\frac{\square}{\square} \cdot 5 = \frac{10}{11}$ e) $\frac{\square}{6} \cdot 3 = \frac{1}{2}$ f) $\frac{\square}{5} \cdot \frac{\square}{7} = \frac{30}{\square}$

- **Ein Spiel**

    Wer findet zuerst einen passenden Faktor?

    Das folgende „Spiel" entstammt dem Schulbuch *mathewerkstatt* 6 ([S21], S. 162):

    Wer findet zuerst einen passenden Faktor?

    Bei diesem Spiel müsst ihr ganz schnell zu einem vorgegebenen Bruch einen zweiten Bruch finden, sodass das Produkt der beiden Brüche kleiner, größer oder gleich 1 ist.

Leere Tabelle:

Bruch	Produkt < 1	Produkt > 1	Produkt = 1	Punkte

Spielregeln:

- Spielt in kleinen Gruppen.
- Jeder zeichnet sich eine leere Tabelle ins Heft.
- Wer das Spiel beginnt, wählt einen Bruch aus. Alle schreiben ihn in die 1. Spalte.
- Alle suchen nun passende Brüche und schreiben die Rechnungen auf.
- Wenn alle fertig sind, wird gewertet: Für jede richtige Rechnung gibt es 10 Punkte.

Beispiel:

Bruch	Produkt < 1	Produkt > 1	Produkt = 1	Punkte
$\frac{7}{8}$	$\frac{7}{8} \cdot \frac{1}{2} = \frac{7}{16}$	$\frac{7}{8} \cdot \frac{10}{3} = \frac{70}{24}$	2	20

Spielvariante: Das Spiel endet bereits, wenn der erste fertig ist und „Stopp" ruft.

© *mathewerkstatt* 6 [S21], S. 162, Nr. 28

7.7 Mögliche Problembereiche und Hürden

7.7.1 Multiplizieren vergrößert immer

Prediger [142], S. 11

Laris wundert sich.

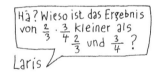

Wieso wundert er sich wohl? Hat er Recht? Kannst Du es ihm erklären, woran das liegt?

Die zentrale Grundvorstellung bei der *Multiplikation natürlicher Zahlen* ist die Deutung als *wiederholte Addition*. Bei dieser Grundvorstellung ist intuitiv unmittelbar klar, dass **Multiplizieren** – sofern die Faktoren von 0 und 1 verschieden sind – **vergrößert**. Darum ist es völlig normal, dass Laris sich wundert. Woher soll er *vor* der Thematisierung der Bruchrechnung auch wissen, dass diese zentrale Grundvorstellung aus dem Bereich der natürlichen Zahlen nur noch in dem Sonderfall *Natürliche Zahl mal Bruch* uneinge-schränkt gilt.

Wird mit dem *Multiplizieren von Brüchen* **keine oder keine klare Grundvorstellung** verbunden – nach Prediger [146] ist das bei einer sehr großen Mehrheit von bis zu 96 % der von ihr untersuchten Schüler des 7. und 9. Schuljahres der Fall –, wundert es nicht, dass sich die über Jahre vertraute **Vorstellung des Vergrößerns** bei der Multiplikation auch bei den Brüchen hält und dort eine weit verbreitete Fehlvorstellung ist (vgl. u. a. Prediger [146], Barash/Klein [4]). Barash/Klein weisen in diesem Zusammenhang darauf hin, dass Schülerinnen und Schüler beim Lösen von Multiplikationsaufgaben, bei denen das Ergeb-nis kleiner wird, durchaus beim Rechnen richtige Ergebnisse erhalten können, während sie gleichzeitig das Statement „Die Multiplikation bei Brüchen vergrößert immer" als richtig ankreuzen. Eine mögliche **Erklärung** ist, dass sich Lernende bei *algorithmischen* Aufga-ben und bei *intuitiven* Aufgaben durchaus auf unterschiedlichem Niveau befinden können. Es kann aber auch sein, dass die Lernenden rein *syntaktisch* agieren, die „Größe" des Er-gebnisses darum nicht sehen und ihnen daher der Widerspruch gar nicht auffällt. Prediger [146] weist aufgrund ihrer eindeutigen Untersuchungsbefunde außerdem darauf hin, dass die Bedeutung der **MV-Strategie** (Multiplizieren vergrößert immer), die in der Literatur oft hoch gehandelt wird, als Begründung für typische Fehler **deutlich relativiert** werden muss (vgl. auch Verschaffel et al. [189], [192]). Bei der Auswahl von Rechenoperationen greifen zwar einige Lernende auf diese Argumentation zurück (in Predigers Beispiel sind es gerade 6 %), aber *keineswegs* die Mehrheit. Um Probleme im Umfeld der MV-Strategie zu vermeiden, reicht es keineswegs aus, im Unterricht durch Nachrechnen an Beispielen zu klären, dass und wann Produkte von Brüchen größer oder kleiner sind als die gege-benen Faktoren. Vielmehr müssen durch Rückgriff auf *anschauliche* Grundvorstellungen die **Gründe** hierfür geklärt werden. Bei der Deutung von $\frac{2}{3} \cdot \frac{3}{4}$ als $\frac{2}{3}$ von $\frac{3}{4}$ (Pizza) ist unmittelbar klar, dass das Ergebnis kleiner als $\frac{3}{4}$ ist, und über $\frac{3}{4}$ von $\frac{2}{3}$ (Pizza) ebenso, dass es kleiner als $\frac{2}{3}$ ist.

7.7.2 Abfolge im Schwierigkeitsgrad – ein Überblick

Unterscheidet man – wie es sich aufgrund der Voruntersuchungen als sinnvoll erweist – vier Aufgabentypen, so sind *nach* Abschluss der systematischen Bruchrechnung deut-lich *drei* Stufen im Schwierigkeitsgrad bei der rein syntaktischen Ergebnisfindung zu erkennen (wegen Hinweisen zur Basis der in diesem Abschnitt verwendeten Daten vgl. Abschn. 6.6).

Padbergs Untersuchung liefert global folgende gerundete Lösungsquoten:

- Bruch mal Bruch (ungleichnamig): 75 % richtig
- Bruch mal Bruch (gleichnamig): 65 % richtig
- Bruch mal natürliche Zahl/natürliche Zahl mal Bruch: 60 % richtig

Hierbei ist auf den ersten Blick die Unterteilung nach gleichnamigen und ungleichnamigen Brüchen bei der *Multiplikation* ungewohnt und überraschend. Abweichend von den Verhältnissen bei der Addition, Subtraktion und z. T. auch der Division ist nämlich der Sonderfall der Multiplikation gleichnamiger Brüche *keineswegs* vorstellungsmäßig leichter, daher sind hier bei oberflächlicher Betrachtungsweise auch keine anderen Richtigkeitsquoten als im allgemeinen Fall zu erwarten. Der *deutliche Abfall* ergibt sich jedoch durch *zwei* charakteristische Fehlerstrategien, die bei gleichnamigen Brüchen besonders naheliegen und daher dort gehäuft auftreten. Die Kombination von Bruch und natürlicher Zahl bereitet auch hier – wie schon bei der Addition und Subtraktion – den Schülern die *meisten* Schwierigkeiten, und dies – überraschenderweise! – unabhängig von der Reihenfolge.

7.7.3 Multiplikation gleichnamiger Brüche

Bei der Multiplikation *gleichnamiger* Brüche ist **eine Hauptfehlerstrategie** klar zu identifizieren, die praktisch in allen untersuchten Klassen gehäuft auftritt, und auf die sich *über die Hälfte* aller Schülerfehler konzentriert. Viele Schüler übertragen den von der Addition und Subtraktion gleichnamiger Brüche her vertrauten Rahmen fälschlich auf die Multiplikation gleichnamiger Brüche und rechnen beispielsweise fehlerhaft $\frac{5}{7} \cdot \frac{3}{7} = \frac{5 \cdot 3}{7} = \frac{15}{7}$. Sie benutzen also folgende Fehlerstrategie:

$$\textbf{M1:} \quad \frac{a}{b} \cdot \frac{c}{b} = \frac{a \cdot c}{b}$$

Diese Fehlerstrategie benutzt in der Untersuchung von Padberg jeder 6. Schüler mindestens einmal. Meist geschieht dies aus *Flüchtigkeit*, nur *wenige* Schüler benutzen sie *systematisch*. In einer neueren Untersuchung von Wittmann [222] an 315 Schülerinnen und Schülern der 6. und 7. Klasse von Realschulen und Werkrealschulen wird diese Fehlerstrategie sogar noch **deutlich häufiger** eingesetzt (minimal gut 15 %, maximal über 30 %). Die Zahl der Schülerinnen und Schüler, die diesen Fehler *systematisch* machen, liegt mit 30 % erschreckend hoch.

Die Rechnung $\frac{5}{7} \cdot \frac{3}{7} = \frac{15}{14}$ illustriert eine weitere häufigere **Fehlerstrategie**:

$$\textbf{M2:} \quad \frac{a}{b} \cdot \frac{c}{b} = \frac{a \cdot c}{b + b}$$

Vermutlich ist eine Verwechslung von b^2 und $2b$ die Ursache. Diese Schülerinnen und Schüler rechnen daher statt $b \cdot b = b^2$ fälschlich $b \cdot b = 2b$. Eine andere mögliche Begründung könnte sein, dass die Lernenden in dem Nenner zwei „b" – also $2b$ – sehen. Jeder 12. Lernende macht diesen Fehlertyp mindestens einmal, allerdings fast immer nur aus Gedankenlosigkeit und fast nie systematisch.

Diese beiden fehlerhaften Strategien, die bei der Multiplikation *gleichnamiger* Brüche besonders nahe liegen, bewirken hier die *höhere* Fehlerquote.

Daneben *dividieren* einige wenige Schüler, statt zu multiplizieren. Dies geschieht nur selten aus Flüchtigkeit, sondern in diesen wenigen Fällen fast immer systematisch.

7.7.4 Multiplikation ungleichnamiger Brüche

Die Multiplikation *ungleichnamiger* Brüche bereitet den Schülerinnen und Schülern von allen Aufgabentypen der Multiplikation am **wenigsten Schwierigkeiten**, sie fällt ihnen *leichter* als die entsprechenden Additions-, Subtraktions- und Divisionsaufgaben. Dies beruht **nicht** auf einem besonders gründlichen *inhaltlichen Verständnis* der Multiplikation, sondern darauf, dass die **Multiplikationsregel besonders einprägsam** ist und die Multiplikation deshalb *ohne* jegliches Verständnis kalkülmäßig richtig durchgeführt werden kann. Das „Zuschlagen" der $\mathbb{N}$-Verführer (vgl. Streefland [177]) ist hier äußerlich *nicht* erkennbar, da es in diesem Fall zu rechnerisch *richtigen* Ergebnissen führt.

Die Hauptfehlerstrategie M1 bei der Multiplikation *gleichnamiger* Brüche spielt *hier* – wegen des dann zuvor erforderlichen Erweiterns auf einen Hauptnenner – eine deutlich *geringere* Rolle (vgl. jedoch Wittmann [222]). Die (wenigen) Schülerinnen und Schüler, denen sie unterläuft, benutzen sie meist *systematisch*. Bei „günstigen" Nennern (Beispiel: $\frac{3}{5} \cdot \frac{3}{10}$) erhöht sich allerdings die Fehlerquote spürbar. 4 % der Schülerinnen und Schüler – und damit mehr als im Sonderfall gleichnamiger Brüche – *dividieren* systematisch, statt zu multiplizieren, ein Fehler, der schon in einer Reihe von Untersuchungen als häufiger vorkommend nachgewiesen wurde (z. B. Brueckner [15], Flade [26], Lörcher [96]).

Vergleichbar häufig wie im Fall gleichnamiger Brüche tritt speziell bei den Aufgaben mit *gleichen Zählern* ($\frac{1}{2} \cdot \frac{1}{4} = \frac{2}{8}; \frac{3}{5} \cdot \frac{3}{10} = \frac{6}{50}$) hier die zu M 2 analoge Fehlerstrategie auf, die vermutlich auf einer nur ungenügenden Unterscheidung (Diskrimination) von a^2 und $2a$ beruht.

7.7.5 Natürliche Zahl mal Bruch/Bruch mal natürliche Zahl

Die Schülerleistungen in der Untersuchung von Padberg [117] sind in diesem Sonderfall die **schwächsten** von allen untersuchten Multiplikationsfällen. Dies steht zumindest beim Aufgabentyp *Natürliche Zahl mal Bruch* im eklatanten Widerspruch zu dem unter semantischen Aspekten *wesentlich geringeren* Schwierigkeitsgrad dieses Aufgabentyps verglichen mit dem allgemeinen Fall (*Bruch mal Bruch*); denn hier wird bei der Multiplikation nur die – schon für den Bruchzahlbegriff grundlegende – Vorstellung des Vervielfachens von Anteilen benötigt. Unsere Untersuchung belegt jedoch, dass dieser Sonderfall (Kombination von natürlicher Zahl und Bruch) generell bei *allen vier* Rechenoperationen *fehlerträchtiger* ist als der Standardfall (Bruch kombiniert mit Bruch).

Ursache hierfür ist *generell* eine gewisse Unsicherheit und Hilflosigkeit der Schülerinnen und Schüler in diesen Fällen, kombiniert mit typischen Ausweichreaktionen. Dies ist am deutlichsten und häufigsten im Bereich der Multiplikation zu beobachten, wo rund 2

Drittel aller Schülerfehler auf **eine dominante Fehlerstrategie** entfallen, und dies durchgängig in praktisch allen Klassen. So rechnet *jeder vierte(!)* Lernende *systematisch*

$$\textbf{M3:} \quad n \cdot \frac{a}{b} = \frac{n \cdot a}{n \cdot b} \text{ bzw. } \frac{a}{b} \cdot n = \frac{a \cdot n}{b \cdot n},$$

„erweitert" also statt zu multiplizieren. Hierbei besteht zwischen den beiden – von den zugrunde liegenden inhaltlichen Vorstellungen her *äußerst verschiedenen* – Fällen (Bruch mal natürliche Zahl bzw. natürliche Zahl mal Bruch) *kein* Unterschied in den Richtigkeitsquoten. Dies ist auf den *ersten* Blick überraschend und bedeutet, dass die Lernenden in diesem Stadium weithin *rein formal* durch Rückgriff auf die Regeln – und nicht durch Rückgriff auf anschauliche Grundvorstellungen – diese Aufgaben lösen. Ein besonders deutliches Indiz hierfür ist die Tatsache, dass die unter semantischen Gesichtspunkten extrem leichte **Aufgabe** $4 \cdot \frac{1}{7}$ *nicht* häufiger richtig gelöst wird als die Aufgabe $\frac{2}{11} \cdot 5$. Dies ist *nicht* durch Einschleifeffekte zu erklären, denn die Aufgabe $4 \cdot \frac{1}{7}$ steht in dem betreffenden Test *ganz zu Beginn* eines entsprechenden Aufgabenblocks (nach einer Aufgabe vom Typ Bruch mal Bruch). Diese Beobachtung belegt, dass für die richtige Lösung dieses Aufgabentyps *nicht* die semantische Ebene, sondern rein die syntaktische Ebene – auf der offensichtlich *kein* Unterschied zwischen beiden Aufgabentypen besteht – entscheidend ist.

Zur **Ursachenerklärung** für die dominante Fehlerstrategie M3 bietet sich folgendes Bündel von sich überlagernden und gegenseitig verstärkenden Faktoren an:

- Schwierigkeiten der Schülerinnen und Schüler mit der **Einbettung** der natürlichen Zahlen in den Bereich der Bruchzahlen (häufiger Fehler: $n = \frac{n}{n}$),
- **mangelnde Diskrimination** der Regeln des Erweiterns und des Multiplizierens sowie
- eine **Übergeneralisierung** der vertrauten Multiplikationsregel „Zähler mal Zähler durch Nenner mal Nenner" auch auf diesen Sonderfall: „Notgedrungen" – da nichts anderes zur Verfügung steht – multipliziert man in möglichst starker Anlehnung an diese Regel den Zähler und den Nenner mit der gegebenen natürlichen Zahl.

Neben der extrem stark vorherrschenden Fehlerstrategie M3 spielt nur noch *eine weitere Fehlerstrategie* eine Rolle, nämlich die Invertierung *eines* der beiden Faktoren (meist wird unabhängig von ihrer Position die natürliche Zahl genommen) mit anschließender Multiplikation. Im Sonderfall der Invertierung des 2. Faktors ergibt das die Division. Etwa 4 % der Schüler machen diesen Fehler systematisch.

7.7.6 Multiplikation gemischter Zahlen

Wandeln Schülerinnen und Schüler gemischte Zahlen vor der Multiplikation *nicht* in Brüche um, so unterlaufen ihnen häufig Fehler. Nach Lankford [91] und Gerster/Grevsmühl [35] benutzen sie gehäuft insbesondere folgende fehlerhafte Strategien:

(1) **Gemischte Zahl mal Bruch**

$$Beispiel: \quad 5\frac{1}{2} \cdot \frac{3}{4} = 5\frac{3}{8}$$

Die natürliche Zahl wird beibehalten, nur die Brüche werden multipliziert.

(2) **Gemischte Zahl mal natürliche Zahl**

$$Beispiel: \quad 2\frac{1}{2} \cdot 6 = 12\frac{1}{2}$$

Die natürlichen Zahlen werden multipliziert, der Bruch wird beibehalten.

(3) **Gemischte Zahl mal gemischte Zahl**

$$Beispiel: \quad 2\frac{1}{2} \cdot 4\frac{1}{2} = 8\frac{1}{4}$$

Die natürlichen Zahlen werden multipliziert, ebenso die Brüche.

Die Dominanz dieser Fehlerstrategie im Fall (3) bestätigt auch Hennecke ([69], S. 197). Daneben rechnen die Schüler hier auch noch häufiger: $2\frac{1}{3} \cdot 2\frac{1}{4} = \frac{2}{3} \cdot \frac{2}{4}$.

Bei den drei Aufgabentypen ist hierbei ein *einheitliches* – psychologisch sehr naheliegendes – Konzept zu erkennen: **Verknüpfe Gleichartiges!**

Um diese sonst häufiger auftretenden Fehler zu vermeiden, wandelt man zweckmäßigerweise gemischte Zahlen vor der Multiplikation in *Brüche* um.

7.7.7 Regelformulierung und Begründung

Die sehr leicht zu merkende Multiplikationsregel wird von allen vier Rechenregeln mit deutlichem Abstand am **häufigsten richtig** formuliert, und zwar von gut der Hälfte der Schüler. Zwei Beobachtungen sind in diesem Zusammenhang allerdings bemerkenswert:

- *Wesentlich mehr Schülerinnen und Schüler* wenden in der Untersuchung von Padberg (vgl. Padberg [117]) die Regel effektiv richtig an, als sie explizit formulieren können.
- Die beiden häufigsten Fehlerstrategien, nämlich M1 und die irrtümliche Division, werden häufiger auch explizit *als Regel ausformuliert* – ein weiterer Beleg dafür, wie stark diese Schülerinnen und Schüler die entsprechenden fehlerhaften Strategien schon *verinnerlicht* haben.

In den untersuchten Klassen legen die betreffenden Lehrer laut eigener Aussage großen Wert auf eine sorgfältige *Ableitung der Multiplikationsregel*. *Dennoch* schafft – rund ein halbes Jahr nach der Behandlung – *kein einziger* Schüler eine konkrete, beispielgebundene **Begründung der Multiplikationsregel** (für Details vgl. Padberg [117])! Obwohl uns der Schwierigkeitsgrad dieser Aufgabe bewusst ist, überrascht uns dennoch dieses so eindeutige Ergebnis.

7.8   Prävention und Intervention

Ein *gezieltes* Vorgehen gegen fehlerhafte Schülerstrategien bei der Multiplikation ist wegen ihrer starken *Konzentration* auf nur *wenige* Typen Erfolg versprechend. Insbesondere sind folgende konkrete Maßnahmen zu empfehlen (vgl. Abschn. 7.7 und auch Winter/Wittmann [218]):

- **Gründliche Verankerung inhaltlicher Grundvorstellungen** zur Multiplikation von Brüchen. Dies muss bei den anschaulichen Vorarbeiten geschehen (vgl. Abschn. 7.2) und anschließend bei der Thematisierung der Grundvorstellungen und der systematischen Rechenstrategien (vgl. Abschn. 7.3, 7.4 und 7.5), aber auch immer wieder später im Unterricht. Dazu müssen im Unterricht immer wieder Aufgaben gestellt werden wie: „Was kannst du dir inhaltlich unter $\frac{2}{3} \cdot \frac{3}{4}$ vorstellen? Zu welcher Geschichte könnte diese Rechnung eigentlich gehören?" (vgl. Prediger [143], S. 9). Wird dies nicht gründlich thematisiert, so ergeben sich hier große *Lücken*. So konnten in einer Untersuchung von Prediger [143] nur knapp 20 % (!) der befragten Gymnasiasten aus Klasse 7(!) auf obige Fragen eine richtige Antwort geben. Und auch vom Hofe/Wartha ([196], S. 596) konstatieren als Ergebnis ihrer umfangreichen Untersuchung, dass nicht entwickelte Grundvorstellungen zur Multiplikation (und Division) einen Großteil der Fehler in diesem Bereich verursachen.
- Sehr hilfreich in diesem Sinne ist auch das *folgende Aufgabenformat* (*mathewerkstatt* 6):

    c) Wie stellst du dir die Multiplikation $\frac{2}{3} \cdot \frac{3}{4}$ vor? Finde ein Bild oder eine Situation.

    Erkläre, welche der folgenden Situationen und Bilder zur Multiplikation $\frac{2}{3} \cdot \frac{3}{4}$ passen.

© *mathewerkstatt* 6 [S21], S. 153, 7d

- Gründliche und anschauliche **Einbettung** der natürlichen Zahlen in die Bruchzahlen
- **Bewusstes Gegenüberstellen** von Aufgaben zum Erweitern und Multiplizieren, um so die Fehlerstrategie M3 zu reduzieren. Besonders wirksam ist dies, wenn man das Erweitern (beispielsweise von $\frac{2}{5}$ mit 2) und das Multiplizieren (beispielsweise von $\frac{2}{5}$ mit 2) anschaulich z. B. an Rechtecken durchführen und dann beide Wege vergleichen lässt. So wird deutlich, dass es sich beim **Erweitern** nur um eine *Verfeinerung* der Unterteilung handelt, bei der sich der Wert des Bruches nicht ändert, dagegen beim **Multiplizieren** um ein *Vervielfachen*, bei dem sich der Wert des Bruches ändert.

Eine Diskussion über Unterschiede zwischen Erweitern und Multiplizieren kann man auch gut durch das folgende Aufgabenformat (*mathewerkstatt* 6) anregen:

Erweitern und Multiplizieren

Multiplizieren und Erweitern ist doch das Gleiche: Immer multipliziere ich.

Was meinst du dazu?
Probiere für konkrete Zahlen aus.
Führe das Gespräch fort.

Ja, aber anders.
Das sehe ich im dazu passenden Streifen- oder Rechteckbild.

Oder in Situationen ...

© *mathewerkstatt* 6 [S21], S. 161, Nr. 24

- Betonung des **quasikardinalen Aspektes** im Fall „natürliche Zahl mal Bruch" und damit ein Rückgriff auf die vertrauten – und hier hilfreichen! – Analogien zum Bereich der natürlichen Zahlen.
- Bewusstes **Kontrastieren** von Aufgaben zur Addition und Multiplikation *gleichnamiger* Brüche, um so den falschen Transfer M1 zu verhindern bzw. wieder abzubauen.
- Gezieltes **Gegenüberstellen** von Multiplikations- und Divisionsaufgaben, da hier von beiden Seiten her systematisch Regelverwechslungen erfolgen.
- **Vorgabe von Aufgaben**, bei denen einige richtig und andere fehlerhaft im Sinne der wichtigsten Fehlerstrategien gerechnet wurden mit dem vorgeschalteten Hinweis: „Welche Aufgaben hat Michael falsch gerechnet? Beschreibe Michaels Fehler. Warum hat Michael vermutlich diesen Fehler gemacht? Rechne richtig."
- Gezielte Förderung des **Zahlenblicks** auch bei der Multiplikation (ähnlich wie in Abschn. 6.3 für die Addition beschrieben; vgl. Wittmann/Marxer [106])

7.9 Vertiefung

Wir stellen im Folgenden exemplarisch einige Aufgabenformate vor, mit denen ein *vertieftes Verständnis* der Multiplikation von Brüchen erreicht werden kann:

- **Durchblick** (aus *Fundamente der Mathematik* 6)

Durchblick: Übertrage ins Heft und setze für ■ die richtige Zahl ein. Du kannst dich an Beispiel 2 orientieren. Schreibe deine Zwischenschritte auf und erläutere dein Vorgehen.

a) $\frac{3}{4} \cdot \frac{5}{7} = \frac{15}{\blacksquare}$ b) $\frac{4}{7} \cdot \frac{21}{8} = \frac{\blacksquare}{2}$ c) $\frac{16}{3} \cdot \frac{1}{40} = \frac{\blacksquare}{15}$ d) $\frac{3}{55} \cdot \frac{33}{6} = \frac{\blacksquare}{10}$

e) $\frac{3}{\blacksquare} \cdot \frac{4}{5} = \frac{12}{35}$ f) $\frac{5}{2} \cdot \frac{\blacksquare}{10} = \frac{1}{4}$ g) $\frac{\blacksquare}{3} \cdot \frac{2}{9} = \frac{2}{3}$ h) $\frac{6}{25} \cdot \frac{5}{\blacksquare} = \frac{3}{10}$

© *Fundamente der Mathematik* 6 [S9], S. 106, Nr. 9

- **Wahr oder falsch?**

  Ist die Aussage wahr oder falsch? Überprüfe zunächst an Beispielen. Begründe!

  a) Das Produkt zweier Brüche ist immer größer als die beiden Faktoren.

  b) Multiplizieren wir einen Bruch mit $\frac{7}{9}$, so ist das Ergebnis immer kleiner als der Bruch.

  c) Multiplizieren wir einen Bruch mit $\frac{9}{7}$, so ist das Ergebnis immer größer als der Bruch.

  d) Multiplizieren wir eine natürliche Zahl mit einem Bruch, so ist das Ergebnis immer kleiner als die natürliche Zahl.

- **Zahlenrätsel**

  a) Multipliziere $\frac{4}{5}$ mit einer natürlichen Zahl. Das Ergebnis soll eine natürliche Zahl kleiner als 20 sein. Gib alle passenden Zahlen an.

  b) Multipliziere $\frac{4}{21}$ mit einer natürlichen Zahl. Das Ergebnis soll kleiner als 1 sein. Nenne alle passenden Zahlen.

  c) Multipliziere $\frac{4}{5}$ mit einer natürlichen Zahl. Das Ergebnis soll eine gemischte Zahl sein, die auf $\frac{1}{5}$ endet. Nenne alle passenden Faktoren, die kleiner als 10 sind.

- **Änderungen des Produkts zweier Brüche I**

  Zwei Brüche werden multipliziert. Wie ändert sich das Produkt, wenn

  a) der Zähler eines Bruches verdoppelt wird?

  b) der Nenner eines Bruches verdoppelt wird?

  c) der Zähler und der Nenner eines Bruches verdoppelt werden?

  d) der Zähler des ersten und der Nenner des zweiten Bruches verdoppelt werden?

  e) beide Zähler verdoppelt werden?

  f) beide Nenner verdoppelt werden?

  Überprüfe zunächst an Beispielen. Begründe!

  Variante: Was passiert, wenn wir bei geeigneten Brüchen, statt zu verdoppeln, halbieren oder verdreifachen oder dritteln?

- **Änderungen des Produkts zweier Brüche II**

  Wie ändert sich das Produkt $\frac{a}{b} \cdot \frac{c}{d}$ zweier Brüche, wenn nur

  a) a größer wird?

  b) b größer wird?

  c) a und b größer werden?

  d) c kleiner wird?

  e) d kleiner wird?

  f) a größer und gleichzeitig b kleiner wird?

  g) b kleiner und zugleich c größer wird?

  Wann wird das Produkt größer, wann kleiner, wann bleibt es unverändert? Wann können wir keine Aussagen über die Veränderung des Produktes machen (vgl. auch Baroody/Coslick [5])?

- **Verblüffende Gleichungen**

  Überprüfe, ob diese Gleichungen stimmen:

  $$6 + \frac{6}{5} = 6 \cdot \frac{6}{5}$$
  $$7 + \frac{7}{6} = 7 \cdot \frac{7}{6}$$

  Suche weitere entsprechende Beispiele. Begründe möglichst allgemein die Richtigkeit deiner entsprechenden Aussagen (vgl. Köhler [85]).

- **Strukturelle Eigenschaften der Multiplikation von Brüchen**

  Bei der Behandlung der Multiplikation sollte man mit leistungsstärkeren Lernenden auch einige *strukturelle Eigenschaften* der Brüche bezüglich der Multiplikation thematisieren und begründen (vgl. auch Winter [217]), um so gezielt leistungsstarke Lernende zu fordern und zu fördern und um beispielsweise auf diesem Weg zur *Individualisierung* und *Differenzierung* im Unterricht beizutragen. Hierfür bieten sich insbesondere das *Kommutativ-* und *Assoziativgesetz* der Multiplikation sowie das *Distributivgesetz* an:

Satz 7.4 *Für alle Brüche $\frac{a}{b}$, $\frac{c}{d}$, $\frac{e}{f}$ gilt:*

1. $$\frac{a}{b} \cdot \frac{c}{d} = \frac{c}{d} \cdot \frac{a}{b} \qquad \text{(\textit{Kommutativgesetz})}$$

2. $$\left(\frac{a}{b} \cdot \frac{c}{d} \right) \cdot \frac{e}{f} = \frac{a}{b} \cdot \left(\frac{c}{d} \cdot \frac{e}{f} \right) \qquad \text{(\textit{Assoziativgesetz})}$$

3. $$\frac{a}{b} \cdot \left(\frac{c}{d} + \frac{e}{f} \right) = \frac{a}{b} \cdot \frac{c}{d} + \frac{a}{b} \cdot \frac{e}{f} \qquad \text{(\textit{Distributivgesetz})}$$

Diese Sätze können einheitlich durch Rückgriff auf die entsprechenden Gesetzmäßigkeiten im Bereich der *natürlichen* Zahlen mit einer beispielgebundenen Beweisstrategie bewiesen werden.

Das Assoziativgesetz in Verbindung mit dem Kommutativgesetz hilft gelegentlich, Rechnungen durch geschickte Umstellungen zu vereinfachen (Rechenvorteile). Das Distributivgesetz kann helfen, typische Fehler bei der Multiplikation von gemischten Zahlen (vgl. Abschn. 7.7.6) zu vermeiden. Eventuell kann man mit leistungsstarken Lernenden auch das *Monotoniegesetz der Multiplikation* thematisieren (vgl. Padberg et al. [131], S. 84).

Division von Brüchen

8

Unmittelbar vor Beginn der systematischen Bruchrechnung sind die anschaulichen *Vorkenntnisse* der Schüler zur Division von Brüchen nur relativ gering (vgl. Abschn. 8.1). Daher gehen wir im Abschn. 8.2 zunächst gründlich auf *anschauliche Wege* zur Division von Brüchen ein. Es schließt sich die *systematische* Behandlung der Division an, wobei wir im Fall *Bruch durch Bruch* zwei Hauptwege zur Ableitung der Divisionsregel vorstellen und bewerten (vgl. Abschn. 8.3, 8.4 und 8.5).

Variationsreiche Übungen (vgl. Abschn. 8.6) sind für den Unterrichtserfolg äußerst wichtig. Die Beschreibung möglicher *Problembereiche und Hürden* – einschließlich der wichtigsten *Fehlerstrategien* und zentralen *Grundvorstellungsumbrüche* – sowie Hinweise zu Ursachen, zur *Prävention und Intervention* schließen sich in den Abschn. 8.7 bzw. 8.8 an. Das Kapitel über die Division von Brüchen endet mit Hinweisen auf *Vertiefungsmöglichkeiten* (vgl. Abschn. 8.9).

8.1 Anschauliche Vorkenntnisse

Aus dem Bereich der **natürlichen Zahlen** ist den Schülerinnen und Schülern schon von der Grundschule her die Division im Sinne des **Verteilens** sowie des **Aufteilens** bekannt (vgl. Padberg/Benz [127], S. 153 ff.). Eine Aufgabe wie: „Verteile 30 Äpfel gerecht an 6 Kinder. Wie viele Äpfel erhält jedes Kind?", ist ein Beispiel für eine *Verteil*situation, eine Aufgabe wie: „Vor dir liegen 30 Äpfel. Fülle jeweils 6 Äpfel in ein Netz. Wie viele Netze erhältst du?", ein Beispiel für eine *Aufteil*situation. Im *geometrischen* Kontext bezeichnet man das Aufteilen meist als **Messen**. Ein Beispiel hierfür ist die deutlich weiter unten folgende Aufgabe (3).

© Springer-Verlag GmbH Deutschland 2017
F. Padberg, S. Wartha, *Didaktik der Bruchrechnung*,
Mathematik Primarstufe und Sekundarstufe I + II, DOI 10.1007/978-3-662-52969-0_8

Die **Division eines Bruches durch eine natürliche Zahl** (vgl. Abschn. 8.3) ist bei der Division von Brüchen der *einfachste* Fall. Dieser Aufgabentyp kann anschaulich im Sinne des *Verteilens* gedeutet werden, und zwar insbesondere bei einer Betonung des *quasikardinalen* Aspektes der Bruchzahlen. In der Untersuchung von Padberg zu den anschaulichen Vorerfahrungen der Schülerinnen und Schüler unmittelbar *vor* Beginn der systematischen Bruchrechnung in Klasse 6 (Padberg [122]) werden zu diesem Aufgabentyp **zwei** unterschiedlich schwierige **Aufgaben** gestellt:

(1) Ein Saftgefäß enthält *vier fünftel* Liter Apfelsaft. Der Saft wird gerecht an zwei Kinder verteilt. Wie viel erhält jedes?
(2) Ein Saftgefäß enthält *drei viertel* Liter Apfelsaft. Der Saft wird gerecht an zwei Kinder verteilt. Wie viel erhält jedes?

Obwohl Aufgabe (1) beispielsweise im Sinne des quasikardinalen Aspektes *sehr leicht* lösbar ist, löst nicht einmal jeder 6. Lernende diese Aufgabe richtig und lassen rund zwei Drittel der Lernenden diese Aufgabe aus. Einziger, etwas häufiger vorkommender *Fehler* ist eine Art Multiplikation, bei der die Lernenden vier fünftel Liter als $4 \cdot 5$ Liter $= 20$ Liter deuten und dieses Ergebnis anschließend richtig durch 2 dividieren. Es ist nicht überraschend, dass Aufgabe (2) den Lernenden *schwerer* fällt und nur jeder 10. Lernende zu einer richtigen Lösung gelangt. Häufigste Fehllösung ist hier 22,5. Ursache hierfür ist die fehlerhafte Gleichsetzung von $\frac{3}{4}$ mit 45 (Uhrzeit).

Die folgenden beiden Interviewausschnitte von Sascha und Denise beschreiben zwei unterschiedliche, **individuelle Lösungsstrategien** bei der Aufgabe (2):

Sascha
S: Erstmal kriegt jeder einen Viertel und dann kriegt jeder, dann wird der eine Viertel, der noch übrig ist, auch noch mal aufgeteilt.
I: Ja.
S: Dann kriegt jeder einen Viertel und einen Achtel.

Denise
D: Ja, da muss man ja einfach die Hälfte nehmen.
I: Ja, und was ist die Hälfte von dreiviertel?
D: Ein Viertel Komma fünf, oder?
I: Hast du 'ne Idee, wie man dieses „Komma fünf" noch anders ausdrücken könnte?
D: Nein.
I: Warum muss man denn dieses Komma fünf noch dazu machen?
D: Weil 1 und 1 sind ja 2 und 1,5 und 1,5 sind 3.

Zum *komplizierteren* Aufgabentyp der **Division durch einen Bruch** (vgl. Abschn. 8.4) stellt Padberg in seiner Untersuchung nur **zwei relativ leichte Aufgaben**:

(3) Laura macht einen *halben* Meter lange Schritte. Wie viele Schritte macht sie auf einer 6 Meter langen Strecke?

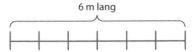

(4) Lukas macht *zwei drittel* Meter lange Schritte. Wie viele Schritte macht er auf einer 4 Meter langen Strecke?

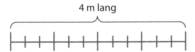

Als Hilfe wird gleichzeitig jeweils noch eine *Skizze* angeboten, bei Aufgabe (4) sogar mit vorgegebener Drittelteilung, um so den Messvorgang so weit wie möglich zu erleichtern und *alternative* Strategien wie z. B. die wiederholte Addition oder die Multiplikation anzuregen. Der gut vertraute Bruch $\frac{1}{2}$ sowie der Einsatz der genannten alternativen Strategien führen dazu, dass die Aufgabe (3) von den vier Divisionsaufgaben mit Abstand am *häufigsten* richtig gelöst wird – und zwar von rund zwei Drittel der Lernenden. Dagegen lösen *weniger* als 5 % der Lernenden die Aufgabe (4) mit dem in dieser Phase deutlich weniger vertrauten Bruch $\frac{2}{3}$, und dies trotz der vorgegebenen passenden Unterteilung! Zwei häufiger vorkommende, *sehr vordergründige* Fehlerstrategien lassen sich bei Aufgabe (4) beobachten. Man zählt einfach die Anzahl der Teilstrecken in der Skizze ab (entweder die 12 kleinen oder die 4 großen) oder bildet wegen *zwei* Drittel und 4 Meter das Produkt $2 \cdot 4 = 8$ und gibt dieses als Ergebnis an.

Fassen wir zusammen Weder das *Verteilen* (im Fall Bruch durch natürliche Zahl) noch das *Messen* (im Fall Division durch einen Bruch) steht einer größeren Anzahl von Schülerinnen und Schülern als anschauliche Vorstellungen zur Erarbeitung der Division von Brüchen unmittelbar vor Beginn der systematischen Bruchrechnung zur Verfügung. Diese Vorstellungen müssen vielmehr *zunächst* erst *ausführlich und anschaulich* erarbeitet werden. Hierzu geben wir im nächsten Abschnitt einige Hinweise.

8.2   Anschauliche Wege zur Division

Nur auf der Grundlage **anschaulicher Grundvorstellungen** kann die Division von Brüchen erfolgreich thematisiert werden. Hierzu ist es erforderlich, dass die Lernenden über eine *längere* Zeit – nicht nur einmalig eine halbe Stunde kurz vor der Ableitung der entsprechenden Regel – Divisionsaufgaben *ausschließlich* durch Rückgriff auf diese *anschaulichen* Vorstellungen lösen. Eine Regelformulierung in *diesem* Stadium würde alle entsprechenden Bemühungen konterkarieren.

Wir beginnen mit dem *einfachsten* Fall, nämlich der **Division von Brüchen durch natürliche Zahlen**. Wie wir gerade gesehen haben, sind selbst in diesem einfachsten Fall die anschaulichen Vorkenntnisse gering. Daher müssen wir auch hier *anschauliche Vorstellungen* sorgfältig aufbauen und festigen – *ohne* jegliche Regelformulierung.

Das Schulbuch *Mathematik heute* 6 führt sehr anschaulich und schrittweise an die Division von Brüchen durch natürliche Zahlen heran. Zunächst werden als *Einstieg* drei kleinere, offen formulierte Probleme ansteigenden Schwierigkeitsgrades vorgestellt. Die Gewinnung der Lösungsidee und der Lösung wird hierbei durch Bilder unterstützt.

>> Laura und Marc teilen sich einen halben Apfel und $\frac{1}{4}$ Tafel Schokolade.

>> Vom Mittagessen sind noch $\frac{3}{4}$ einer Pizza übrig. Birgül und ihre beiden Geschwister teilen sich diesen Rest.

>> Außerdem ist noch ein halber Blechkuchen da. Marc und drei seiner Freunde wollen sich den Kuchen teilen.

© *Mathematik heute* 6 [S13], S. 129, Einstieg

Besonders leicht sind offenkundig Aufgaben mit *Stammbrüchen*, daher die Apfel- und Schokoladenaufgabe direkt am Anfang. Die Vorgabe der Unterteilung bei der zweiten Aufgabe erleichtert deutlich die Lösungsfindung. Aufgaben ohne oder nur mit partieller Unterteilung sind anspruchsvoller, wie die dritte Aufgabenstellung zeigt.

Die im vorstehenden Einstieg gewonnenen ersten Erfahrungen werden in der *nächsten Aufgabe* (von uns leicht modifiziert) gemeinsam etwas stärker und genauer durchdacht und sichtbar gemacht.

Nach Lisas Geburtstagsparty sind noch $\frac{4}{5}$ Kiwitorte und $\frac{3}{4}$ Ananastorte übrig.
Lisa will die übriggebliebenen Torten mit ihrer Schwester gerecht teilen. Wie viel erhält jedes
Mädchen?

Lösung

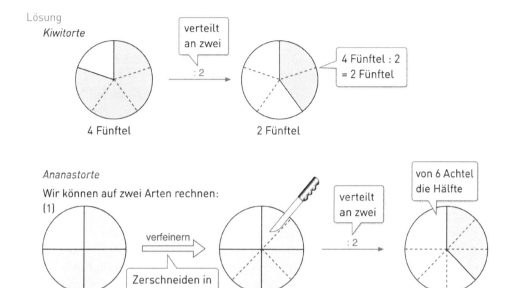

Jede bekommt die Hälfte von $\frac{6}{8}$ Ananastorte, das sind $\frac{3}{8}$ der Torte.

(2)

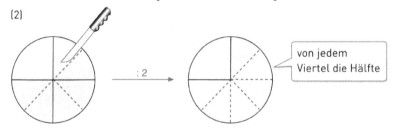

Jede bekommt von jedem Viertel die Hälfte, das sind $\frac{3}{8}$ der Torte.

© *Mathematik heute* 6 [S13], S. 129, Nr. 1, modifiziert

Die erste Teilaufgabe (Kiwitorte) ist besonders leicht, da „2 teilt 4" gilt. Hier wie auch bei der zweiten Teilaufgabe (Ananastorte) wird gleichzeitig noch unterstützend der *quasikardinale Aspekt* (4 Fünftel usw.) ins Spiel gebracht. Die Ananastorte kann (auf mindestens zwei Wegen) gerecht geteilt werden. Wir verfeinern die Kuchenunterteilung so, dass wir eine gerade Anzahl von Teilstücken haben. Wir können dann den Tortenrest auf einmal (wie bei (1)) oder – letztlich leichter – sukzessive jedes Viertel (wie bei (2)) halbieren. Neben den hier verwandten Kreisen lassen sich besonders gut Rechtecke und in gewissem Umfang auch Strecken zur Lösungsfindung einsetzen.

Bei der anschaulichen Einführung der Division durch Brüche ist der Fall **Natürliche Zahl durch Bruch** ein guter Startpunkt. Die beiden in Abschn. 8.1 vorgestellten Textaufgaben (3) und (4) mit **Größen** sind von diesem Typ. Weitere Beispiele lassen sich leicht finden. Aufgaben wie „Wie oft steckt $\frac{2}{3}$ dm in 1 dm?" lassen sich auf der zeichnerischen Ebene (hier mit Strecken, bei anderen Größeneinheiten auch mit Rechtecken oder Kreisen) lösen: $\frac{2}{3}$ dm steckt einmal in 1 dm und noch ein halbes Mal, also insgesamt $1\frac{1}{2}$ Mal.

Viele weitere Beispiele (1 dm : $\frac{2}{5}$ dm, 1 dm : $\frac{3}{4}$ dm, 1 dm : $\frac{4}{5}$ dm usw.) lassen sich ebenfalls zeichnerisch lösen. Vergleiche mit entsprechenden Aufgaben in $\mathbb{N}$ legen hierbei die Divisionsschreibweise für diesen Messvorgang nahe. Sehr leicht ist die Lösung im Fall von Stammbrüchen. Entsprechend wie für Größen mit der Maßzahl $n = 1$ lassen sich auch für $n > 1$ ($n \in \mathbb{N}$) Lösungen entsprechender Aufgaben geometrisch finden.

Entsprechende Aufgaben lassen sich auch leicht ohne Bezug auf Größen mit **Rechtecken oder Kreisen** lösen, wie das folgende Beispiel (*Fundamente der Mathematik* 6) zeigt:

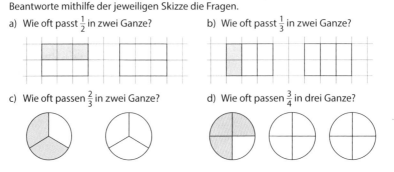

Beantworte mithilfe der jeweiligen Skizze die Fragen.

a) Wie oft passt $\frac{1}{2}$ in zwei Ganze?   b) Wie oft passt $\frac{1}{3}$ in zwei Ganze?

c) Wie oft passen $\frac{2}{3}$ in zwei Ganze?   d) Wie oft passen $\frac{3}{4}$ in drei Ganze?

© *Fundamente der Mathematik* 6 [S8], S. 99, Nr. 18

Ausgehend von diesen Beispielen lässt sich zur Lösungsfindung auch der Zusammenhang zwischen *Division und wiederholter Subtraktion* (vgl. Padberg/Benz [127], S. 156 f.) ausnutzen. (Beispiel: „Wie oft kann ich von 2 den Bruch $\frac{1}{3}$ abziehen, bis ich 0 erhalte?")

Lässt man Lernende auf der Grundlage guter anschaulicher Vorstellungen Divisionsaufgaben lösen, bei denen der Divisor kleiner ist als der Dividend und die Zahlen nicht „zu krumm" gewählt sind, so wird man überrascht sein, wie **variationsreich** die Lösungen sein können, wie das folgende Beispiel (variiert nach Baroody/Coslick [5], S. 10-6) verdeutlicht:

Beispiel

$3 : \frac{3}{8}$, gestellt in Form einer Textaufgabe

Anja

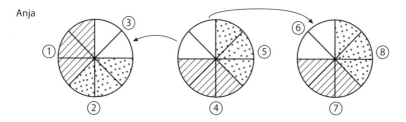

Bernd

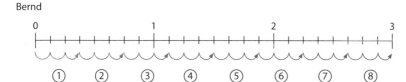

Sophie

3	$2\frac{5}{8}$	$2\frac{2}{8}$	$1\frac{7}{8}$	$1\frac{4}{8}$	$1\frac{1}{8}$	$\frac{6}{8}$	$\frac{3}{8}$
$-\frac{3}{8}$	$-\frac{3}{8}$	$-\frac{3}{8}$	$-\frac{3}{8}$	$-\frac{3}{8}$	$-\frac{3}{8}$	$-\frac{3}{8}$	$-\frac{3}{8}$
$2\frac{5}{8}$	$2\frac{2}{8}$	$1\frac{7}{8}$	$1\frac{4}{8}$	$1\frac{1}{8}$	$\frac{6}{8}$	$\frac{3}{8}$	0
①	②	③	④	⑤	⑥	⑦	⑧

Lukas   3 umgewandelt in Achtel sind 24 Achtel.

3 Achtel sind genau 8-mal in 24 Achtel enthalten.

Laura $\frac{3}{8}$ liegt zwischen $\frac{2}{8}$ oder $\frac{1}{4}$ und $\frac{4}{8}$ oder $\frac{1}{2}$.

$\frac{2}{8}$ oder $\frac{1}{4}$ steckt in 3 genau 12-mal,

$\frac{4}{8}$ oder $\frac{1}{2}$ genau 6-mal.

$\frac{3}{8}$ liegt zwischen $\frac{2}{8}$ und $\frac{4}{8}$, daher liegt das Ergebnis zwischen 6 und 12. Die „mittlere" Zahl 9 ist zu groß, 8 ist die Lösung;

denn 8 · 3 Achtel = 24 Achtel = 3.

Aufgaben vom Typ **Bruch durch Bruch** kann man nach Vorschlägen von Besuden ([9], leicht variiert) geometrisch folgendermaßen lösen:

Beispiel

Wie oft ist $\frac{2}{3}$ dm² in $\frac{3}{4}$ dm² enthalten?

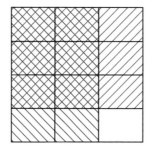

$\frac{3}{4}$ dm² entspricht 9 kleinen Rechtecken, $\frac{2}{3}$ dm² entspricht 8 kleinen Rechtecken: Also passt $\frac{2}{3}$ dm² so oft in $\frac{3}{4}$ dm² wie 8 in 9, also 1-mal und $\frac{1}{8}$-mal, also $1\frac{1}{8}$-mal.

Entsprechend können weitere Aufgaben anschaulich mittels Rechtecken, aber auch mittels *Strecken* gelöst werden, wie z. B.: „Wie oft ist $\frac{1}{4}$ dm in $\frac{1}{2}$ dm enthalten?" Allerdings bleibt die Ergebnisfindung mittels Rechtecken oder Strecken nur bei *ausgewählten* Beispielen anschaulich, werden hier also bald die **Grenzen dieses Ansatzes** sichtbar. Dies gilt besonders, wenn die auszumessende Strecke oder Fläche *kleiner* ist als das Maß.

Wie schon bei der Division von natürlichen Zahlen durch Brüche wird hier die Division von Brüchen durch Brüche ebenfalls im Sinne des **Messens** anschaulich fundiert. Wie variationsreich Lernende das Ergebnis einer Divisionsaufgabe bei einer geeigneten Kontextaufgabe selbstständig finden können, verdeutlicht abschließend das folgende Beispiel von Warrington ([197], S. 392 f.; variiert und ergänzt).

Beispiel

$5\frac{3}{4}$ kg Bonbons sollen in Tüten mit je einem halben Kilogramm Bonbons abgepackt werden. Wie viele Tüten erhalte ich?

- **Weg 1** (Schätzen/Überschlag)
  Das Ergebnis muss zwischen 10 und 12 liegen; denn mit 6 kg Bonbons kann ich 12 Tüten, mit 5 kg Bonbons 10 Tüten füllen.
- **Weg 2**
  5 kg Bonbons ergeben 10 Tüten. Von den restlichen $\frac{3}{4}$ kg kann ich eine weitere Tüte füllen, also insgesamt 11 Tüten. Es bleibt noch $\frac{1}{4}$ kg übrig. Hiermit kann ich eine halbe Tüte füllen, also insgesamt $11\frac{1}{2}$ Tüten.
- **Weg 3**
  6 kg Bonbons ergeben 12 Tüten. Da aber nur $5\frac{3}{4}$ kg Bonbons vorhanden sind, muss ich von den 6 kg $\frac{1}{4}$ kg wegnehmen. Dieses $\frac{1}{4}$ kg ergibt eine halbe Tüte. Also fülle ich mit den $5\frac{3}{4}$ kg Bonbons $11\frac{1}{2}$ Tüten.
- **Weg 4**
  Ich verdopple $5\frac{3}{4}$ und erhalte $11\frac{1}{2}$. Bei Verdoppelung von $\frac{1}{2}$ erhalte ich 1. Wie beim Verdoppeln von 10 und 5 in 10 : 5 auf 20 : 10 das Ergebnis unverändert bleibt, so gilt dieses auch hier. Ich erhalte also $11\frac{1}{2}$ Tüten Bonbons.
- **Weg 5**
  Abpacken in Tüten mit je einem halben Kilogramm bedeutet, schrittweise von den $5\frac{3}{4}$ kg jeweils $\frac{1}{2}$ kg wegzunehmen, bis keine Bonbons mehr übrig bleiben. Durch schrittweise Subtraktion erhalte ich, dass ich 11-mal $\frac{1}{2}$ kg von $5\frac{3}{4}$ kg abziehen kann. Es bleibt dann noch $\frac{1}{4}$ kg übrig. Also erhalte ich $11\frac{1}{2}$ Tüten.

Der **Weg 5** wird von Sharp ([168], S. 198 ff.) in einem Beitrag für das NCTM-Jahrbuch 1998 methodisch noch genauer ausgeführt. Auch hier kann auf eine analoge Vorgehensweise im Bereich der *natürlichen* Zahlen zurückgegriffen werden, wo die Division ebenfalls als *wiederholte Subtraktion* eingeführt werden kann (vgl. Padberg/Benz [127],

S. 156 f.). Sharp beginnt mit dem einfachen Fall der Division gleichnamiger Brüche. Ungleichnamige Brüche führt sie später durch Gleichnamigmachen auf diesen einfacheren Fall zurück. Sie behandelt vor allem Divisionen, bei denen der Divisor *kleiner* ist als der Dividend. Im *umgekehrten* Fall führt diese Vorgehensweise nur noch selten zu einem anschaulich auffindbaren Ergebnis.

8.3 Bruch durch natürliche Zahl – Grundvorstellung und systematische Behandlung

Bislang haben wir *rein auf der anschaulichen Ebene* Divisionen von Brüchen durchgeführt, aber den Zusammenhang zwischen unseren Handlungen und den parallel verlaufenden Vorgängen rein auf der rechnerischen Ebene noch nicht genauer analysiert. Dies erfolgt jetzt hier und im Abschn. 8.4. Wir beginnen mit dem Fall der Division eines Bruches durch eine natürliche Zahl.

Besonders leicht lässt sich die Division durchführen, wenn der Divisor den Zähler des Bruches *teilt* (Beispiel: $\frac{4}{9} : 2 = \frac{2}{9}$). Dieser Fall lässt sich sehr anschaulich mithilfe von Rechtecken, Strecken oder Kreisen behandeln (vgl. Abschn. 8.2). Wir gewinnen so mittels der **Grundvorstellung des Verteilens** direkt die Erkenntnis: Dividiere den Zähler durch den Divisor und behalte den Nenner bei. Zusätzlich kann die Multiplikation zur Überprüfung – aber auch zur Begründung! – des Divisionsergebnisses herangezogen werden. Auch der quasikardinale Aspekt ist an dieser Stelle hilfreich.

Teilt dagegen der Divisor **nicht** den Zähler des Bruches (Beispiel: $\frac{5}{9} : 2$), so bleibt zwar die Grundvorstellung des Verteilens unverändert brauchbar, liefert uns jedoch noch nicht direkt ein *numerisches* Ergebnis. Dazu können wir beispielsweise im Tortenkontext die Unterteilung der Torte weiter *verfeinern*, bis wir wieder den Zähler problemlos durch den Divisor teilen können. Konkret müssen wir in unserem Beispiel die Anzahl der Tortenstücke verdoppeln. Auf der **Rechenebene** bedeutet dies: Wir erweitern $\frac{5}{9}$ mit 2, also dem Divisor, und gelangen so wiederum zu dem leichten Ausgangsfall:

$$\frac{5}{9} : 2 = \frac{5 \cdot 2}{9 \cdot 2} : 2 = \frac{(5 \cdot 2) : 2}{9 \cdot 2} = \frac{5}{9 \cdot 2} = \frac{5}{18}$$

Ergänzend kann man auch hier auf die Multiplikation und den quasikardinalen Aspekt zurückgreifen.

Da bei der Division die Multiplikation des Zählers mit dem Divisor (im Rahmen des Erweiterns) gerade wieder rückgängig gemacht wird, gewinnen wir so die Einsicht: Man dividiert einen Bruch durch eine natürliche Zahl, indem man den Nenner mit der natürlichen Zahl multipliziert (und den Zähler beibehält).

Offensichtlich kann auch der Sonderfall, dass der Divisor den Zähler des Bruches teilt, auf diese Art gelöst werden. Ferner ist der Zusammenhang zur allgemeinen Divisionsregel für Brüche (vgl. Abschn. 8.4) direkt mittels Einbettung der natürlichen Zahlen in die Menge der Bruchzahlen herstellbar. Daher ist eine **gesonderte Regelformulierung** an dieser

Stelle **nicht** notwendig. Vielmehr sollten die Aufgaben dieses Typs durch Rückgriff auf anschauliche Grundvorstellungen – und nicht durch Rückgriff auf Regeln – gelöst werden (vgl. Abschn. 8.8).

8.4   Bruch durch Bruch/Natürliche Zahl durch Bruch – Grundvorstellungen und systematische Behandlung

Die Division durch Brüche im allgemeinen Fall gilt seit Langem als eines der *schwierigsten* Gebiete dieser Klassenstufe. Allein schon die Aussage: „Man *dividiert* durch einen Bruch, indem man mit dem zugehörigen Kehrbruch *multipliziert*", bereitet Schwierigkeiten. Ein gründlicher Aufbau von Grundvorstellungen und eine hierauf basierende *sorgfältige* Regelableitung ist daher an dieser Stelle besonders wichtig.

In den folgenden Abschnitten setzen wir voraus, dass Dividend und Divisor *von Null verschieden* sind. Im Abschn. 8.9 gehen wir dann systematisch auf diese Fälle ein.

8.4.1   Grundvorstellung Messen

Bei diesem Weg wird die Division von Brüchen *eigenständig* über die Grundvorstellung des *Messens* eingeführt, entsprechend wie dies den Lernenden schon aus dem Bereich der *natürlichen* Zahlen vertraut ist und wie wir dies in Abschn. 8.2 schon an ausgewählten anschaulichen Beispielen thematisiert haben.

Bei einer Deutung der Division als Messen mit **natürlichen Zahlen** als Maßzahlen gilt nämlich:

Verdoppeln – allgemein ver-*n*-fachen – wir die Länge der *Gesamtstrecke* und die Länge der *Messstrecke*, so bleibt die Anzahl der abzutragenden Messstrecken *unverändert*. Auch *Mengenbilder* können gut zur Begründung dieser Aussage in $\mathbb{N}$ herangezogen werden.

An *geeigneten* Beispielen lässt sich aufzeigen, dass diese Eigenschaft des Messens bzw. der Division natürlicher Zahlen zumindest auch für **spezielle Brüche** gilt, dass wir also auch bei ausgewählten Brüchen Dividend und Divisor mit derselben natürlichen Zahl gleichzeitig multiplizieren dürfen, ohne dass sich das Ergebnis ändert.

Beispiel
$$\frac{1}{2} : \frac{1}{4} = \left(\frac{1}{2} \cdot 2\right) : \left(\frac{1}{4} \cdot 2\right) = \left(\frac{1}{2} \cdot n\right) : \left(\frac{1}{4} \cdot n\right) \quad \text{(für alle } n \in \mathbb{N})$$

Die *Begründung* kann auch hier anschaulich mithilfe von Strecken bzw. Streifen (vgl. Baireuther [2]) erfolgen. Allerdings ist eine wirklich *anschauliche* Begründung dieser Eigenschaft bei Brüchen nur in *wenigen* Fällen möglich. Auf diese Grenze der Grundvorstellung *Messen* haben wir schon in Abschn. 8.2 hingewiesen. Daher kann man nur im Sinne des **Permanenzprinzips** fordern, dass diese Eigenschaft auch für *beliebige Brüche* und natürliche Zahlen *n* erhalten bleibt.

Auf der Grundlage der so begründeten Eigenschaft des Messens bzw. der Division lässt sich die **Divisionsregel für Brüche** jetzt leicht ableiten. Allerdings ist hierbei im allgemeinen Fall ein Rückgriff auf den in Abschn. 8.3 behandelten Sonderfall erforderlich:

$$\frac{2}{5} : \frac{1}{4} = \left(\frac{2}{5} \cdot 4\right) : \left(\frac{1}{4} \cdot 4\right) = \frac{2 \cdot 4}{5} : 1 = \frac{2 \cdot 4}{5 \cdot 1} = \frac{2}{5} \cdot \frac{4}{1}$$

(Der Divisor ist speziell ein *Stammbruch*.)

$$\frac{2}{5} : \frac{3}{4} = \left(\frac{2}{5} \cdot 4\right) : \left(\frac{3}{4} \cdot 4\right) = \frac{2 \cdot 4}{5} : 3 = \frac{2 \cdot 4}{5 \cdot 3} = \frac{2}{5} \cdot \frac{4}{3}$$

(Der Divisor ist *beliebig*.)

$$\frac{a}{b} : \frac{c}{d} = \left(\frac{a}{b} \cdot d\right) : \left(\frac{c}{d} \cdot d\right) = \frac{a \cdot d}{b} : c = \frac{a \cdot d}{b \cdot c} = \frac{a}{b} \cdot \frac{d}{c}$$

(Allgemein mit *Variablen*)

Wir haben hiermit gezeigt:

Satz 8.1 *Für alle Brüche $\frac{a}{b}$, $\frac{c}{d}$ mit $b, c, d \neq 0$ gilt:*

$$\frac{a}{b} : \frac{c}{d} = \frac{a}{b} \cdot \frac{d}{c}.$$

8.4.2   Grundvorstellung Umkehroperation

In $\mathbb{N}$ können wir die Division **natürlicher Zahlen** rein als Umkehroperation der Multiplikation einführen, ohne dass wir hierbei auf die schon thematisierten Grundvorstellungen des Aufteilens bzw. Verteilens zurückgreifen müssen. Wir definieren dann z. B. 20 : 5 als *die* Zahl, die mit 5 multipliziert 20 ergibt. Da das kleine Einmaleins schon bekannt ist, können wir diese und vergleichbar leichte Aufgaben ohne großes Probieren direkt lösen und erhalten so 20 : 5 = 4. Bei größeren Zahlen können wir etwa über das Bilden von Vielfachen des Divisors schrittweise zur Lösung vorstoßen – sofern die Division ohne Rest „aufgeht" (vgl. Padberg/Benz [127], S. 156).

Diese Grundvorstellung kann auch bei **Brüchen** eingesetzt werden. Wissen wir, dass $\frac{2}{3} \cdot \frac{4}{5} = \frac{8}{15}$ gilt, dann gilt im Sinne dieser Grundvorstellung auch $\frac{8}{15} : \frac{4}{5} = \frac{2}{3}$ und $\frac{8}{15} : \frac{2}{3} = \frac{4}{5}$. Wir definieren also analog zu den Verhältnissen in $\mathbb{N}$ auch bei den Brüchen den Quotienten $\frac{4}{5} : \frac{2}{3}$ als *die* Zahl x, die mit $\frac{2}{3}$ multipliziert $\frac{4}{5}$ ergibt, also als *die* Lösung der Gleichung $x \cdot \frac{2}{3} = \frac{4}{5}$. Wir setzen an dieser Stelle voraus, dass diese multiplikative Gleichung im Bereich der Bruchzahlen stets eindeutig lösbar ist (für entsprechende Beweise vgl. Padberg et al. [131], S. 81 f., S. 85 f.). Die **Grundvorstellung** der Umkehroperation ist gut verständlich, aber damit verfügen wir noch nicht über eine Strategie, wie wir geschickt die rechnerische Lösung finden können. Wir stellen im Folgenden **zwei geeignete Strategien** als Weg 1 und Weg 2 vor.

Weg 1 Dieser Weg zeichnet sich durch eine **sehr behutsame und schrittweise Ableitung** der Divisionsregel aus.

Wir beginnen bei diesem *Weg* mit **Aufgaben wie** $\frac{6}{15} : \frac{3}{5}$, bei denen speziell der 2. Zähler den 1. Zähler und der 2. Nenner den 1. Nenner ohne Rest *teilt*. Durch Rückgriff auf die Multiplikation als Umkehroperation – analog zu den Verhältnissen in $\mathbb{N}$ – können wir $\frac{6}{15} : \frac{3}{5} = \frac{a}{b}$ umschreiben in die Form $\frac{a}{b} \cdot \frac{3}{5} = \frac{6}{15}$. Also gilt $a \cdot 3 = 6$ und $b \cdot 5 = 15$, daher auch $a = 6 : 3$ und $b = 15 : 5$, und damit insgesamt $\frac{6}{15} : \frac{3}{5} = \frac{6:3}{15:5} = \frac{2}{3}$. Beim Lösen dieser und ähnlicher Aufgaben stoßen die Schülerinnen und Schüler leicht zu einer zur Multiplikation von Brüchen völlig *analogen* **Regel** vor: Man dividiert zwei Brüche durcheinander, indem man *Zähler durch Zähler* und *Nenner durch Nenner* dividiert.

Gilt diese Regel generell? Offenkundig **nein**, denn bei vielen Aufgaben wie beispielsweise $\frac{6}{15} : \frac{3}{7}$, $\frac{6}{15} : \frac{4}{5}$ oder $\frac{6}{15} : \frac{5}{7}$ können wir diese Regel *gar nicht* anwenden: Im ersten Beispiel teilt nur der 2. Zähler den 1. Zähler, im zweiten Beispiel teilt nur der 2. Nenner den 1. Nenner und im 3. Beispiel teilt weder der 2. Zähler den 1. Zähler noch der 2. Nenner den 1. Nenner. Durch geschicktes Erweitern des Dividenden können wir allerdings erreichen, dass auch in diesen Fällen obige sehr eingängige Regel angewandt werden kann. **Zwei Fälle** unterscheiden wir sinnvollerweise:

(1) Entweder die Zähler oder die Nenner sind durcheinander teilbar.
    Beispiele:

$$\frac{6}{15} : \frac{3}{7} = \frac{6 \cdot 7}{15 \cdot 7} : \frac{3}{7} = \frac{2 \cdot 7}{15} = \frac{14}{15}$$

$$\frac{6}{15} : \frac{4}{5} = \frac{6 \cdot 4}{15 \cdot 4} : \frac{4}{5} = \frac{6}{3 \cdot 4} = \frac{6}{12} = \frac{1}{2}$$

(2) Weder die Zähler noch die Nenner sind durcheinander teilbar.

$$\frac{6}{15} : \frac{5}{7} = \frac{6 \cdot 5 \cdot 7}{15 \cdot 5 \cdot 7} : \frac{5}{7} = \frac{6 \cdot 7}{15 \cdot 5} = \frac{42}{75} = \frac{14}{25}$$

Man erweitert also in diesen Fällen den Dividenden entweder mit dem Zähler oder mit dem Nenner oder mit Zähler und Nenner des Divisors und kann dann stets die obige eingängige Regel anwenden. Der **Übergang zur üblichen Kurzregel** wird dann mit einer beispielgebundenen Beweisstrategie mittels der Erkenntnis gewonnen, dass sich beim beschriebenen Verfahren immer eine Multiplikation und eine Division sowohl im Zähler als auch im Nenner aufheben:

$$\frac{a}{b} : \frac{c}{d} = \frac{a \cdot c \cdot d}{b \cdot c \cdot d} : \frac{c}{d} = \frac{a \cdot d}{b \cdot c} = \frac{a}{b} \cdot \frac{d}{c}$$

Man kann daher in diesem Stadium auf das Erweitern verzichten und jetzt einsichtig die *übliche* Divisionsregel als *Kurzregel* präsentieren.

Weg 2 Der Grundgedanke von Multiplikation und Division als Umkehroperation kann bei der Ableitung der Divisionsregel mithilfe von **Operatordiagrammen** etwas veranschaulicht werden, wie es das Schulbuch *Mathematik heute* 6 gut realisiert:

Maria denkt sich eine Zahl. Sie multipliziert sie mit $\frac{4}{5}$ und erhält $\frac{2}{7}$.
Welche Zahl hat sich Maria gedacht?

Lösung

Die Multiplikation mit $\frac{4}{5}$ soll durch die Division durch $\frac{4}{5}$ rückgängig gemacht werden. Dazu müssen wir die beiden Teilschritte der Multiplikation rückgängig machen.

Multiplikation mit $\frac{4}{5}$:

Division durch $\frac{4}{5}$
(Rückgängigmachen der Multiplikation):

Wir sehen: $\cdot\frac{5}{4}$ macht rückgängig, was $\cdot\frac{4}{5}$ bewirkt.

Deshalb können wir sagen: $\frac{2}{7}:\frac{4}{5}$ bedeutet dasselbe wie $\frac{2}{7}\cdot\frac{5}{4}$.

Rechnung: Marias Zahl $=\frac{2}{7}:\frac{4}{5}=\frac{2}{7}\cdot\frac{5}{4}=\frac{2\cdot5}{7\cdot4}=\frac{10}{28}=\frac{5}{14}$

Ergebnis: Maria hat sich die Zahl $\frac{5}{14}$ gedacht.

© *Mathematik heute* 6 [S13], S. 143, Nr. 1

Nach Einführung des Begriffs Kehrwert kann jetzt kurz als Regel festgehalten werden: Man dividiert durch einen Bruch, indem man mit dem Kehrwert des Bruches multipliziert.

8.4.3 Vergleich der beiden Wege

- Die Division durch Brüche ist sowohl beim Zugang über die Grundvorstellung des Messens als auch über die Grundvorstellung der Umkehroperation ein **anspruchsvolles Thema**, wie wir in den beiden vorhergehenden Abschnitten deutlich sehen konnten. In beiden Fällen muss weithin auf der symbolischen Ebene argumentiert werden. Überzeugende Veranschaulichungsmöglichkeiten gibt es nur in geringem Umfang.
- Der Zugangsweg über das Messen hat zwangsläufig einen engen Bezug zum **Messen**, allerdings fehlt die Anbindung an die **Multiplikation**, bei dem Zugangsweg über die Umkehroperation verhält es sich genau umgekehrt.
- Bei dem Zugang über die Grundvorstellung der Umkehroperation hat der *erste* Weg den Vorteil, dass sich die sorgfältige schrittweise Ableitung der Divisionsregel über

eine sehr naheliegende und eingängige Zwischenregel hin zur endgültigen Regel als Kurzregel im Unterricht durch die Lernenden gut *erarbeiten* lässt. Beim zweiten Weg bietet das Operatordiagramm die Möglichkeit, die zentralen Gedanken gut zu visualisieren.

8.5   Natürliche Zahl durch natürliche Zahl

In der Menge $\mathbb{N}$ der **natürlichen Zahlen** ist die Division nur in *Sonderfällen* durchführbar, nämlich falls der Dividend ein *Vielfaches* des Divisors ist. Dagegen ist die Division in der Menge der **Bruchzahlen stets** durchführbar, sofern der Divisor ungleich Null ist. Es gilt $m : n = \frac{m}{n}$ für alle $m, n \in \mathbb{N}$. Diese Aussage lässt sich anschaulich schon sehr früh durch Rückgriff auf die Grundvorstellung von Brüchen als **Anteil mehrerer Ganzer** begründen (vgl. Abschn. 3.2.2).

Aber auch durch Rückgriff auf den **quasikardinalen** Aspekt der Brüche lässt sich diese Beziehung schon zu *Beginn* des Bruchrechenlehrgangs behandeln, wie die folgenden Beispiele zeigen (vgl. Griesel [44]):

$$3 : 2 = 6 \text{ Halbe} : 2 = 3 \text{ Halbe} = \frac{3}{2}$$

$$3 : 4 = 12 \text{ Viertel} : 4 = 3 \text{ Viertel} = \frac{3}{4}$$

Griesel weist an dieser Stelle darauf hin, dass bei diesem Weg die inhaltliche Vorstellung des *Verteilens*, die die Schülerinnen und Schüler schon von der Grundschule her mit der Division verbinden, voll *erhalten* bleibt. Die Umwandlung von 3 in 6 Halbe bzw. von 3 in 12 Viertel entspricht dem *Entbündeln* bei der schriftlichen Division.

Diese Überlegungen müssen im Unterricht **sorgfältig** an konkreten Beispielen durchgeführt werden. Sonst gewinnen die Schüler leicht den *falschen* Eindruck, dass die im Unterricht jahrelang nicht ausführbare Division etwa der natürlichen Zahlen 2 und 3 plötzlich in der Menge der *natürlichen Zahlen* durchführbar ist. Hieraus resultiert dann eine große *Unsicherheit* gegenüber diesem Aufgabentyp (vgl. Abschn. 8.7).

Auf der **symbolischen Ebene** lässt sich die Aussage $m : n = \frac{m}{n}$ für alle $m, n \in \mathbb{N}$ wegen der Einbettung der natürlichen Zahlen in die Menge der Bruchzahlen leicht begründen: Wir können n und $\frac{n}{1}$ identifizieren und erhalten so:

$$m : n = \frac{m}{1} : \frac{n}{1} = \frac{m}{1} \cdot \frac{1}{n} = \frac{m}{n}$$

Also gilt:

Satz 8.2 *Für alle $m, n \in \mathbb{N}$ gilt:*

$$m : n = \frac{m}{n}.$$

8.6   Variationsreiches Üben

- **Zahlenmauer**

  Das von der Addition, Subtraktion und Multiplikation von Brüchen her vertraute Aufgabenformat kann auch bei der Division gut eingesetzt werden (vgl. *Mathematik heute* 7):

Vervollständige im Heft.

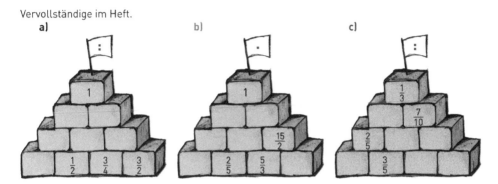

© *Mathematik heute* 7 [S14], S. 47, Nr. 15

- **Divisionsaufgabe zum Bild**

  Übungen dieses Typs helfen, die anschaulichen Grundlagen bei Divisionsaufgaben zu festigen (vgl. *Mathematik heute* 6)

Schreibe eine Divisionsaufgabe und berechne.

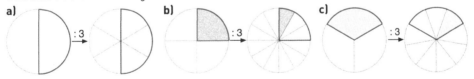

© *Mathematik heute* 6 [S13], S. 131, Nr. 9

- **Messen**

  Dieses Aufgabenformat hilft, den Aspekt des Messens einzuüben:

  Wie oft ist enthalten

  a) $\frac{1}{4}$ m in $\frac{1}{2}$ m   b) $\frac{1}{2}$ l in $1\frac{1}{2}$ l   c) $\frac{3}{4}$ kg in $4\frac{1}{2}$ kg

  d) $2\frac{1}{2}$ cm in $\frac{1}{2}$ m   e) $\frac{1}{8}$ m^3 in $\frac{3}{4}$ m^3 f) $\frac{3}{4}$ cm in 24 cm

- **Zahlenrätsel**

  1. Lars denkt sich eine Zahl und multipliziert sie mit $\frac{3}{4}$. Das Ergebnis ist $\frac{7}{8}$.

  2. Leon multipliziert seine Zahl mit $1\frac{2}{7}$ und erhält $\frac{5}{7}$.

- **Einsetzen**

  Das folgende Beispiel stammt aus *Mathematik heute* 6

  Setze für ■ eine passende natürliche Zahl ein.

  a) $\frac{1}{4} : ■ = \frac{1}{12}$ **c)** $\frac{7}{8} : ■ = \frac{7}{32}$ **e)** $\frac{7}{■} : 6 = \frac{7}{48}$ **g)** $1\frac{2}{7} : ■ = \frac{9}{28}$ **i)** $2\frac{5}{9} : ■ = \frac{23}{27}$

  b) $\frac{3}{5} : ■ = \frac{3}{20}$ **d)** $\frac{4}{■} : 5 = \frac{4}{15}$ **f)** $\frac{9}{■} : 8 = \frac{9}{56}$ **h)** $1\frac{5}{8} : ■ = \frac{13}{56}$ **j)** $3\frac{2}{13} : ■ = \frac{41}{78}$

  © *Mathematik heute* 6 [S13], S. 131, Nr. 12

- **Berechnung des Anteils vom Anteil**

  Berechne

  a) die Hälfte von $1\frac{1}{2}$ Stunden.

  b) den 3. Teil von einer Viertel Tafel Schokolade.

  c) die Hälfte von $\frac{3}{4}$ Liter Milch.

- **Brüchespiel „Fang das Bild"**

  Auch zu den Operationen mit Brüchen müssen tragfähige inhaltliche Vorstellungen aufgebaut und in Übungsphasen gefestigt werden. Das Brüchespiel „Fang das Bild" bietet vielfältige Möglichkeiten für ein verstehens- und strukturorientiertes Üben, und zwar für **alle vier** Rechenoperationen (vgl. Prediger/Schink [149]).

Bemerkung Beim Multiplizieren und Dividieren von Brüchen vereinfacht oft das Kürzen vor dem Ausrechnen den Rechenaufwand, da man so kleinere Zahlen erhält.

8.7 Mögliche Problembereiche und Hürden

Wo steckt der Fehler?

a) $\frac{8}{9} : \frac{2}{9} = \frac{8:2}{9} = \frac{4}{9}$ b) $\frac{5}{7} : \frac{2}{3} = \frac{7}{5} \cdot \frac{2}{3} = \frac{14}{15}$ c) $\frac{4}{5} : 7 = \frac{4 \cdot 7}{5 \cdot 7} = \frac{28}{35}$ d) $3 : \frac{3}{4} = \frac{3:3}{4} = \frac{1}{4}$

© *Elemente der Mathematik* 6 [S5], S. 178, Nr. 11

8.7.1 Abfolge im Schwierigkeitsgrad – ein Überblick

Bei der Division unterscheidet Padberg in seiner Untersuchung (Padberg [117]) fünf Aufgabentypen. Die Untersuchung *nach* Abschluss der systematischen Bruchrechnung ergibt folgende Abfolge im Schwierigkeitsgrad:

- Bruch durch Bruch (ungleichnamig): 65 % richtig
- Bruch durch Bruch (gleichnamig, spezielle Zähler): 60 % richtig
- natürliche Zahl durch natürliche Zahl: 40 % richtig

- Bruch durch natürliche Zahl: 40 % richtig
- natürliche Zahl durch Bruch: 35 % richtig

Zwei Schwierigkeitsstufen sind deutlich erkennbar: zum einen der Fall Bruch durch Bruch, zum anderen auf *deutlich niedrigerem* Niveau – und zwar deutlicher als bei der Multiplikation! – der Fall, bei dem Brüche und natürliche Zahlen kombiniert bzw. natürliche Zahlen alleine vorkommen. (Wegen Details bei der Auswahl und Bewertung der Aufgaben vgl. man Padberg [117].)

8.7.2 Bruch durch Bruch

Bei der **Division gleichnamiger Brüche** benutzen die Lernenden *sehr häufig* den schon bei den entsprechenden Multiplikationsaufgaben beobachteten Additions-/Subtraktionsrahmen und rechnen z. B. fehlerhaft $\frac{9}{10} : \frac{3}{10} = \frac{9:3}{10} = \frac{3}{10}$. Sie benutzen also folgende Fehlerstrategie:

$$\textbf{D1:} \quad \frac{a}{b} : \frac{c}{b} = \frac{a : c}{b}$$

Im Unterschied zur Multiplikation kann diese Fehlerstrategie hier jedoch nur in *Sonderfällen* benutzt werden, falls nämlich speziell der zweite Zähler ein Teiler des ersten Zählers ist. In diesem Fall unterläuft fast *jedem 5. Lernenden* quer durch beinahe alle untersuchten Klassen dieser Fehler *mindestens einmal*, jedoch passiert dies nur 4 % der Lernenden *systematisch* bei den *beiden* entsprechenden Testaufgaben.

Die **ursprüngliche Erwartung**, dass die Lernenden die – unter dem Gesichtspunkt des Messens extrem leichten – Aufgaben wie $\frac{4}{5} : \frac{2}{5}$ durch Rückgriff auf diese anschauliche Grundvorstellung rein intuitiv – *ohne* formale Rechnung – überwiegend richtig lösen, hat sich *nicht* erfüllt. Der Abstand der Richtigkeitsquote zwischen diesem Sonderfall und dem *allgemeinen Divisionsfall* ist nur relativ *gering*, da die hohe Fehlerquote bezüglich D1 im Sonderfall *gleichnamiger* Nenner weitgehend wieder wettgemacht wird durch die *besonders einfache* Rechnung in diesem Fall.

Die in unserem Band schon häufiger dokumentierte Problematik *fehlender* Grundvorstellungen der Lernenden belegen auch Malle/Huber ([104], S. 22) bei der Division gleichnamiger Brüche. Von 170 untersuchten Gymnasialschülern antworteten nach der Behandlung der Bruchrechnung auf die Frage: „Was stellst du dir unter $\frac{4}{5} : \frac{2}{5}$ vor?" nur zwei Lernende mit der Vorstellung des Aufteilens/Messens, 167(!) Lernende ließen die Aufgabe aus oder beantworteten sie falsch, meist mit rein formalen Rechnungen ohne jegliche anschauliche Vorstellung.

Mit Ausnahme der Fehlerstrategie D1, die im **allgemeinen Fall** nicht zu erwarten ist, gibt es *keinen* Unterschied im Fehlerprofil und in der Fehlerhäufigkeit zwischen dem *allgemeinen* Fall und dem Spezialfall *gleichnamiger* Nenner. So spielt in beiden Fällen von den drei naheliegenden fehlerhaften Varianten der Divisionsregel (Multiplikation, Kehrwert des 1. Bruches, Kehrwert beider Brüche und Multiplikation) *nur* die Multiplikation eine etwas größere – mit der irrtümlichen Division bei der Multiplikation vergleichbare – Rolle (vgl. auch Brueckner [15] und Tirosh [186]).

8.7.3 Bruch durch natürliche Zahl/Natürliche Zahl durch Bruch

Auch bei der Division ist der *kombinierte* Fall (Bruch und natürliche Zahl) für die Schülerinnen und Schüler deutlich *fehlerträchtiger* und – wie die gehäuften Auslassungen erkennen lassen – *schwerer* als der Fall „Bruch durch Bruch". Trotz *deutlicher* Unterschiede unter *inhaltlichen* Gesichtspunkten liegt die Fehlerquote in den *beiden* Fällen „Bruch durch natürliche Zahl" und „Natürliche Zahl durch Bruch" faktisch *gleich hoch*. Entscheidend ist auch hier wiederum die *syntaktische* Ebene, denn hier sind die beiden Fälle *gleich* schwer. Während sich nämlich im Fall „Bruch durch natürliche Zahl" an die schwierige Inversenbildung der natürlichen Zahl nur noch die Anwendung der leichten Multiplikationsregel anschließt, muss im Fall „Natürliche Zahl durch Bruch" nach der leichteren – da viel öfter geübten! – Inversenbildung des Bruches anschließend die syntaktisch deutlich schwierigere Aufgabe der Multiplikation eines Bruches mit einer natürlichen Zahl gelöst werden (vgl. Abschn. 7.3).

Zwei charakteristische *Hauptfehlerstrategien* sind im Fall **Bruch durch natürliche Zahl** zu beobachten: So *multiplizieren* 10 % aller Lernenden in praktisch allen untersuchten Klassen bei diesem Aufgabentyp *systematisch*, statt zu dividieren, vermutlich durch Probleme bei der Kehrwertbildung natürlicher Zahlen („geht nicht") bedingt, während zusätzlich 6 % *systematisch* rechnen: $\frac{a}{b} : n = \frac{a \cdot n}{b \cdot n}$ („erweitern"), vermutlich – wie auch in Abschn. 7.7 – als Folge von Schwierigkeiten mit der Einbettung der natürlichen Zahlen in die Menge der Bruchzahlen. Daneben ist die Bildung des Kehrwertes des 1. Bruches mit anschließender Multiplikation als Fehler nur von untergeordneter Bedeutung.

Im Fall **Natürliche Zahl durch Bruch** sind folgende charakteristische *Fehlerstrategien* (nach der Häufigkeit angeordnet) zu beobachten:

- Ein fehlerhafter Transfer von der Multiplikation (Beispiel: $2 : \frac{2}{3} = \frac{2 \cdot 2}{3} = \frac{1}{3}$) bzw. die implizite Benutzung einer Art Kommutativgesetz,
- Einbettungsprobleme ($n = \frac{n}{n}$) mit entsprechenden Fehlerstrategien („Erweitern"),
- Multiplikation (ohne Kehrwertbildung),
- Kehrwertfehler.

Die erstmals größere Anzahl *verschiedener*, häufiger vorkommender Fehlertypen bei diesem Fall fällt auf. Eine *Verbreiterung* der Untersuchungsbasis ist bei diesem Aufgabentyp allerdings wünschenswert, da Padberg hierzu nur zwei besonders einfache Aufgaben, nämlich $2 : \frac{2}{3}$ und $1 : \frac{1}{5}$, bei seiner Untersuchung zugrunde legen konnte. Obwohl beide Aufgaben sehr einfach ohne formale Rechnung im Sinne des *Messens* lösbar sind, wird dieser Weg von den Schülerinnen und Schülern nur selten beschritten.

8.7.4   Natürliche Zahl durch natürliche Zahl

Die hier untersuchten Aufgaben wie z. B. 4 : 5 können gelöst werden u. a. durch Rückgriff auf die *Grundvorstellung* von Brüchen als **Anteil mehrerer Ganzer** (vgl. Abschn. 3.2). Die Ergebnisse offenbaren starke *Defizite* der Schülerinnen und Schüler hinsichtlich dieser anschaulichen Vorstellung. Trotz der Wahl des Divisors 5 in den Aufgaben – und der damit verbundenen leichten Ausweichmöglichkeit auf *Dezimalbrüche* – lösen im Durchschnitt nur gut 40 % der Schülerinnen und Schüler die entsprechenden Aufgaben richtig (und zwar 25 % mit Bruch- und gut 15 % mit Dezimalbruchnotation). An der sehr hohen Quote von *Auslassungen* – der höchsten überhaupt bei allen Rechenoperationen – wird die *große Unsicherheit* der Schülerinnen und Schüler bezüglich dieser Aufgaben sichtbar. Die (schwachen) Befunde decken sich im Übrigen mit Ergebnissen einer breiten empirischen Untersuchung von Hart [49] in England, wo in der vergleichbaren Altersgruppe nur 30 % bis 35 % der Schülerinnen und Schüler die Aufgabe 3 : 5 richtig lösen konnten.

Einige Schülerinnen und Schüler weichen in unserer Untersuchung von einer für sie unlösbaren Aufgabe wie z. B. 4 : 5 systematisch auf die – für sie lösbare – „**umgekehrte**" **Aufgabe** 5 : 4 aus. Andere straucheln bei der Einbettung der natürlichen Zahlen in die Bruchzahlen und rechnen systematisch z. B. $4 : 5 = \frac{4}{4} : \frac{5}{5} = \frac{4 \cdot 5}{4 \cdot 5}$.

Die Probleme bei der Division natürlicher Zahlen wie z. B. 4 : 5 werden verschärft durch die sogenannte *KDG-Fehlvorstellung* („Man kann eine kleinere Zahl nicht durch eine größere Zahl dividieren."). Sie bewirkt vermutlich häufiger die obige Ausweichstrategie zur Aufgabe 5 : 4. Eine sehr gründliche Darstellung des Forschungsstandes zur KDG-Fehlvorstellung findet man bei Thiemann ([185], S. 3 ff.).

Die Hinzufügung einer **Größeneinheit** bei der ersten Zahl, also z. B. der Übergang von 2 : 5 zu 2 *m* : 5, reduziert deutlich die Zahl der Auslassungen und erhöht die Richtigkeitsquote im Durchschnitt um gut 10 %, vor allem bedingt durch den *zusätzlichen*, leichteren Rechenweg im Bereich der natürlichen Zahlen durch Übergang zu kleineren Maßeinheiten (Beispiel: 2 m : 5 = 200 cm : 5 = 40 cm).

8.7.5   Grundvorstellungsumbrüche bei der Division

Lernende verbinden schon seit dem zweiten Grundschuljahr mit der **Division natürlicher Zahlen** eine Reihe charakteristischer, bis zur Klasse 6 tief eingeprägter Eigenschaften:

- Die beiden dominanten Grundvorstellungen bei der Division sind das *Aufteilen* und *Verteilen* (vgl. Padberg/Benz [127], S. 153 ff.). Ersteres wird im geometrischen Kontext auch *Messen* genannt. Die Deutungen der Division als Umkehroperation und als wiederholte Subtraktion spielen während der Grundschulzeit nur eine untergeordnete, ergänzende Rolle.
- Jede lösbare Aufgabe können wir gleichzeitig anschaulich sowohl im Sinne des *Verteilens* als auch im Sinne des *Aufteilens* deuten.

- Das Dividieren ist nur *sehr eingeschränkt* möglich, oft bleibt ein Rest (Beispiel 5 : 2).
- Eine *kleinere* Zahl lässt sich *nie* durch eine *größere* Zahl dividieren (Beispiel 2 : 5).
- Dividieren (außer durch 1) *verkleinert stets*. Die deckungsgleiche umgangssprachliche Bedeutung des Wortes Teilen verstärkt diese Deutung.

Es leuchtet daher unmittelbar ein, dass die Lernenden die vorstehenden Charakteristika der Division ganz intuitiv auch beim Dividieren von Brüchen für völlig selbstverständlich halten. Umso größer ist die Überraschung (oder der Schock), dass dies so keineswegs zutrifft. Vielmehr gilt bei der **Division von Brüchen**:

- Die schon seit Langem gut beherrschte *Grundvorstellung des* **Verteilens** ist bei so einfachen Divisionsaufgaben wie $\frac{1}{2} : \frac{1}{4}$ *nicht* mehr tragfähig. Sie kann sogar nur bei *wenigen speziellen* Divisionsaufgaben eingesetzt werden, nämlich bei den Aufgaben vom Typ *Bruch durch natürliche Zahl*.
- Auch die zweite Grundvorstellung des **Aufteilens oder Messens** ist bei der Division von Brüchen nur *stark eingeschränkt* einsetzbar. Nur in den wenigen Fällen, in denen der Dividend ein ganzzahliges Vielfaches des Divisors (oder der Quotient eine einfache gemischte Zahl wie $2\frac{1}{2}$) ist, können wir auf sie *problemlos* zurückgreifen. In allen anderen Fällen werden mit dieser Grundvorstellung keine *wirklich anschaulichen* Vorstellungen verbunden. Dies gilt ganz besonders, wenn der Dividend *kleiner* ist als der Divisor (Beispiel $\frac{3}{7} : \frac{5}{8}$).
- Die beiden vorstehend genannten Punkte haben natürlich zur Folge, dass wir Divisionsaufgaben mit Brüchen *nicht* gleichzeitig sowohl im Sinne des Verteilens als auch des Aufteilens deuten können.
- Das Dividieren durch *beliebige* natürliche Zahlen und Brüche (ungleich 0) ist *uneingeschränkt* möglich.
- *Kleinere* Zahlen können wir *uneingeschränkt* durch *größere* Zahlen dividieren.
- Divisionen (außer durch 1) wirken *teils verkleinernd* und *teils vergrößernd*.

Es leuchtet ein, dass die Lernenden – auf sich allein gestellt – mit diesen **vielen heftigen Umbrüchen** große Probleme haben. Hieraus resultieren daher leicht *sehr hartnäckige* Fehlvorstellungen (Dividieren verkleinert stets – auch bei Brüchen; man darf auch bei den Brüchen keine kleinere Zahl durch eine größere Zahl dividieren). Diese sind selbst noch bei Lehramtsstudierenden(!) nachweisbar (vgl. Thiemann ([185], S. 2 ff.).

8.7.6   Division von Brüchen und praktische Anwendungen

Die Division von Brüchen bzw. die Division durch Brüche spielt bei praktischen Anwendungen in zwei Ausprägungen eine Rolle, nämlich in Form des *Messens* sowie des *Verteilens* (vgl. Abschn. 8.1 und Padberg/Benz [127]).

Während in einer gegebenen Sachsituation die rechnerische Realisation des *Verteilens* durch eine Divisionsaufgabe naheliegt, trifft dies für das **Messen** *nicht* in demselben Umfang zu. Der Zusammenhang zwischen Messen und Dividieren ist jedoch wesentlich *mehr* Schülerinnen und Schülern bekannt als der vergleichbare Zusammenhang zwischen Anteil-von-Anteil-Situationen und Multiplikation. So ordnet bei einer Untersuchung von Padberg knapp die Hälfte der Schülerinnen und Schüler einer konkret gegebenen Messsituation (vgl. Padberg [117]) richtig die zugehörige Divisionsaufgabe zu, ein Prozentsatz, der durch das bewusste Ansprechen des Messens im Zusammenhang mit der Division – dies erfolgt nur in wenigen der untersuchten Klassen! – sicher noch gesteigert werden könnte. Hilfreich ist hierbei die *Analogie* des Messens im Bereich der natürlichen Zahlen und der Brüche.

Bei der Lösung einer **Sachaufgabe zur Division** kann es passieren, dass die Schülerinnen und Schüler *höhere*, aber auch *niedrigere* Richtigkeitsquoten erzielen als bei der zugehörigen *reinen Rechenaufgabe*. Die Schülerinnen und Schüler erzielen bei einer gegebenen Sachaufgabe insbesondere dann *höhere* Richtigkeitsquoten, wenn die Sachsituation oder dort benutzte Veranschaulichungshilfen *zusätzliche*, sehr einfache Rechenstrategien wie z. B. das Abzählen oder die wiederholte Addition bzw. Subtraktion nahelegen, die bei der reinen Rechenaufgabe von den Schülerinnen und Schülern *nicht* gesehen bzw. angewandt werden (für Beispiele vgl. Padberg [117]). *Fehlen* dagegen diese Hilfen, so liegt im Regelfall die Richtigkeitsquote bei Sachaufgaben *niedriger*, einfach deswegen, weil die jetzt erforderliche *Übersetzung* des Aufgabentextes in die zugehörige Rechenaufgabe den Schülerinnen und Schülern *zusätzliche* Schwierigkeiten und Fehlermöglichkeiten beschert.

Im Zusammenhang mit praktischen Anwendungen der Division sollte man daher bei der Auswahl von Sachsituationen bewusst darauf achten, dass die ausgewählten Situationen zusätzliche (anschauliche) Lösungsstrategien nahelegen, um so die Schülerinnen und Schüler *flexibler* in ihrem oft sehr rigiden Lösungsverhalten zu machen und so zu einer Steigerung der mathematischen Kompetenz des *Modellierens* im Sinne der Bildungsstandards [86] beizutragen.

8.7.7 Regelformulierung und Begründung

Die Beobachtungen decken sich weitgehend mit den Ausführungen zur Multiplikation. Die Regel wird wegen ihres *größeren* Schwierigkeitsgrades allerdings *seltener* richtig formuliert, eine (auch nur annähernd richtige) beispielgebundene Begründung der Divisionsregel schafft auch hier *kein* Lernender.

8.8   Prävention und Intervention

Wie wir in Abschn. 8.7.5 detailliert gesehen haben, gibt es bei der Division **starke Grundvorstellungsumbrüche** beim Übergang von den natürlichen Zahlen zu den Brüchen. Diese müssen im Unterricht gründich thematisiert werden.

Eine gründliche Erarbeitung der *beiden* Grundvorstellungen bei der Division durch Brüche (und ihrer Grenzen!) ist unbedingt erforderlich. Hilfreich sind hierbei Aufgaben- und Fragestellungen wie (vgl. Thiemann [185], S. 4 f.):

- **Einbettung** der Rechenaufgaben in **sinnvolle Sachkontexte**; Lösung der Aufgaben auf dieser Grundlage.
- **Reflexion von Lösungen**
  Entspricht dieses Ergebnis den Erwartungen? Bin ich überrascht? Warum ggf.? (Vgl. auch Prediger [142], S. 13.) Wir stellen hier *exemplarisch drei Aufgabenformate* vor, die diese Reflexion anstoßen können:
  a) Marie hat $8 : \frac{1}{4}$ gerechnet und 32 als Ergebnis erhalten. Sie wundert sich: „Das Ergebnis ist größer als 8, obwohl ich geteilt habe. Ich muss mich also verrechnet haben." Erkläre, warum Marie falsch gedacht hat.
  b) Nach einer gut dosierten Mischung aus richtig und fehlerhaft gelösten Aufgaben unter Berücksichtigung der wichtigsten Fehlerstrategien werden folgende Fragen gestellt: „Was hat Tim sich bei dieser Lösung gedacht? Warum hat Tim so gerechnet? Löse die fehlerhaften Aufgaben."
  c) Das folgende Beispiel stammt aus dem Schulbuch *Mathematik heute* 7:

Was meinst du dazu?

© *Mathematik heute* 7 [S14], S. 46, Nr. 8

- **Schätzung der Größenordnung** des Ergebnisses vor der Rechnung
- **Metaüberlegungen bei Lösungen**
  Was hat sich der betreffende Schüler gedacht? Wie kann man seine Lösung erklären?

Wie schon bei den übrigen Rechenoperationen können wir auch bei der Division eine starke *Häufung* der Schülerfehler bei jeweils nur einigen **wenigen Fehlerstrategien** feststellen. Daher sind *gezielte Förder- bzw. Vorbeugungsmaßnahmen* Erfolg versprechend. Folgende konkrete Maßnahmen empfehlen sich:

- Ein **stärkerer Rückgriff auf die anschaulichen Grundvorstellungen** (Messen, Verteilen) der Division bei der Lösung von einfachen Aufgaben wie $\frac{4}{5} : 2$, $1 : \frac{1}{5}$ oder $\frac{4}{5} : \frac{2}{5}$, besonders ausgiebig *vor* der Regelformulierung, aber bewusst auch noch später, um die Schülerinnen und Schüler flexibler zu machen und ein stures, rein schematisches Aufgabenlösen (etwas) zu verhindern.
- Eine breitere, anschauliche Einübung und Behandlung der Vorstellung eines Bruches als **Anteil mehrerer Ganzer**
- Geschickte und anschauliche Verdeutlichung des Unterschieds zwischen **Kürzen und Teilen** eines Bruches, um so wechselseitige Verwechslungen zu verhindern:

  a)

Erläutere den Unterschied zwischen Kürzen und Teilen eines Bruches an den Bespielen. Berechne jeweils auch das Ergebnis.

① Kürze $\frac{4}{10}$ durch 2:   ② Teile $\frac{4}{10}$ durch 2:

© *Fundamente der Mathematik* 6 [S9], S. 103, 6b

  b) Erkläre mit eigenen Worten, warum das Kürzen des Bruches $\frac{9}{30}$ durch 3 sich grundlegend unterscheidet von der Division durch 3.
  c) Dividiere durch 2 und kürze durch 2. Vergleiche! Erkläre die unterschiedlichen Ergebnisse bei den Brüchen $\frac{4}{6}$, $\frac{6}{8}$ und $\frac{8}{10}$.
- Ein **gezieltes Kontrastieren** von Aufgaben zur Addition und Division (spezieller) gleichnamiger Brüche, um so bei den Schülerinnen und Schülern mehr Widerstand gegen den naheliegenden fehlerhaften Transfer zu D1 aufzubauen.
- Ein **bewusstes Gegenüberstellen** von Multiplikations- und Divisionsaufgaben im allgemeinen Fall, aber insbesonere auch im Fall *Bruch durch natürliche Zahl.*
- Eine sorgfältige Behandlung des fehlerträchtigen Falls **Bruch durch natürliche Zahl:** Neben anschaulichen Lösungen mithilfe des quasikardinalen Aspektes auf der Grundlage des Verteilens (*ohne* Regelformulierung) sollte in diesem Fall auch die Einbettung der natürlichen Zahlen in die Bruchzahlen bewusst angesprochen werden.

Bei der Division von Brüchen stoßen wir oft auf Aufgaben (Beispiel $\frac{3}{7} : \frac{5}{8}$), für die – wie gesehen – *keine sinnvollen* anschaulichen Vorstellungen existieren. „Diese Division kann daher nur als eine formale Rechnung betrachtet werden, die nach bestimmten Regeln ausgeführt werden kann. Grundvorstellungen haben ihre Grenzen, das Formale trägt weiter als sie." (Malle [103], S. 8) Derartige Aufgaben bilden daher einen guten Anlass, den Bereich der anschaulichen Vorstellungen zu überschreiten und zu Rechenregeln vorzustoßen.

8.9   Vertiefung

Im Folgenden stellen wir zum Abschluss dieses Abschnittes exemplarisch einige *Aufgaben* vor, die zu einer weiteren Vertiefung der Behandlung der Division von Brüchen beitragen können.

- **Größer oder kleiner?**

  Gegeben sind die beiden Brüche $\frac{3}{4}$ und $\frac{2}{5}$.

  a) Was ist kleiner: der Quotient oder das Produkt der beiden Brüche?

  b) Was ist kleiner: der Quotient oder die Differenz der beiden Brüche?

  c) Was ist größer: die Summe oder der Quotient der beiden Brüche?

  Begründe deine Antwort anschaulich *ohne* Berechnung. Überprüfe erst anschließend deine Antwort durch Rechnung.

- **Richtig oder falsch?**

  Welche Aufgaben sind richtig, welche falsch gelöst? Berichtige die Fehler. Kannst du etwas zu ihren Ursachen sagen?

  a) $2\frac{1}{2} : \frac{1}{4} = \frac{5}{8}$

  b) $\frac{5}{8} : \frac{2}{7} = \frac{5}{28}$

  c) $\frac{1}{3} : \frac{1}{3} = 1$

  d) $0 : \frac{1}{2} = \frac{1}{2}$

  e) $\frac{3}{4} : \frac{5}{7} = \frac{21}{20}$

  f) $\frac{3}{4} : \frac{1}{2} = \frac{2}{3}$

- **Zahlen einsetzen**

  a) Die Kärtchen sollen in die Felder eingefügt werden. Gibt es mehrere Möglichkeiten?

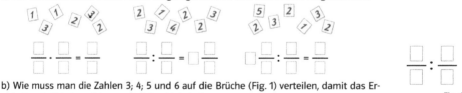

  b) Wie muss man die Zahlen 3; 4; 5 und 6 auf die Brüche (Fig. 1) verteilen, damit das Ergebnis möglichst groß bzw. möglichst klein ist?

  Fig. 1

  © *Lambacher Schweizer* 6 [S10], S. 139, Nr. 12

- **Dividend, Divisor, Quotient**

  Nenne Divisionsaufgaben, bei denen gilt:

  a) Der Quotient ist größer als der Dividend.

  b) Der Quotient liegt zwischen dem Dividend und dem Divisor.

  c) Der Quotient ist kleiner als Dividend und Divisor.

  d) Der Quotient ist größer als Dividend und Divisor.

- **Veränderung des Ergebnisses I**

  Was passiert mit dem Ergebnis der Divisionsaufgabe $\frac{a}{b} : \frac{c}{d}$, wenn wir

  a) a verdoppeln (verdreifachen)?

  b) b verdoppeln (verdreifachen)?

  c) c verdoppeln (verdreifachen)?

  d) d verdoppeln (verdreifachen)?

  e) a und b verdoppeln (verdreifachen)?

  f) c und d verdoppeln (verdreifachen)?

  g) a, b, c und d verdoppeln (verdreifachen)?

  h) a und d verdoppeln (verdreifachen)?

  i) b und c verdoppeln (verdreifachen)?

- **Veränderung des Ergebnisses II**

  Was passiert mit dem Ergebnis der Divisionsaufgabe $\frac{a}{b} : \frac{c}{d}$, wenn

  a) a größer (kleiner) wird?

  b) b größer (kleiner) wird?

  c) a und b beide größer (kleiner) werden?

  d) c kleiner (größer) wird?

  e) d kleiner (größer) wird?

  f) a größer (kleiner) und b kleiner (größer) wird?

  g) c größer (kleiner) und d kleiner (größer) wird?

  Entscheide bei jeder Aufgabe, ob das Ergebnis größer oder kleiner wird, unverändert bleibt oder ob keine Aussage gemacht werden kann.

- **Distributivgesetz**

  Du kennst das Distributivgesetz für Brüche bezüglich der Addition und Multiplikation. Gilt auch ein entsprechendes Distributivgesetz für Brüche bezüglich der Addition und Division? Formuliere zunächst deine Vermutung, und begründe sie anschließend durch ein Gegenbeispiel bzw. durch Rückgriff auf die Division von Brüchen und das dir vertraute Distributivgesetz bezüglich der Addition und Multiplikation.

- **Division durch Null**

  Wir haben bislang noch die Fälle ausgeklammert, dass in einer Divisionsaufgabe der *Dividend* oder der *Divisor Null* ist. Durch Rückgriff auf den Zusammenhang zwischen Multiplikation und Division lassen sich diese Fälle leicht erklären:

  - **Fall 1:**

    Nur der *Dividend* ist Null.

    Beispiel: $0 : \frac{1}{2}$. Die zugehörige multiplikative Gleichung $x \cdot \frac{1}{2} = 0$ hat – wenn wir die Menge aller Brüche einschließlich Null als Grundmenge nehmen – die Lösungsmenge $L = \{0\}$. Die Divisionsaufgabe ist also *eindeutig* lösbar, daher gilt: $0 : \frac{1}{2} = 0$.

– **Fall 2:**

Nur der *Divisor* ist Null.

Beispiel: $\frac{1}{2} : 0$. Die zugehörige multiplikative Gleichung $x \cdot 0 = \frac{1}{2}$ ist *unlösbar*. Wir können also in diesem Fall eine Division durch Null *nicht* sinnvoll erklären.

– **Fall 3:**

Dividend und *Divisor* sind Null.

Die zu $0 : 0$ gehörige multiplikative Gleichung ist $x \cdot 0 = 0$. Sie ist *allgemeingültig*. Wir können $0 : 0$ daher wegen fehlender Eindeutigkeit *nicht* sinnvoll erklären.

- **Doppelbrüche**

Wir haben schon im Abschn. 8.5 gezeigt, dass für alle $m, n \in \mathbb{N}$ gilt: $m : n = \frac{m}{n}$. Bei *natürlichen Zahlen* m, n sind also der Doppelpunkt (als Divisionszeichen) und der Bruchstrich wechselweise austauschbar. Übertragen wir dies auch auf *Brüche*, so können wir folgendermaßen *Doppelbrüche* einführen:

$$\frac{\frac{m}{n}}{\frac{p}{q}} := \frac{m}{n} : \frac{p}{q}$$

Wir lassen auch zu, dass im „Zähler" oder „Nenner" eines Doppelbruches Summen, Differenzen, Produkte oder Quotienten von Brüchen stehen. Das Beispiel $\frac{\frac{2}{3}+\frac{4}{5}}{\frac{6}{7}\cdot\frac{8}{9}}$ zeigt, wie Doppelbrüche komplizierter aufgebaute Ausdrücke vereinfachen bzw. übersichtlicher strukturieren. Das Stoffgebiet *Doppelbrüche* eignet sich gut für *Differenzierungsmaßnahmen*; denn eine Behandlung komplizierterer Doppelbrüche ist als Vorbereitung für entsprechende Termumformungen in der *Algebra* sinnvoll, jedoch unter dem Gesichtspunkt *praktischer Anwendungen* der Bruchrechnung überflüssig.

Brüche und natürliche Zahlen – viele Gemeinsamkeiten, aber auch starke Umbrüche in den Grundvorstellungen

9

Zusammenfassend stellen wir hier die *wichtigsten* Gemeinsamkeiten, aber auch Umbrüche bei den Grundvorstellungen noch einmal gebündelt zusammen (vgl. auch Abschn. 3.9). Wir beginnen mit den **Gemeinsamkeiten**.

Sowohl bei den natürlichen Zahlen als auch bei den Brüchen können wir die **Kleinerrelation** am *Zahlenstrahl* durch die Beziehung „liegt links von" veranschaulichen. Die Relation ist in beiden Zahlbereichen transitiv, und es gilt auch jeweils die Trichotomie, d. h., für zwei gegebene Zahlen a, b gilt stets entweder $a < b$ oder $b < a$ oder $a = b$ (vgl. Padberg et al. [131], S. 72). Natürliche Zahlen und Brüche sind bezüglich der **Addition** und **Multiplikation** abgeschlossen, und es gelten jeweils Kommutativ- und Assoziativgesetze sowie das Distributivgesetz. Bei den natürlichen Zahlen wie bei den Brüchen kann die **Subtraktion** wie die **Division** einheitlich als Umkehroperation der Addition bzw. Multiplikation eingeführt werden. Beide Zahlbereiche sind bezüglich der Subtraktion und Division weder kommutativ noch assoziativ.

Bei **Ungleichungen** darf man in beiden Zahlbereichen auf beiden Seiten stets dieselbe Zahl addieren sowie beide Seiten mit derselben Zahl (ungleich Null) multiplizieren. Ungleichungen dürfen ferner seitenweise addiert und multipliziert werden (Monotoniegesetze bzgl. der Addition und Multiplikation; vgl. Padberg et al. [131], S. 76, 84). Der Vergleich der natürlichen Zahlen und der Bruchzahlen hinsichtlich ihrer „*Anzahl*" (**Mächtigkeit**) führt schließlich noch zu einer weiteren überraschenden Gemeinsamkeit. *Entgegen* dem ersten Anschein stimmt die „Anzahl" in beiden Zahlenmengen überein, genauer formuliert: Beide Zahlenmengen sind *gleichmächtig* (vgl. Abschn. 5.7).

Neben vielen Gemeinsamkeiten gibt es aber auch **deutliche Unterschiede** zwischen natürlichen Zahlen und Brüchen – ein Punkt, der zu heftigen Irritationen und Fehlvorstellungen bei den Schülern führen kann. Die natürlichen Zahlen besitzen viele verschiedene Gesichter (**Zahlaspekte**). Dies trifft zwar insgesamt auch für die Bruchzahlen zu, allerdings gibt es hier sehr starke Umbrüche: Nur wenige Zahlaspekte bleiben nämlich (fast) unverändert erhalten. Andere werden dagegen stark modifiziert oder verschwinden völlig.

© Springer-Verlag GmbH Deutschland 2017
F. Padberg, S. Wartha, *Didaktik der Bruchrechnung*,
Mathematik Primarstufe und Sekundarstufe I + II, DOI 10.1007/978-3-662-52969-0_9

Und es tauchen sogar vollständig neue Zahlaspekte bei den Bruchzahlen erstmalig auf (für Details vgl. Abschn. 3.9).

Aber auch bei der **Zahldarstellung** gibt es starke Veränderungen. So ist die *Notation* der natürlichen Zahlen im Wesentlichen eindeutig, während die Bruchzahlen in Form jeweils aller äquivalenten Brüche *viele verschiedene Darstellungen* besitzen, die auch beim Rechnen – etwa wegen des erforderlichen Gleichnamigmachens – effektiv benutzt werden. Jede natürliche Zahl besitzt ferner genau einen **Nachfolger** und auch – bis auf die Zahl 1 – genau einen **Vorgänger**, dagegen trifft dies für die Brüche nicht zu. Es gilt sogar: *Kein* Bruch besitzt einen unmittelbaren Vorgänger oder Nachfolger. Dies hängt damit zusammen, dass die Brüche **dicht** liegen, d. h. dass zwischen zwei verschiedenen Brüchen jeweils *unendlich* viele Brüche liegen. Zwischen zwei verschiedenen natürlichen Zahlen liegen dagegen stets nur *endlich* viele natürliche Zahlen (oder keine). Die natürlichen Zahlen besitzen ferner *kein* größtes, jedoch ein *kleinstes* Element, während es bei den (positiven) Brüchen *weder* einen größten *noch* einen kleinsten Bruch gibt.

Bei den *Rechenoperationen* sind die **Umbrüche in den Grundvorstellungen** bei der **Addition** und **Subtraktion** nur relativ gering, ganz anders sieht es dagegen bei der Multiplikation und Division aus. Die zentrale Grundvorstellung der **Multiplikation** in $\mathbb{N}$ ist die Vorstellung der wiederholten Addition gleicher Summanden (Beispiel: $3 \cdot 5 = 5 + 5 + 5$) oder der Mengenvereinigung. Diese Grundvorstellung ist bei der Multiplikation von Bruchzahlen nur noch in einem Sonderfall verwendbar, nämlich im Fall „Natürliche Zahl mal Bruch". In allen anderen Fällen erfolgt ein heftiger Umbruch in den Grundvorstellungen, beispielsweise hin zur Deutung als „Anteil vom Anteil" (vgl. Abschn. 7.5.1). Als Konsequenz hiervon gilt aber plötzlich eine zentrale Gewissheit aus $\mathbb{N}$ *nicht* mehr, dass nämlich Multiplizieren (außer mit 0 und 1) *stets* vergrößert. Bei den Bruchzahlen kann das Ergebnis der Multiplikation zweier Brüche sowohl größer als auch kleiner als die beiden Faktoren sein. Oder es kann auch von der Größe her zwischen diesen beiden Faktoren liegen (für weitere Gesichtspunkte vgl. Abschn. 7.7.1). Noch vielfältiger und folgenreicher sind die Umbrüche in den Grundvorstellungen beim **Dividieren**, auf die wir gerade sehr gründlich eingegangen sind (für Details vgl. Abschn. 8.7.5). Insgesamt bereitet diese Auflösung der über viele Jahre vertrauten Eigenschaften der natürlichen Zahlen den Schülern vielfältige Schwierigkeiten, ganz besonders bei Sachaufgaben.

Zum Abschluss dieses Abschnittes werfen wir noch einen vergleichenden Blick auf die **natürlichen Zahlen** n und die **speziellen Bruchzahlen** $\frac{n}{1}$ (mit $n \in \mathbb{N}$; vgl. auch Abschn. 3.8). Offensichtlich gibt es hier von den Grundvorstellungen her deutliche *Unterschiede*. Die natürlichen Zahlen können als Klassen gleichmächtiger Mengen, die Bruchzahlen allgemein – und damit auch speziell die Bruchzahlen $\frac{n}{1}$ – als Klassen äquivalenter Brüche charakterisiert werden (vgl. Padberg et al. [131], S. 66–68). Aber nicht nur auf dieser **Begriffsebene** gibt es deutliche Unterschiede, sondern beispielsweise auch bei der Antwort auf die Frage nach dem **Vorgänger** oder **Nachfolger** einer gegebenen Zahl. So hat beispielsweise die natürliche Zahl 3 den Vorgänger 2 und den Nachfolger 4, während $\frac{3}{1}$ im Bereich der Bruchzahlen weder einen Vorgänger noch einen Nachfolger besitzt.

Betrachten wir dagegen die Position der Bruchzahlen $\frac{n}{1}$ und der natürlichen Zahlen n auf dem **Zahlenstrahl**, so erkennen wir sehr starke *Gemeinsamkeiten*. n und $\frac{n}{1}$ wird jeweils derselbe Punkt auf dem *Zahlenstrahl* zugeordnet. Aber auch bei einem Vergleich der *algebraischen* sowie der *Ordnungsstruktur* beider Zahlenmengen gibt es sehr starke Entsprechungen zwischen den Bruchzahlen $\frac{n}{1}$ und den natürlichen Zahlen n. Unter diesem Blickwinkel unterscheiden sich die beiden Zahlenmengen nur *unwesentlich*, nämlich hauptsächlich in der Schreibweise. Beide Zahlenmengen sind in dieser Hinsicht von **gleicher Struktur** oder – exakter formuliert – zueinander *isomorph* (vgl. Padberg et al. [131], S. 86–88). Wegen dieser strukturellen Entsprechung bezüglich der Rechenoperationen und der Kleinerrelation können wir die natürlichen Zahlen n mit den entsprechenden Bruchzahlen $\frac{n}{1}$ **identifizieren**. In diesem Sinne bilden die natürlichen Zahlen eine *Teilmenge* der Menge der Bruchzahlen bzw. bilden die Bruchzahlen eine *Erweiterung* der natürlichen Zahlen. Wegen dieser Identifizierung ist jetzt auch jede Division natürlicher Zahlen in der umfassenden Menge der Bruchzahlen durchführbar.

Resümee Brüche

10

10.1   Vorkenntnisse über Brüche überraschend gering

Die Vorkenntnisse über Brüche sind bei Schülerinnen und Schülern selbst noch unmittelbar vor der gezielten Thematisierung im Unterricht überraschend gering. Die Grundvorstellung von Brüchen als **Anteil** kann von den meisten Schülerinnen und Schülern selbst im einfachen Sonderfall von **Stammbrüchen** wie $\frac{1}{3}$ und $\frac{1}{4}$ – wegen des häufigen Einsatzes im alltäglichen Gebrauch ist $\frac{1}{2}$ eine Ausnahme – nicht aktiviert werden. Dies gilt erst recht für **Nicht-Stammbrüche**, auch im leichtesten Fall $\frac{3}{4}$. Die Fertigkeit, **Bruchsymbole lesen** zu können, ist kein Indiz dafür, dass anschauliche Bruchvorstellungen oder gar die Grundvorstellung von Brüchen als Anteil schon in nennenswertem Umfang vorhanden sind. Entsprechend werden Zusammenhänge zwischen der Zahlenwelt ($\frac{3}{4}$) und der Bilderwelt ($\frac{3}{4}$ Pizza) zu diesem Zeitpunkt von den weitaus meisten Schülerinnen und Schülern kaum gesehen.

10.2   Gründliche Fundierung des Bruchbegriffs erforderlich

Zu Beginn der Bruchrechnung muss daher zunächst eine anschauliche und vielseitige Grundlegung des komplexen Bruchbegriffs erfolgen. Hierbei ist hilfreich, dass sich die Bruchrechnung mittlerweile in vielen Bundesländern auf **zwei Schuljahre** verteilt. So können in Klasse 5 Bruchbegriff und einfache Rechenoperationen ohne Regelformulierung erarbeitet werden – zeitlich getrennt von der stärker systematischen Bruchrechnung in Klasse 6. Hier muss natürlich für Verknüpfungen und Vernetzungen gesorgt werden.

Brüche werden in sehr unterschiedlichen Situationen und Kontexten verwendet. Aus der Menge dieser vielen Bruchaspekte lassen sich **zwei Grundvorstellungen** herausfiltern (Bruch als Anteil, Bruch als Operator). Hierbei spielt die Operator-Grundvorstellung im Wesentlichen nur im Zusammenhang mit der *Multiplikation* eine Rolle, während die

© Springer-Verlag GmbH Deutschland 2017
F. Padberg, S. Wartha, *Didaktik der Bruchrechnung*,
Mathematik Primarstufe und Sekundarstufe I + II, DOI 10.1007/978-3-662-52969-0_10

Anteil-Grundvorstellung sehr eng mit praktisch *allen* Bruchaspekten vernetzt ist und daher die *zentrale* Rolle spielt.

Brüche als **Anteile** wirklich zu verstehen, ist eine echte Herausforderung. Hierzu müssen nämlich **mehrere** Komponenten *gleichzeitig* im Blick behalten werden, denn die drei Komponenten **Anteil, Ganzes** und **Teil** hängen untrennbar miteinander zusammen. Daher sind zur Erarbeitung dieser Grundvorstellung drei verschiedene Grundaufgaben, bei denen jeweils zwei Komponenten gegeben sind und die dritte gesucht wird, zentral. Ferner haben die Brüche sehr **viele verschiedene Schreibweisen und Darstellungsarten** (Repräsentationen). Zur Entwicklung eines tragfähigen Bruchbegriffs muss ferner die Einsicht gewonnen werden, dass Brüche unabhängig sind von der **Form** (Rechteck, Kreis, . . .) und auch von der **Größe** (beispielsweise eines Rechtecks). Für die Sekundarstufe innovative Ansätze wie Bruchalben oder Stationenlernen können ergänzend helfen, das Bruchverständnis mit verschiedenen Sinnen und durch variationsreiche Handlungen zu festigen und zu üben.

Der Übergang von den Brüchen zu den **Bruchzahlen** erfolgt mithilfe des Zahlenstrahls. So lässt sich gleichzeitig die Einbettung der natürlichen Zahlen in die Menge der Bruchzahlen leicht und anschaulich verstehen. Ein Vergleich der Gemeinsamkeiten und Unterschiede zwischen natürlichen Zahlen und Bruchzahlen ergibt starke Veränderungen gegenüber den Zahlaspekten der natürlichen Zahlen: Teils finden wir diese Zahlaspekte bei den Bruchaspekten (stark) modifiziert wieder, teils sind sie völlig verschwunden, teils gibt es bei den Brüchen ganz neue Aspekte.

Eine gründliche Fundierung des Bruchbegriffs ist nicht nur für die Bruchrechnung wichtig, sondern darüber hinaus auch für den Dezimalbruchbegriff und das Rechnen mit Dezimalbrüchen sowie für **viele Gebiete der Mathematik** in der Schule wie Wahrscheinlichkeitsrechnung, Gleichungslehre und Algebra.

10.3 Grundvorstellungen sorgfältig erarbeiten

Der sorgfältige Aufbau anschaulicher Grundvorstellungen ist ein *zentrales* Ziel des Mathematikunterrichts und bildet das *notwendige* Fundament für eine erfolgreiche Erarbeitung der Bruchrechnung. Dies gilt sowohl für den Bruchbegriff einschließlich des Erweiterns/Kürzens und des Größenvergleichs als auch für die vier Rechenoperationen. *Misslingt* der Aufbau dieser Grundvorstellungen, sind heftige Probleme mit oft *sehr hartnäckigen Fehlvorstellungen* programmiert. So entfällt nämlich nach vom Hofe/Wartha ([196], S. 596) fast die Hälfte der bei Modellierungsaufgaben auftretenden Fehler auf ungenügend entwickelte Grundvorstellungen. Aktuelle Untersuchungsergebnisse von Prediger sowie Malle/Huber belegen mit erschreckender Deutlichkeit, in welch geringem Umfang Schülerinnen und Schüler **nach** der Behandlung der Bruchrechnung beispielsweise anschauliche **Grundvorstellungen zur Multiplikation und Division aktivieren** können. So lösten nur 4 % der Lernenden die Aufgabe: „Formuliere eine Textaufgabe, die mithilfe der Gleichung $\frac{2}{3} \cdot \frac{1}{4} = \frac{2}{12}$ gelöst werden kann." Aber auch bei einer klassischen Anteil-vom-Anteil-Einstiegsaufgabe konnten umgekehrt gerade 3 % der Lernenden aus den Klassen 7 und 9 die Rechnung nennen, mit der man die Lösung erhält (Prediger [145]). Nur 2 der von Malle/Huber ([104], S. 22) untersuchten 170 Gymnasialschüler antworteten mit anschaulichen Grundvorstellungen auf die Frage: „Was stellst du dir unter $\frac{4}{5} : \frac{2}{5}$ vor?" Praktisch alle ließen die Aufgabe aus oder antworteten mit rein formalen Rechnungen ohne jegliche anschauliche Vorstellung.

Auf den Begriff der Grundvorstellung sind wir im ersten Kapitel gründlich eingegangen. **Grundvorstellungen** beziehen sich nicht auf Oberflächenmerkmale wie beispielsweise die Form des Ganzen (Rechteck, Kreis, . . .), die Größe des Ganzen (kleines Rechteck, großes Rechteck) oder die Farbe des Ganzen, sondern auf die zugrunde liegenden wesentlichen mathematischen Strukturen. Zentral sind geeignete Repräsentationen (Darstellungsmittel). Für den Aufbau von Grundvorstellungen ist ausschließliches Arbeiten mit Zahlen und Termen auf der symbolischen Ebene genau so wenig zielführend wie ausschließliches Operieren mit Bildern und Anschauungsmitteln. Wichtig ist, dass eine **feste Verbindung** zwischen den Grundvorstellungen und der symbolischen Ebene hergestellt wird. Verfügen die Lernenden über gute Grundvorstellungen, so sind sie in der Lage, bei Aufgaben variationsreiche Lösungswege zu beschreiten (vgl. beispielsweise Abschn. 8.6). Allerdings reicht eine tragfähige **Grundvorstellung alleine** oft **nicht** als Endziel aus, sofern wir die Lösungen nicht ständig eher umständlich durch Rückgriff auf die Grundvorstellung finden wollen. So ist beispielsweise die Grundvorstellung des Zusammenfügens von zwei Teilen oder des Hinzufügens eines Teils zu einem zweiten Teil bei Brüchen leicht verständlich und im Prinzip unverändert gegenüber den natürlichen Zahlen. Aber wir können so das Ergebnis zwar auf der ikonischen Ebene finden, aber es fehlt uns bei diesem Weg bislang noch das numerische Ergebnis. Die hierfür erforderliche **Strategie** ist das Finden einer gemeinsamen Unterteilung für beide Teile. Sie weicht damit von in $\mathbb{N}$ verwandten Strategien völlig ab.

Oder betrachten wir als weiteres Beispiel die Division von Brüchen durch Brüche auf der Grundlage der **Umkehroperation als Grundvorstellung**. Auch hier existiert diese Grundvorstellung im Bereich der natürlichen Zahlen, ist dort allerdings nicht eine der zentralen Grundvorstellungen. Diese Grundvorstellung ist gut verständlich, allerdings verfügen wir damit noch nicht über eine **Strategie**, wie wir **geschickt** die Lösung finden können. Eine naheliegende Strategie in diesem Fall ist die leichte, schrittweise Ableitung zu einer sehr eingängigen Zwischenregel und anschließende Überlegungen zur üblichen Divisionsregel als Kurzregel.

Bei beiden Beispielen gilt, dass die Grundvorstellung, also die **konzeptuelle Seite**, im Wesentlichen unverändert bleibt, dass sich aber bei den konkreten Strategien, also auf der **prozeduralen Seite**, starke Veränderungen ergeben.

Bei der Thematisierung der Multiplikation von Brüchen über die Anteil-vom-Anteil-Grundvorstellung ändert sich – anders als bei den beiden bisherigen Beispielen – sowohl die konzeptionelle als auch die prozedurale Seite.

Wir halten abschließend fest: **Anschauliche Grundvorstellungen** sind zur Fundierung von Begriffen und Rechenoperationen sehr wichtig, aber auch die **prozedurale Seite** dürfen wir bei der Thematisierung im Unterricht keineswegs zu kurz kommen lassen.

10.4   Mögliche Problembereiche und Hürden geschickt thematisieren

Der beste Weg, um mögliche Problembereiche und Lernhürden so klein wie möglich zu halten, ist eine sorgfältige Erarbeitung anschaulicher Grundvorstellungen (vgl. Abschn. 10.3). Dennoch gibt es – wie wir schon an vielen Stellen dieses Bandes bemerkt haben – eine Reihe von Faktoren, die trotzdem Probleme und Fehler begünstigen können. So gibt es häufiger deutliche Unterschiede zwischen unserer **Alltagssprache** und der mathematischen Fachsprache. Dies kann der Anlass für charakteristische Fehler sein (Beispiel: Kürzen, Erweitern). Oft wird auch von Lernenden eine in Sonderfällen richtige Strategie fälschlich auf den allgemeinen Fall übertragen. Diese **Übergeneralisierung** führt dann häufig zu fehlerhaften Lösungen. Nicht selten passiert es auch, dass Lernende spezielle Strategien selbst erarbeiten, die nur in Sonderfällen zu richtigen Ergebnissen führen, und am Übergang zu **verallgemeinerbaren Strategien** dann scheitern. Ohne eine gründliche und anschauliche **Erarbeitung des Bruchbegriffs** ist ferner die Gefahr groß, dass Lernende einen Bruch nicht für **eine** Zahl halten, sondern für *zwei* natürliche Zahlen, die nur durch einen Strich voneinander getrennt sind. Entsprechend werden die Zahlen dann auch beispielsweise beim Größenvergleich getrennt verglichen oder bei der Addition oder Subtraktion getrennt verarbeitet. Leicht und häufig unterlaufen Lernenden auch Fehler im Zusammenhang mit der **Einbettung der natürlichen Zahlen** in die Menge der Bruchzahlen. So wird häufig n mit $\frac{n}{n}$ gleichgesetzt.

Besonders viele Anlässe für Probleme und Lernhürden bieten **Umbrüche in den Grundvorstellungen** beim Übergang von den natürlichen Zahlen zu den Bruchzahlen. Auf diese Umbrüche sind wir schon an vielen Stellen dieses Bandes eingegangen. Allgemein muss schließlich unbedingt beachtet werden, dass **Regeln** erst **sehr spät** erarbeitet werden. Ansonsten haben nämlich semantische Informationen keinerlei Chance mehr gegenüber den knappen „Kochrezepten" der Regeln. Regeln sollen der Denkentlastung dienen, aber erst, nachdem der betreffende Sachverhalt vorher gründlich und anschaulich erarbeitet und gut verstanden wurde.

Es reicht nicht aus, potenzielle Problembereiche und Lernhürden zu identifizieren, sondern man muss auch rechtzeitig über geeignete **Gegenmaßnahmen oder vorbeugende Maßnahmen** nachdenken. Wir nennen im Folgenden exemplarisch einige mögliche und bewährte Maßnahmen:

- Für Lösungswege und Lösungen sollten häufiger **anschauliche Begründungen** an neuralgischen Stellen eingefordert werden.
- Das **Abschätzen** der Größenordnung des Ergebnisses vor der Rechnung kann helfen, viele häufige Fehler wie z. B. A1 und S1 zu entlarven und so einen positiven kognitiven Konflikt auszulösen.
- **Kognitive Konflikte** zwischen Lösungen in der Bilderwelt (z. B. Addition oder Größenvergleich im Pizza-Kontext) und der Rechenwelt können ebenfalls hilfreich dafür

sein, über zwei unterschiedliche Lösungen nachzudenken und so (hoffentlich) Fehler in der Rechenwelt zu entdecken.

- Bei sehr **leichten, aber fehlerträchtigen Aufgaben** wie $4 + \frac{2}{3}(\frac{2}{3} + 4)$ ist es sinnvoll, den kurzen Weg über die Grundvorstellung dem von Lernenden oft eingeschlagenen, fehlerträchtigen, rein formalen und darum langen „Standardweg" gegenüberzustellen und beide bewerten zu lassen.

- Nicht nur bei sehr einfachen Aufgaben, sondern auch bei gezielt ausgesuchten Aufgaben sollten die Lernenden regelmäßig in Form von **Strategiekonferenzen** ihre selbst gefundenen Lösungswege und Lösungen kritisch diskutieren, vergleichen und beurteilen.

- Gegen die häufige **fehlerhafte Einbettungsstrategie** $n = \frac{n}{n}$ können Eintragungen von Brüchen auf einem Zahlenstrahl für natürliche Zahlen hilfreich sein. So werden bei geeigneter Vorgehensweise jeweils verschiedene Bruchnamen für ausgewählte natürliche Zahlen gefunden und somit wird klar, dass $n = \frac{n}{n}$ nur für $n = 1$ richtig ist.

- In vielen Bereichen der Bruchrechnung ist das folgende **Aufgabenformat** erfolgreich und effektiv einsetzbar.
  Es werden 4 bis 6 Aufgaben mit Lösungen vorgegeben: Einige sind richtig gelöst, ein Teil ist im Sinne verbreiteter Fehlerstrategien fehlerhaft gelöst. Es werden folgende Arbeitsaufträge gegeben:
  a) Überprüfe durch Abschätzen der Ergebnisse, welche Aufgaben falsch gelöst sind, und verbessere sie.
  b) Überlege: Was könnte sich Tim bei der fehlerhaften Lösung gedacht haben? Kannst du seinen Lösungsweg erklären?
  c) Überlege: Wie kannst du Tim überzeugen, dass sein Rechenweg nicht stimmen kann?

10.5 Variationsreiches Üben und Vertiefen

Auch in einem zeitgemäßen Mathematikunterricht kommt dem Üben unverändert eine wichtige Rolle zu; denn gut ausgewählte Aufgaben zum variationsreichen Üben und Vertiefen bieten neben dem wichtigen Übungseffekt auch zusätzlich reichhaltige Möglichkeiten zum Argumentieren und Begründen, zum Kommunizieren und zum Lösen mathematischer Probleme im Sinne der Bildungsstandards. Diese Aufgaben sind das genaue Gegenteil von gleichförmigen und langweiligen Aufgabenplantagen und eröffnen vielfältige Möglichkeiten für einen **prozessorientierten Mathematikunterricht**.

Wir haben in diesem Band in den vorhergehenden Kapiteln schon eine Vielzahl von geeigneten Aufgabenbeispielen vorgestellt. Zur Verdeutlichung verweisen wir hier exemplarisch auf das Übungsformat **Zahlenmauer** (vgl. etwa Abschn. 7.6). Dieses ist den Schülerinnen und Schülern schon aus der Grundschule (für natürliche Zahlen) bekannt und daher leicht einsetzbar. Je nach Anordnung und Größe der vorgegebenen Brüche verändert sich der Schwierigkeitsgrad der Zahlenmauer deutlich. Beim Ausfüllen gibt es vielfältige Möglichkeiten zum Begründen und Kommunizieren. Wird der Bruch an der Spitze vorgegeben, verfügen die Schülerinnen und Schüler über eine gute Kontrollmöglichkeit. Dieses Aufgabenformat kann bei allen vier Rechenoperationen eingesetzt werden.

Die Aufgaben zur **Vertiefung** sind anspruchsvoller und bieten so die Möglichkeit zur *Differenzierung* insbesondere für leistungsstarke Schülerinnen und Schüler. Ein Beispiel für ein **Aufgabenformat** zur Vertiefung, das vielfältige Anlässe zum Diskutieren und Begründen liefert, ist die folgende, schon in Abschn. 8.9 vorgestellte Aufgabe:

Was passiert mit dem Ergebnis der Divisionsaufgabe $\frac{a}{b} : \frac{c}{d}$, wenn

- a größer (kleiner) wird?
- b größer (kleiner) wird?
- a und b beide größer (kleiner) werden?
- c kleiner (größer) wird?
- d kleiner (größer) wird?
- a größer (kleiner) und b kleiner (größer) wird?
- c größer (kleiner) und d kleiner (größer) wird?

Entscheide bei jeder Aufgabe, ob das Ergebnis größer oder kleiner wird, unverändert bleibt (ggf. durch Hinzunahme von Zusatzforderungen) oder ob keine Aussage gemacht werden kann.

Oder man kann im Rahmen von Vertiefungen über Begründungen an konkreten Beispielen sogar bis zu **einfachen Beweisen** vorstoßen. Wir haben in diesem Band schon an verschiedenen Stellen entsprechende Aufgaben genannt, so beispielsweise vier geeignete Aufgaben im Umfeld der Stammbrüche (vgl. Abschn. 6.8), von denen wir hier die Folgenden variiert exemplarisch nennen:

- Lässt sich der einfachste Stammbruch $\frac{1}{2}$ als Summe zweier *gleicher* Stammbrüche darstellen? Gibt es weitere Stammbrüche, für die dies gilt? Kannst du bei den Beispielen ein gemeinsames Argumentationsmuster erkennen? Lassen sich daher sogar *alle* Stammbrüche als Summe zweier gleicher Stammbrüche darstellen?
- Kannst du $\frac{1}{2}$ auch als Summe zweier *verschiedener* Stammbrüche darstellen? Kannst du weitere Stammbrüche angeben, für die dies ebenfalls gilt? Kannst du bei den von dir gefundenen Beispielen ein gemeinsames Muster im Aufbau der Brüche feststellen? Lassen sich daher sogar *alle* Stammbrüche als Summe zweier verschiedener Stammbrüche darstellen?

Prozessorientierter Zugang zu Dezimalbrüchen 11

Vorbemerkung

Im Folgenden wird einheitlich von Dezimalbrüchen gesprochen und nicht (wie in einigen Lehrplänen und Schulbüchern) von Dezimalzahlen. Der Begriff „Bruchzahlen" wird gleichbedeutend zu „positive rationale Zahlen" verwendet. Bruchzahlen können als Brüche und als Dezimalbrüche notiert und gesprochen werden. Für eine einfache Lesbarkeit wird von „Dezimalbrüchen" gesprochen, wenn positive rationale Zahlen in dezimaler Schreibweise gemeint sind. In Abgrenzung hierzu werden mit „Brüchen" auch weiterhin positive rationale Zahlen in Bruchschreibweise bezeichnet. Nur wenn Missverständnisse auftreten können, wird die im streng mathematischen Sinne richtige Sprechweise „Bruchzahlen in dezimaler Schreibweise" verwendet.

Die Stellen rechts des Kommas von Dezimalbrüchen werden mit Dezimalen bezeichnet. Stellenwerte kleiner Eins werden im Folgenden mit Kleinbuchstaben abgekürzt: „z" für Zehntel, „h" für Hundertstel, „t" für Tausendstel, „zt" für Zehntausendstel und so weiter.

11.1 Zur Bedeutung von Dezimalbrüchen

Dezimalbrüche sind im täglichen Leben häufig zu finden. Gewichte (Massen), Längen, Geldbeträge, Flächen- und Hohlmaße werden fast ausschließlich in dezimaler Darstellung angegeben. Nicht nur im privaten Alltag, auch im Berufsleben spielen diese Dezimalbrüche eine zentrale Rolle. Rationale Zahlen in Bruchschreibweise finden sich dagegen eher selten.

Selbstverständlich sind rationale **Zahlen** in Kommaschreibweise auch in der Schule nicht wegzudenken. In der Physik werden Größen und zusammengesetzte Größen grundsätzlich mit dezimalen Maßzahlen, ggf. mit Zehnerpotenzen beschrieben, in der Chemie werden die Eigenschaften der Stoffe, wenn nicht mit ganzen, dann nur mit Dezimalbrüchen angegeben, im Fach Wirtschaft werden sämtliche Daten (Börsen- und andere Indizes)

F. Padberg, S. Wartha, *Didaktik der Bruchrechnung*,
Mathematik Primarstufe und Sekundarstufe I + II, DOI 10.1007/978-3-662-52969-0_11

in Prozent- oder Kommaschreibweise ausgedrückt und auch in den Fächern Pädagogik und Psychologie werden statistische Kenndaten in dezimaler Schreibweise angegeben und mit ihnen gearbeitet (d. h., sie werden verglichen, interpretiert und abgeschätzt). Auch spielen Dezimalbrüche eine zentrale Rolle bei vielen Themen der Mathematik – nicht nur beim Rechnen in den verschiedenen Zahlbereichen, die die Lernenden im Laufe der Schulzeit kennenlernen, sondern auch in der Geometrie (z. B. Angaben zu Längen, Flächen, Volumina), Wahrscheinlichkeitsrechnung, Algebra und Analysis.

Während das **Rechnen** mit Zahlen in Bruchschreibweise im Alltag eine vergleichsweise geringe Rolle spielt, ist die Bedeutung des Rechnens mit Zahlen in Dezimal- und Prozentschreibweise offenkundig. Beim Einkaufen, beim Messen, beim Planen sowie beim Umgang mit Gewichten, Geld, Zeiten, Längen, Flächen- und Hohlmaßen ist ein Rechnen mit Dezimalbrüchen oft gefordert. Häufig genügt aber das „sichere Beherrschen des Rechnens" nicht, denn die Ergebnisse sollen interpretiert und bewertet werden. Oftmals sind Abschätzungen von Größenordnungen gefragt: Ist der betrachtete Wert realistisch? Wie kann er gedeutet werden (z. B. im Sinne von viel oder wenig)? Die hierfür benötigten Kompetenzen gehen deutlich über das algorithmische „Rechnen-können" hinaus.

11.2 Vorteile der Schreibweise als Dezimalbruch

Handelt es sich um Zahlen mit endlich vielen – idealerweise höchstens drei – Nachkommastellen, so fällt der Umgang mit Dezimalbrüchen vielen Menschen zumindest auf syntaktischer Ebene deutlich leichter als das Operieren mit Zahlen in Bruchdarstellung. Das Vergleichen, Addieren und Subtrahieren der Zahlen kann ohne weitere Zwischenschritte mit bekannten Algorithmen, die von den natürlichen Zahlen übertragen bzw. erweitert werden, erfolgreich vorgenommen werden. Grundsätzlich können auch Rechnungen zur Multiplikation und Division mit Kenntnissen zum analogen Verfahren in den natürlichen Zahlen mit entsprechenden Erweiterungen („Kommaverschiebungsregeln") durchgeführt werden.

Aus empirischen Untersuchungen ist bekannt (Wartha [199]), dass Lernende häufig Brüche in Dezimalbrüche umwandeln, um Fehler zu vermeiden. Das geschieht auch, wenn die Umwandlung mit deutlich mehr Arbeitsschritten verbunden ist. Das Ausweichen auf Dezimalbrüche kann in der Regel als Kompensationsstrategie für mangelhafte Grundvorstellungen zu Brüchen gesehen werden. Empirisch zeigt sich, dass das Addieren und Subtrahieren von Dezimalbrüchen (mit unterschiedlichen Dezimalen) etwas weniger fehleranfällig ist als von (ungleichnamigen) Brüchen. Der Unterschied beträgt ca. 10 Prozentpunkte. Hingegen bereitet den Lernenden das Multiplizieren und Dividieren mit Dezimalbrüchen auch auf syntaktischer Ebene deutlich mehr Schwierigkeiten als mit Brüchen (vgl. Padberg [126], Barash/Klein [4]). Sollen diese Operationen anschaulich mit Arbeitsmitteln durchgeführt werden, handelt es sich sowohl bei Brüchen als auch bei Dezimalbrüchen um sehr anspruchsvolle Prozesse.

Der vermeintliche Vorteil des Rechnens mit Dezimalbrüchen gegenüber der Bruchrechnung ist jedoch gleichzeitig eine große Gefahr: Wie bei der Bruchrechnung gibt es für alle Rechenoperationen Regeln, die bei genauer Befolgung zu richtigen Ergebnissen führen. Die nötigen rechnerischen Kompetenzen sind hierbei vergleichsweise gering (kleines Einmaleins, Addition und Subtraktion im Zahlenraum bis 20), da mit den Stellenwerten wie mit einstelligen natürlichen Zahlen gerechnet werden kann. Zentral ist, dass eine Reihe an „Rezepten" oder Regeln befolgt werden muss. Die Gefahr besteht nun darin, dass die Lernenden keine Grundvorstellungen zu den Zahlen aufbauen (müssen). Weder die Regeln noch die verwendeten Zahlen müssen „verstanden" sein, um schnell und richtig zu Ergebnissen zu gelangen.

11.3 Zielsetzung des Dezimalbruchlehrgangs

Es ist nicht das Ziel von Mathematikunterricht, dass Jugendliche zu „menschlichen Taschenrechnern" erzogen werden, die schnell und sicher Algorithmen ausführen können. Ohnehin nimmt ihnen diese Arbeit spätestens ab Klassenstufe 8 ein Taschenrechner ab. In einem Zeitalter, in dem Taschenrechner in jedem Handy verfügbar sind, können auch Argumente wie Stromausfall oder „wenn aber gerade kein Rechner zur Hand ist" nicht rechtfertigen, dass das schnelle und sichere Rechnen allein rund ein halbes Schuljahr lang geübt wird. Wichtiger als das bloße Beherrschen der Rechenalgorithmen und das Anwenden (oft unverstandener) Regeln ist, dass die Lernenden Grundvorstellungen zu den Zahlen (hier: Dezimalbrüchen) und den Operationen mit ihnen aufbauen. Provokant formuliert: Zentrales Ziel des Arithmetikunterrichts ist die reflektierte Bedienung eines Taschenrechners. Das beinhaltet wenigstens zwei Aspekte:

- In welchen Situationen ist welche Rechenoperation zu wählen (z. B.: Welche Kontexte entsprechen der Multiplikation, welche der Division?) Diese Entscheidung ist – wie bereits in Abschn. 7.7.1, beschrieben – keineswegs trivial (vgl. z. B. Wartha/Wittmann [207]). Hierzu gehört auch, die Wirkung der Rechenoperationen abschätzen zu können. Gefragt sind hier Grundvorstellungen zu den Rechenoperationen mit Dezimalbrüchen.
- Ist das Ergebnis in einer realistischen Größenordnung (z. B.: Wie groß ist das Ergebnis ungefähr?) Alltagserfahrungen sind hier nur manchmal hilfreich – eine fundierte Entscheidung kann nur mithilfe von tragfähigen Grundvorstellungen zu den vorliegenden Zahlen erfolgen.

Die Forderung nach dem **Aufbau von Zahl- und Operationsvorstellungen** bedeutet nicht, dass nicht mehr gerechnet werden soll. Im Gegenteil: Gerade durch die vorstellungsbasierte Behandlung der Rechenoperationen werden vertiefte Einsichten in die Eigenschaften der Zahlen und Operationen erreicht. Marxer/Wittmann ([106], S. 26) bringen es bzgl. des Rechnens mit gemeinen Brüchen auf den Punkt: „Das Rechnen mit Brüchen bildet den Anlass, dass Schülerinnen und Schüler die Eigenschaften der für sie neuen Zahlen erfahren können." Es kommt also darauf an, wie und unter welcher Zielsetzung die Rechenoperationen behandelt werden: sichere, blinde Beherrschung der Algorithmen oder Aufbau und Aktivierung von Grundvorstellungen? In diesem Spannungsfeld gilt es, sich als Lehrperson zu verorten.

Die Bedeutung von Grundvorstellungen zu Zahlen und den Operationen mit ihnen wird auch durch die Zielsetzungen von curricularen Vorgaben hervorgehoben. Stellvertretend für andere heißt es im Bildungsplan für Gymnasien in Baden-Württemberg [109]: „Die verstärkte Forderung nach verstehendem Lernen und Verbalisieren von mathematischen Sachverhalten wird begleitet von reduzierten Anforderungen im Bereich der Rechenfertigkeiten. Dies wird ermöglicht durch die angemessene, reflektierte Verwendung eines geeigneten Taschenrechners." (S. 93) Ein weiteres Beispiel ist der Lehrplan für sächsische Mittelschulen [156], in dem bei den Zielsetzungen zur Jahrgangsstufe 6 gefordert wird: „Die Schüler nutzen Rechengesetze zum vorteilhaften Lösen von Aufgaben, setzen den Taschenrechner sachgerecht ein und beurteilen ihre Ergebnisse kritisch." (S. 13) In diesem Zusammenhang wird gefordert, dass die Kinder ein „Zahlvorstellungsvermögen" entwickeln sollen.

Diese Perspektive eröffnet eine geänderte Sichtweise auf die Gewichtung und Bedeutung der Inhalte der Dezimalbruchrechnung. Das zentrale Ziel ist der Aufbau von tragfähigen Zahlvorstellungen und Grundvorstellungen zur „Bedeutung" der Rechenoperationen mit ihnen (vgl. auch Marxer/Wittmann [107]). Wie bereits geschildert, ist das kein Plädoyer für die Abschaffung des Rechnens mit Dezimalbrüchen – im Gegenteil: Tragfähige Zahlvorstellungen werden aufgebaut, indem mit Zahlen viel gearbeitet wird. Und das Rechnen mit Zahlen ist eine hervorragende Möglichkeit, ihre Eigenschaften näher kennenzulernen. Hierzu sollte der Fokus jedoch nicht auf dem Beherrschen von Algorithmen liegen, sondern auf den Eigenschaften der Rechenoperationen und auf den Grundvorstellungen zu den Zahlen.

11.4 Bedeutung der Prozessorientierung und Vernetzung

Die Rolle der Prozessorientierung wurde bereits in Abschn. 1.5 angesprochen. Auch das Arbeiten mit Dezimalbrüchen bietet zahlreiche Anlässe, die Kompetenzen des Argumentierens, Kommunizierens und Darstellens zu fördern. Im Fokus des Unterrichts stehen weniger die richtigen oder falschen Ergebnisse, sondern Lösungswege, Begründungen und Modelle, die auf weitere Aufgaben übertragen werden können.

Die prozessbezogenen Kompetenzen werden gefördert, indem Inhalte vernetzt werden. Vernetzen bedeutet nicht nur ein bloßes Anknüpfen und Erweitern, sondern auch ein Gegenüberstellen von Gemeinsamkeiten und Unterschieden. Wie bereits beim Lernen der Zahlen in Bruchschreibweise aufgezeigt wurde, entstehen zahlreiche Fehlvorstellungen durch die Übertragung von tragfähigen (oder zumindest nicht zu Fehlern führenden) Vorstellungen zu natürlichen Zahlen auf die Dezimalbrüche. Die Diskussion, die Darstellung, das Argumentieren mit Gemeinsamkeiten und Unterschieden zwischen natürlichen Zahlen und Dezimalbrüchen ist eine Leitlinie bei der Thematisierung der Dezimalbrüche und der Rechenoperationen mit ihnen.

Ein zweiter großer Anknüpfungspunkt ist der Zusammenhang zwischen Dezimalbrüchen und gemeinen Brüchen. Wenn zu Brüchen tragfähige Vorstellungen aufgebaut wurden, dann ist die Dezimalbruchdarstellung nur eine neue Art der Notation. Sie ist eine Notation, die im Grunde nur Sonderfälle betrachtet (Brüche mit Zehnerpotenzen im Nenner) und daher viele Inhalte und Zusammenhänge vereinfacht.

11.5 Grundvorstellungen aufbauen

Zur Entwicklung des **Verständnisses zum dezimalen Stellenwertsystem** bei natürlichen Zahlen existieren zahlreiche empirische Untersuchungen und theoretische Modelle (z. B. Fuson et al. [33], Fromme [29]). Diese beziehen sich allerdings meist auf den Zahlenraum bis 100. Spezifische theoretische Konzepte zur Entwicklung eines Stellenwertverständnisses zu Dezimalbrüchen sind hingegen nicht systematisch ausgeführt. Aus diesem Grunde wird die Kernidee zur Beschreibung von Kompetenzen in Bezug auf das Stellenwertsystem nach Fromme [29] auf die Dezimalbruchrechnung übertragen und angepasst.

Das zentrale Ziel des Dezimalbruchlehrgangs ist der Aufbau von Grundvorstellungen zu Dezimalbrüchen und den Operationen mit ihnen. Grundvorstellungen ermöglichen die Übersetzung zwischen Darstellungsebenen, zum Beispiel zwischen dem Zahlsymbol und einer passenden Repräsentation an einem Arbeitsmittel oder die Angabe des passenden Rechenterms zu einer Textaufgabe.

Ob Grundvorstellungen aufgebaut sind, kann daher durch das **Einfordern von Darstellungswechseln** in Bezug auf Zahlen und Rechenoperationen untersucht werden (vgl. Wartha/Schulz [206]).

Beim Aufbau von Grundvorstellungen ist zunächst ein geeignetes Darstellungsmittel zu wählen, an dem die Zahlen und Operationen (im vorliegenden Fall: Dezimalbrüche und die vier Grundrechenarten mit ihnen) repräsentiert werden können. So wenig ein rein symbolisches Arbeiten mit Zahlen und Termen zu Grundvorstellungen führt, so sinnlos ist ein bloßes Operieren mit Bildern und Anschauungsmitteln (Wartha/Schulz [206], Heckmann [58]). Zentral ist die Idee der **ständigen Übersetzung**: „Das Ergründen und Ineinander-Überführen verschiedener Darstellungsformen ist also ein wichtiger Schritt hin zu tragfähigen Vorstellungen" (Vogel/Wittmann [193], S. 6). Der Leitgedanke für die praktische Umsetzung ist auch hier die Prozessorientierung: Nicht auf Ergebnisse wird fokussiert, sondern auf die Bearbeitungswege, die Übersetzungsprozesse in andere Darstellung(seben)en, das Reflektieren, Argumentieren und Erstellen bzw. Verwenden von Darstellungsmitteln.

Formeln sollen symbolisches Manipulieren erlauben und das Denken entlasten. Sie sollen aber aus „Verständnis" erwachsen (Hefendehl/Prediger [66]). Im Hinblick auf die

Erfüllung der Lehrpläne ist daher das Ziel: Formeln sollen sich nicht vom Verständnis lösen. Denn Regeln und Tricks sind zwar aus ergebnisorientierter Sichtweise besonders einprägsam, aber auch besonders fehleranfällig, wenn sie nicht verstanden sind. Tricks werden gerade von leistungsschwächeren Lernenden häufig vergessen oder verwechselt.

11.6   Überwinden von Grundvorstellungsumbrüchen

Da Dezimalbrüche nur *eine* Notation positiv rationaler Zahlen sind, gelten die in Kap. 9 beschriebenen Grundvorstellungsumbrüche zu Zahlen in Bruchschreibweise hier entsprechend. Auch die durch sie entstehenden typischen Fehler sind vergleichbar (Zeilen 1 bis 3 in Tab. 11.1). Weitere Umbrüche treten durch die Erweiterung des Stellenwertsystems von $\mathbb{N}$ zu $\mathbb{Q}^+$ auf, die bei Zahlen in Bruchschreibweise nicht zu Tage treten müssen. Übersichten führen z. B. Hefendehl-Hebeker/Prediger [66], Padberg [126] und Wartha [199], [202] auf und sind in Tab. 11.1 dargestellt.

Darüber hinaus ergeben sich Schwierigkeiten bei ähnlich klingenden Stellenwerten und deren Zusammenhängen – insbesondere wenn keine Grundvorstellungen aktiviert werden: Während 10 Hunderter zu 1 Tausender gebündelt werden, sind 10 Hundertstel keineswegs 1 Tausendstel.

Im folgenden Kapitel wird dargestellt, an welchen Arbeitsmitteln diese Zusammenhänge erarbeitet und diskutiert werden können.

Tab. 11.1 Grundvorstellungsumbrüche von den natürlichen Zahlen zu Dezimalbrüchen

Inhalt	Grundvorstellung $\mathbb{N}$	Grundvorstellung $\mathbb{Q}^+$	Typischer Fehler
Anordnung der Zahlen	Vorgänger Nachfolger	Zahlen liegen „dicht"	0,4 Nachbar von 0,5, keine Zahl zwischen 0,21 und 0,22
Multiplikation	Wiederholte Addition, vergrößert beide Faktoren	Anteilbildung, kann auch verkleinern	Multiplizieren vergrößert immer
Division	Verteilen, Ausmessen, verkleinert den Dividenden	Ausmessen, Ergebnis kann größer als Dividend sein	Dividieren verkleinert immer
Bezugspunkt Stellenwerte	Einer (stehen rechts)	Einer (links vom Komma)	Komma-trennt
Abfolge der Stellenwerte	Links folgen den Einern die Z, H, T . . .	Zusätzlich nach rechts folgen: z, h, t (keine Eintel!)	Komma-trennt

Veranschaulichungen zu Dezimalbrüchen 12

12.1 Rolle von Anschauungsmitteln

Veranschaulichungen können konkrete Repräsentanten (z. B. Blöcke aus Holz) oder bildliche Darstellungen (Rechtecke oder Zahlengerade) sein und werden im Folgenden mit Begriffen wie Arbeitsmittel, Material, Veranschaulichungsmittel umschrieben. Mit ihnen können mathematische Inhalte wie Zahlen, Operationen und Strategien auf einer nichtsymbolischen Darstellungsebene kommuniziert werden. Sie stellen die *konkrete* Grundlage für die Entwicklung *mentaler* Modelle dar. Arbeitsmittel und ikonische Darstellungen werden in der Sekundarstufe nicht so selbstverständlich wie in der Primarstufe eingesetzt (Howard/Perry/Lindsay [73]). Nichtsymbolische Darstellungen sind jedoch unverzichtbar, wenn der mathematische Inhalt nicht nur auf **einer** Repräsentationsebene diskutiert werden soll. Die positiven Effekte beim Lernen mit *multiplen Repräsentationen* (Dienes [23]) wurde beispielsweise von Zhang/Clements/Ellerton [227], [228] empirisch dokumentiert.

Arbeitsmittel haben hierbei wenigstens drei Funktionen (vgl. Schipper [163]), sie dienen als:

- **Lösungshilfe:** Ist die Bestimmung eines Ergebnisses auf symbolischer Ebene (noch) nicht möglich, so kann eine Zeichnung oder ein Anschauungsmittel helfen, die Lösung zu ermitteln.
- **Lernhilfe:** Mit dem Anschauungsmittel soll an Vorkenntnisse geknüpft (vgl. Witzel/Allsopp [223]) und neue Inhalte anschaulich besprochen werden. Die Materialien sind die konkrete Grundlage für mentale Modelle.
- **Kommunikationshilfe:** An Arbeitsmitteln können mathematische Vorgehensweisen auf der Grundlage von Vorstellungen über die Aktivierung von Grundvorstellungen besser versprachlicht werden als durch Schilderung eines symbolisch-technischen Vorgangs.

© Springer-Verlag GmbH Deutschland 2017
F. Padberg, S. Wartha, *Didaktik der Bruchrechnung*,
Mathematik Primarstufe und Sekundarstufe I + II, DOI 10.1007/978-3-662-52969-0_12

Diese drei Funktionen sind unterschiedlich zu bewerten. Die Rolle einer reinen **Lösungshilfe** wird das Material selten beim Arbeiten mit Brüchen einnehmen – häufig erschwert der Darstellungswechsel sogar die Bearbeitung einer Aufgabe, anstatt diese zu erleichtern (Wartha [203]): Für viele Menschen ist die Bearbeitung des Terms $0{,}3 \cdot 0{,}4$ auf symbolischer Ebene deutlich leichter als anschaulich mit einem Papierquadrat. Die Ermittlung einer richtigen Lösung ist jedoch nicht der Hauptgrund für den Einsatz von Arbeitsmitteln. Es ist vielmehr die Funktion der **Lernhilfe**: Durch den Einsatz von Zeichnungen oder konkreten Modellen werden symbolische Inhalte mit anderen Darstellungsebenen verknüpft. Es entwickeln sich Grundvorstellungen durch das häufige Übersetzen. Ziel ist, dass sich die Beobachtungen am Material von der konkreten Darstellung lösen und im Kopf, also als Vorstellung ablaufen können. Dies gelingt vor allem, wenn Beobachtungen und Lösungswege unterstützt durch Skizzen und Arbeitsmittel **kommuniziert** werden (vgl. Prediger [145]). Den zentralen Forderungen der Lehrpläne und Bildungsstandards nach Prozessorientierung wird das Arbeiten mit Anschauungsmitteln gerecht. Häufig wird beobachtet, dass Lernende ihre Gedankengänge nur schlecht verbalisieren können. Gerade am Material kann durch Schilderung der Vorgehensweise das *Sprechen* über mathematische Inhalte *gelernt* werden.

12.2   Kriterien zur Auswahl von Arbeitsmitteln

Aufgrund ernüchternder Ergebnisse zum Verständnis von Brüchen und Stellenwerten wird häufig gefordert, dass Arbeitsmittel (wie Zehnersystemblöcke oder Papierquadrate) notwendig sind (Hart [52], Heckmann [56], Tunç-Pekkan [188]). Meist wird jedoch nicht ausgeführt, welche Arbeitsmittel genau für welche Inhalte passen und wie diese einzusetzen sind. Die Auswahl des passenden Materials und dessen zielgerichteter Einsatz ist jedoch keineswegs selbstverständlich (Coughlin [20]). Mögliche Kriterien sind:

- Es wird an **Vorkenntnisse** angeknüpft.
- Am Material können nicht nur Sonderfälle gezeigt, sondern es kann der mathematische Inhalt **ohne Einschränkung** dargestellt werden.
- Das Material ist so geschaffen, dass es in Bezug auf seine mathematische Struktur **in der Vorstellung** genutzt werden kann.

Insbesondere der letzte Punkt ist zentral: Die Umsetzung des mathematischen Inhalts am Arbeitsmittel soll auch in der Vorstellung durchgeführt werden können, um auf diesem Weg den Aufbau von Grundvorstellungen zu unterstützen: „*Stell dir vor*, du sollst 7 Zehntel falten und färben. Was müsstest du tun? *Stell dir vor*, du unterteilst ein Zehntel in 10 gleich große Felder. Wie groß ist eines dieser Felder? Welchen Anteil nimmt das ein?"

12.3   Konkrete Arbeitsmittel für Dezimalbrüche

In der Literatur finden sich verschiedene Anschauungsmittel zu Dezimalbrüchen, die hier kurz diskutiert werden. Die Anschauungsmittel beziehen sich auf die Darstellung *endlicher* Dezimalbrüche. Periodische Dezimalbrüche müssen für die Darstellung zunächst sinnvoll gerundet werden.

12.3.1   Zehnersystemblöcke/Dienes-Material

Aus dem Primarbereich sind häufig die Zehnermaterialien der Mehrsystemblöcke bekannt: Einer-Würfelchen, Zehner-Stange, Hunderter-Platte und Tausender-Würfel. Dieses Material kann für große Zahlen (mental) fortgesetzt werden: Aus 10 Tausender-Würfeln wird eine Zehntausender-Stange gebaut, aus 100 Tausender-Würfeln eine Hunderttausender-Platte. Dieses Material kann auch in „die andere Richtung" fortgesetzt werden: Das Einer-Würfelchen wird „vergrößert" auf die Größe eines Tausender-Würfels. Dieser große Einer-Würfel besteht aus 10 Zehntel-Platten, aus 100 Hundertstel-Stangen oder 1000 Tausendstel-Würfelchen. Zusammenhänge im Stellenwertsystem können zwar mit diesem Material anschaulich besprochen werden („Aus wie vielen Tausendsteln besteht ein Zehntel?"), jedoch ist eine Hürde, dass in der Primarstufe eine Platte stets mit „Hundert" assoziiert wurde (jetzt Zehntel) und eine Stange stets mit „Zehn" (jetzt Hundertstel).

12.3.2   Lineare Arithmetikblöcke

Das Material wird beispielsweise von folgenden Autoren vorgestellt: Steinle/Stacey [175], Archer/Condon [1], Helme/Stacey [68], Stacey et al. [172] und Heckmann [56, 57]. Bei diesem Material aus Holz oder Plastik sind die Repräsentanten zylinderförmig und je nach Stellenwert unterschiedlich hoch (1 Zehntelzylinder ist 10-mal so hoch wie ein Hundertstelzylinder). Diese können auf ein Stiftbrett gesteckt werden, bei dem der Stift nur so hoch wie 9 Objekte ist und somit ein Bündeln erforderig, wenn mehr als 9 Zylinder aufgestellt werden sollen. Die Ideen des Bündelns und Entbündelns sowie Strategien zur Addition/Subtraktion können hieran besprochen werden. Die Linearität ermöglicht auch Querverbindungen zur Zahlengeraden, eine negative Wechselwirkung zwischen den Bezeichnungen bei natürlichen Zahlen ist nicht so naheliegend wie bei den Zehnersystemblöcken. Allerdings hat die Linearität auch Nachteile: Sollen sowohl Einer als auch Tausendstel in Bezug gestellt werden, ist großer Platzbedarf nötig (Einer als 1 Meter, Tausendstel als 1 Millimeter).

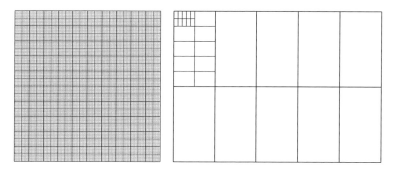

Abb. 12.1 Millimeterpapierquadrat (10 cm × 10 cm) und Decimat (A4)

12.3.3   Decimats

Die sogenannten Decimats (vgl. Abb. 12.1, rechts) wurden in Neuseeland entwickelt
(New Zealand Ministry of Education [113]) und von Roche [154] und Wright [224] näher beschrieben. Decimats sind Rechtecke (z. B. auf laminierten DIN-A4-Blättern), die
im Querformat in zwei Zeilen mit je fünf Spalten gleichen Flächeninhalts unterteilt sind.
Wird das ganze Blatt als Einheit betrachtet, entstehen so Zehntel. Eines der Kästchen
wird nun wiederum in 10 Kästchen (in zwei Spalten und fünf Zeilen) unterteilt. Eines
der nun entstandenen Hundertstel wird nach dem gleichen Prinzip in Tausendstel verfeinert. Eine weitere Unterteilung in Zehntausendstel kann vorgenommen werden. An
diesem Arbeitsmittel können somit Dezimalbrüche bis zur dritten oder vierten Nachkommastelle dargestellt und aufgefasst werden. Durch fortgesetztes Bündeln (Nichtbeachten
von Verfeinerungslinien) und Entbündeln (Einzeichnen von Verfeinerungslinien) werden
die Zusammenhänge im Stellenwertsystem deutlich. Das Material kann somit nicht nur
zum Aktivieren von Grundvorstellungen zu Dezimalbrüchen, sondern auch zum anschaulichen Erweitern, Kürzen, Addieren und Subtrahieren dieser Zahlen genutzt werden, wie
in den Kap. 15 bis 20 beschrieben ist.

12.3.4   Millimeterpapierquadrate

Zum Einzeichnen von Anteilen können 10 cm × 10 cm große Quadrate aus Millimeterpapier verwendet werden (vgl. Winter [216] und Abb. 12.1, links). Brüche können bis zu
einer Feinheit von Zehntausendsteln dargestellt und aufgefasst werden.
    Es gibt Hinweise darauf, dass zweidimensionale Darstellungen wie Rechtecke proble-
matischer sind als eindimensionale Modelle wie die Zahlengerade (Gunther [47]). Das
bedeutet, dass die Konventionen (Wie werden die Anteile eingezeichnet?) und mögliche
Hürden (Wie kann der Anteil abgelesen werden? Für welchen Anteil steht ein kleines
Kästchen?) **sorgfältig diskutiert** werden sollten. Der Vorteil der Millimeterpapierquadra-

te ist, dass die Ideen aller vier Grundrechenarten mit Dezimalbrüchen veranschaulicht und somit Grundvorstellungen zu den Operationen aufgebaut werden können. Hierauf wird in den Kap. 18 bis 20 Bezug genommen.

12.3.5 Stellenwerttafeln

Gemeinsam ist den bisher aufgeführten Darstellungsmitteln, dass sie die Dezimalbrüche als Flächen bzw. Anzahlen veranschaulichen. Die Notation dieser Anzahlen kann effektiv in Stellenwerttafeln geschehen. Die Stellenwerttafel ist ein sehr tragfähiges Darstellungsmittel, wenn gesichert ist, dass Grundvorstellungen zu den Stellenwerten (z. B. Hundertstel) und deren Zusammenhängen (z. B.: Wie viele t sind 1 z?) aufgebaut sind. Fehlen die Vorstellungen, dann ist die Stellenwerttafel kein Veranschaulichungsmittel und kann sogar zum syntaktischen Manipulieren wie dem „Verschieben von Ziffern" verleiten. Die Stärke der Stellenwerttafel bei verstandenen Stellenwerten liegt darin, dass an die Darstellung von natürlichen Zahlen angeknüpft wird und zentrale Eigenschaften wie die Zusammenhänge zwischen den Stellenwerten bei der Erweiterung von $\mathbb{N}$ nach $\mathbb{Q}^+$ erhalten bleiben (vgl. Abschn. 13.1).

Die Stellenwerttafel kann prinzipiell nach links und nach rechts unbeschränkt fortgesetzt werden. Je nach Aufgabenstellung muss ein passender Ausschnitt gewählt werden.

$$\ldots \;\big|\; T \;\big|\; H \;\big|\; Z \;\big|\; E \;\big\|\; z \;\big|\; h \;\big|\; t \;\big|\; \ldots$$

12.3.6 Zahlengerade

In Studien wird wiederholt darauf hingewiesen, dass sich Veranschaulichungen nicht auf flächige Repräsentanten beschränken sollen (Zhang/Clements/Ellerton [227]). Das zentrale – und im Unterricht der Sekundarstufe unverzichtbare – Arbeitsmittel, das den ordinalen Zahlaspekt (Zahlen als Positionsangaben) hervorhebt, ist die Zahlengerade. Das Ablesen und Eintragen von *Zahlen an der Zahlengeraden* ist daher im Mathematikunterricht *unverzichtbar*, gerade im Zusammenhang mit Zahlbereichserweiterungen und im Hinblick auf das Verwenden von Koordinatensystemen. Verschiedene konkrete Realisierungen der Zahlengeraden unterscheiden sich in der Feinheit ihrer Einteilung und in der Anzahl der Beschriftungen. Ideen des fortgesetzten Entbündelns können auch an ihr (durch wiederholte Verfeinerung der Unterteilung) sichtbar gemacht werden (Tunç-Pekkan [188]). Die wiederholte Verfeinerung der Unterteilung ist im Schulbuch *Schnittpunkt 1* [S23] durch eine Zahlengerade an einem Messbecher und einem sehr kleinen Fisch illustriert (vgl. Abb. 12.2).

Saxe/Biakow/Gearhart [158] zeigen in einer umfangreichen Interventionsstudie mit über 500 amerikanischen Viert- und Fünftklässlern auf, dass das intensive Arbeiten mit

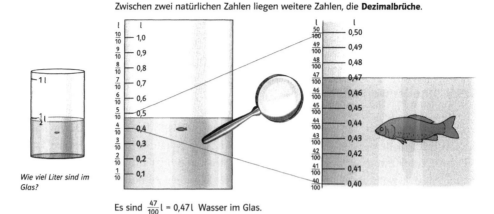

Abb. 12.2 Zahlengerade am Wasserglas ©*Schnittpunkt 1* [S23], S. 192

der Zahlengeraden signifikant höhere Leistungszuwächse bei *leistungsschwachen und -starken* Lernenden bewirkt als Unterricht, in dem die Zahlengerade nicht besonders fokussiert wurde. Diese Leistungszuwächse wurden auch bei Aufgaben zu Brüchen deutlich, die nicht an der Zahlengeraden zu bearbeiten waren.

12.4   Arbeitsmittel sind nicht selbsterklärend

Das Arbeiten mit Arbeitsmitteln ist nicht selbsterklärend (Lorenz [99]), vielmehr sollen mit den Schülerinnen und Schülern Konventionen vereinbart (z. B.: Wie sieht die Einheit aus?), ungünstige und günstige Strategien (z. B. beim Ablesen von Zahlen an einer (fast) leeren Zahlengeraden) und typische Fehler am Material thematisiert werden. Das bedeutet auch, dass die Anzahl der **verschiedenen** Arbeitsmittel so **niedrig** wie möglich gehalten wird. Dafür sollen die wenigen ausgewählten Arbeitsmittel umso tragfähiger sein, das heißt, möglichst viele Aspekte des Arbeitens mit Dezimalbrüchen können daran gelernt und kommuniziert werden.

Das Arbeiten an der Zahlengeraden ist bei Brüchen grundsätzlich fehleranfälliger als an Kreisen oder Rechtecken (Tunç-Pekkan [188]). Außerdem werden Aufgaben zur Darstellung und Auffassung von gemeinen Brüchen rund 20 % häufiger richtig gelöst als bei Dezimalbrüchen (Shaughnessy [169]). Eine sorgfältige Besprechung der Zahlengeraden beinhaltet daher die folgenden besonders **problematischen Aufgabentypen** (vgl. Tunç-Pekkan [188] und Shaughnessy [169]):

- An der Zahlengeraden fehlen Markierungen:

- Bei der Zahlengeraden ist als Vorgabe nicht 0 und 1 eingezeichnet, sondern z. B. 0,4 und 2,2.
- Es sind Zahlenwerte eingetragen (z. B. 0 und 0,4) und die 1 ist gesucht.

Aufgaben, bei denen die Einheit ausgehend von Anteilen (insbesondere Brüchen größer als 1) bestimmt werden soll, sind auch bei den flächigen Arbeitsmitteln wie Kreis und Rechteck besonders anspruchsvoll (Tunç-Pekkan [188]).

12.5   Vom konkreten Material zur Grundvorstellung

Bei der Verwendung von Arbeitsmitteln ist zentral, dass deren Einsatz nicht auf das *konkrete* Handeln beschränkt bleibt. Der für den Aufbau von Grundvorstellungen zentrale Schritt ist die Aktivierung einer Erinnerung an ein konkretes Arbeitsmittel in der Vorstellung. Wichtiger als das konkrete Falten, Färben, Betrachten etc. sind also Fragen, die die Aktivierung der Veranschaulichung *in der Vorstellung* unterstützen:

- Was müsstest du tun, um … (im Einheitsquadrat 2 Hundertstel und 7 Tausendstel zu färben?)
- Was passiert, wenn … (du aus 3 Zehntelplatten kleine Würfelchen machst, wie viele sind das und wie heißen sie?)
- Stell dir vor, du sollst … (aus Tausendstel ein Zehntel bauen, wie viele brauchst du und wie sieht das aus?)

Weitere Vorschläge finden sich z. B. bei Heckmann [58], wobei diese dahingehend ergänzt werden können, dass konsequent nach (anschaulichen) Begründungen gefragt wird. Fragestellungen dieser Art unterstützen die Aktivierung der gedanklichen Modelle und deren Vernetzung. Sie sollten daher nicht auf einmalige und punktuelle Thematisierung oder gar nur auf den Beginn der Lerneinheit beschränkt bleiben, sondern ein ständiges und zentrales Werkzeug der Kommunikation jeder Unterrichtsstunde sein.

12.6   Übersetzen in Sachsituationen

Tragfähige (mentale) Modelle entstehen aus konkreten Darstellungen. Sie sind die Voraussetzung für den Gebrauch von Zahlen in Sachkontexten. Da für Hilfestellungen oder Erklärungen häufig die Dezimalbrüche in Größenbereichen interpretiert werden, ist zunächst zu prüfen, ob der Größenbereich selbst und insbesondere die Zusammenhänge zwischen Einheit und Untereinheiten verstanden wurden. Wright/Tjorpatzis [225] stellen Aktivitäten vor, wie bei Messsituationen die Notwendigkeit der Verfeinerung der Maßeinheit und hierdurch *das Stellenwertsystem bereits vor der systematischen Behandlung* der Dezimalbrüche thematisiert werden kann.

Positive Wirkung, aber eingeschränkter Nutzen bei Geldbeträgen   Bei Schwierigkeiten beim Rechnen wirkt sich die Bezugnahme auf den Größenbereich Geld (leicht) positiv aus (Heckmann [59]): Während die Multiplikationsaufgabe $1,35 \cdot 4$ ohne Kontext häufig fehlerhaft bearbeitet wird, dokumentiert Heckmann [59], dass bei der Formulierung einer entsprechenden Sachaufgabe („Ein Glas Marmelade kostet 1,35 €. Wie viel kosten vier Gläser?") die Aufgabe erfolgreicher bearbeitet wird. Offenkundig ist der Sachbezug hier eine Hilfestellung, da Grundvorstellungen zur Multiplikation als Vervielfachen sowie Kenntnisse aus der Primarstufe (Rechnen mit Geld) aktiviert werden. Auch zeigen Studien von Irwin [78] und Bonotto [10], dass häufiger Kontextbezug im Unterricht Verständnis und bessere Leistungen bewirkt.

Der Vorteil bei der Übersetzung in Geldwerte ist jedoch eingeschränkt auf zwei Dezimalen hinter dem Komma (Steinle/Stacey [175], Heckmann [55]) und daher kritisch zu bewerten hinsichtlich einer Verallgemeinerbarkeit des Modells. Rechenaufgaben wie $1,345 + 2,761$ oder $1,3 \cdot 4,2$ können nicht naheliegend in eine Geldsituation übersetzt werden. Hier sind Beispiele im Größenbereich Längen und Flächeninhalte tragfähiger, vorausgesetzt, dass gute Stützpunktvorstellungen hierzu ausgebildet sind. Heckmann empfiehlt zusammen mit den beiden anderen Autorinnen, die Funktion des Geld-Denkens beim Aufbau von Grundvorstellungen zu den Zahlen und den Rechenoperationen nicht übermäßig zu betonen.

Probleme bei anderen Größenbereichen   Wird ein Rechenterm in die Größenbereiche Gewichte (Massen) oder Hohlmaße übersetzt, so wären diese Maßzahlen zwar eher im Sinne wiederholter Bündelungen bzw. Entbündelungen fortsetzbar, jedoch konnte empirisch gezeigt werden, dass hier keine Vorteile im Sinne einer höheren Lösungsquote durch die Übersetzung erreicht werden. Heckmann [59] weist in diesem Kontext darauf hin, dass eventuell zusätzliche Hürden genommen werden müssen (Modellierung des Terms in die Sachsituation) und hierdurch nicht nur die Zahlen durch Größen, sondern in der Regel auch die Operation „inhaltlich gefüllt" (Grundvorstellung zur Operation) werden muss. Dies setzt voraus, dass der Größenbereich vertraut ist.

Komma trennt Einheit und Untereinheit Bereits in der Grundschule wird mit „Kommazahlen" in Bezug auf Größen gerechnet. Kritisch ist zu bewerten, dass dort das Komma in der Regel die Funktion als „Trennmarke" zwischen Einheit und einer Untereinheit hat. Diese Interpretation ist somit leider die optimale Grundlage für die **Komma-trennt-Fehlvorstellung**. So werden 3,75 € gelesen und verstanden als 3 Euro 75 (Cent) oder 2,53 m als 2 Meter 53 (Zentimeter). Merksätze wie „Komma trennt Euro und Cent" oder „Kilogramm und Gramm" sind sehr problematisch (Gunther [47], S. 27). Wenn das Komma die Einheit von der Untereinheit trennt, dann gilt beispielsweise 5 kg und 40 g = 5,40 kg.

Klika [84] führt in diesem Zusammenhang aus, dass von 95 % der befragten 42 Fünftklässler und von 70 % der 93 Siebtklässler die Größenangaben 3 m 7 cm und 3,7 m gleichgesetzt wurden. Dies kann durch die kritisch zu bewertenden Regeln wie „Das Komma trennt Euro und Cent" oder „Das Komma trennt Meter und Zentimeter", die sogar in Schulbüchern zu finden sind, erklärt werden.

Als Konsequenz soll das nicht bedeuten, dass Kommazahlen nicht in der Grundschule besprochen, sondern dass die Gemeinsamkeiten und Unterschiede der Funktion des Dezimalkommas im Unterricht gezielt thematisiert, gegenübergestellt und diskutiert werden sollen.

Förderung des Zusammenhangs zwischen Dezimalbrüchen und Größenangaben Der Einsatz einheitenbasierter Stellenwerttafeln zu Größen (m, dm, cm, mm) kann eine Brücke zwischen den Inhalten Größenbereiche und Dezimalbrüche in Grund- und weiterführender Schule sowie ein Anlass für diesbezügliche Gespräche darstellen. Konstruktive Vorschläge für die Besprechung der Zusammenhänge zwischen den Einheiten, Größen und insbesondere deren Darstellung in Stellenwerttafeln finden sich bei Franke/Ruwisch [27], S. 193 ff., Peter-Koop/Nührenbörger [135] sowie bei Krauthausen/Scherer [88].

- Wie wurden Größenangaben in der Grundschule von Meter in Zentimeter, von Kilogramm in Gramm und von Euro in Cent umgerechnet? Welche Merkhilfen gibt es?
- Wie werden diese Angaben in eine Stellenwerttafel eingetragen?
- Warum ist die Merkregel „Komma trennt Euro und Cent" eigentlich falsch und müsste besser lauten: „Komma trennt Euro und 10 Cent" oder „Komma trennt 1 kg und 100 g"? Bei welchen Angaben führt dies zu Fehlern (3 Euro und 7 Cent bzw. 2 kg und 24 g)? Wie muss die Regel bei Längen oder Volumina lauten?
- Wie hängen die Überschriften der Stellenwerttafel bei Längen (Gewichten, Geldbeträgen) zusammen? Wie kann das mit Stützpunktvorstellungen beschrieben werden (100 Fingerbreiten entsprechen einem großen Schritt, 10 Handbreiten entsprechen der Höhe der Tafel)?
- Auf welche Arten können die Zahlen (mit und ohne Komma) gelesen werden?

Erweiterung des Stellenwertsystems

13

Vorbemerkung

In diesem Kapitel wird die Erweiterung des dezimalen Stellenwertsystems zur Darstellung von Bruchzahlen in Dezimalschreibweise erläutert. Ein Großteil aller Schwierigkeiten beim Arbeiten mit Dezimalbrüchen kann durch Probleme im Stellenwertverständnis erklärt werden. Daher wird dieses Thema hier gesondert dargestellt. Auf der Grundlage eines tragfähigen Stellenwertverständnisses wird dann im folgenden Kap. 14 der Aufbau von Grundvorstellungen zu Dezimalbrüchen systematisch beschrieben.

13.1 Stellenwerte und deren Zusammenhänge

Wie bei der Notation natürlicher Zahlen im dezimalen Stellenwertsystem können auch positive rationale Zahlen in einem Bündelungs- und Stellenwertsystem geschrieben werden. Ein Verständnis hierzu ist entwickelt (vgl. Fromme [29], Hart [52], Roche [154]), wenn auf der Grundlage der Bündelungs- und Positionseigenschaften die **Übersetzungen zwischen Zahlwort, Zahlsymbol und Zahldarstellung** gelingen (vgl. Abb. 13.1).

Ausgangspunkt für den Dezimalbruchlehrgang ist die Nutzung der Eigenschaften des dezimalen Stellenwertsystems bei natürlichen Zahlen: Anzahlen werden restlos und wiederholt in Zehnern gebündelt, schließlich werden die Anzahlen der Bündel durch Ziffern und die Art der Bündel durch das Stellenwertsystem dokumentiert. Hierzu gehört auch, dass die Beziehungen zwischen den Stellenwerten sicher genutzt werden können: Werden beim Bündeln stets zehn Objekte in ein nächstgrößeres Bündel zusammengefasst, so wird beim Entbündeln dieses Bündel immer in 10 gleich große Teile der nächstkleineren Bündelungseinheit zerlegt.

Die Zahlbereichserweiterung besteht nun in der (fortgesetzten) dekadischen Entbündelung des Einers. Bei der unterrichtlichen Behandlung kann daher zunächst die **Abfolge der Stellenwerte** an den beschriebenen Arbeitsmitteln mit Bezug zu gemeinen Brüchen über Darstellungen für $\frac{1}{10}, \frac{1}{100}, \frac{1}{1000}$ bestimmt werden.

© Springer-Verlag GmbH Deutschland 2017
F. Padberg, S. Wartha, *Didaktik der Bruchrechnung*,
Mathematik Primarstufe und Sekundarstufe I + II, DOI 10.1007/978-3-662-52969-0_13

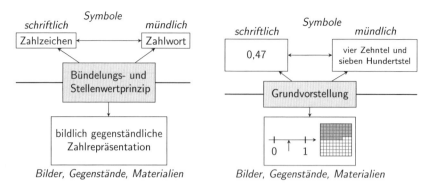

Abb. 13.1 Stellenwertverständnis

Grundlage für einen erfolgreichen Dezimalbruchlehrgang sind somit tragfähige Grundvorstellungen zu den Stellenwerten. Von den gemeinen Brüchen sollte bekannt sein: 1 Zehntel ($\frac{1}{10}$) bedeutet, dass die Einheit in 10 gleich große Teile unterteilt wurde und ein Teil davon betrachtet wird; 1 Tausendstel ($\frac{1}{1000}$) bedeutet, dass entsprechend die Einheit in 1000 gleich große Teile unterteilt wurde und ein Teil davon betrachtet wird.

Auf dieser Grundlage werden **Zusammenhänge nicht nur zwischen benachbarten Stellenwerten** anschaulich diskutiert: Wie viele Tausendstel sind ein Zehntel? Wie viele Zehntel sind 10?

Da der Aufbau eines erweiterten Stellenwertverständnisses die Basis für Grundvorstellungen zu Dezimalbrüchen darstellt, ist eine ausführliche unterrichtliche Besprechung wünschenswert. Zentral sind hierbei vielfältige Übersetzungen zwischen Darstellungsebenen und Schreib- bzw. Sprechweisen. Diese werden am Beispiel der Zahl 0,101 aufgezeigt:

- Lokale Sprech- und Schreibweise (vgl. Abb. 14.1): 1 Zehntel + 1 Tausendstel
- Globale Sprech- und Schreibweise: 101 Tausendstel
- Schreibweise als gemeine Brüche: $\frac{1}{10} + \frac{1}{1000}$ oder $\frac{101}{1000}$
- Schreibweise als Dezimalbrüche: $0,1 + 0,001$ oder $0,101$
- Darstellung am Decimat oder am Millimeterpapier
- Darstellung an der Zahlengeraden
- Darstellung in der Stellenwerttafel

E	z	h	t		E	z	h	t
0	1	0	1		0	0	0	101

Ein Verständnis für die Stellenwerte und deren Zusammenhänge erwächst nicht durch die isolierte Betrachtung dieser Punkte, sondern indem deren Zusammenhänge kommuniziert und argumentiert werden – insbesondere durch Übersetzungen in tragfähige ikonische oder enaktive Modelle (vgl. Kap. 12). Neumann ([112], S. 38) stellt fest: „Während die Schüler relativ erfolgreich sind, Dezimalbrüche in die Stellenwerttafel eintragen bzw. aus der Stellenwerttafel ablesen zu können, haben sie jedoch große Schwierigkeiten [...], den multiplikativen Zusammenhang zwischen zwei Stellenwerten zu bestimmen."

13.2 Mögliche Problembereiche und Hürden

Für tragfähige Zahlvorstellungen bzw. ein Operieren mit den Zahlen ist eine zentrale Voraussetzung, Beziehungen zwischen Stellenwerten zu kennen und zu nutzen. Probleme mit den Stellenwerten erklären eine Vielzahl an Fehlern und Fehlerstrategien. Bereits 1928 dokumentierte Brueckner [14] bei mehr als 300 Lernenden der 6., 7. und 8. Klassen in den USA, dass mit Abstand die meisten Fehler beim Operieren mit den Dezimalbrüchen durch fehlendes Stellenwertverständnis interpretiert werden können. 519 von 2175 Fehlern werden durch „lack of numerical values of decimals" (S. 37) erklärt. Dies zeigt sich insbesondere in Unsicherheiten, an welcher Stelle das Dezimalkomma eingesetzt werden muss.

Studien zeigen, dass die Konventionen und Zusammenhänge im Stellenwertsystem häufig nicht angewendet werden: In einer Untersuchung gelingt es beispielsweise der Hälfte der befragten Kinder nicht, den Platzhalter der Aufgabe richtig zu füllen: $24,13 = 20+4+0,1+x$ (Günther [47]). Als häufigste Fehllösung wurde $0,12$ angegeben. Das kann als ein deutlicher Hinweis auf mangelndes Stellenwertverständnis interpretiert werden.

Insbesondere die Zusammenhänge zwischen den Stellenwerten sind anspruchsvolle Lerninhalte. Die Studie von Neumann [112] dokumentiert, dass rund 40 % der befragten 411 Sechstklässler den elementaren Zusammenhang zwischen Einern und Zehnteln erkennen können und die passende Antwort „Einer sind zehnmal größer als Zehntel" ankreuzen. Die Lösungshäufigkeit sinkt auf unter 30 %, wenn im Multiple-Choice-Format nach dem Zusammenhang zwischen Zehnteln und Tausendsteln gefragt wird.

Darüber hinaus zeigen Untersuchungen, dass viele Lernende keine genaue Vorstellung haben, was die Multiplikation oder Division eines Dezimalbruchs mit den Stufenzahlen 10, 100 ... bewirkt. Diesen Hinweis auf mangelhaft ausgeprägtes Stellenwertverständnis bestätigt auch Hart [52], deren Studie bei der Multiplikationsaufgabe $5,13 \cdot 10$ häufig die Ergebnisse $5,130$ („Nullanhänge-Trick") oder $50,130$ zeigte. Noch kritischer sind die Resultate unter dem Fokus der Prozessorientierung zu bewerten: Meist wurden die Ergebnisse über den schriftlichen Algorithmus berechnet, obwohl die Aufgabe über die Nutzung der Eigenschaften des Stellenwertsystems ohne Rechnung lösbar ist (Günther [47], S. 37).

13.3   Vorbeugen, Diagnostizieren und Fördern

Mögliche diagnostische Aufgaben sind:

- Ein Einer ist ein großer Würfel der Zehnersystemblöcke. Wie sieht ein Hundertstel aus, wie ein Tausendstel?
- Wie hängen Zehntel und Tausendstel zusammen? Erkläre anschaulich.
- Wie hängen Zehner und Hundertstel zussammen? Erkläre anschaulich.
- Was musst du für ein Zehntel oder 10 Tausendstel mit Material legen?
- Notiere alle Zahlen in Bruch- und Kommaschreibweise.

Bei Schwierigkeiten sind vor allem zwei Fördermaßnahmen naheliegend: einerseits die Kommunikation über die Zusammenhänge zwischen Schreib-, Sprech- und Darstellungs-möglichkeiten der Stellenwerte (wie in Kap. 12 beschrieben) und andererseits die Bezug-nahme und Verknüpfung mit gemeinen Brüchen. Allerdings ist häufig „das Verständnis der Schüler von Dezimalbrüchen offenbar weitgehend abgelöst von dem der Brüche" (Günther [47], S. 35). Dies wird deutlich bei den Schwierigkeiten der Schüler, einstel-lige Dezimalbrüche in (Zehntel-)Brüche umzuwandeln und umgekehrt.

In den meisten Lehrplänen und Schulbüchern wird die Dezimalbruchrechnung nicht mehr getrennt von der gemeinen Bruchrechnung behandelt, sondern in enger Verknüpfung (Padberg [126]). Diese Vorgehensweise betont, dass es sich nur um verschiedene Schreib-weisen der gleichen Zahlen handelt, und stellt die Bezüge zwischen den Schreibweisen umso deutlicher her. Auch wenn die wünschenswerte engere Verknüpfung der Schreib-weisen noch nicht in allen Schularten und Bundesländern gleichermaßen umgesetzt ist: Für die Interpretation der Stellenwerte ist die Bezugnahme unverzichtbar.

Darstellen, Lesen und Schreiben von Dezimalbrüchen

14

14.1 Brüche in Stellenwertschreibweise darstellen

Auf der Grundlage von Grundvorstellungen zu den Stellenwerten und deren Zusammenhängen können nun beliebige (endliche) Dezimalbrüche über die Anteils-Grundvorstellung von Brüchen thematisiert werden: 2 Zehntel ($\frac{2}{10}$) bedeutet, dass die Einheit in zehn gleich große Teile unterteilt wurde und nun zwei davon gefärbt werden. Verknüpfungen zu gemeinen Brüchen werden aufrechterhalten, indem über das Erweitern und Kürzen (systematisch: Kap. 15) Zusammenhänge zwischen 2 Zehnteln, 20 Hundertsteln und 200 Tausendsteln hergestellt werden. Jedes Zehntelkästchen wird mit dem Faktor 10 bzw. 100 verfeinert: Es entstehen insgesamt 100 bzw. 1000 kleine Kästchen, von denen 20 bzw. 200 gefärbt sind. Daraus können nun globale, lokale und gemischte Betrachtungen von Dezimalbrüchen entwickelt werden. Der Bruch 0,234 kann demnach nichtsymbolisch dargestellt und entsprechend wie in Abb. 14.1 beschrieben werden.

Durch die Diskussion von Gemeinsamkeiten und Unterschieden dieser Darstellungen wird die zentrale Grundlage für die Grundvorstellung zu endlichen Dezimalbrüchen ge-

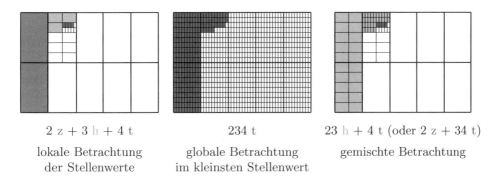

$2 \text{ z} + 3 \text{ h} + 4 \text{ t}$	234 t	$23 \text{ h} + 4 \text{ t}$ (oder $2 \text{ z} + 34 \text{ t}$)
lokale Betrachtung der Stellenwerte	globale Betrachtung im kleinsten Stellenwert	gemischte Betrachtung

Abb. 14.1 Verschiedene Betrachtungs- und Sprechweisen von 0,234

legt. Die Übersetzung von der dezimalen Notation in die Bruchschreibweise gelingt bei
endlichen Dezimalbrüchen direkt unter Bezugnahme auf die Stellenwerte. Kann diese
auch auf anschaulichem Wege vorgenommen werden, so werden Grundvorstellungen aktiviert. Beim Einsatz von Stellenwerttafeln wird die lokale Sichtweise vorausgesetzt –
insbesondere müssen anschauliche Vorstellungen zu den Stellenwerten aktiviert werden
können. Die globalen und gemischten Betrachtungen von Dezimalbrüchen setzen voraus,
dass die Zusammenhänge zwischen den Stellenwerten gut genutzt werden können. Für
den Aufbau und die Aktivierung von Grundvorstellungen zu Dezimalbrüchen sind Diskussionen über mögliche Sprechweisen einer Zahl und deren Veranschaulichungen eine
gute Grundlage.

14.2   Schreib- und Sprechweisen

Werden Bruchzahlen in **dezimaler** Schreibweise notiert, werden die Konventionen der
Notation natürlicher Zahlen in Stellenwertschreibweise beibehalten und erweitert. Um eine eindeutige Schreibweise zu erhalten, wird die Zahl zwischen Einer- und Zehntelstelle
mit einem Komma (im Ausland auch häufig mit einem Punkt) geschrieben. Für die unterrichtliche Besprechung sollten anschauliche Beispiele für folgende Erweiterungen und
Neuerungen herangezogen werden.

Folgende Eigenschaften bleiben erhalten:

- Stellenwerte haben eine festgelegte Reihenfolge.
- Der linke Stellenwert ist immer das 10-Fache des betrachteten, der rechte der zehnte
  Teil.
- Auch Bündel können ihrerseits wieder gebündelt werden.
- Ziffern (0 bis 9) geben die Anzahl der Bündel in den Stellenwerten an.
- Zwischennullen zeigen leere Stellen an.
- Bei der Zahlnotation muss an der Einerstelle immer eine Ziffer (evtl. auch eine 0)
  stehen.

Folgende Eigenschaften sind neu:

- Auch Einer können (fortgesetzt) entbündelt werden.
- Die Einer entsprechen nicht der letzten Ziffer rechts, sondern der ersten Ziffer vor dem
  Komma.
- In Leserichtung kann die Zahl mit Nullen beginnen (falls sie kleiner als 1 ist).
- Die Anzahl der Stellen erlaubt keinen Rückschluss auf die Größe der Zahl.
- Angehängte Endnullen rechts vom Komma ändern die Größe der Zahl nicht.

Während die Zahl**schreibweise** in unserem Kulturraum (bis auf Komma oder Punkt) nach
diesem System vereinbart ist, gibt es für die Zahl*sprechweise* verschiedene Möglichkei-

ten – auch innerhalb des deutschen Sprachraums. Wie in Abb. 14.1 dargestellt, kann der Dezimalbruch 0,234 gelesen werden als:

- „Null Komma zweihundertvierunddreißig." Diese Sprechweise wird als problematisch bewertet, da sie suggeriert, hinter dem Komma stünde eine natürliche Zahl („zwei Hundert" sind jedoch 2 Zehntel etc.). Diese Sprechweise unterstützt die „Komma-trennt-Fehlvorstellung", die die Ursache für zahlreiche Fehlerstrategien beim Vergleichen und Rechnen mit Dezimalbrüchen ist. Üblich ist diese Sprechweise insbesondere bei Größenangaben von Geld oder Längen (2,43 € als „zwei Euro dreiundvierzig").
- „Null Komma zwei drei vier." Diese formale Sprechweise der Ziffern ohne Angabe der Stellenwerte hat sich im Unterricht weitgehend durchgesetzt.
- „Null Einer und 234 Tausendstel oder 234 Tausendstel." Diese inhaltlich korrekte Sprechweise unterstützt die globale Betrachtung von Dezimalbrüchen.
- „0 Einer und 2 Zehntel, 3 Hundertstel und 4 Tausendstel" betont die lokale Betrachtung von Dezimalbrüchen und entspricht der Zahlwortbildung natürlicher Zahlen, bei der die Stellenwerte ebenfalls mitgesprochen werden (6859 als „6 Tausend, 8 Hundert, 9 und 50").

Die beiden letzten Sprechweisen aktivieren am ehesten Grundvorstellungen zu Dezimalbrüchen unter der Voraussetzung, dass die Stellenwerte verstanden sind. Diese Sprechweisen empfiehlt auch Roche [153] bei Schwierigkeiten. Im Mathematikunterricht hat sich hingegen die formale ziffernweise Sprechweise eingebürgert.

Für die unterrichtliche Behandlung von verschiedenen Sprech- und Schreibweisen ist das begleitende Darstellen an geeigneten Arbeitsmitteln zentral, damit sich durch die **Verbindung zwischen Symbolik und Modellen** tragfähige Vorstellungen ausbilden. Die Sprechweisen können wie in Abb. 14.1 aus den bildlichen Darstellungen entwickelt und diskutiert werden.

Verschiedene Stellenwerte werden nun zu einer Zahl zusammengesetzt. Hierbei ist darauf zu achten, dass vor allem Zahlen mit einer sowie mit mindestens drei Nachkommastellen thematisiert werden: Häufig beschränken sich Zahlvorstellungen auf zweistellige Dezimalbrüche, da diese in Kontexten mit Geld oder Längen im Alltag der Kinder häufig vorkommen (Heckmann [58], Steinle/Stacey [175]). Von einem tragfähigen Zahlverständnis kann in diesen Fällen jedoch nicht gesprochen werden.

14.3   Mögliche Problembereiche und Hürden

14.3.1   Probleme beim Übersetzen in eine nichtsymbolische Darstellung

Während in den Untersuchungen an Gymnasiasten von Padberg [119] hohe Erfolgsquoten beim Bestimmen von Zahlen an der Zahlengeraden und keine systematischen Fehler beim Zuordnen zwischen Zahlsymbolen (mit einer, zwei bzw. drei Dezimalen) festgestellt wurden, ist die Lösungshäufigkeit bei Realschülern niedriger, wenn die Zahl mehr als eine Dezimale enthält. Hart [52] berichtet, dass in ihrer Untersuchung bis zu 85 % der befragten 12- bis 15-Jährigen die Zahlen mit einer Dezimale an der Zahlengeraden richtig ablesen können. Jedoch nimmt die Lösungshäufigkeit drastisch ab, wenn die Zahl mehr als eine Dezimalstelle enthält: Bei einer Zahlengeraden mit Zehntelmarkierungen zwischen 14 und 15 konnten nur rund 25 % der 12-Jährigen und 25 % der 13-Jährigen die Position von 14,65 richtig bestimmen.

Günther [47] beschreibt in der Studie mit 239 Haupt- und Realschülern (Jahrgangsstufen 7 bis 10), dass das korrekte Ablesen der markierten Position 0,4 auf einem Rechenstrich von 0 bis 1 rund 80 % der Befragten gelingt. Problematischer sind flächige Darstellungen. Am Millimeterpapier dargestellte Zahlen wie 2,23 und 1,04 können ein Drittel bzw. die Hälfte der Befragten nicht richtig angeben. Entfällt eine vorgegebene Zehnerstruktur, dann werden die Aufgaben deutlich seltener richtig bearbeitet: An einer Zahlengeraden wurden zwischen 1,2 und 1,3 nur fünf Abschnitte eingezeichnet und es soll die Position 1,24 abgelesen werden. Dies gelingt nur der Hälfte der Befragten.

In einer umfangreichen Untersuchung an 656 Viert- und Fünftklässlern in den USA zeigt Tunç-Pekkan [188], dass flächige Darstellungen wie Kreis und Rechteck bei Zahldarstellung und -auffassung von Brüchen häufiger korrekt genutzt werden können als lineare Darstellungen an der Zahlengeraden. Besonders anspruchsvoll ist es, von einem gegebenen Bruchteil auf die Einheit zu schließen. Das gelingt weniger als einem Drittel der Befragten.

Die klare Botschaft dieser Untersuchungen: Ein beachtlicher Anteil der Lernenden kann **nicht zwischen Darstellungen von Dezimalbrüchen übersetzen**. Das ist ein deutlicher Hinweis darauf, dass von diesen Lernenden keine Grundvorstellungen zu den Dezimalbrüchen aktiviert werden können. Es kann durchaus sein, dass dennoch diese Symbole für Rechnungen manipuliert werden können – ein Verständnis (der Wirkungen) der Rechenoperationen kann jedoch nicht aufgebaut werden, wenn die Zahlen selbst nicht verstanden wurden. Das bedeutet, dass die in Abschn. 11.3 beschriebenen Lernziele, nämlich das über das Rechnen hinausgehende Schätzen und die Umsetzung der prozessbezogenen Kompetenzen, nicht oder nur höchst eingeschränkt erreicht werden können.

14.3.2   Probleme beim Lesen und Schreiben

Heckmann [57] untersucht die Kenntnis der globalen und lokalen Betrachtungsweise über eine Aufgabe, in der im Multiple-Choice-Format gefragt wird, welche Sprechweisen von 0,75 korrekt sind: 75 Hundertstel, 7 Zehntel + 5 Hundertstel, beide Formulierungen, keine Formulierung, k. A. (auf fehlerhafte Sprechweisen wurde verzichtet). Die Lösungshäufigkeiten für die Auswahlantworten entsprechen der Ratewahrscheinlichkeit von 25 %, insbesondere gibt nur ein Viertel der Schüler die Gleichwertigkeit der Aussagen als Ergebnis an. Interviews bestätigen, dass die Aussagen inhaltlich nicht begründet werden können und daher bei deutlich weniger als einem Viertel der befragten Realschüler davon ausgegangen werden kann, dass die Notation 0,75 inhaltlich flexibel in beiden Betrachtungs- bzw. Sprechweisen interpretiert werden kann.

In empirischen Untersuchungen (Mähr/Padberg [102] an Gymnasiasten der 5. und Heckmann [57] an Realschülern der 6. Jahrgangsstufe) wird dokumentiert, dass *nach* Behandlung der Dezimalbruchrechnung fast alle Befragten die ziffernweise Sprechweise kennen. Die problematische Sprechweise „drei Komma fünfundzwanzig" wird jedoch dennoch von zahlreichen Schülern zur Bearbeitung von Aufgaben herangezogen. Im englischen Sprachraum beschreibt Hart [52] die gleiche Problematik: Etwa ein Drittel der Kinder spricht die Nachkommastellen als natürliche Zahl aus. Diese Sprechweise wird auch von ihr als problematisch bewertet, da sie die zentrale Komma-trennt-Fehlerstrategie nahelegt.

Die Längsschnittstudie von Heckmann [57] zeigt auf, dass im Unterricht der beobachteten Realschulklassen offenkundig Wert auf die Verwendung der *formalen Sprechweise* gelegt wurde. Vor der Behandlung der Dezimalbruchrechnung wird der Dezimalbruch 3,25 von rund 45 % als „drei Komma zwei fünf" angegeben, danach von 95 %. Die problematische Sprechweise „drei Komma fünfundzwanzig" wählen vor der Behandlung 40 %, danach 5 % der Kinder. In vergleichenden Analysen stellt Heckmann [55] jedoch fest, dass die Beherrschung der *gewünschten Sprechweise* allein noch kein hinreichender Grund ist, keine Komma-trennt-Fehler mehr zu machen. Wichtiger ist es, zu den Zahlsymbolen und den Zahlwörtern Grundvorstellungen aufzubauen, die die Übersetzung in andere Darstellungen ermöglichen und somit die Lösung von Aufgaben zum Vergleichen und zum Rechnen gestatten, auch wenn eine Regel vergessen wurde (Heckmann [55], S. 81).

Auch nach der Behandlung der Dezimalbruchrechnung gelingt es nur rund der Hälfte der befragten Realschüler, bei einem dreistelligen Dezimalbruch (7,654) die Zehntelstelle zu identifizieren (Heckmann [56]). Die zentrale Fehlerstrategie bei der Aufgabe war die Angabe der 5 als Zehntel. Eine mögliche Erklärung ist die problematische Sprechweise, bei der die 5 als „fünfzig" gesprochen wird. Eine richtige Bearbeitung bedeutet unter dem Aspekt der Prozessorientierung noch nicht, dass der Inhalt tatsächlich verstanden wurde. Die Interviews bei Heckmann [56] bestätigen dies.

Wenn den Lernenden jedoch die *Bedeutung der Position* der Ziffer nicht klar ist, werden sich keine tragfähigen Zahlvorstellungen ausbilden. Ein Mitsprechen der Stellenwerte wäre hierzu eine notwendige, aber keine hinreichende Unterstützung.

Es erscheint daher angebracht, bei der *Einführung* und *gezielten Wiederholung* von Dezimalbrüchen den **inhaltlichen Sprechweisen**, bei denen Stellenwerte mitgesprochen werden, den Vorzug zu geben.

Erst wenn diese Kompetenzen aufgebaut sind, wird die formale Kurzsprechweise als effektive Kommunikation über diese Zahlen eingeführt.

Zusammenfassend zeigen die Untersuchungen, dass ein Viertel bis ein Drittel der Lernenden *Übersetzungsprozesse* zwischen einer Zahldarstellung und der Zahlsymbolik auch bei einer Dezimale *nicht erfolgreich* leisten kann und daher nach den Darstellungen in

Abschn. 11.5 keine Grundvorstellungen zu den Dezimalbrüchen aufgebaut hat. Dass das Rechnen mit **unverstandenen Zahlen** ein rein syntaktisches Operieren sein wird, ist offenkundig.

14.4   Vorbeugen, Diagnostizieren und Fördern

Mögliche diagnostische Aufgaben sind:

- 300 z sind wie viele Einer?
- Wie kann die Zahl 0,291 gelesen werden? Beschreibe, wie für jede Sprechweise die Zahl mit Zehnersystemblöcken (ZSB) gelegt wird.
- Stell dir an den ZSB vor: 13 Tausendstel und 12 Hundertstel. Wie können diese Zahlen aufgeschrieben werden? Wie viel ist das zusammen?
- Wo ist die Eins?

- Wie viel ist eingefärbt? Sage und schreibe einen Dezimalbruch.

Die Aufgaben sollten bei der Förderung nicht produktorientiert auf symbolischer Ebene bearbeitet und besprochen werden. Zielführend ist die **prozessorientierte Diskussion** von Begründungen anhand von Modellen. An Zehnersystemblöcken könnte bei der ersten Aufgabe thematisiert werden: Bei 300 Zehntelplatten können immer 10 zu einem Einerblock zusammengefasst werden. Insgesamt sind das 30 Einerblöcke, also 30 Einer. Entsprechend am Millimeterpapier: 1 z ist einer von 10 Streifen, 300 z sind dann $30 \cdot 10$ Streifen, also 30 Einer (weitere konkrete Vorschläge bei Heckmann [58]).

    Roche [154] beschreibt spielerische Zugänge, bei denen in Einzel- oder Partnerarbeit über zwei Würfel (einen Zahlenwürfel für den Zähler und einen Würfel für den Nenner, an dem vier Mal der Bruch $\frac{1}{1000}$ und je einmal die Brüche $\frac{1}{100}$ und $\frac{1}{10}$ aufgeklebt sind) Brüche gewürfelt, in Dezimalbruchschreibweise notiert und anschließend in einen Decimat eingezeichnet werden. Der nächste Spieler zeichnet seine gewürfelte Zahl in den gleichen Decimat ein und notiert die nun gefärbte Gesamtfläche. Im Laufe des Spiels wird insbesondere zwischen Zehnteln, Hundertsteln und Tausendsteln entbündelt und gebündelt.

    Gute diagnostische und fördernde Aufgaben machen **ganzzahliges Denken** offenkundig und thematisieren es. Beim Dezimalbruch 0,3 werden nicht automatisch drei Felder gefärbt oder der dritte Strich an der Zahlengeraden markiert (Roche [153]). Es ist vielmehr darauf zu achten, dass drei *von zehn gleich großen* Flächen bzw. *von zehn in gleichem Abstand* angeordneten Markierungen betrachtet werden.

Zentral auch beim (Förder-)Unterricht ist, dass eine rein ergebnisorientierte Betrachtungsweise als Indikator für „Verständnis" nicht brauchbar ist: Erst die Offenlegung der Bearbeitungswege zeigt, ob dem richtigen Ergebnis auch eine tragfähige Strategie bzw. Vorstellung zugrunde liegt (Heckmann [57]).

Zahlvorstellungen können besonders gut bei Aufgaben zum Anordnen und zum Größenvergleich von Dezimalbrüchen untersucht und aktiviert werden. Ein zentrales Werkzeug hierfür ist das Erweitern und Kürzen. Diese Inhalte werden in den folgenden Kapiteln systematisch dargestellt.

14.5 Variationsreiches Üben und Vertiefen

Sind die Zusammenhänge **zwischen den Stellenwerten** gut verstanden, so können vertiefte Einsichten über das Stellenwertsystem mit Stellenwerttafeln erreicht werden. Aufgaben, bei denen Plättchen in Stellenwerttafeln gelegt werden, bieten zudem das Potenzial innerer Differenzierung.

Im *Mathematikbuch 2* [S1] (hier Abb. 14.2) sollen die Lernenden die Stellenwerttafel und Plättchen zeichnen. Um ein experimentelles und entdeckendes Vorgehen zu ermöglichen, sollen die Plättchen tatsächlich *gelegt und verschoben* werden. Die Resultate können dann in Dezimalbruchschreibweise notiert werden. Eine Möglichkeit der Differenzierung besteht darin, bei den Teilaufgaben c. bis e. *alle* möglichen Zahlen zu finden. Diese können beispielsweise auf Zettelchen notiert und anschließend so sortiert werden, dass gut argumentiert werden kann, warum *alle* gefunden wurden.

2,11 „Zwei Komma eins eins"

Stellentafel

Zeichne in deinem Heft eine Stellentafel. Stelle darin Zahlen mit gezeichneten Plättchen dar. Schreibe die Zahlen und lies sie.

a. Stellt euch gegenseitig solche Aufgaben.

b. Schreibt die Zahlen auch als Bruchzahlen.

c. Stelle mit 4 Plättchen Zahlen zwischen 0,5 und 5 dar.

d. Stelle mit 3 Plättchen Zahlen zwischen 0,05 und 0,5 dar.

e. Stelle mit 2 Plättchen Zahlen zwischen 0,005 und 0,05 dar.

Abb. 14.2 Arbeiten mit Plättchen in der Stellenwerttafel © *Das Mathematikbuch 2* [S1], S. 13, Nr. 5

Das Einzeichnen und Ablesen von Dezimalbrüchen an der Zahlengeraden ist eine zentrale Kompetenz, die auch in anderen Lebensbereichen und Unterrichtsfächern wichtig ist, beispielsweise beim Interpretieren von Skalen beim Messen. Im Schulbuch *Mathematik heute 2* [S16] (hier Abb. 14.3) wird eine halbkreisförmige Zahlenhalbgerade eingesetzt.

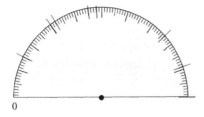

Auf der Skala links sind (außer der 0) keine Zahlen eingetragen.

a) Der rote Strich soll die Zahl 1 markieren. Welche Zahlen zeigen die blauen Striche an?

b) Angenommen, der rote Strich markiert die Zahl 0,1. Welche Zahlen zeigen nun die blauen Striche an?

Abb. 14.3 Zahldarstellung an einer Skala © *Mathematik heute 2*, [S16], S. 155, Nr. 11

Das **Arbeiten mit Fehlerbeispielen** ist für alle Leistungsgruppen fruchtbar (vgl. z. B. Heemsoth/Heinze [61]). Durkin/Rittle-Johnson [24] zeigen in einer Studie mit 2×74 Lernenden, dass insbesondere die Gegenüberstellung und Diskussion richtiger und falscher Begründungen einen langfristigen Lerneffekt bringt. Ebenfalls Erfolg versprechend ist die Erzeugung eines *kognitiven Konflikts*, um einen Konzeptwechsel von Eigenschaften natürlicher Zahlen zu Eigenschaften von Dezimalbrüchen bewusst einzuleiten (vgl. Huang et al. [74]).

In zahlreichen Schulbüchern finden sich Vorschläge mit typischen Fehlern. Diese können gemeinsam mit den Lernenden besprochen werden. Die Frage, wie der Fehler wohl entstanden sein könne, ermöglicht das Bewusstmachen und Abgrenzen von Fehlerstrategien und tragfähigen Vorgehensweisen.

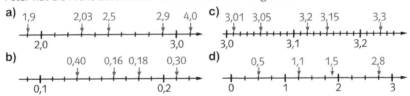

Abb. 14.4 Arbeiten mit Fehlerbeispielen bei Zahldarstellung und -auffassung © *Denkstark 2* [S2], S. 53, Nr. 8

Weitere Anregungen für Diskussionen und anschauliche Argumentationen werden ebenfalls im Buch *Denkstark 2* [S2] (hier Abb. 14.4 und 14.5) vorgeschlagen.

Richtig oder falsch? Begründe.
a) 2,34 liegt links von 2,41.
b) 2,5 liegt zwischen 2,44 und 2,46.
c) 3,7 liegt direkt neben 3,6.
d) Auf dem Taschenrechner ist 0,000000001 die kleinste Dezimalzahl.
e) Zwischen 0 und 0,1 gibt es keine Dezimalzahlen.
f) Zwischen zwei verschiedenen Dezimalzahlen findet man immer eine weitere Dezimalzahl.

Abb. 14.5 Argumentieren und Begründen bei der Zahlanordnung © *Denkstark 2* [S2], S. 53, Nr. 9

Die in der *Mathewerkstatt 1* [S20] (hier Abb. 14.6) vorgestellten Fehler beim Ablesen aus der Stellenwerttafel bieten ebenfalls viele Diskussionsanlässe. Es sei zusätzlich angeregt, die Zusammenhänge zwischen den Stellenwerten und die notierten Zahlen mit konkretem oder vorgestelltem Zehnersystemmaterial zu besprechen.

Fehlersuche in der Stellentafel

a) Pia hat Zahlen in einer Stellentafel abgelesen.
   Mit welchen Werten bist du nicht einverstanden? Gib einen Tipp.

	H	Z	E	z	h	t	Pia hat abgelesen:
(1)			5				0,50
(2)		1	2	4			124
(3)		1	0	0	3		13
(4)				1		3	0013
(5)				5			5
(6)	1	2	3	4	5	6	123,456
(7)				4	0	0	04
(8)			5	0	5	0	55
(9)		1	7	2			172

b) Erfinde selbst solche Aufgaben und lasse deinen Nachbarn die Fehler finden.

Abb. 14.6 Arbeiten mit Fehlerbeispielen in der Stellenwerttafel © *Mathewerkstatt 1* [S20], S. 159, Nr. 13

Erweitern und Kürzen bei Dezimalbrüchen

15

15.1 Verfeinern und Vergröbern einer Unterteilung

Das Verfeinern und Vergröbern einer Unterteilung ist eine Grundvorstellung bei Brüchen, die hilfreich beim Vergleichen, Finden von Zwischenzahlen sowie beim Addieren, Subtrahieren und Dividieren ist. Der mathematische Fachausdruck für das Verfeinern einer Unterteilung heißt missverständlich „Erweitern" und das Vergröbern wird als „Kürzen" bezeichnet. Hier haben Alltags- und Fachsprache unterschiedliche Bedeutungen und sollten daher im Unterricht gezielt gegenübergestellt werden: Beim Erweitern ändert sich zwar die Größe eines Grundstücks und die Notation des Bruches, nicht aber die Bruchzahl (vgl. auch Abschn. 4.6). Werden Brüche in dezimaler Schreibweise notiert, so werden die Anteile innerhalb des Stellenwertsystems verfeinert und vergröbert, indem verzichtbare Endstellen mit Wert null hinzugefügt oder weggelassen werden.

Diese symbolische Betrachtung geht aus anschaulichen Überlegungen hervor und beim **Anhängen von Endnullen** soll konkret oder in der Vorstellung auf entsprechende Modelle zurückgegriffen werden. Die Gleichwertigkeit der Dezimalbrüche 0,3 und 0,30 und 0,300 kann über die verwendeten Arbeitsmittel (Decimat, Zahlengerade) eingesehen werden. Sind Grundvorstellungen zu den Stellenwerten aufgebaut, lässt sich diese Gleichwertigkeit auch an der Stellenwerttafel aufzeigen:

© Springer-Verlag GmbH Deutschland 2017
F. Padberg, S. Wartha, *Didaktik der Bruchrechnung*,
Mathematik Primarstufe und Sekundarstufe I + II, DOI 10.1007/978-3-662-52969-0_15

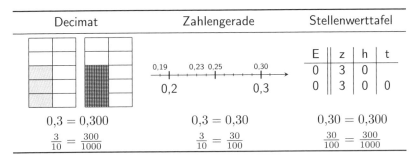

Abb. 15.1 Anschauliches Erweitern und Kürzen am Beispiel $0{,}3 = 0{,}30 = 0{,}300$

Anschaulich wird deutlich, dass hier auf Zehnerbrüche zurückgegriffen wird. Bei der unterrichtlichen Behandlung des Verfeinerns und Vergröberns der Unterteilung von Dezimalbrüchen wird daher das Erweitern und Kürzen von gemeinen Brüchen anschaulich wiederholt und durch die Verknüpfung vertieft. Bei der Thematisierung kann auf die bekannten Modelle zu den gemeinen Brüchen zurückgegriffen werden.

Eine weitere Möglichkeit ist das Arbeiten mit Größen und deren Zusammenhängen in den Einheiten: $1{,}5\,\mathrm{m}$ und $1{,}50\,\mathrm{m}$ bezeichnen rein mathematisch die gleiche Länge. Voraussetzung ist jedoch auch hier, dass die Gleichwertigkeit beider Größenangaben bei diesem Weg über die Zusammenhänge der Untereinheiten sicher genutzt werden kann: $1{,}5\,\mathrm{m} = 1\,\mathrm{m} + 5\,\mathrm{dm} = 1\,\mathrm{m} + 50\,\mathrm{cm} = 1{,}50\,\mathrm{m}$. Durch rein formales Befolgen der (irreführenden) Regel „Das Komma trennt cm und m" könnte die Längenangabe dagegen wie folgt falsch umgewandelt werden: $1{,}5\,\mathrm{m} = 1\,\mathrm{m} + 5\,\mathrm{cm}$ und $1{,}50\,\mathrm{m} = 1\,\mathrm{m} + 50\,\mathrm{cm}$. Die Gleichwertigkeit von $1{,}5\,\mathrm{m}$ und $1{,}50\,\mathrm{m}$ könnte somit nicht erkannt werden. In Alltagssituationen vermitteln die Längenangaben $1{,}5\,\mathrm{m}$ und $1{,}50\,\mathrm{m}$ dagegen unterschiedliche Informationen bezüglich der Genauigkeit und in diesem Sinne können $1{,}5\,\mathrm{m}$ und $1{,}50\,\mathrm{m}$ durchaus verschieden lange Strecken bezeichnen. Da eine geeignete Grundvorstellung zum Erweitern und Kürzen auch bei Dezimalbrüchen zentral ist für das Vergleichen, das Finden von Zwischenzahlen, das Addieren, Subtrahieren und Dividieren sowie das Einbetten von natürlichen Zahlen in die Menge der Bruchzahlen, liegt die Veranschaulichung über die Arbeitsmittel Decimat, Millimeterpapier und Zahlengerade sehr nahe, da diese auch bei den weiteren Inhaltsbereichen verwendet werden.

15.2 Vorbeugen, Diagnostizieren und Fördern

Der Vergleich der Eigenschaften von natürlichen Zahlen und Dezimalbrüchen zeigt deutliche Unterschiede auf: Das Anhängen bzw. Streichen von Endnullen bei natürlichen Zahlen ändert die Zahl und bedeutet Multiplizieren bzw. Dividieren mit Zehnerpotenzen. Werden diese syntaktischen Vorgehensweisen nur als unverstandene Tricks oder Regeln verwendet, so können typische Fehler entstehen. In Verbindung mit der Komma-trennt-Strategie (vgl. Kap. 16.3) wäre z. B. $0{,}3 < 0{,}30$, da auch $3 < 30$ ist. Schwierigkeiten beim Erweitern und Kürzen können über folgende Aufgabenstellungen untersucht werden (vgl. Padberg [119], S. 128):

(1) Schreibe mit zwei Stellen nach dem Komma: $7 = 7,\square\square$
(2) Kreuze die richtige Aussage an:
    $0,3 < 0,30$; $0,3 = 0,30$; $0,3 > 0,30$
(3) Welche Zahlen sind gleich? Kreuze alle richtigen Lösungen an:
    $0,2 = 0,02$; $0,2 = 0,20$; $0,2 = 0,002$; $0,2 = 0,200$.
(4) 40 Zehntel sind dasselbe wie ... Hundertstel.
(5) Begründe deine Aussagen bei (1) bis (4) an der Zahlengeraden oder am Decimat.

Im Gegensatz zu den befragten Haupt- und Realschülern in der Untersuchung von Günther [47] und den Schülern bei Hart [52] bereitet die syntaktische Bearbeitung der Aufgaben (1) bis (3) nach der Behandlung der Dezimalbruchrechnung rund 90 % der befragten Gymnasiasten bei Padberg [119], [120] keine nennenswerten Schwierigkeiten. Das Erweitern und Kürzen von Dezimalbrüchen fällt den Lernenden somit deutlich leichter als bei gemeinen Brüchen. Bei der Aufgabe (4) ist die Lösungshäufigkeit mit 65 % deutlich niedriger. Bei Hart [52] sind es je nach Klassenstufe gut 25 % bis 40 %. Das kann als Hinweis darauf gedeutet werden, dass bei vielen Lernenden Grundvorstellungen zu den Stellenwerten nicht aktiviert werden können. Im Sinne der Prozessorientierung erscheint eine Bearbeitung von Aufgabe (5) besonders aufschlussreich: Kann das Kind den Übersetzungsprozess leisten (also Grundvorstellungen aktivieren und somit zeigen, dass es den Inhalt **verstanden** hat) und gelingt eine schlüssige Argumentation? Fördermaßnahmen knüpfen an Aufgabe (5) an und thematisieren die Zusammenhänge zwischen den Zahlnotationen und den Darstellungen am Anschauungsmittel. Auch ein gezieltes anschauliches Aufgreifen der häufigen Komma-trennt-Fehlerstrategie ($0,3 < 0,30$) ist ein Anlass, über Unterschiede und Grundvorstellungsumbrüche zwischen natürlichen Zahlen und Dezimalbrüchen zu diskutieren.

Größenvergleich und Anordnung bei Dezimalbrüchen

16

16.1 Wege zum Größenvergleich

Die Diskussion von Aufgabenstellungen zum Vergleichen und Anordnen von Dezimalbrüchen ermöglicht das Wiederholen von Eigenschaften bzw. das Aufdecken von Fehlvorstellungen zum Stellenwertsystem. Das ist eine zentrale Grundlage für das Weiterarbeiten und Erarbeiten der Rechenoperationen, denn „ein nicht ausgeprägtes Stellenwertverständnis führt oftmals auch zu Schwierigkeiten eines inhaltlich gestützten Operationsverständnisses" (Mosandl/Sprenger [110], S. 17). Dezimalbrüche können über die Stellenwerte ähnlich wie natürliche Zahlen verglichen werden. Während bei gemeinen Brüchen in der Regel Zwischenschritte für den Vergleich nötig sind, fällt das Vergleichen der Zahlen in dezimaler Schreibweise durch die bereits gegebenen Zehnerpotenzen im Nenner leichter. Der Größenvergleich kann auf wenigstens vier Wegen inhaltlich begründet werden und wird am Beispiel $0{,}238 < 0{,}24$ aufgezeigt:

16.1.1 Über die Stellenwerte an flächigen Veranschaulichungen

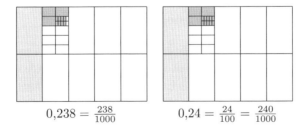

$$0{,}238 = \frac{238}{1000} \qquad\qquad 0{,}24 = \frac{24}{100} = \frac{240}{1000}$$

Je größer die gefärbte Fläche ist, desto größer ist die Zahl, also $0{,}238 < 0{,}24$.

© Springer-Verlag GmbH Deutschland 2017
F. Padberg, S. Wartha, *Didaktik der Bruchrechnung*,
Mathematik Primarstufe und Sekundarstufe I + II, DOI 10.1007/978-3-662-52969-0_16

16.1.2 Über die Zahlengerade

Für die Bearbeitung muss ein *geeigneter* Ausschnitt der Zahlengeraden gewählt werden, an dem beide Zahlen dargestellt werden können. Je weiter rechts die Zahl steht, desto größer ist sie. Im Beispiel gilt also $0{,}238 < 0{,}24$.

16.1.3 Über Größen

$0{,}238\,\text{km} = 238\,\text{m}$ und $0{,}24\,\text{km} = 240\,\text{m}$. Wegen $238\,\text{m} < 240\,\text{m}$ ist $0{,}238\,\text{km} < 0{,}24\,\text{km}$, also $0{,}238 < 0{,}24$. Der Vergleich über Größen bietet sich insbesondere bei bis zu drei Nachkommastellen an, wenn hierbei auf alltägliche Vorstellungen zu Längen oder Gewichten (Massen) zurückgegriffen werden kann.

16.1.4 Über Stellenwerttafeln

E	z	h	t		km	100 m	10 m	1 m
0	2	3	8		0	2	3	8
0	2	4			0	2	4	

Die Stellenwerte werden (wie bei natürlichen Zahlen) absteigend verglichen: Es sind gleich viele Einer und Zehntel, aber bei 0,24 mehr Hundertstel als bei 0,238. Also gilt $0{,}238 < 0{,}24$. Die t müssen nicht mehr verglichen werden.

16.1.5 Beispiel

Im Schulbuch *Mathewerkstatt 1* [S20] (hier Abb. 16.1) werden verschiedene Zugangswege vorgestellt und verglichen.

16.1.6 Vergleich der verschiedenen Wege

Wie beim Vergleichen gemeiner Brüche können beim Vergleichen von Dezimalbrüchen Grundvorstellungen von Dezimalbrüchen aktiviert und vernetzt werden. Insbesondere das Einfordern von (anschaulichen) Begründungen fördert darüber hinaus die prozessorientierten Kompetenzen. Die anschaulichen Erklärungswege über Flächendarstellungen und die Zahlengerade sind universell, jedoch stellt das Finden eines geeigneten Ausschnitts an der Zahlengeraden einen weiteren Lerninhalt dar. Liegen zwei Dezimalbrüche weit auseinander (0,0048 und 0,21), so wird mit genäherten Werten gearbeitet. Der Weg über Größen setzt voraus, dass die Umrechnungen zwischen den Größeneinheiten sicher beherrscht

Dezimalzahlen vergleichen

Für den Eiskanal in Oberhof gibt es bei den Herren folgende Bahnrekorde:
Georg Hackl 44,129 s (Rodeln) und Hoppe/Musiol 44,62 s (Zweierbob).

a) Ole, Till und Pia wollen wissen, wer schneller war.
   Ordne zu, wer was ins Heft geschrieben hat.

b) Probiere die Verfahren von Ole, Till und Pia aus und vergleiche 13,8 und 13,44.

c) Welche Vor- und Nachteile haben die Verfahren? Welches findest du am besten?

Abb. 16.1 Vergleichen von Dezimalbrüchen © *Mathewerkstatt 1* [S20], S. 153, Nr. 5

und angewendet werden können. Hierin ist eine weitere Möglichkeit der Vernetzung und
Wiederholung von Größenbereichen gegeben.

Das Nutzen der Stellenwerttafel ist ebenfalls nicht selbsterklärend. Wenn nicht nur
oberflächlich mit ihr operiert werden soll, dann setzt das Eintragen sowohl von Zahlen
als auch von Größenangaben voraus, dass die Stellenwerte bzw. die Untereinheiten der
Größen mit Vorstellungen verknüpft sind und die Zusammenhänge zwischen den Spalten
sicher genutzt werden können.

Besonders tragfähig ist das Arbeiten mit Stellenwerttafeln, denn hieraus kann direkt
die zentrale Beobachtung zum Größenvergleich erarbeitet werden:

Satz 16.1 *Dezimalbrüche werden verglichen, indem die Stellenwerte, beginnend beim
größten, betrachtet werden. Ist der Stellenwert gleich, so wird der nächstkleinere verglichen, bis sich die Stellenwerte unterscheiden. Ist der Stellenwert größer, so ist die Zahl
größer.*

Der Vergleich von Dezimalbrüchen mit gleicher Anzahl an Dezimalen stellt einen Sonderfall dar, der nicht nur besonders einfach ist, sondern auch über Fehlerstrategien zu
richtigen Ergebnissen führen kann. Von daher ist auch die (von manchen Schulbüchern
vorgeschlagene) Technik, Dezimalbrüche für Vergleiche zunächst „durch Anhängen von
Endnullen" gleichnamig zu machen, eher kritisch zu bewerten. Sie legt ein rein syntaktisches Arbeiten nahe, das häufig auch unnötig zeitaufwändig und umständlich ist (z. B.:
„Vergleiche 7,4 und 1,000328.").

16.2   Anordnung von Dezimalbrüchen

Die Anordnung der Dezimalbrüche unterscheidet sich grundlegend von der der natürlichen Zahlen: Während natürliche Zahlen eindeutige Nachbarzahlen haben und „diskret" angeordnet sind, findet sich zwischen zwei Dezimalbrüchen immer noch ein weiterer Bruch. Das bedeutet gleichzeitig, dass zwischen zwei Dezimalbrüchen unendlich viele weitere gefunden werden können und diese somit „dicht" angeordnet sind. Dieser Grundvorstellungsumbruch sollte gezielt thematisiert werden. Die Einsicht in die Dichte von Brüchen setzt die Grundvorstellung zum Erweitern der Zahlen voraus: Jeder Stellenwert kann wiederum entbündelt werden und eine verfeinerte Unterteilung bilden.

Eine Thematisierung der Dichte kann über die Fragestellung erfolgen, ob es zwischen 0,24 und 0,25 weitere Zahlen gibt. Die anschauliche Diskussion kann sowohl an flächigen Darstellungsmitteln (Decimat) als auch an der Zahlengeraden unterstützt werden und somit zum Aufbau tragfähiger Grundvorstellungen zu Dezimalbrüchen beitragen. Eine zentrale Argumentation ist im Beispiel die Verfeinerung in Tausendstel, sodass zwischen 0,240 und 0,250 sofort einige Zahlen angegeben werden können. Durch nochmalige Verfeinerung der Unterteilung können auch z. B. zwischen 0,246 und 0,247 weitere Dezimalbrüche gefunden werden.

16.3   Mögliche Problembereiche und Hürden

Grundvorstellungen zu Dezimalbrüchen können besonders gut über Aufgaben zu Zahlvergleichen und zur Anordnung untersucht werden. Mangelnde Zahlvorstellungen, Probleme mit dem Stellenwertsystem oder Fehlvorstellungen können bei geeigneten Aufgaben offenkundig werden.

16.3.1   Probleme beim Vergleichen von Dezimalbrüchen

International werden im Bereich „Vergleichen von Dezimalbrüchen" drei zentrale Kategorien an fehlerhaften Vorgehensweisen beschrieben (vgl. Desmet et al. [22], Sackur-Grisvard [157], Nesher/Peled [111], Liu/Ding/Zong/Zhang [94]):

(1)   Mehr Nachkommastellen bedeutet größere Zahl.
(2)   Mehr Nachkommastellen bedeutet kleinere Zahl.
(3)   Nullstrategie

Diese übergeordneten Fehlerkategorien werden im Folgenden durch die konkrete Beschreibung der Fehlerstrategien und der zugrunde liegenden Fehlvorstellungen konkretisiert.

Ein besonderer Fokus für (1) liegt auf der Diagnose der unreflektierten Übertragung von (syntaktischen) Regeln natürlicher Zahlen: Bei natürlichen Zahlen bedeutet eine größere Anzahl an Stellen bereits eine größere Zahl. Dezimalbrüche können hingegen **nicht aufgrund der Anzahl der Stellen** verglichen werden. Die zentralen Fehlerstrategien sind hierbei:

- Komma-trennt-Strategie (KT): Der Dezimalbruch wird interpretiert als zwei natürliche Zahlen, die durch ein Komma getrennt sind. Nach dieser Strategie wäre 3,76 > 3,9, denn 76 > 9.
- Kein-Komma-Strategie (KK): Bei dem Dezimalbruch wird das Komma ignoriert. Je mehr Ziffern auftreten, desto größer ist die Zahl. Weitere mögliche Ursachen werden bei Steinle/Stacey [174] angeführt. Die KK-Strategie ist bei natürlichen Zahlen tragfähig, nicht jedoch bei Dezimalbrüchen, denn 2,3 > 2,0004. Heckmann [55] kann diese Strategie im Gegensatz zu Padberg [118], Klika [84], Günther [47] und Desmet et al. [22] nicht empirisch bestätigen.

Bisweilen werden diese Fehlerstrategien noch durch die *Nullstrategie* ergänzt. Hiernach sind Nullen direkt rechts des Dezimalkommas ein Indikator für eine kleine Zahl. Während also 0,3 < 0,29 (KT-Strategie) angenommen würde, wäre nach der Nullstrategie 0,03 < 0,3. Lernende wissen, dass Dezimalbrüche mit einer Null nach dem Komma klein sind. Bei Vergleichen von nur zwei Dezimalbrüchen liegen sie mit dieser Strategie – wie im Beispiel 0,03 und 0,3 – meist richtig und werden darin bestärkt.

Die Fehlerstrategien „Komma-trennt" und „kein-Komma" führen zu richtigen Ergebnissen, wenn die zu vergleichenden Dezimalbrüche gleich viele Dezimalen aufweisen (Padberg [126], Roche [153]). In Bezug auf Größen zeigt Heckmann [57] auf, dass Dezimalbrüche mit verschiedener Anzahl an Dezimalen von 70 % bis 80 % der befragten Sechstklässler nach Behandlung der Dezimalbruchrechnung richtig verglichen werden. In einem Kontext sollte „die größte Länge von 1,25 m; 1,185 m; 1,42 m und 1,3 m" angegeben werden. Gut 20 % der Kinder wählten 1,185 m über die KT- oder KK-Strategie aus. Werden nicht Größenangaben, sondern Zahlen ohne Einheit verglichen, so nimmt die Lösungshäufigkeit ab: Bei der Aufgabe „Umrande die größte Zahl von 0,3; 0,13; 0,42; 0,135 und 0,287" konnten nur 70 % der befragten Gymnasiasten die Lösung 0,42 angeben. Die Zahl 0,287 wählten rund 10 % der Befragten aus, wohl auf der Grundlage der KT-Strategie (Padberg [126], S. 184).

Bei dieser Aufgabe wurde auch eine weitere Fehlerstrategie festgestellt, denn knapp 20 % der Befragten gaben 0,3 als Ergebnis an. Diese Fehlerstrategie kann beschrieben werden als:

- Länger-ist-kleiner-Strategie (LIK): Hiernach gilt 0,375 < 0,25, denn je mehr Dezimalen vorhanden sind, desto kleiner ist die Zahl. Entsprechend sind Dezimalbrüche mit weniger Dezimalen größer („Kürzer-ist-größer"-Strategie bei Heckmann [60]). Dies ist eine falsche Übergeneralisierung eines richtigen Gedankens, denn Tausendstel sind kleiner als Hundertstel (vgl. auch Günther [47]). Jedoch muss wie auch bei gemeinen Brüchen sowohl der Zähler (Anzahl der betrachteten Unterteilungen) als auch der Nenner (die Größe der Unterteilung selbst) für den Zahlvergleich berücksichtigt werden.

Gründe für die LIK-Strategie können sein:

- Nennerfokussiertes Denken: Die Lernenden wissen um die Stellenwerte und deren Größe. Sie beachten jedoch bei der Interpretation nicht die Zähler: 2,6 hat 6 Zehntel, 2,73 hat 73 Hundertstel. Da Hundertstel kleiner als Zehntel sind, muss 2,73 < 2,6 gelten.
- Reziprokes Denken: Das Dezimalkomma wird als eine Art Bruchstrich aufgefasst. Je größer die Zahl hinter dem Komma ist, desto kleiner ist die Zahl, da bei Brüchen mit größeren Zahlen im Nenner und gleichem Zähler die Zahlen kleiner sind. Demnach ist 2,73 < 2,6 denn $\frac{1}{73} < \frac{1}{6}$.
- Negatives Denken: Der dezimale Anteil der Zahl wird als Abstand von der Null mit negativem Vorzeichen (z. B. 0,3 < 0,2) interpretiert. Je größer der dezimale Teil, desto kleiner wird die Zahl gedeutet. Die Bezeichnung entstammt aus einer Untersuchung von Stacey [172], bei der von fast 10 % der Kinder angegeben wurde, dass 0 größer als 0,6 oder 0,22 oder 0,134 ist.

Die Fehlerstrategien hängen hierbei vom Leistungsvermögen der Lernenden ab und verändern sich im Laufe der Schulzeit (vgl. Desmet et al. [22], Padberg [126]). Während die KT- und KK-Strategien vor allem bei leistungsschwächeren Lernenden für Fehler sorgen, ist es bei leistungsstärkeren die LIK-Strategie (vgl. Heckmann [57], Padberg et al. [133] und Ruddock et al. [155]). In der Untersuchung von Steinle/Stacey [175] wurden insgesamt über 2500 Lernende der Klassen 5 bis 10 in Australien befragt. Die KT- bzw. KK-Strategie nimmt von rund 30 % der Schüler in Klasse 5 kontinuierlich auf 5 % der Lernenden in Klasse 10 ab. Die LIK-Strategie hingegen bleibt bei einer Abnahme von 15 % (Klasse 5) auf rund 10 % (Klasse 10) nahezu konstant. Diesen Trend bestätigt auch Heckmann [57] in einer umfangreichen Metaanalyse deutsch- und englischsprachiger Untersuchungen.

Desmet et. al. [22] dokumentieren in einer Studie mit 284 belgischen Lernenden der 3. und 4. Jahrgangsstufe, dass die Ziffern beim Vergleichen einen signifikant höheren Einfluss auf das Vergleichen haben als die Anzahl der Stellen. Während das Zahlenpaar 0,2 und 0,01 von über 80 % der Kinder richtig verglichen werden konnte, sind es bei 0,1 und 0,02 weniger als 20 %. Eine mögliche Erklärung ist, dass die Kinder häufig Zahlen mit *gleicher Anzahl an Stellen* vergleichen und daher auch durch ausschließliche Fokussierung auf die Ziffern zu richtigen Ergebnissen gelangen. Für den Aufbau tragfähiger Strategien zum Vergleichen sollten daher vor allem Zahlenpaare mit unterschiedlich vielen Dezimalstellen diskutiert werden.

Die verwendete Fehlerstrategie kann am effektivsten im Gespräch festgestellt werden. Die Analyse von (Test-)Ergebnissen liefert allenfalls Vermutungen über die angewandte Strategie (Heckmann [55]). Für eine unterrichtliche Besprechung oder eine passende Intervention in einer Fördersituation ist es jedoch unverzichtbar, die zum Fehler führende Strategie zu kennen. Andernfalls kann das Problem nicht gezielt thematisiert werden.

16.3.2 Probleme bei der Anordnung von Dezimalbrüchen

Empirische Untersuchungen zeigen auf, dass die Dichte von Dezimalbrüchen für zahlreiche Lernende ein Problem darstellt. In der Studie von Hart [52] wurden 12- bis 13-jährige Lernende befragt, wie viele Zahlen zwischen 0,41 und 0,42 aufgeschrieben werden können. Nur gut 5 % gaben an, es wären unendlich viele, die mit Abstand häufigste Nennung war 8 bis 10. Einige Lernende (weniger als 10 %) gaben an, es könnten keine Zahlen dazwischen gefunden werden. Wurden die 12- bis 13-Jährigen aufgefordert, eine beliebige Zahl zwischen 0,41 und 0,42 anzugeben, so gelingt das weniger als der Hälfte der Befragten. Vamvakoussi/Vosniadou [190] zeigen auf, dass der Konzeptwechsel von der Anordnung natürlicher Zahlen zur Anordnung rationaler Zahlen nur sehr langsam und in mehreren Stadien vorgenommen wird. Zu gegebenen Zahlenpaaren wie 0,001 und 0,01 oder 0,005 und 0,006 sollten in der empirischen Studie von griechischen Lernenden Zwischenzahlen genannt bzw. angegeben werden, wie viele Zahlen sich zwischen den Zahlenpaaren befinden. Ein „fortgeschrittenes Dichteverständnis" wird den Lernenden unterstellt, die auch unabhängig von der Bruch- oder Dezimalschreibweise angeben, dass unendlich viele Bruchzahlen zwischen zwei Zahlen existieren.

Auch im asiatischen Raum wurde in einer Querschnittuntersuchung mit 244 chinesischen Lernenden festgestellt, dass das Verständnis für die Anordnung bzw. die Dichte von Brüchen nur langsam entwickelt wird (Liu et al. [94]).

16.4 Vorbeugen, Diagnostizieren und Fördern

Die Konstruktion geeigneter diagnostischer Aufgaben zum Vergleichen und Anordnen von Dezimalbrüchen ist eine Herausforderung (vgl. Günther [47], Roche [153]). Denkfehler können bei einer ergebnisorientierten Betrachtung nur offenkundig werden, wenn eine Fehlvorstellung auch zu einem falschen Ergebnis führt (Padberg [119]). Für eine prozessorientierte Auswertung der Bearbeitung muss die Strategie versprachlicht und/oder dargestellt werden. Beispielsweise werden die KT- oder KK-Fehlerstrategien beim Vergleich von Dezimalbrüchen mit gleich vielen Nachkommastellen zu richtigen Ergebnissen führen und womöglich Lernende in der Strategie bestärken. Eine Übersicht über Kriterien geeigneter Aufgaben findet sich bei Léonard/Grisvard [92] und Padberg [119]. Kompetenzen zum Vergleichen und Anordnen von Dezimalbrüchen können über folgende Aufgaben untersucht werden:

(1) Welche Zahl ist kleiner: 1,7 oder 1,65? Begründe (anschaulich). (Falsche Lösung über KT- oder KK-Strategie)

(2) Was ist länger: 1,7 m oder 1,65 m? Begründe.

(3) Ordne die Zahlen von der kleinsten bis zur größten: 0,03 und 0,009 und 0,029

(4) Welche Zahl ist größer: 4,21 oder 4,371? Begründe (anschaulich). (Falsche Lösung über LIK-Strategie)

(5) Welche Rolle spielt die 0 bei den Zahlen 1,350 und 1,035? Was passiert, wenn sie weggelassen wird (Lai et al. [90])?

(6) Kann zwischen 0,61 und 0,62 eine weitere Zahl angegeben werden? Zeichne die Zahlen an der Zahlengeraden ein. Kann angegeben werden, wie viele? Was müsste am Decimat eingefärbt werden?

Die dritte Aufgabe hat einen hohen diagnostischen Nutzen bei der Untersuchung, ob zusätzlich zur KT-Strategie auch die Nullstrategie zum Vergleichen von Dezimalbrüchen herangezogen wird:

- $0,03 < 0,009 < 0,029$ über KT-Strategie ($3 < 9 < 29$)
- $0,009 < 0,03 < 0,029$ über KT-Strategie und Nullstrategie (mehr Nullen bedeutet kleiner)
- $0,009 < 0,029 < 0,03$ über Grundvorstellungen zu Dezimalbrüchen

Eine tragfähige Strategie beim Vergleichen und Anordnen von Zahlen kann darin bestehen, eine Skizze zu einem passenden Ausschnitt der Zahlengeraden als Strich zu zeichnen und darin die fraglichen Zahlen zu markieren. Mosandl/Sprenger [110] empfehlen für die Kommunikation über Zahlvergleiche, die Zahlen in eine Stellenwerttafel einzutragen und zunächst mit einer halb transparenten Folie abzudecken. Die Folie wird nun stellenweise von links nach rechts verschoben und so die Zahlen, beginnend beim größten Stellenwert, verglichen. Für die Thematisierung der Anordnung von Zahlen empfehlen die Autorinnen eine Zahlengerade, in die mit einer Lupe gezoomt wird. Ein Beispiel ist auch in Abb. 12.2 zu sehen.

Unabhängig vom Erklärungsmodell für die Fehlerstrategien, das entweder direkt erfragt oder indirekt durch entsprechende Vergleiche von Dezimalbrüchen ermittelt werden kann, sind mögliche Präventionen und Interventionen bei Fehlerstrategien:

- Gezielte Gegenüberstellung der Rolle von Ziffern beim Größenvergleich von Brüchen und Dezimalbrüchen
- Gezielte Gegenüberstellung von negativen Zahlen und Dezimalbrüchen (-3; -2; $0,2$ und $0,3$) an der Zahlengeraden
- Thematisierung der Fehlvorstellung am konkreten Arbeitsmittel
- Darstellen der Zahlen (konkret oder in der Vorstellung) am Material, bevor und nachdem sie verglichen und berechnet werden/worden sind
- Mitsprechen der Stellenwerte der Zahl

Ein spielerischer Zugang zum Vergleichen findet sich beispielsweise bei Klapp [82]. Auch das Arbeiten mit Fehlerlösungen und die gezielte Diskussion der fehlerhaften Strategien bzw. der dahinter liegenden Denkmodelle sind Fördermaßnahmen, um Fehlvorstellungen auf der Metaebene aufzugreifen und Lernende hierfür zu sensibilisieren.

- Was hat sich Max wohl gedacht, wenn er sagt: „0,9 ist kleiner als 0,12"?
- Zeichne ein Bild für Max, an dem er sieht, wie er die Zahlen vergleichen kann.

Die häufige Empfehlung, beim Vergleichen die Zahlen zunächst durch „Anhängen von Endnullen" gleichnamig zu machen, ist sehr kritisch zu hinterfragen (vgl. Zech [226]). Diese syntaktische Maßnahme kann oberflächlich helfen, Fehler zu vermeiden, jedoch müssen Grundvorstellungen zu Dezimalbrüchen hierbei nicht aktiviert werden. Ein „Verstehen" der Zahlen wird also nicht unterstützt (vgl. auch Resnick et al. [152], S. 25 f.). In diesem Zusammenhang sei hervorgehoben, dass bei den natürlichen Zahlen tragfähige Strategien (je mehr Stellen, desto größer ist die Zahl) im Bereich der Bruchzahlen nicht mehr gültig sind. Dieser konzeptuelle Wechsel kann mit einem Grundvorstellungsumbruch beschrieben werden. Wird er nicht vollzogen, so konstruieren sich Lernende selbst Strategien, die nun falsch sein können. Diesen Fehlvorstellungen kann allein durch Instruktion (Merksatz) nicht angemessen begegnet werden (vgl. Resnick et al. [152], Roche [153]). Vielmehr sollen die Eigenschaften von natürlichen Zahlen und Dezimalbrüchen gegenübergestellt und anschaulich (z. B. an der Zahlengeraden) Gemeinsamkeiten und Unterschiede diskutiert werden.

16.5 Variationsreiches Üben und Vertiefen

Differenzierende Aufgabenformate beim Vergleichen von Dezimalbrüchen können durch den Einsatz von Ziffernkärtchen konstruiert werden. Während leistungsschwächere Kinder **einige** der gesuchten Zahlen finden sollen, können leistungsstärkere **systematisch alle** Möglichkeiten finden. Beispiele sind in vielen Schulbüchern, etwa bei *Schnittpunkt 2* [S23] (hier Abb. 16.2) zu finden.

Abb. 16.2 Differenzierende Aufgaben beim Vergleichen und Anordnen © *Schnittpunkt 2* [S23], S. 105, Nr. 8

Lege aus den Kärtchen und dem Komma verschiedene Zahlen.

| 3 | 7 | 8 | 0 | , |

a) Lege die kleinstmögliche Zahl.
b) Lege die größtmögliche Zahl.
c) Übertrage die Tabelle ins Heft. Finde möglichst viele weitere Zahlen und trage sie in die Tabelle ein.

> 1	< 0,8	zwischen 0,8 und 1

Ziffernkärtchen bieten sich auch bei der Bearbeitung von Vergleichsaufgaben wie im Schulbuch *XQuadrat 6* [S25] (Abb. 16.3) an, bei denen das nicht explizit gefordert ist.

Bei dieser Aufgabe kann darüber hinaus diskutiert werden, warum die größte Zahl 774.310 auch ein Dezimalbruch ist.

Abb. 16.3 Zahlen aus Ziffern   Vertausche die Ziffern der Dezimalzahl 7,31094
bauen © *XQuadrat 6*, [S25],   jeweils so, dass eine möglichst kleine und eine
S. 54, Nr. 13   möglichst große Zahl entsteht.

Das Arbeiten mit Fehlerbeispielen ist nicht nur für den Aufbau von Abgrenzungswissen wichtig, sondern gibt Impulse für Argumentationen und Darstellungen. Die Aufgabenstellung im Schulbuch *XQuadrat 6* [S25] (hier Abb. 16.4) kann ergänzt werden durch die Aufforderung, den Fehler anschaulich zu begründen und zu verbessern (beispielsweise an einer Zahlengeraden).

Abb. 16.4 Fehlerbeispiele   Hier hat der Druckfehlerteufel zugeschlagen.
beim Vergleichen © *XQuadrat*   ⓘ Eine Zahl pro Aufgabe ist nicht richtig eingeord-
6 [S25], S. 53, Nr. 7   net!
                                                a 0,425 > 0,4025 > 0,4052 > 0,405
                                                b 3,091 > 3,919 > 3,9019 > 3,0919
                                                c 6,308 < 6,038 < 6,803 < 6,830
                                                d 8,49 m > 80 dm 49 mm > 894 cm > 8,04 m
                                                e 5 € 15 ct < 5,01 € < 5,05 € < 511 ct
                                                f 4,020 kg < 4222 g < 4 kg 200 g < 0,4202 t

Eine spielerische Umsetzung, die bereits auch rechnerische Anforderungen stellen kann, ist bei *Denkstark 2* [S2] (hier Abb. 16.5) angegeben.

Tipp: Schreibt für jede Ziffer 0, …, 9 ein Kärtchen. Legt die Kärtchen verdeckt auf den Tisch.
Statt der Kärtchen   Zieht abwechselnd drei Kärtchen, ohne sie den anderen zu zeigen. Schreibt die
könnt ihr auch einen   gezogenen Ziffern auf, bevor ihr die Kärtchen verdeckt zurücklegt. Bildet aus den
10er-Spielwürfel   Ziffern eine Dezimalzahl und schreibt sie auf.
nehmen.   **a)** Wer die kleinste Dezimalzahl hat, erhält einen Punkt.
                                b) Denkt euch abwechselnd eine Dezimalzahl mit drei Ziffern aus und schreibt sie auf.
                                Wer am dichtesten an der ausgedachten Zahl liegt, erhält einen Punkt und denkt sich
                                die nächste Zahl aus.
                                c) Spielt wie in **b)**, alle bekommen zusätzlich eine Null.
                                d) Spielt mit vier Ziffern.

Abb. 16.5 Spiel mit Ziffernkärtchen © *Denkstark 2* [S2], S. 57, Nr. 3

Eine weitere Spielidee bei *Mathematik heute 2* [S16] (hier Abb. 16.6), thematisiert nicht nur den Größenvergleich, sondern auch die strukturelle Eigenschaft der Dichte im Zahlbereich der Brüche.

Jeder Mitspieler notiert auf 8 Spielkarten beliebige Dezimalbrüche zwischen 0,001 und 1,5 mit bis zu 3 Stellen nach dem Komma.

Jeder Spieler erhält 5 Karten. Der Rest wird als Stapel verdeckt auf den Tisch gelegt. Die beiden obersten Karten des Stapels werden aufgedeckt. Reihum dürfen jetzt alle höchstens 3 Karten ablegen, deren Wert zwischen den beiden Werten der aufgedeckten Karten liegt. Jetzt werden die nächsten beiden Karten des Stapels aufgedeckt ... Sieger ist, wer zuerst alle Karten ablegen konnte.

Abb. 16.6 Kartenspiel mit Dezimalbrüchen © *Mathematik heute 2* [S16], S. 157, Nr. 24

Aufgaben, die explizit auf die Dichte des Zahlbereichs eingehen, sind z. B. im Schulbuch *Denkstark 2* [S2] (hier Abb. 16.7), zu finden.

Ordne die Dezimalzahlen nach der Größe und suche zwei Dezimalzahlen, die dazwischen liegen. Vergleicht eure Ergebnisse.

a) 0,5 und 0,6   **c)** 0,75 und 1   **e)** 0,1 und 0,02   **g)** 4,807 und 4,72

b) 0,8 und 0,3   **d)** 1,76 und 1,75   **f)** 0,03 und 0,31   **h)** 1,901 und 1,902

Abb. 16.7 Anordnung und Dichte von Dezimalbrüchen © *Denkstark 2* [S2], S. 57, Nr. 2

Möglichkeiten der Differenzierung ergeben sich, wenn die leistungsstarken Kinder aufgefordert werden, die Zahl anzugeben, die *genau in der Mitte* zwischen den Zahlenpaaren liegt. Unterstützend kann der Hinweis sein, die Zahlen an einer Zahlengeraden einzuzeichnen.

Zusammenhang zwischen Brüchen und Dezimalbrüchen

17

Vorbemerkung

Inwiefern die Behandlung der Zusammenhänge bzw. die Umwandlung zwischen (gemischt) periodischen Dezimalbrüchen und gemeinen Brüchen von curricularer Bedeutung ist, muss im Einzelfall von der Lehrkraft selbst entschieden und bewertet werden. Unbestritten ist jedoch, dass die Zusammenhänge und Eigenschaften einer Zahl in den unterschiedlichen Schreibweisen als Bruch und als Dezimalbruch ein Leitgedanke aller zeitgemäßen Lehrgänge sind.

Es ist ein zentraler Unterrichtsinhalt, dass Bruch- und Dezimalbruchdarstellung nur verschiedene Schreibweisen derselben Zahlen sind. Der Zusammenhang zwischen den Schreibweisen bzw. die Überführung einer Schreibweise in die andere ist gerade auch unter dem Aspekt wichtig, dass die Lernenden nicht von zwei verschiedenen Zahlenwelten ausgehen sollen, die nichts miteinander zu tun haben. Ein Beispiel für eine ungünstige Entwicklung ist Robert, der auf die Frage, ob es Brüche zwischen 0,46 und 0,47 gibt, antwortet: „No, 'cause fractions are a lot different things. They cannot be combined together." (Markovits/Sowder [105, S. 8], weitere Informationen bei Watson/Collis/Campbell [208]).

17.1 Umwandlung von Bruch- in Dezimalbruchschreibweise

Die dezimale Schreibweise leitet sich direkt aus der Bruchschreibweise mit Zehnerbrüchen ab und wurde in Kap. 14 bereits ausführlich besprochen. Brüche mit einer Zehnerpotenz im Nenner können daher direkt in Dezimalbrüche umgewandelt werden, ggf. unter Zuhilfenahme einer Stellenwerttafel: $\frac{7}{10} = 7\ z = 0{,}7$ oder $\frac{79}{1000} = 79\ t = 7\ h + 9\ t = 0{,}079$.

Jedoch stellen die Zehnerbrüche Sonderfälle dar. Die Herausforderung ist, alle Brüche in dezimaler Schreibweise darstellen zu können.

Anschaulich bedeutet dies, dass ein Anteil in eine 10er-, 100er- Unterteilung (etc.) gebracht werden kann und somit die Dezimalstellen abgelesen und notiert werden können.

F. Padberg, S. Wartha, *Didaktik der Bruchrechnung*,
Mathematik Primarstufe und Sekundarstufe I + II, DOI 10.1007/978-3-662-52969-0_17

In Sonderfällen gelingt dies durch eine entsprechende Änderung (Verfeinerung) der Unterteilung: Bei dem Bruch $\frac{3}{4}$ ist dies möglich, indem die Unterteilung der Einheit in 4 gleich große Teile so verfeinert wird, dass 100 Teile entstehen (jedes Feld wird in 25 Teile unterteilt). Somit sind insgesamt 75 von 100 Teilen gefärbt, also 75 Hundertstel. Dies wird als Dezimalbruch 0,75 notiert.

Offensichtlich sind dies jedoch auch wieder Sonderfälle, denn der Bruch $\frac{1}{3}$ kann nicht erweitert werden, sodass eine Unterteilung in 10, 100, 1000 etc. Teile vorliegt. Wie auch immer 3 multipliziert (erweitert) wird, eine Zehnerpotenz kann nicht erreicht werden. Es gilt: $10 = 2 \cdot 5$, also $10^n = 2^n \cdot 5^n$. Jedoch gibt es kein n, sodass 3 ein Teiler von $2^n \cdot 5^n$ ist. An dieser Stelle kann die Einsicht gewonnen werden, dass ein gekürzter Bruch, der im Nenner einen von 2 oder 5 verschiedenen Primfaktor enthält, nicht auf einen Bruch mit einer Zehnerpotenz als Nenner erweitert werden kann. Somit können diese Zahlen nicht als endlicher Dezimalbruch geschrieben werden. Hingegen können alle gekürzten Brüche, deren *Nenner nur die Primfaktoren 2 und 5* enthalten, als **endliche Dezimalbrüche** notiert werden (vgl. Padberg [125], S. 197 ff.).

Zur Umrechnung eines Bruches in einen Dezimalbruch wird daher im allgemeinen Fall darauf zurückgegriffen, dass der **Bruchstrich als Divisionszeichen** interpretiert werden kann (vgl. Abschn. 3.2.2): Die Herstellung des Anteils $\frac{2}{3}$ bedeutet, dass die Einheit (z. B. ein rechteckiges Blatt Papier oder der Abstand von 0 bis 1 an der Zahlengeraden) zunächst durch 3 dividiert und der entstandene Anteil anschließend mit 2 multipliziert wird: $(1 : 3) \cdot 2 = \frac{2}{3}$. Es ist aber auch möglich, zunächst die Einheit zu verdoppeln und anschließend den dritten Teil zu ermitteln: $(1 \cdot 2) : 3 = \frac{2}{3}$ (für eine exakte mathematische Begründung vgl. Padberg [121], S. 158 ff.). Beim zweiten Herstellungsprozess kann auf den ersten Rechenschritt $1 \cdot 2$ verzichtet werden und somit gilt $\frac{2}{3} = 2 : 3$.

Zur Bestimmung des Dezimalbruchs zu $\frac{2}{3}$ kann $2 : 3$ gerechnet werden. Da 2 Einer bei Division mit 3 das Ergebnis 0 Rest 2 lassen, müssen die 2 E in den nächstkleineren Stellenwert entbündelt werden: 2 E = 20 z. Die Division durch 3 ist gleich 6 z Rest 2 z. Die 2 z werden weiter entbündelt in 20 h. 20 h : 3 = 6 h Rest 2 h. Dieser Prozess des Verfeinerns kann nun beliebig lange fortgesetzt werden.

Beim gewählten Beispiel $\frac{2}{3}$ wird zweierlei deutlich: Erstens ist das Verfahren zur Bestimmung des Dezimalbruchs nicht mehr auf spezielle Zahlen (Produkt aus 2er- und 5er-Potenzen) beschränkt und zweitens bricht es in diesem Fall nicht ab: Jedes Mal bleibt bei der Division der Rest 2 und die Dezimale 6 im Ergebnis. Es wiederholt sich daher unbegrenzt und es gilt: $\frac{2}{3} = 2 : 3 = 0,666\ldots$ Hierzu wird kurz $0,\overline{6}$ geschrieben und gesprochen: „Null Komma Periode sechs." Die Zahl $0,\overline{6}$ heißt (rein) periodischer Dezimalbruch und die Ziffer 6 die Periode von $0,\overline{6}$. An Beispielen wie $\frac{1}{11} = 0,0909090\ldots = 0,\overline{09}$ und $\frac{1}{6} = 0,16666\ldots = 0,1\overline{6}$ können zusätzlich die Begriffe rein periodisch $(0,66\ldots;$ $0,0909\ldots; 0,272727\ldots;$ die Periode beginnt direkt hinter dem Komma) und gemischt periodisch $(0,1666\ldots, 0,8333\ldots; 0,062626\ldots;$ die Periode beginnt nicht direkt hinter dem Komma) eingeführt werden.

Durch die Besprechung der **periodischen Dezimalbrüche** wurde der Begriff des Dezimalbruchs erweitert. Die in Kap. 14 diskutierten Dezimalbrüche werden als endliche oder

$1 : 3 = 0{,}33\ldots = 0{,}\overline{3}$

$\begin{array}{r} -0 \\ \hline 10 \\ -9 \\ \hline 10 \\ -9 \\ \hline 10 \\ \vdots \end{array}$ Der Rest 1 wiederholt sich, also wiederholt sich auch die Dezimale 3.

$5 : 11 = 0{,}4545\ldots = 0{,}\overline{45}$

$\begin{array}{r} -0 \\ \hline 50 \\ -44 \\ \hline 60 \\ -55 \\ \hline 50 \\ \vdots \end{array}$ Die Reste 5 und 6 wiederholen sich, also wiederholen sich auch die Dezimalen 4 und 5.

Abb. 17.1 Wiederholung der Reste bei der Division ©*Schnittpunkt 2* [S23], S. 111

abbrechende Dezimalbrüche bezeichnet. Es zeigt sich jedoch auch, dass die dezimale Entwicklung der Brüche nicht nur Vorteile mit sich bringt: Während bei $\frac{2}{7}$ die Notation ohne Unendlichkeitsbegriff auskommt und alle Rechenoperationen direkt ermöglicht, ist dies bei $0{,}\overline{285714}$ nicht der Fall.

Alle Brüche lassen sich in einem der folgenden Fälle darstellen:

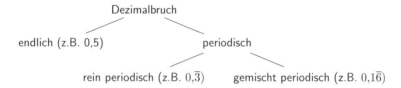

Im Schulbuch *Schnittpunkt 2* [S23] (hier Abb. 17.1), wird die periodische Entwicklung beschrieben.

Für die unterrichtliche Thematisierung empfiehlt es sich dringend, wie bei der Wiederholung der Division mit natürlichen Zahlen die Stellenwerttafel heranzuziehen und die Stellenwerte mitzusprechen (vgl. Abb. 20.3). Die Stellenwerttafel sorgt nicht nur für eine Anknüpfung an Vorstellungen (Zehntel werden in Hundertstel entbündelt), sondern markiert auch die Stelle, an der das Komma zu setzen ist. Wird später im Lernprozess auf sie verzichtet, so liegt die übliche schriftliche Divisionsschreibweise vor.

Durch das Divisionsverfahren wird jedem Bruch ein endlicher oder periodischer Dezimalbruch zugeordnet. Bei der Division z. B. durch 3 können höchstens drei verschiedene Reste auftreten (0, 1 oder 2). Im allgemeinen Fall treten bei der Division durch n höchstens n verschiedene Reste auf (0, 1, ..., $n-1$). Ist der Rest 0, so endet der Divisionsalgorithmus, der Bruch hat also eine endliche Dezimalbruchschreibweise. Andernfalls wiederholt sich der Rest spätestens nach $n-1$ Schritten (Entbündelungen). Dann wiederholen sich jedoch auch die folgenden Reste und damit die Dezimalen des Ergebnisses. Die Dezimalbruchentwicklung ist also periodisch (z. B. $\frac{2}{3}$). Somit wurde nachvollzogen (vgl. Padberg [125], S. 191 ff.):

Satz 17.1 *Jeder Bruch lässt sich als endlicher oder periodischer Dezimalbruch darstellen.*

Insbesondere lässt sich anhand des Nenners eines gekürzten Bruches $\frac{a}{b}$ mit $a,b \in \mathbb{N}$ und $b > 1$ entscheiden, ob es sich um einen endlichen, rein oder gemischt periodischen Dezimalbruch handelt (Padberg [125]):

- Besteht der Nenner nur aus den Primfaktoren 2 oder 5, so ist der Dezimalbruch endlich.
- Besteht der Nenner nur aus Primfaktoren ungleich 2 und 5, so ist der Dezimalbruch rein periodisch.
- Besteht der Nenner neben wenigstens einem Primfaktor 2 oder 5 aus mindestens einem weiteren von 2 und 5 verschiedenen Primfaktor, so handelt es sich um einen gemischt periodischen Dezimalbruch.

Statt über den Divisionsalgorithmus können periodische Dezimalbrüche auch über Approximation bzw. Intervallschachtelung eingeführt werden (vgl. Padberg et al. [130], S. 186 ff.). Auch wenn diese Vorgehensweise eine Vorbereitung für die Einführung reeller Zahlen sein kann, so ist sie mit einem deutlich höheren Aufwand verbunden und es stellt sich die Frage, ob hierdurch noch tiefere Erkenntnisse in den Aufbau des Zahlbereichs erreicht werden können. Der Divisionsalgorithmus ist der Standardweg in Klasse 6 und eine Wiederholung sowohl des Algorithmus als auch der Zusammenhänge im Stellenwertsystem. Darüber hinaus kann er eine der ersten Annäherungen an den Unendlichkeitsbegriff für leistungsfähige Lernende sein.

17.2   Umwandlung von Dezimalbruch- in Bruchschreibweise

Die Umrechnung eines gemeinen Bruches in einen Dezimalbruch kann im allgemeinen Fall durch die Division „Zähler geteilt durch Nenner" erfolgen. In diesem Abschnitt stellt sich die Frage, wie die Umwandlung eines Dezimalbruchs in einen gemeinen Bruch gelingt. Im Fall **endlicher Dezimalbrüche** ist dies durch Notation im kleinsten Stellenwert ohne Zwischenschritte möglich: $0{,}284 = \frac{284}{1000}$. Bei **periodischen Dezimalbrüchen** (z. B. $0{,}\overline{34}$) kann der gemeine Bruch jedoch nicht sofort abgelesen werden. Ein möglicher Weg wird an diesem Beispiel aufgezeigt:

Vorausgesetzt, das Multiplizieren mit Zehnerpotenzen, die Subtraktion und das Distributivgesetz gelten nicht nur für endliche, sondern auch für periodische Dezimalbrüche, dann ist $100 \cdot 0{,}\overline{34} = 34{,}\overline{34}$ (A) und die Differenz zwischen $100 \cdot 0{,}\overline{34}$ und $1 \cdot 0{,}\overline{34}$ (B) beträgt $34{,}\overline{34} - 0{,}\overline{34} = 34$. Die Differenz von 34 ist gleich der Differenz $100 \cdot 0{,}\overline{34} - 1 \cdot 0{,}\overline{34} = 99 \cdot 0{,}\overline{34}$.

$$
\begin{array}{rl}
\text{A} & 100 \cdot 0{,}\overline{34} = 34{,}\overline{34} \\
\text{B} & 1 \cdot 0{,}\overline{34} = 0{,}\overline{34} \\
\hline
\text{A} - \text{B} & 99 \cdot 0{,}\overline{34} = 34
\end{array}
$$

Aus $99 \cdot 0{,}\overline{34} = 34$ kann durch Division auf beiden Seiten der Gleichung der Zusammenhang $0{,}\overline{34} = \frac{34}{99}$ vermutet werden. Dass diese Annahme (getroffen unter der Voraussetzung der Gültigkeit von Multiplikation, Subtraktion und Distributivgesetz bei periodischen Dezimalbrüchen) richtig ist, kann durch die Division $34 : 99$ überprüft werden. Nach diesem Verfahren kann offenkundig (fast) jeder periodische Dezimalbruch in einen gemeinen Bruch umgewandelt werden.

Der Ansatz, den Unterschied zwischen dem Dezimalbruch und dem Vielfachen einer passenden Zehnerpotenz (Exponent der 10 = Periodenlänge) dieses Dezimalbruchs zu betrachten, liefert (fast) immer eine Vermutung eines gemeinen Bruches, die durch Umwandlung in den Dezimalbruch bestätigt werden kann. Diese Unterschiedsbestimmung hat zur Folge, dass bei der Bruchdarstellung im Zähler die Periode und im Nenner die passende Zehnerpotenz vermindert um 1 steht. So ist $0,\overline{17} = \frac{17}{99}$, $0,\overline{2473} = \frac{2473}{9999}$. Bei gemischt periodischen Dezimalbrüchen kann analog vorgegangen werden.

Die Ausnahme bei der Überprüfung des angenommenen gemeinen Bruches ist der Fall einer Neunerperiode, z. B. $0,\overline{9}$ oder $0,1\overline{9}$. Das Verfahren liefert die Vermutung $0,\overline{9} = 1$, jedoch lässt sich diese durch Division nicht überprüfen.

$$
\begin{array}{rl}
A & 10 \cdot 0,\overline{9} = 9,\overline{9} \\
B & 1 \cdot 0,\overline{9} = 0,\overline{9} \\
\hline
A - B & 9 \cdot 0,\overline{9} = 9 \\
& 0,\overline{9} = 1
\end{array}
$$

17.3 Mögliche Problembereiche und Hürden

Bei der Umwandlung zwischen Dezimalbruch- und Bruchschreibweise treten verschiedene Fehlerstrategien auf, die auf mangelnde Grundvorstellungen zu Brüchen schließen lassen. Im Folgenden wird ein Überblick zu den von Carpenter/Corbitt/Kepner/Montgomery [16], Günther [47], Hiebert [70], Markovits/Sowder [105] und Padberg [120] dokumentierten empirischen Lösungshäufigkeiten und Fehlerstrategien gegeben. Insbesondere wird auf die Untersuchungen an Gymnasialschülern von Padberg [119], Realschülern von Heckmann [57] und Lernenden aller Schularten bei Wartha [199] Bezug genommen.

Die Umwandlung eines Zehnerbruchs in einen Dezimalbruch („Schreibe $\frac{5}{1000}$ als Dezimalbruch") mit 80-prozentiger Erfolgsquote fällt den Kindern tendenziell leichter als die Umwandlung von der Dezimalbruch- in die Bruchschreibweise („Schreibe 0,009 als Bruch"), die 70 % der Befragten gelang. Da das Umwandeln der gewöhnlichen Brüche in Dezimalbrüche eine häufig verwendete Strategie ist, Defizite im Umgang mit gemeinen Brüchen zu umgehen, können hier höhere Fertigkeiten unterstellt werden (Padberg [126], S. 192).

Die in der PALMA-Untersuchung vorgelegte Aufgabe „Schreibe 0,28 als Bruch und kürze so weit wie möglich" wurde am Ende der 6. Jahrgangsstufe von 15 % der Hauptschüler, 35 % der Realschüler und von 75 % der Gymnasiasten richtig bearbeitet. Zwei Drittel der falschen Lösungen können darauf zurückgeführt werden, dass die Zahl 0,28 nicht in Bruchschreibweise dargestellt werden konnte. Bei jeweils rund einem Sechstel der als falsch gewerteten Lösungen wurde zwar der Bruch $\frac{28}{100}$ angegeben, anschließend aber nicht bzw. falsch gekürzt. Das zeigt deutlich, dass in Bezug auf den Aufbau des Stellenwertsystems und in der Überführung von dezimaler in Bruchschreibweise große Defizite vorliegen. Das Kürzen bereitet hingegen nur wenigen Schülern Probleme, die den Bruch angeben konnten (vgl. Wartha [199], S. 173).

Die zentralen Fehlerstrategien beim Umwandeln eines Bruches in einen Dezimalbruch sind vergleichbar mit denen bei der Umwandlung in der Gegenrichtung. Allerdings liegen deutliche Unterschiede bei den Lösungshäufigkeiten in Abhängigkeit vom Nenner des umzuwandelnden Bruches vor: Während Brüche mit Zehnerpotenzen im Nenner von rund 80 % der Gymnasiasten richtig umgeformt werden können, sinkt die Lösungshäufigkeit bei $\frac{3}{4}$ (65 % richtig), $\frac{3}{8}$ (55 % richtig) und $\frac{2}{3}$ (45 % richtig) deutlich ab.

17.4   Typische Fehlerstrategien bei der Umwandlung zwischen Dezimalbruch- und Bruchschreibweise

Fehlerhafter Transfer aus $\mathbb{N}$ bezüglich der Stellenwerte Rund 15 % der von Padberg [119] untersuchten Gymnasiasten formen 0,28 in $\frac{28}{10}$ bzw. 0,017 in $\frac{17}{100}$ um. Da bei natürlichen Zahlen zweistellige Zahlen Zehner, dreistellige Zahlen Hunderter sind, liegt es nahe, dass 0,28 als 28 Zehntel (und nicht richtig als Hundertstel) und 0,017 als 17 Hundertstel (und nicht richtig als Tausendstel) interpretiert werden. In der Gegenrichtung formen rund 5 % der befragten Lernende $\frac{3}{10}$ in 0,03 oder $\frac{5}{1000}$ in 0,0005 um. Mögliche fehlleitende Argumentationen sind auch hier, dass Zehner (fälschlich also auch Zehntel) zweistellige und Tausender (fälschlich also auch Tausendstel) Zahlen mit vier Stellen sind.

Komma als Bruchstrich Die Fehlerstrategie, dass das Komma als Bruchstrich interpretiert wird (2,8 $= \frac{2}{8}$ oder 0,7 $= \frac{0}{7}$ bzw. $\frac{1}{7}$), kann aus dem ziffernweisen Rechnen mit natürlichen Zahlen resultieren: Insbesondere rechenschwache Kinder kompensieren mangelnde Grundvorstellungen zu natürlichen Zahlen, indem sie die Zahlen nur noch als Kombination von Ziffern betrachten. Die ausführlichere Thematisierung der schriftlichen Rechenverfahren (mit Ziffern) gegenüber den halbschriftlichen Strategien (mit Zahlen) unterstützt die isolierte Betrachtung von Ziffern einer Zahl im Stellenwertsystem. Strategien, bei denen natürliche Zahlen als (unverstandene) Kombination von Ziffern betrachtet werden, sind im Bereich der natürlichen Zahlen nicht zwingend falsch, können aber bei der Bruchrechnung zu diesem Fehler führen: Der Zusammenhang zwischen den Ziffern 2 und 8 kann weder bei $\frac{2}{8}$ noch bei 2,8 erkannt und genutzt werden. Auch in der Gegenrichtung kann diese Fehlerstrategie bei Bearbeitungen wie $\frac{2}{5} = 2,5$ oder $\frac{1}{3} = 0,3$ beobachtet werden. Sie tritt vor allem auf, wenn der Nenner keine Zehnerpotenz ist.

Notation des Zehners bei Zehnerbrüchen hinter dem Komma Fehllösungen wie $\frac{3}{100} = 0,3$ oder $\frac{14}{1000} = 0,14$ können aus einer Strategie entstanden sein, die bei bestimmten Zehnerbrüchen zu richtigen Ergebnissen führt: $\frac{3}{10} = 0{,}3$ oder $\frac{14}{100} = 0{,}14$. Sie besteht darin, den Zähler des Bruches direkt nach dem Dezimalkomma zu notieren. Bei den Fehlerlösungen handelt es sich um eine unzulässige Verallgemeinerung. Daher sollte darauf geachtet werden, dass beim Umwandeln von Zehnerbrüchen insbesondere Aufgaben gestellt werden, bei denen der Nenner mindestens zwei Stellen mehr hat als der Zähler. Besonders häufig tritt der Fehler auf, wenn über das Komma hinweg umgebündelt werden soll: $\frac{428}{100} = 4{,}28$ und nicht, wie häufig angegeben, $0{,}428$.

17.5 Vorbeugen, Diagnostizieren und Fördern

Als diagnostische Aufgaben für Rechenstrategien und Grundvorstellungen zu Zusammenhängen der Schreibweisen von Brüchen können folgende Aufgaben herangezogen werden:

(1) Schreibe als Dezimalbruch: $\frac{14}{1000}$, $\frac{25}{10}$

(2) Schreibe als Dezimalbruch: $\frac{3}{4}$, $\frac{3}{8}$, $\frac{2}{5}$

(3) Schreibe als gemeinen Bruch: 0,02; 2,7; 0,049; 0,30

(4) Welche Zahl ist größer: 0,6 oder $\frac{1}{6}$? Was bedeutet die 6 in beiden Fällen anschaulich?

(5) Zeichne die Zahlen der Aufgaben (1) bis (4) ungefähr an der Zahlengeraden ein.

Zahlreiche Fehlerstrategien können selbstständig korrigiert werden, wenn die Lernenden tragfähige Grundvorstellungen zu Brüchen aufgebaut haben. Dies kann unterstützt werden, indem die Zahl zunächst (auch nur ungefähr) dargestellt wird (z. B. Zahlengerade), bevor sie umgewandelt wird. Nach dem technischen Prozess des Umwandelns kann die andere Schreibweise an der Zahlengeraden ebenfalls eingetragen und auf Übereinstimmung kontrolliert werden. Bei Schwierigkeiten wegen unzulässiger Verallgemeinerungen (Zehntel als zwei Stellen, Hundertstel als drei Stellen oder auch Komma als Bruchstrich) empfiehlt sich eine bewusste Gegenüberstellung und gezielte Thematisierung von Gemeinsamkeiten und Unterschieden *auch auf anschaulicher Ebene*. Handlungsleitende Fragen können sein:

- Wie kann 0,6 an der Zahlengeraden eingezeichnet werden? Wie wird bei $\frac{1}{6}$ vorgegangen?
- An einer Zahlengeraden mit dezimaler Unterteilung von 0 und 1 soll der Bruch $\frac{2}{3}$ ungefähr markiert werden.
- An einer Zahlengeraden mit einer Einteilung in Siebtelschritten ($\frac{1}{7}$, $\frac{2}{7}$, $\frac{3}{7}$ usw.) sollen die Brüche 0,5 und 0,3 (ungefähr) eingezeichnet werden.
- Ist die Zahl 0,08 näher an 0 oder an 1? Welcher Anteil müsste an einem Blatt Papier gefärbt werden?
- Was sind Gemeinsamkeiten und Unterschiede bei 0,4 und $\frac{1}{4}$? Ist die Zahl $0{,}a$ immer größer als $\frac{1}{a}$?

- Wie kann das Ergebnis der Aufgabe in Bruch- und wie in Dezimalbruchschreibweise dargestellt werden? Welche Schreibweise kann leichter interpretiert werden?

Im Fall von periodischen Dezimalbrüchen bietet das Vergleichen von Zahlen weitere Diskussionsanlässe. Eine Grundlage kann eine Aufgabe wie bei *Elemente der Mathematik* [S4], (hier Abb. 17.2) sein.

Setze im Heft eines der Zeichen < oder > ein.

a) $0{,}45 \;▨\; 0{,}\overline{4}$ **b)** $0{,}\overline{2} \;▨\; 0{,}23$ **c)** $0{,}\overline{3} \;▨\; 0{,}34$ **d)** $0{,}67 \;▨\; 0{,}\overline{6}$ **e)** $1{,}4\overline{2} \;▨\; 1{,}4223$

   $0{,}\overline{7} \;▨\; 0{,}77$ $0{,}56 \;▨\; 0{,}\overline{5}$ $0{,}\overline{5} \;▨\; 0{,}5555$ $0{,}8\overline{2} \;▨\; 0{,}83$ $4{,}\overline{1} \;▨\; 4{,}1\overline{9}$

Abb. 17.2 Zahlvergleich mit periodischen Dezimalbrüchen ©*Elemente der Mathematik* [S4], S. 187, Nr. 8

Diese Aufgabe sollte selbstredend nicht produktorientiert (richtig oder falsch?) ausgewertet werden. Interessant sind Begründungen und Darstellungen z. B. an der Zahlengeraden. Eine Möglichkeit der Differenzierung besteht darin, **mehrere** Zahlen zwischen den angegebenen Zahlenpaaren zu finden oder die Zahl anzugeben, die **genau in der Mitte** zwischen den gegebenen Zahlen ist.

Auch eine gezielte Thematisierung der Fehlerstrategie selbst (z. B. durch Arbeiten mit falschen Schülerlösungen) kann Schülerinnen und Schüler für nicht tragfähige (aber nachvollziehbare) Denkwege sensibilisieren. Dass die Erzeugung eines kognitiven Konflikts als Diskussionsgrundlage für die Fehlerstrategie einen nachhaltigen Lerneffekt zeitigt, wurde z. B. von Huang et al. [74] empirisch nachgewiesen.

Addition und Subtraktion von Dezimalbrüchen 18

Vorbemerkung zur Verknüpfung von Addition und Subtraktion

Addition und Subtraktion sollen (wie bei natürlichen Zahlen auch) in einem engen zeitlichen und inhaltlichen Zusammenhang thematisiert werden. Im Gegensatz zur Multiplikation und Division kann bei Dezimalbrüchen auf die Grundvorstellungen und Rechenstrategien mit natürlichen Zahlen direkt zurückgegriffen werden. Im Sinne des Ausbildens eines Netzwerkes von Vorstellungen bieten sich nicht nur Verknüpfungen zwischen Operation und Gegenoperation, sondern auch Bezugnahmen zur Bruchschreibweise an.

18.1 Grundvorstellungen zur Addition und Subtraktion

Die Grundvorstellungen zur *Operation* der Addition und der Subtraktion bleiben wie im Bereich der natürlichen Zahlen unverändert. Grundvorstellungen zur Addition und Subtraktion vermitteln zwischen den Rechenausdrücken und

- dynamischen Situationen des Hinzufügens, Wegnehmens und Ergänzens: Ein Anfangszustand wird verändert und ein neuer Endzustand wird erreicht.
- statischen Situationen des Zusammenfassens bzw. der Unterschiedsbestimmung: Zu zwei Zustandsangaben wird entweder ein Gesamtzustand oder der Differenzbetrag ermittelt.

Die Grundvorstellungen zur Addition und Subtraktion können wie in folgender Tabelle benannt werden (vgl. auch Padberg/Benz [127]):

	Addition	Subtraktion
dynamisch	Hinzufügen	Wegnehmen & Ergänzen
statisch	Zusammenfassen	Unterschied bestimmen

© Springer-Verlag GmbH Deutschland 2017
F. Padberg, S. Wartha, *Didaktik der Bruchrechnung*,
Mathematik Primarstufe und Sekundarstufe I + II, DOI 10.1007/978-3-662-52969-0_18

Grundvorstellungen ermöglichen die Übersetzung zwischen verschiedenen Darstellungen wie Rechenausdrücken, Zeichnungen, Textaufgaben und Bildern. Sie werden beispielsweise aktiviert, um Sachkontexte in einen passenden Rechenausdruck übersetzen zu können. Grundvorstellungen können untersucht werden, indem zu Rechenausdrücken passende Geschichten formuliert werden sollen. Hart [52] dokumentiert, dass weniger als die Hälfte der befragten Kinder eine passende Rechengeschichte zum Term $6,4 + 2,3 = 8,7$ angeben konnte. Das ist ein deutlicher Hinweis, dass im vorliegenden Zahlenraum zahlreiche Lernende große Unsicherheiten in Bezug auf die Grundvorstellungen zur Addition haben. Aus dem Bereich der natürlichen Zahlen ist bekannt, dass Textaufgaben zu statischen Differenzsituationen deutlich schlechter gelöst werden können als zu dynamischen Wegnehmsituationen (vgl. Fromme/Wartha/Benz [30], Schipper/Wartha/von Schroeders [164]), insbesondere wenn bei oberflächlicher Betrachtung sogenannte Signalwörter keinen oder gar den falschen Hinweis auf die Operation liefern. Die Textaufgabe „Johannes läuft heute 2,5 km. Das sind 0,8 km mehr als gestern. Wie weit lief er gestern?" muss trotz des Signalwortes „mehr" in den Subtraktionsterm $2,5 - 0,8$ übersetzt werden.

18.2 Rechenstrategien und -methoden zur Addition und Subtraktion

In Bezug auf die Rechenstrategien und -methoden findet bei den natürlichen Zahlen seit gut zwei Jahrzehnten ein Paradigmenwechsel weg von den schriftlichen und hin zu halbschriftlichen Methoden statt. Während schriftliche Rechenmethoden eine **isolierte Betrachtung der Stellenwerte** unterstützen, werden bei halbschriftlichen Methoden, den sogenannten gestützten Kopfrechenstrategien, **Zahlen** in Gebrauch genommen (Padberg/Benz [127]). Es ist heute allgemeiner Konsens der Mathematikdidaktik, dass ein Verständnis der Rechenoperationen und deren Wirkung auf die Zahlen wichtiger als Rezepte für richtige Ergebnisse sind. Außerdem sind Argumentationen zu Rechenprozessen im Hinblick auf die Anforderungen im Alltag und Berufsleben zentraler als ein produktorientiertes Fokussieren auf Rechenergebnisse.

Daher sollte in einem zeitgemäßen prozessorientierten Unterricht der Schwerpunkt nicht nur bei natürlichen Zahlen, sondern auch beim Rechnen mit Dezimalbrüchen auf Strategien des gestützten und des reinen Kopfrechnens liegen (Winter/Wittmann [218], Krauthausen/Scherer [88]). Eine Diskussion über verschiedene Rechenwege bei Aufgaben wie $2,98 + 0,99$ und $0,7 - 0,68$ sowie deren Darstellungen an der Zahlengeraden kann in Bezug auf Zahl- und Operationsvorstellungen deutlich gewinnbringender sein als Kalkülautomatisierungen. Konkrete unterrichtliche Vorschläge, wie durch die Thematisierung der Rechenmethode („im Kopf oder schriftlich?") in Bezug auf bestimmte Aufgaben ein „Zahlenblick" ausgebildet und prozessbezogene Kompetenzen unterstützt werden, finden sich beispielsweise bei Marxer/Wittmann [107]. Zentral ist auch hier eine Vermeidung des vorschnellen Übergangs auf die syntaktische Ebene, wie empirische Studien zur Addition und Subtraktion häufig dokumentieren (Vohns [194]).

18.3   Operative Additions- und Subtraktionsstrategien

Die (gestützten) Kopfrechenstrategien aus dem Bereich der natürlichen Zahlen (vgl. Padberg/Benz [127]) können direkt auf das Rechnen mit Dezimalbrüchen übertragen werden:

- **Schrittweises Rechnen:** Zu einem Summanden werden schrittweise die Dezimalen des anderen Summanden hinzugefügt: $0,47 + 0,385$ wird berechnet, indem beispielsweise zu $0,47$ zunächst 3 z hinzugefügt werden, zum entstandenen Zwischenergebnis $0,77$ weitere 8 h und zum zweiten Zwischenergebnis $0,85$ noch 5 t. Das Endergebnis ist $0,855$. Der Rechenweg kann beispielsweise am Rechenstrich (einer skizzenhaften Zahlengeraden) dargestellt und kommuniziert werden (vgl. Klein/Beishuizen/Treffers [83], Selter [167]):

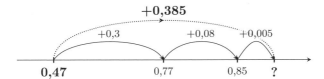

Bei Subtraktionsaufgaben, bei denen der Minuend weniger Dezimalen als der Subtrahend hat ($2,7 - 1,86$), wird sinnvollerweise schrittweise mit dem größten Stellenwert begonnen:

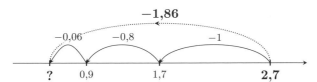

- **Hilfsaufgaben:** Bestimmte Aufgaben lassen sich effektiv über eine leichtere Aufgabe in der Nähe ($2,37 - 1,99 = 2,37 - 2 + 0,01$) lösen. Wenn für die Hilfsaufgabe nur eine Zahl verändert wird, so kann auch diese Strategie gut am Rechenstrich dargestellt werden.

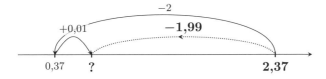

Werden für Hilfsaufgaben beide Zahlen verändert ($0,99 + 1,98$ über $1 + 2 - 0,01 - 0,02$ oder $3,98 - 1,99$ über $4 - 2 - 0,02 + 0,01$), so ist der Rechenstrich als Darstellungs- und Kommunikationshilfe weniger geeignet. Hier bieten sich die Flächenmodelle (Millimeterquadrat bzw. Decimat) an.

- **Gegensinniges Verändern bei Additionsaufgaben:** Aufgaben wie 0,86+0,54 können effektiv über die Strategie des gegensinnigen Veränderns gelöst werden. Beim Beispiel können 6 h des ersten Summanden zu den 54 h des zweiten Summanden addiert werden. Die so entstandene Aufgabe 0,8 + 0,6 hat das gleiche Ergebnis und kann leichter im Kopf berechnet werden. Da bei dieser Rechenstrategie beide Summanden verändert werden, kann sie nicht am Rechenstrich, sondern eher an flächigen Repräsentanten (Decimat) oder der Stellenwerttafel veranschaulicht werden.

- **Gleichsinniges Verändern bei Subtraktionsaufgaben:** Bestimmte Subtraktionsaufgaben (5,05 − 2,55) können in einfachere Aufgaben umgewandelt werden, indem bei Minuend und Subtrahend der gleiche Betrag addiert oder subtrahiert wird (5−2,5). Die Konstanz der Differenz kann über die Grundvorstellung des Vergleichens an Flächenmodellen oder an der Zahlengeraden gezeigt werden: Der Unterschied zwischen 5,05 und 2,55 bleibt erhalten, wenn beide Zahlen um den gleichen Betrag verändert (z. B. um 5 h vermindert) werden.

- **Ergänzungsstrategien bei Subtraktionsaufgaben:** Bei manchen Subtraktionsaufgaben (4,02 − 3,98) sind ergänzende Strategien effektiver als wegnehmende. Zu beachten ist, dass diese Strategien *anders* als wegnehmende am Zahlenstrich dargestellt werden. Das Ergebnis ist in diesem Fall *nicht* die „Endposition", sondern der *Unterschied* zwischen den Zahlen:

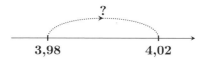

Den angesprochenen Rechenstrategien ist gemein, dass sie die Aktivierung von Zahlvorstellungen unterstützen und erfordern. Somit tritt eine (produktorientierte) Fokussierung auf ein Additions- und Subtraktionskalkül in den Hintergrund und die Diskussion um Zahlen, Zahlzusammenhänge und die Eigenschaften der Rechenoperationen wird unterstützt.

18.4   Stellenweises Rechnen und schriftlicher Algorithmus

Eine weitere Strategie, die bei allen Additions- und Subtraktionsaufgaben angewandt werden kann, ist das **stellenweise Rechnen**. Für die Addition werden wie bei natürlichen Zahlen die einander entsprechenden Dezimalen stellengerecht addiert. Wenn die Summe in einem Stellenwert größer als 10 ist, so wird gebündelt, wie das Beispiel 5,463 + 0,25 zeigt.

Abb. 18.1 Stellenweises Addieren mit schriftlichem Algorithmus

	E	z	h	t
	5	4	6	3
+	0	2	5	
	5	6	$\boxed{1}$1	3
	5	7	1	3

Bei der Subtraktion treten Schwierigkeiten auf, wenn an einer Stelle die Dezimale des Subtrahenden größer als die des Minuenden ist. Da in der Regel negative Zahlen zu diesem Zeitpunkt noch nicht behandelt wurden, liegt eine Orientierung an der Behandlung von Überträgen wie bei der schriftlichen Subtraktion in $\mathbb{N}$ nahe. Hierbei ist zu beachten, dass in vielen Bundesländern die Form des schriftlichen Subtraktionsalgorithmus in der Primarstufe nicht curricular vorgeschrieben ist. Hier sollte zunächst eine (auf natürliche Zahlen bezogene) Befragung erfolgen, welches der fünf verschiedenen gebräuchlichen Subtraktionsverfahren die (Mehrzahl der) Lernenden verwenden (vgl. Padberg/Benz [127]). Weitere Schwierigkeiten können bei Aufgaben entstehen, bei denen der Minuend weniger Dezimalen als der Subtrahend hat ($2{,}3 - 1{,}57$). Der Minuend wird dann durch eine Verfeinerung der Unterteilung erweitert.

Beispielhaft wird die Aufgabe $2{,}3 - 1{,}57$ mit dem Verfahren **Abziehen und Entbündeln** gezeigt. Mit dem Zehnermaterial der Mehrsystemblöcke werden die Einer als große Würfel, die Zehntel als Platten und die Hundertstel als Stangen dargestellt.

Abb. 18.2 Abziehen mit Entbündeln am Beispiel $2{,}3 - 1{,}57$

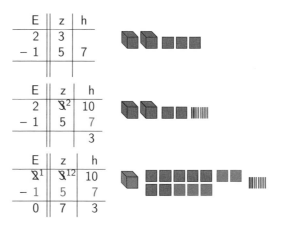

	E	z	h
	2	3	
−	1	5	7

	E	z	h
	2	$\cancel{3}^{2}$	10
−	1	5	7
			3

	E	z	h
	$\cancel{2}^{1}$	$\cancel{3}^{12}$	10
−	1	5	7
	0	7	3

Gelegt wird nur der Minuend 2,3 mit 2 großen Einerwürfeln und 3 Zehntelplatten. Hiervon wird nun der Subtrahend 1,57 weggenommen. Zunächst sollen 7 Hundertstel weggenommen werden. Hierzu wird eine Zehntelplatte in 10 Hundertstelstangen entbündelt. Von den 10 Hundertstelstangen werden 7 weggenommen, es bleiben 3 Hundertstel übrig. Anschließend sollen 5 Zehntelplatten weggenommen werden. Da nur 2 noch liegen, muss ein Einerwürfel in 10 Zehntelplatten entbündelt werden. Nun können von den 12 Zehntelplatten insgesamt 5 weggenommen werden, es bleiben 7 Zehntelplatten liegen. In einem letzten Schritt wird noch 1 Einerwürfel weggenommen. Das Ergebnis liegt in Form von 7 Zehntelplatten und 3 Hundertstelstangen da und kann als 0,73 notiert werden.

Es empfiehlt sich, die Stellenwerte beim Rechnen nicht nur zu notieren, sondern auch mitzusprechen. Bei tragfähigen Vorstellungen zu den Stellenwerten und deren Zusammenhängen kann der Rechenprozess in einer Stellenwerttafel dokumentiert werden.

Wird die Stellenwerttafel nicht mehr eingezeichnet, so entspricht die Vorgehensweise dem von den natürlichen Zahlen bekannten schriftlichen Algorithmus. Wie bei natürlichen Zahlen ist dabei darauf zu achten, dass gleiche Stellenwerte untereinander stehen (eine Folge davon ist, dass die Dezimalkommata untereinander notiert werden) und die Zahlen nicht etwa rechtsbündig notiert werden. Diese Vorgehensweise ist – wie das schrittweise Rechnen – eine universelle Strategie, die unabhängig vom Zahlenmaterial angewandt werden kann.

18.5   Weitere Strategien

18.5.1   Rechnen im kleinsten Stellenwert

Eine weitere Möglichkeit, Dezimalbrüche über die bekannten Rechenstrategien natürlicher Zahlen zu addieren und subtrahieren, ist das Rechnen im kleinsten Stellenwert. Für die Rechnung $3,45 - 2,638$ werden beide Zahlen in den kleinsten Stellenwert umgewandelt: 3450 Tausendstel $-$ 2638 Tausendstel. Unter Verwendung des quasikardinalen Aspektes kann die Aufgabe wie bei natürlichen Zahlen subtrahiert und die Differenz mit 812 Tausendsteln angegeben werden. Die Dezimalbruchdarstellung ist 0,812.

Diese inhaltliche Vorgehensweise hat den Vorteil, dass die Umwandlung von Stellenwerten wiederholt wird, insbesondere wenn nicht beide Dezimalbrüche die gleiche Anzahl an Nachkommastellen haben. Ein möglicher Nachteil ist, dass diese Strategie über ein unverstandenes Anwenden von „Kommaverschiebungsregeln" zu einem Trick ohne Verständnisgrundlage werden kann:

$$\begin{array}{lccccc}
\text{Dezimalbruch:} & 3{,}45 & - & 2{,}638 & = & 0{,}812 \\
& \downarrow \cdot 1000 & & \downarrow \cdot 1000 & & \uparrow : 1000 \\
\text{Tausendstel:} & 3450 & - & 2638 & = & 812
\end{array}$$

Beide Summanden bzw. Subtrahend und Minuend werden einheitlich so mit einer Zehnerpotenz (hier: 1000) multipliziert, dass sich natürliche Zahlen ergeben. Diese werden addiert bzw. subtrahiert. Die Multiplikation beider Summanden mit 1000 wird anschließend durch eine Division mit 1000 rückgängig gemacht.

18.5.2 Zehnerbrüche

Eine weitere Strategie, die die Dezimalbruchrechnung mit der Bruchrechnung vernetzt, ist das Rechnen über Zehnerbrüche:

$$
\begin{array}{llll}
\text{Dezimalbruch:} & 3,4 & - & 0,26 & = & 3,14 \\
& \downarrow & & \downarrow & & \uparrow \\
\text{Brüche:} & \frac{34}{10} & - & \frac{26}{100} & = & \frac{314}{100}
\end{array}
$$

Ein Vorteil dieser Vorgehensweise ist die Vernetzung zwischen der Dezimalbruch- und Bruchrechnung, bei der auch z. B. die Notwendigkeit einer gemeinsamen Unterteilung („Hauptnenner") anschaulich wiederholt werden kann.

18.5.3 Größen

Werden Dezimalbrüche mit Größenangaben versehen, so kann die Addition und Subtraktion bereits vor der 6. Jahrgangsstufe angesprochen werden. Hierzu bieten sich zwei Wege an:

Rechnen in getrennten Einheiten Die in Kommanotation angegebenen Größen werden zunächst in zwei (oder mehr) Größeneinheiten notiert, diese werden wie in $\mathbb{N}$ addiert oder subtrahiert, gegebenenfalls umgewandelt und anschließend in die Kommaschreibweise rückübersetzt.

$$
\begin{aligned}
4,96\,€ + 5,08\,€ &= 4\,€ + 96\,\text{ct} + 5\,€ + 8\,\text{ct} \\
&= 9\,€ + 104\,\text{ct} = 9\,€ + 1\,€ + 4\,\text{ct} = 10\,€ + 4\,\text{ct} = 10,04\,€
\end{aligned}
$$

Rechnen in der kleinsten Einheit Hier werden die Größenangaben (ggf. unter Zuhilfenahme einer mit Größenangaben versehenen Stellenwerttafel) in kleinere Größeneinheiten umgewandelt, sodass nur natürliche Zahlen als Maßzahlen auftreten. Diese werden in $\mathbb{N}$ addiert/subtrahiert und anschließend wieder in der ursprünglichen Größeneinheit angegeben.

$$
7,07\,\text{kg} - 2,079\,\text{kg} = 7070\,\text{g} - 2079\,\text{g} = 4991\,\text{g} = 4,991\,\text{kg}
$$

Der Rückgriff auf Größen bietet den Vorteil, dass an Vorerfahrungen der Lernenden angeknüpft bzw. diese wiederholt oder aufgebaut werden können (z. B. Umrechnung zwischen

Größeneinheiten). Ein Nachteil kann die durch die Notation in zwei Größeneinheiten begünstigte Komma-trennt-Fehlvorstellung sein. Darüber hinaus werden beim Rückgriff auf Größen (v. a. Geld) häufig Zahlen **mit der gleichen Anzahl an Dezimalen** verwendet. Hierbei handelt es sich jedoch um **Sonderfälle**, die im Hinblick auf das Verfestigen von Fehlvorstellungen als problematisch zu bewerten sind.

18.6 Zusammenfassung und Bewertung

Das schnelle und sichere Beherrschen der Rechenkalküle ist kein Selbstzweck und im Hinblick auf die Verwendung von Taschenrechnern verzichtbar. Jedoch bietet die Thematisierung von Rechenstrategien der Addition und Subtraktion die Möglichkeit, Grundvorstellungen zu Dezimalbrüchen und die Zusammenhänge zwischen den Zahlen zu vertiefen und zu vernetzen. Hierzu stehen Kopfrechenstrategien oder halbschriftliche Strategien im Mittelpunkt. Die Herausforderung für Lernende und Lehrende ist, für gegebene Rechenaufgaben jeweils besonders geeignete Strategien zu wählen, diese zu diskutieren und (z. B. am Rechenstrich) darzustellen. Diese Wahl kann Gegenstand sogenannter Strategiekonferenzen sein, also unterrichtlicher Diskussionen über die verwendeten Strategien zu einer Rechenaufgabe. Praktische Hinweise hierzu finden sich in Bezug auf die Bruchrechnung bei Scherres [160]. Den halbschriftlichen Strategien, die die Dezimalbrüche als *Zahlen* in Gebrauch nehmen, sollte daher ein deutlich höheres Gewicht zukommen als den schriftlichen Verfahren, die eine **isolierte Betrachtung der Stellenwerte** nahelegen. Die Probleme vieler Lernender mit der Bedeutung der Stellenwerte und den Zusammenhängen zwischen den Stellenwerten (vgl. Kap. 13) wirken sich zwar bei den schriftlichen Verfahren weniger deutlich aus, jedoch bieten die **halbschriftlichen Rechenstrategien** viele Anlässe, gerade diese Zusammenhänge zu wiederholen und zu diskutieren.

Zentral sind hierbei folgende Aktivitäten der Lernenden:

- Eigene Strategie(n) vorstellen
- Andere Strategien nachvollziehen, präsentieren
- Vergleichen von Strategien
- Bewerten von Strategien

Wie viel Unterrichtszeit für Sonderfälle (gleiche Anzahl an Dezimalen, Rechnungen ohne Stellenwertübergänge) bereitgestellt wird, ist eine individuelle Entscheidung der Lehrperson. Wie bei natürlichen Zahlen (vgl. Padberg/Benz [127]) wird der Schwierigkeitsgrad auch bei Dezimalbrüchen beeinflusst durch:

- die Anzahl der Stellen, speziell auch der Dezimalen (z. B. $6,8 - 2,57$ oder $5,35 - 2,79$)
- die Anzahl der Stellenwertübergänge
- die Existenz von Nullen

Beherrschen Kinder den allgemeinen Fall von Rechenaufgaben (unterschiedliche Anzahl an Dezimalen und Stellenwertübergänge), so werden sie in der Regel die (leichteren) Sonderfälle erst recht lösen können. Wir schlagen daher vor, im Unterricht den allgemeinen Fall ins Zentrum der Betrachtungen zu stellen. Die Gefahr ist groß, dass sich bei einer zu starken Konzentration auf Sonderfälle nicht tragfähige Strategien ausbilden.

18.7 Lösungsquoten und -wege

Ein produktorientierter Vergleich von Lösungshäufigkeiten in Abb. 18.3 zeigt, dass die Addition und Subtraktion von Dezimalbrüchen häufiger richtig gelingt als bei gemeinen Brüchen. Die Lösungshäufigkeiten beziehen sich auf die Studien von Heckmann [57] an Realschülern und Padberg [119] an Gymnasiasten der 6. Jahrgangsstufe *nach* Behandlung der Dezimalbruchrechnung. Auch wenn die Daten wegen der unterschiedlichen Schulartzugehörigkeit nur eingeschränkt verglichen werden können, zeigen sie doch auf, dass der **allgemeine Fall der Dezimalbruchaddition und -subtraktion** mit unterschiedlicher Anzahl von Dezimalen der **fehleranfälligste** ist – und dennoch häufiger richtig gelöst wird als der **allgemeine Fall der Bruchaddition und -subtraktion** mit verschiedenen Nennern.

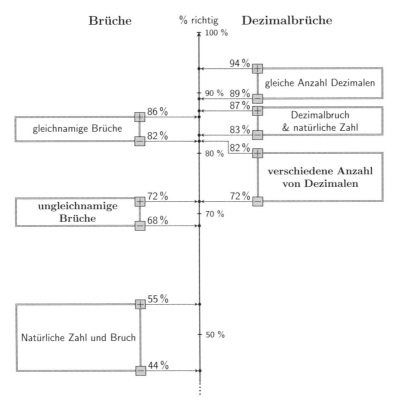

Abb. 18.3 Lösungshäufigkeiten bei syntaktischen Additions- und Subtraktionsaufgaben im Vergleich, allgemeiner Fall **fett**

Der Vergleich zwischen Addition und Subtraktion zeigt darüber hinaus, dass die Lösungshäufigkeiten bei jedem Aufgabentyp der Addition höher liegen als bei der Subtraktion.
Unterrichtliche Folgerungen können daher sein:

- für die Subtraktion mehr Zeit als für die Addition einplanen.
- Subtraktion nicht zeitlich von der Addition trennen, sondern in engem Zusammenhang
  besprechen.
- Zusammenhänge zwischen den Rechenoperationen nutzen.

18.8 Mögliche Problembereiche und Hürden

Der Additionskalkül von Dezimalbrüchen fällt Lernenden von allen Rechenoperationen
am leichtesten. Die Lösungshäufigkeiten liegen bei empirischen Untersuchungen zwischen 80 % und 100 %. Bei gleicher Anzahl an Dezimalen und ohne Stellenwertüberträge
ist auch die Subtraktion unproblematisch. Interessanter ist ein Blick auf die **Lösungspro-
zesse und Rechenstrategien**. In der Studie von Lai/Murray [90] werden beeindruckend
hohe Lösungshäufigkeiten zur Dezimalbruchrechnung von 364 Lernenden aus Hongkong
berichtet. Auch wenn Lösungsstrategien nicht systematisch erfasst wurden, so dokumentieren die Autoren ein Interview, bei dem eine Befragte mit sehr guten Testergebnissen
die Rechnung $5{,}02 + 1{,}99$ ausschließlich über den schriftlichen Algorithmus bearbeiten
konnte (S. 140 f.) und keine alternative (effektivere) Rechenstrategie kannte. Obwohl sehr
viele Aufgaben richtig bearbeitet werden können, ist das noch kein Indiz dafür, dass Zahlvorstellungen zur effektiven Bearbeitung von Rechenaufgaben aktiviert werden.

18.8.1 Stellenwertprobleme

Etwas fehleranfälliger sind Aufgaben, bei denen Überträge nötig sind, vor allem über
das Dezimalkomma (z. B. $5{,}7 + 2{,}8$; vgl. Padberg [126]), insbesondere auch bei der
Subtraktion. Hierbei werden häufig Fehlerstrategien übernommen, die beim Subtrahieren
natürlicher Zahlen bekannt sind: $9{,}2 - 4{,}8 = 5{,}6$ (vgl. Padberg/Benz [127]). Diese Fehlerstrategie kann mit „Vermeintliche Kommutativität in den Stellen bei der Subtraktion"
umschrieben werden, denn es wird in allen Stellen die (absolute) Differenz der größeren
und der kleineren Ziffer berechnet – unabhängig davon, ob es sich um Ziffern des Minuenden oder des Subtrahenden handelt.

Eine weitere Fehlerstrategie liegt dem folgenden Fehlermuster zugrunde und wurde
von rund 5 % der untersuchten Lernenden verwendet:

$$5{,}6 - 2{,}84 = 2{,}84$$
$$5{,}8 - 3{,}47 = 2{,}47$$
$$0{,}4 - 0{,}275 = 0{,}275$$

In diesen Aufgaben hat der Subtrahend mehr Nachkommastellen als der Minuend. Die Strategie kann bei den beschriebenen Aufgaben darin bestehen, dass gemeinsame Stellenwerte korrekt subtrahiert werden und „überstehende" übernommen werden bzw. „minus null" gerechnet wurde.

Bei der Subtraktion treten Stellenwertprobleme vor allem dann auf, wenn Minuend und Subtrahend nicht die gleiche Anzahl an Dezimalen haben. Empirisch wurde nicht eindeutig nachgewiesen, in welchem Fall (Minuend hat mehr Dezimalen als Subtrahend oder vice versa) die Schwierigkeiten größer sind.

Bei den von Padberg [126] dokumentierten Untersuchungen wurde festgestellt, dass bei der Addition Übertragungsfehler zwischen den Stellenwerten nicht so ins Gewicht fallen wie Komma-trennt-Fehler. Der Unterschied der Lösungsquoten bei den Aufgaben $3,48 + 4,2$ (ohne Übertrag) und bei $2,75 + 3,8$ (mit Übertrag) ist minimal, weil die Lernenden in beiden Fällen nahezu gleich viele KT-Fehler machen (knapp 20 % bzw. 15 % der Befragten).

Während die Addition und Subtraktion bei „gemeiner Bruch und natürliche Zahl" für besonders große Probleme sorgt, ist der Fall „Dezimalbruch und natürliche Zahl" eher unproblematisch (Heckmann [57], S. 377). Bei der Subtraktion werden Fehler mit Überträgen wie beim Rechnen mit natürlichen Zahlen festgestellt. Der Übertrag wird häufig entweder vergessen ($8 - 0,54 = 7,56$) oder nicht stellengerecht vorgenommen: $7,20 - 4 = 7,16$.

Hart [52] beschreibt, dass nur knapp die Hälfte der befragten 13- und 14-Jährigen die Aufgabe „Addiere ein Zehntel zu 2,9" richtig bearbeiten können. Die Fehlerlösung 2,19 kann dahingehend erklärt werden, dass *ein Zehntel* mit 0,10 interpretiert und der Term $2,9 + 0,10$ anschließend mit der Komma-trennt-Strategie zu 2,19 berechnet wurde.

18.8.2 Komma-trennt-Strategie

Um Fehlvorstellungen bei Lernenden auch bei einer rein ergebnisorientierten Betrachtung aufzudecken, sollte darauf geachtet werden, dass über die KT-Strategie auch falsche Ergebnisse erzeugt werden. Bei der Aufgabe $2,47 + 1,38$ wäre das Ergebnis trotz KT-Strategie richtig.

Die Komma-trennt-Strategie als zentrale Fehlvorstellung begünstigt den (bei gemeinen Brüchen schwierigeren) Fall der Addition einer natürlichen Zahl mit einem Dezimalbruch. Auch über die KT-Strategie werden Aufgaben wie $5,2 + 4$ häufig richtig gelöst. Eine Hauptfehlerstrategie besteht darin, dass die natürliche Zahl als „Zahl hinter dem Komma" interpretiert und $0,3 + 6 = 0,9$ bzw. $0,45 + 7 = 0,52$ gerechnet wird. Auch bei der Subtraktion rechnen 10 % der befragten Realschüler $7,20 - 4 = 7,16$ (Padberg/Neumann/Sewing [133]).

Untersuchungen (Padberg [126], Heckmann [57]) zeigen, dass diese zentrale Fehlerstrategie in der Regel nicht als „Flüchtigkeitsfehler" erklärt werden kann, sondern dass knapp 15 % der Lernenden diesen Fehler **systematisch** machen, wenn bei Aufgaben die

Anzahl der Dezimalen unterschiedlich ist. Auch international wird diese Fehlerstrategie dokumentiert (Carpenter et al. [17]). In einer für die USA repräsentativen Untersuchung geben rund 25 % der Befragten bei der Aufgabe $0,70 + 0,40 + 0,30$ das Ergebnis $0,140$ bzw. $0,14$ an. Die Komma-trennt-Strategie ist sehr intuitiv und wird vor allem *vor* der systematischen Behandlung der Dezimalbruchrechnung als häufigster Fehler bei der Aufgabe „Um wie viel ist $0,75$ m länger als $0,5$ m?" von ca 40 % der Lernenden angewendet (Heckmann [57]). Bei der Aufgabe $5,83$ m $- 2,5$ m (ohne Sachzusammenhang) dokumentiert Heckmann vor der Behandlung einen nur marginal niedrigeren Anteil an Komma-trennt-Bearbeitungen. Der KT-Fehler bleibt jedoch eine häufig verwendete Fehlerstrategie auch **nach der unterrichtlichen Behandlung**: Beim Messzeitpunkt am Ende der 6. Jahrgangsstufe verwendet nach Angaben der Autorin bei der Textaufgabe ein Viertel der Lernenden die KT-Strategie.

Bei der Subtraktion wird die KT-Strategie nicht so häufig wie bei der Addition verwandt. Die Fehlerstrategie kann nicht immer angewendet werden, zum Beispiel, wenn der Minuend weniger Dezimalen als der Subtrahend hat: Bei $5,4 - 2,25$ kann zwar $5 - 2$, nicht aber $4 - 25$ gerechnet werden. Somit führt die KT-Strategie bei Minusaufgaben häufiger zu keinen oder falschen Ergebnissen und kann sich nicht so leicht wie bei der Addition verfestigen.

Heckmann [57] dokumentiert, dass vor der Behandlung der Dezimalbruchrechnung rund die Hälfte aller befragten Sechstklässler die Aufgabe $3,48$ m $+ 4,3$ m im Sinne der KT-Strategie löst und als Ergebnis $7,51$ angibt (S. 361 ff.). Auch international wird diese Strategie von Wearne/Hiebert [209] nachgewiesen, deren Befragte „sehr oft" $0,86 - 0,3 = 0,83$ rechnen, oder bei Ruddock/Mason/Foxman [155], bei deren Untersuchung fast jeder achte Lernende $5,07 - 1,3 = 4,04$ gerechnet hat.

Der Vergleich zwischen der KT-Strategie und der Hauptfehlerstrategie bei der Addition und Subtraktion gemeiner Brüche, nämlich $\frac{a}{b} \pm \frac{c}{d} = \frac{a \pm c}{b \pm d}$, zeigt ein sehr ähnliches Fehlermuster: „Zahl in Ziffern zerlegen, getrennt betrachten und Gleiches mit Gleichem verrechnen". Diese Strategie kann bei natürlichen Zahlen und Dezimalbrüchen ohne Stellenwertübergänge und gleicher Anzahl von Dezimalen zu richtigen Ergebnissen führen. Daher ist diese Fehlerstrategie besonders intuitiv und robust.

Die KT-Strategie kann sowohl syntaktisch durch die Übertragung unzulässig verallgemeinerter bekannter Modelle wie „Verrechne Gleiches mit Gleichem" als auch semantisch durch fehlendes Zahl- bzw. Stellenwertverständnis erklärt werden (vgl. Prediger/ Schink [150]). Bei tragfähigen Zahlvorstellungen würde der Dezimalbruch als *eine* Zahl interpretiert werden und nicht als Kombination zweier Zahlen, die durch ein Komma getrennt sind. Diese Fehlerstrategie sollte sorgfältig thematisiert und richtigen Vorgehensweisen anschaulich (an Zahlengeraden bzw. Flächenmodellen) gegenübergestellt werden. Insbesondere stellt sich die Frage, ob ein verfrühtes Einführen stellenweiser bzw. schriftlicher Rechenverfahren diese Fehlerstrategie nicht ungewollt begünstigt. Es liegt nahe, dass Strategien, die nicht auf die Bestandteile der Zahl (die Ziffern), sondern auf die Zahl selbst fokussieren und diese in Gebrauch nehmen (z. B. schrittweises Rechnen, Hilfsaufgabe, gegensinniges Verändern), eher der Fehlerstrategie vorbeugen.

18.9 Vorbeugen, Diagnostizieren und Fördern

Diagnostische Aufgaben zur Addition und Subtraktion von Dezimalbrüchen sollten grundsätzlich zwei Dimensionen untersuchen:

(1) Grundvorstellungen zur Operation durch Übersetzungen zwischen den Darstellungsebenen:
   - In der grünen Flasche sind 0,6 l Limonade, das sind 0,33 l weniger als in der roten. Wie viel Limonade ist in der roten Flasche?
   - Erzähle eine passende Rechengeschichte zu $0,43 + 0,37$ und zu $0,8 - 0,76$.
(2) Das Verständnis und die Verwendung von Rechenstrategien:
   - Wie rechnest du $0,99 + 2,98$? Kannst du das am Rechenstrich zeigen?
   - Wie rechnest du $5,7 - 2,99$ und $0,46 + 0,9$ (anschaulich)?
   - Berechne $3,01 - 2,9$ und erkläre anschaulich.

Für die unterrichtliche **Besprechung der Strategien** sollte auf die zentralen Anschauungsmittel Rechenstrich (vgl. Abschn. 18.3), Zahlengerade und Flächenmodelle zurückgegriffen werden. Naheliegend ist auch eine Bezugnahme auf Größen. Jedoch zeigt ein Vergleich der Lösungshäufigkeiten und Fehlerstrategien von Aufgabenpaaren, bei denen jeweils ein Rechenausdruck $(0,75 - 0,5)$ und eine entsprechende Sachsituation (**Unterschied** zwischen 0,75 m und 0,5 m) zur Bearbeitung vorgelegt wurden, dass hier nur sehr geringe Unterschiede zugunsten der Größen vorliegen. Die Lernenden wenden auch zentrale Fehlerstrategien wie „**Komma-trennt**" an, wenn die Rechnung in einen Sachkontext eingebettet ist. Die Größenbereiche Gewichte und Längen stellen ebenfalls anspruchsvolle mathematische Inhaltsgebiete dar. Insbesondere beim Umgang mit unterschiedlichen Dezimalstellen sind die Vorkenntnisse hierzu häufig nicht gesichert. Eine ausführliche Diskussion um Vorzüge und Nachteile der Verwendung von Größen findet sich bei Heckmann [57] (S. 226–240; 469–479) und Heckmann [59].

Für die unterrichtliche Besprechung gilt in diesem Inhaltsbereich wie in allen anderen auch, dass ein positives Unterrichtsklima in Bezug auf Fehler allein („aus Fehlern kann gelernt werden") zwar eine notwendige, aber keine hinreichende Voraussetzung für deren Überwindung darstellt. Zusätzlich benötigt die Lehrperson Kenntnisse über deren Ursachen und Behebung (vgl. Prediger/Wittmann [150]). Das Konzept des *negativen Wissens* (Oser [115]) umfasst Abgrenzungswissen (Welche Strategie kann in welchen Situationen verwendet werden und in welchen nicht?) sowie Wissen um Fehler (sicheres Erkennen und Wissen um Fehler). Die gemeinsame Suche mit Lernenden nach Fehlern und Fehlermustern kann hierzu einen guten Beitrag leisten, dieses notwendige negative Wissen aufzubauen und zu aktivieren (vgl. Prediger/Wittmann [150]).

18.10   Variationsreiches Üben und Vertiefen

Nur vereinzelt werden in Schulbüchern bei Dezimalbrüchen Strategien vorgestellt, die den Fokus bei Addition und Subtraktion auf das **Zahlen-** und nicht auf das **Ziffernrechnen** legen. Beispiele sind im *Schweizer Zahlenbuch 6* [S24] angegeben, hier in Abb. 18.4.

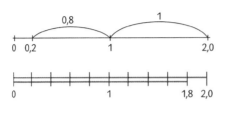

Dezimalbrüche subtrahieren

A   2,0 − 1,8

    2,0 − 0,18

    2,0 − 0,018

    42   − 1,5

    4,2 − 1,5

    0,42 − 0,15

Abb. 18.4 Subtraktion an der Zahlengeraden © *Schweizer Zahlenbuch 6* [S24], S. 23, Nr. 4a

Ein besonderer Schwerpunkt zur Unterstützung tragfähiger Grundvorstellungen zu Dezimalbrüchen liegt auf der Diskussion **vor dem Ausrechnen**, wie die Zahlen besonders effektiv verrechnet werden können: im Kopf, halbschriftlich oder über den schriftlichen Algorithmus. Im Schulbuch *Denkstark 6* [S2], (hier Abb. 18.5), sind hierzu gelungene Vorschläge gegeben, die zudem für leistungsheterogene Lerngruppen differenzierend sind. In einer Präsentation kann die Wahl der Rechenmethode vorgestellt, verglichen und begründet werden.

Du findest in dem Kasten viele verschiedene Rechenaufgaben. Du kannst dir die Rechenaufgaben für die Aufträge immer selbst zusammenstellen.

	A	B	C	D	E
1	10,9 + 13,1	678,25 − 78,25	65600 : 100	26700 : 25	85,89 · 100
2	10,09 + 7,1	1000 − 425,05	12,2 − 2,1	6666 : 11	113,7 : 10
3	34,5 − 13, 7	274,5 + 274,5	25,5 · 25,5	3232,32 : 4	234,56 − 34,56
4	80,50 − 3,45	1,56 : 10	23 : 100	513,4 · 10	1789,45 − 101,2
5	11,1 · 3	101,1 · 7	112,23 · 10	345,67 − 5,67	1045 − 10,01
6	12,12 : 4	12,45 · 10	667,05 − 100	1056,45 : 100	23,4 · 100
7	3,67 + 31,42	42,84 : 7	45,9 : 1000	545,75 + 100	1045 : 1
8	3,45 + 65,01	11,05 + 33,79	700,1 + 40,2	11,223 · 100	4020 : 1005
9	34,75 − 5,95	23,01 − 5,99	30,05 : 5	42,788 − 3,788	23,8 · 1000
10	1125 : 125	7272 : 12	259,5 + 300,5	25,5 · 25,5	10000 − 425,05

a) Suche dir 10 verschiedene Rechenaufgaben aus, die du im Kopf rechnen kannst.
b) Suche 10 Rechenaufgaben aus, in denen man für das Finden des Ergebnisses nur das Komma verschieben muss.
c) Suche Rechenaufgaben mit einem Ergebnis zwischen 500 und 1000.
d) Suche Rechenaufgaben, die eine natürliche Zahl als Ergebnis haben.

Abb. 18.5 Wahl der Rechenmethode und -strategie © *Denkstark 6* [S2], S. 134, Nr. 6

Es liegt demnach in der Verantwortung der Lehrperson, wie mit den unzähligen Additions- und Subtraktionsaufgaben in Schulbüchern umgegangen wird. Steht das Ausrechnen und das Kontrollieren richtiger Ergebnisse im Vordergrund oder das Diskutieren über Rechenwege, die anschaulich an der Zahlengeraden dargestellt werden? Zahlreiche gelungene Anregungen zum prozessorientierten Umgang mit Termen, auch in Bezug auf die Thematisierung von Fehlerstrategien, sind bei Winter/Wittmann [218] dargestellt.

Eine Spielidee mit dem Arbeitsmittel „Decimat" ist vom New Zealand Ministry of Education ([113], S. 46 f.) und bei Roche [154] näher beschrieben: Benötigt werden

- Zwei Würfel, ein gewöhnlicher mit 1 bis 6 Punkten für den Zähler und ein zweiter, bei dem vier Flächen mit $\frac{1}{1000}$ und je eine mit $\frac{1}{100}$ und $\frac{1}{10}$ für den Nenner beschriftet sind,
- ein Decimat (kopiert oder laminiert) und ein farbiger Stift pro Spieler,
- ein Blatt weißes Papier für beide Spieler.

Nun wird abwechselnd mit beiden Würfeln gespielt. Der gewürfelte Bruch wird am Decimat gefärbt und jeder Spieler notiert auf dem Blatt in seiner Farbe die insgesamt gefärbte Fläche. Beim nächsten Zug wird die passende Rechnung mit Ergebnis aufgeschrieben. Zum Beispiel:

Rot hat 0,087 gefärbt und würfelt eine 5 und $\frac{1}{100}$. Er notiert die Rechnung $0,087 + 0,05$. Nach dem Färben am Decimat (es muss ein Zehntel entbündelt werden) kann das Ergebnis 0,137 dort abgelesen und auf das Blatt eingetragen werden.

Das Spiel endet, wenn beispielsweise ein Spieler mehr als 0,7 gefärbt hat. Oder nach Ablauf einer festgelegten Zeit wird verglichen, wer am meisten (oder am wenigsten) eingefärbt hat. Welches Spieltandem im Klassenzimmer hat die größte Differenz?

Multiplikation von Dezimalbrüchen

19

Vorbemerkung

Auch in diesem Kapitel werden zunächst die **Grundvorstellungen** und anschließend Rechenstrategien zur Multiplikation diskutiert. Grundvorstellungen ermöglichen eine anschauliche Interpretation von multiplikativen Zusammenhängen mit Dezimalbrüchen oder die Übersetzung von Textaufgaben in Terme. Erst im Anschluss werden **Strategien** thematisiert, *wie* Multiplikationsterme berechnet werden können. Auf dieser Grundlage werden mögliche Lernhürden und Schwierigkeiten diskutiert sowie Möglichkeiten vorgestellt, diese zu diagnostizieren und ihnen unterrichtlich zu begegnen.

19.1 Grundvorstellungen zur Multiplikation

Die zentralen Grundvorstellungen zur Multiplikation natürlicher Zahlen sind wiederholtes Hinzufügen (dynamisch, „zeitlich-sukzessiv") und das Zusammenfassen gleichmächtiger Mengen (statisch, „räumlich-simultan"). Diese Grundvorstellungen sind im Bereich der Bruchzahlen nicht mehr tragfähig, da im allgemeinen Fall die Faktoren keine natürlichen Zahlen sind.

Die **dynamische Grundvorstellung** zur Multiplikation natürlicher Zahlen ermöglicht beim Term 3·4 z. B. die Interpretation, dass 4 Objekte um den Faktor 3 vervielfacht werden (z. B. aus dem Keller werden 3 mal 4 Flaschen geholt). Auch an der Zahlengeraden kann der Rechenausdruck gedeutet werden, indem 3 Schritte der Länge 4 betrachtet werden. Das Ergebnis kann an der Endposition abgelesen werden:

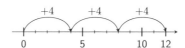

© Springer-Verlag GmbH Deutschland 2017
F. Padberg, S. Wartha, *Didaktik der Bruchrechnung*,
Mathematik Primarstufe und Sekundarstufe I + II, DOI 10.1007/978-3-662-52969-0_19

Bei der Multiplikation von Dezimalbrüchen muss dieses Modell aufgegeben werden. Es können nicht 0,4 Flaschen 0,3-mal aus dem Keller geholt werden oder 0,4 Schritte der Länge 0,3 gegangen werden. Eine Fortsetzung der dynamischen Grundvorstellung ist die **Anteilbildung**. Multiplizieren bedeutet, dass ein Anteil eines Anteils gebildet wird. Der Rechenausdruck 0,3·0,4 kann in diesem Sinne veranschaulicht werden, dass der Anteil 0,3 vom Anteil 0,4 betrachtet wird. Arbeitsmittel sind flächige Darstellungen wie Rechtecke oder lineare Modelle wie die Zahlengerade.

Abb. 19.1 Anteilbildung bei
Dezimalbrüchen

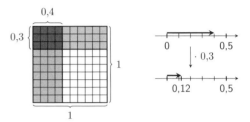

Beim Rechteckmodell bedeutet die Anteilbildung 0,3 · 0,4, dass zunächst der Anteil 0,4 als vier von zehn gleich großen (vertikalen blauen) Spalten eines Quadrats betrachtet wird. Hiervon wird nun der Anteil 0,3 gebildet: Der Anteil wird in insgesamt 10 Zeilen unterteilt und davon 3 betrachtet. Der entstandene Anteil beträgt 12 (violette) von 100 Teilflächen, die als 12 Hundertstel oder 0,12 notiert werden. Die Kommutativität der Multiplikation kann in diesem Modell anschaulich begründet werden, denn der Anteil 0,4 (blaue Spalten) von 0,3 (rosa Zeilen) ist ebenfalls sichtbar.

Unter der dynamischen Grundvorstellung zur Multiplikation kann die Anteilbildung auch als Strecken bzw. Stauchen einer erst später systematisch zu thematisierenden zentrischen Streckung interpretiert werden. Hierbei wird eine Länge von 0,4 um den Faktor 0,3 gestreckt bzw. (in diesem Fall) gestaucht. Eine Anwendung im Alltag ist ein Kopiergerät, bei dem Multiplizieren nicht nur Vervielfachen, sondern im Fall von nicht ganzzahligen Faktoren ein Strecken (Faktor größer als 1) und Stauchen (Faktor zwischen 0 und 1) bedeutet. Eine Veranschaulichung der Idee ist an der Zahlengeraden (vgl. Abb. 19.1 rechts) dargestellt.

Für die **statische Grundvorstellung** zur Multiplikation kann an die Bestimmung des **Flächeninhalts eines Rechtecks** angeknüpft werden. Die Aufgabe 3 · 4 wird als Flächeninhalt des Rechtecks mit Seitenlängen 3 und 4 dargestellt. Für die Aufgabe 0,3 · 0,4 wird entsprechend das Rechteck mit den Seitenlängen 0,3 und 0,4 betrachtet. Durch die Zehnteleinteilung in den Zeilen und Spalten entstehen 100 gleich große Teilflächen der gegebenen Einheit. Der Flächeninhalt beträgt 12 von 100 Flächen und wird mit 12 Hundertstel oder 0,12 bezeichnet.

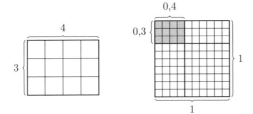

Die räumlich-simultane Darstellung der Multiplikation als Flächeninhalt eines Rechtecks ist bereits im Bereich der natürlichen Zahlen sehr tragfähig (vgl. Punktemuster am Hunderterfeld, Gaidoschik [34]). Eine Übertragung auf die Bruchzahlen erscheint sehr zielführend.

Weitere Modelle zur Multiplikation sind (vgl. Prediger [146]):

- der **multiplikative Vergleich**, bei dem die Beziehung zwischen zwei Mengen oder Größen multiplikativ beschrieben wird. Dieses Modell ist sowohl bei natürlichen Zahlen (dreimal so viel wie) als auch bei Bruchzahlen (0,7-mal so viel wie) tragfähig.
- **abgeleitete Größen** wie „Entfernung mal Geschwindigkeit" oder „Gewicht mal Kilopreis". Auch dieses Modell kann bei natürlichen und bei Bruchzahlen angewendet werden.
- das **Kreuzprodukt**, das bei kombinatorischen Aufgabenstellungen aktiviert wird. Ein Beispiel ist die Ermittlung der Anzahl an Möglichkeiten, Legotürme aus zwei Steinen mit vier Farben zu bauen. Dieses Modell ist nur bei natürlichen Zahlen tragfähig.

Skeptisch werden zunehmend jene Versuche bewertet, die Multiplikation mit Alltagskontexten zu veranschaulichen. Im Alltag außerhalb von Schulbüchern kommt es nicht häufig vor, dass 0,75 von 0,5 Pizza bestimmt werden muss (Prediger/Glade/Schmidt [147]).

Bei der Ausbildung **gedanklicher** Modelle zur Multiplikation sind tragfähige konkrete Modelle die Grundlage. Das Rechteckmodell ist besonders geeignet, um daran die beiden Grundvorstellungen zur Multiplikation von Dezimalbrüchen zu entwickeln:

- Anteilbildung (dynamisch): Ein Faktor wird als Flächeninhalt interpretiert, von dem der Anteil des anderen Faktors bestimmt wird. Das Ergebnis ist der Anteil des Anteils.
- Flächeninhalt (statisch): Beide Faktoren stehen für benachbarte Seitenlängen eines Rechtecks. Das Produkt ist der Flächeninhalt.

19.2 Multiplizieren von Stellenwerten

19.2.1 Multiplikation mit Zehnerpotenzen

Die Multiplikation mit Zehnerpotenzen ist einerseits eine direkte Wiederholung und Vertiefung des Stellenwertsystems, andererseits ist sie die zentrale Voraussetzung für Strategien zur Multiplikation und Division.

Anschauungsmittel Bereits bei der Thematisierung der Zusammenhänge zwischen den Stellenwerten (vgl. Kap. 13) wurde erarbeitet, wie diese multiplikativ verknüpft sind: 10 Tausendstel entsprechen 1 Hundertstel, 10 Hundertstel entsprechen 1 Zehntel, 10 Zehntel entsprechen 1 Einer. Bei der Multiplikation mit 10 werden also aus Tausendstel Hundertstel, aus Hundertstel werden Zehntel und so weiter. Diese Zusammenhänge können anschaulich an flächigen bzw. räumlichen Modellen (Decimat, Millimeterpapier, Zehnersystemblöcke) aufgezeigt werden.

Stellenwerttafeln Die anschaulich erarbeiteten Zusammenhänge können in eine Stellenwerttafel eingetragen werden. Bei Multiplikation mit 10 werden in der Stellenwerttafel alle Ziffern um eine Stelle nach links verschoben. Eine Folge davon ist, dass sich bei symbolischer Betrachtung der Zahlen das Dezimalkomma um eine Stelle nach rechts verschiebt: $10 \cdot 76{,}543 = 765{,}43$. Diese Beobachtung sollte in jedem Fall mit Bezugnahme auf das Bündelungs- und Stellenwertprinzip in der Stellenwerttafel gemacht werden:

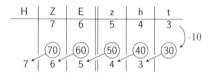

Für leere Zwischenstellen in der Stellenwerttafel wird bei der Zahlschreibweise je eine 0 notiert. An der Stellenwerttafel kann auch gut erklärt werden, warum der eventuell aus den natürlichen Zahlen übertragene „Null-Anhängetrick" (Multiplikation mit 10 bedeutet Anhängen einer Endnull) hier zu falschen Ergebnissen führen muss: $2{,}53 \cdot 10 \neq 2{,}530$.

Zehnerbrüche Eine Vernetzung zum Rechnen mit gemeinen Brüchen ist gegeben, wenn die Multiplikation mit Zehnerpotenzen über Zehnerbrüche (anschaulich) diskutiert wird:

$$0{,}678 \cdot \quad 10 = \frac{678}{1000} \cdot \quad 10 = \frac{6780}{1000} = \frac{678}{100} = 6{,}78$$

$$0{,}678 \cdot 10.000 = \frac{678}{1000} \cdot 10.000 = 6780$$

Der Vorteil dieser Bezugnahme besteht in der Wiederholung von und der Vernetzung mit der gemeinen Bruchrechnung.

Größen Ein weiterer Zugangsweg ist das Darstellen der Zahlen in einem Größenbereich und das Umrechnen in kleinere Maßeinheiten:

$$10 \cdot 0{,}28 \,\text{km} = \quad 10 \cdot 280 \,\text{m} = \quad 2800 \,\text{m} = 2{,}8 \,\text{km}$$
$$1000 \cdot 0{,}28 \,\text{km} = 1000 \cdot 280 \,\text{m} = 280.000 \,\text{m} = 280 \,\text{km}$$

Der Vorteil dieses Wegs besteht in der Verknüpfung mit Vorstellungen zu Größen, die hier wiederholt und auf Alltagskontexte bezogen werden können. Jedoch können diese Vorstellungen nicht zu allen Zahlen und Größenbereichen aktiviert werden. Daher kann dieser Weg in der anschaulichen Begründung nicht verallgemeinert werden wie die ersten beiden.

Satz 19.1 *Das Multiplizieren mit Zehnerpotenzen 10^n bedeutet für $n \in \mathbb{N}$, dass alle Ziffern in der Stellenwerttafel um n Stellen nach links verschoben werden. Leere Zwischenstellen werden wie üblich mit 0 notiert.*

Eine weitere Beobachtung auf syntaktischer Ebene ist, dass sich das Komma um n Stellen nach rechts verschiebt. Wenn Lernende diese Beobachtung nicht (anschaulich) begründen können, wird die Beschränkung der Regel auf einen „Kommaverschiebungstrick" als problematisch eingestuft.

19.2.2 Multiplikation mit Stellenwerten kleiner 1

Die Multiplikation von Zehnteln mit Zehnteln, Zehnteln mit Hundertsteln oder Hundertsteln mit Hundertsteln kann über beide Grundvorstellungen (Anteilbildung und Flächeninhalt) am Rechteckmodell entwickelt werden. Zentral für späteres Rechnen und Überschlagen ist die Beobachtung, **in welcher Größenordnung** das Ergebnis einer Multiplikationsaufgabe liegt.

Anschauungsmittel Wenn beispielsweise 0,1 von 0,1 betrachtet werden, dann ist der entstandene Anteil 0,01 (Anteilbildung). Für die Multiplikation $0{,}1 \cdot 0{,}01$ kann der Flächeninhalt eines Rechtecks mit den Seitenlängen 0,1 und 0,01 betrachtet werden. Entsprechend kann die Multiplikation eines Hundertstels mit einem Hundertstel interpretiert werden, indem im Millimeterpapierquadrat mit Seitenlänge 10 cm ein kleines Quadrat der Seitenlänge 0,01, also ein Quadratmillimeter betrachtet wird. Da das Millimeterpapierquadrat aus insgesamt 10.000 Quadratmillimetern besteht, beträgt der Flächeninhalt des betrachteten Quadrats 0,0001.

Zehnerbrüche Multiplizieren von Stellenwerten kleiner als 1 kann ebenfalls über Zehnerbrüche erfolgen und somit Grundvorstellungen zu gemeinen Brüchen aktivieren:

$$0{,}1 \cdot 0{,}1 \quad = \frac{1}{10} \cdot \frac{1}{10} \quad = \frac{1}{100} \quad = 0{,}01$$

$$0{,}1 \cdot 0{,}001 = \frac{1}{10} \cdot \frac{1}{1000} = \frac{1}{10.000} = 0{,}0001$$

Die Anzahl der Nachkommastellen des Produkts entspricht der Summe der Nachkommastellen der Faktoren. Aus diesen Beobachtungen lässt sich ein allgemeiner Zusammenhang für die Multiplikation von Stellenwerten ableiten:

Satz 19.2 *Seien $a = 10^n$ und $b = 10^m$ zwei Stellenwerte mit $n, m \in \mathbb{Z}$. Dann ist $a \cdot b = 10^{n+m}$ der Stellenwert, der sich aus der Summe der ganzzahligen Exponenten von a und b ergibt.*

Oberflächlich betrachtet bedeutet dies, dass beim Produkt von Stellenwerten kleiner als 1 die Anzahl der Nachkommastellen der Faktoren addiert wird.

19.3 Strategien zur Berechnung von Multiplikationstermen

19.3.1 Nutzen des Flächeninhalts am Rechteckmodell

Im Abschn. 19.1 wurde bereits aufgezeigt, dass das Produkt zweier Dezimalbrüche nicht mehr als wiederholte Addition, sondern als Anteilbildung oder Flächeninhalt am Rechteck interpretiert werden kann. In diesem Sinne können (zumindest bei wenigen Dezimalstellen) folgende Beispielaufgaben direkt am Modell, beispielsweise auf einem Millimeterpapierquadrat der Größe 10 cm · 10 cm, bearbeitet werden. Bei mehrstelligen Faktoren wird der entstandene Flächeninhalt unter Nutzung des Distributivgesetzes in Teilrechtecke zerlegt:

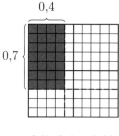

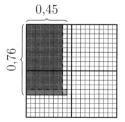

$$0{,}7 \cdot 0{,}4 = 0{,}28$$

$$0{,}76 \cdot 0{,}45 = (0{,}7 + 0{,}06) \cdot (0{,}4 + 0{,}05)$$

$$0{,}7 \cdot 0{,}4 + 0{,}7 \cdot 0{,}05 + 0{,}06 \cdot 0{,}4 + 0{,}06 \cdot 0{,}05 = 0{,}342$$

Am Modell ist direkt ablesbar, dass der Flächeninhalt von $0{,}7 \cdot 0{,}4 = 0{,}28$ beträgt, denn vier mal sieben Kästchen sind 28 Kästchen mit jeweils dem Flächeninhalt 1 Hundertstel. 28 Hundertstel werden als 0,28 notiert.

19.3.2   Malkreuz

Eine Notation, die direkt auf das Flächeninhaltsmodell Bezug nimmt, ist das im Bereich der natürlichen Zahlen verwendete Malkreuz (vgl. Wittmann/Müller [220], Padberg/Benz [127], Gaidoschik [34]). Wie im Rechteck werden die Stellenwerte absteigend nach rechts bzw. unten notiert.

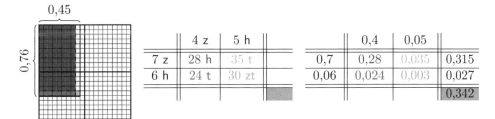

	4 z	5 h
7 z	28 h	35 t
6 h	24 t	30 zt

	0,4	0,05	
0,7	0,28	0,035	0,315
0,06	0,024	0,003	0,027
			0,342

  Wie im Rechteckmodell der Gesamtflächeninhalt über die Teilflächen bestimmt wird, können beim Malkreuz zunächst die vier entstandenen Teilaufgaben (blau, gelb, rot und grün) berechnet werden, deren Ergebnisse zunächst in den Zeilen und danach insgesamt zusammengefasst werden. Grundlage für diese Vorgehensweise ist das Distributivgesetz für rationale Zahlen. Eine zentrale Voraussetzung ist die in Abschn. 19.2.2 dargestellte Multiplikation von Stellenwerten: Zehntel mal Hundertstel ergeben Tausendstel etc.

19.3.3   Größen

Am Rechteckmodell (hier am Millimeterpapierquadrat mit Gesamtfläche 1 dm^2) kann darüber hinaus gezeigt werden, dass die Multiplikation von Dezimalbrüchen mit Längeneinheiten (hier: $0{,}76 \cdot 0{,}45$ in Dezimetern) durch die Umrechnung in Untereinheiten auf die Multiplikation natürlicher Zahlen zurückgeführt werden kann (hier: $76 \cdot 45$ in Millimetern). Nach der Multiplikation in $\mathbb{N}$ wird das Produkt in die den ursprünglichen Maßeinheiten entsprechende Maßeinheit (hier: dm^2) umgerechnet.

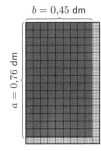

Seite a	Seite b	Flächeninhalt $a \cdot b$
0,76 dm ⋅	0,45 dm =	0,342 dm^2
↓	↓	↑
76 mm ⋅	45 mm =	3420 mm^2

Ole, Pia und Till haben sich verschiedene Wege
überlegt, wie sie herausfinden, wohin das
Komma bei der Rechnung 2,3 · 1,1 in Aufgabe 2
kommt.

a)

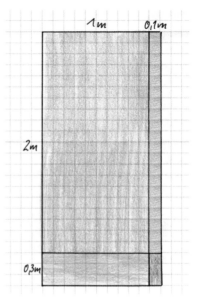

Erkläre Oles Bild.
Welchen Flächeninhalt haben die einzelnen
Teilrechtecke?

b)

- Fülle Tills Malkreuz im Materialblock fertig aus.
- Färbe die Felder im Malkreuz so, dass sie zu den Teilflächen in Oles Bild passen.

Abb. 19.2 Anschauliches Multiplizieren © *Mathewerkstatt 2* [S22], S. 127, Nr. 3a,b

Das Schulbuch *Mathewerkstatt 2* ([S22], hier Abb. 19.2), bietet einen anschaulichen
Zugang zur Multiplikation von Dezimalbrüchen am Rechteckmodell und der entsprechenden Dokumentation im Malkreuz. Im Unterschied zu den obigen Darstellungen werden
nicht Zahlen, sondern Längenangaben mit Einheiten multipliziert und das Produkt als
Flächeninhalt interpretiert.

Eine zentrale Herausforderung und gleichzeitig die Möglichkeit der Vernetzung und
Wiederholung ist die Umrechnung zwischen den Maßeinheiten. Die Konventionen zwischen den Längenmaßeinheiten (1 m = 10 dm = 100 cm etc.) und den Flächenmaßein-
heiten (1 m^2 = 100 dm^2 = 10.000 cm^2 etc.) müssen bekannt sein. Am Millimeterpapier
kann dies anschaulich wiederholt werden: 1 dm^2 = 100 cm^2 und 1 cm^2 = 100 mm^2.

Beim Rückgriff auf gängige Längen (km bis mm) ist diese Vorgehensweise auf die
Anzahl der Dezimalen prinzipiell begrenzt. Übersetzungen in andere Größenbereiche (Ge-

wichte, Winkel, Zeit, ...) sind nicht möglich, da das Produkt multiplizierter Größen (z. B. kg · kg) anschaulich nicht interpretiert werden kann.

19.3.4 Rechnen mit Zehnerbrüchen

Auch durch das Rechnen mit Zehnerbrüchen kann die Multiplikation von Dezimalbrüchen auf die Multiplikation natürlicher Zahlen bzw. die bekannte Multiplikation von Brüchen zurückgeführt werden.

$$
\begin{array}{ccc}
\text{Dezimalbrüche} & 3{,}4 \cdot 0{,}26 & 0{,}884 \\
& \downarrow & \uparrow \\
\text{Brüche} & \dfrac{34}{10} \cdot \dfrac{26}{100} = & \dfrac{884}{1\,000}
\end{array}
$$

19.3.5 Rechnen mit kleinsten Stellenwerten

Multiplikationsterme mit Dezimalbrüchen können berechnet werden, indem die Faktoren im jeweils kleinsten Stellenwert betrachtet und wie natürliche Zahlen multipliziert werden. Für die Angabe des Ergebnisses sind gesicherte Kenntnisse zum Multiplizieren von Stellenwerten (vgl. Abschn. 19.2.2) nötig.

$$
\begin{array}{ccc}
3{,}4 & \cdot \; 0{,}26 \; = & 0{,}884 \\
\downarrow & \downarrow & \uparrow \\
34\ z & \cdot \; 26\ h \; = & 884\ t
\end{array}
\qquad
\begin{array}{ccc}
3{,}4 & \cdot \; 0{,}26 = & 0{,}884 \\
\downarrow \cdot 10 & \downarrow \cdot 100 & \uparrow : 1000 \\
34 & \cdot \; 26 \; = & 884
\end{array}
$$

Alternativ werden die Faktoren zunächst mit Zehnerpotenzen so multipliziert, dass natürliche Zahlen entstehen, die multipliziert werden können. Um das Ergebnis angeben zu können, wird durch das Produkt beider Zehnerpotenzen anschließend dividiert.

19.3.6 Regel zur Multiplikation von Dezimalbrüchen

Die beschriebenen Strategien stellen den Zusammenhang zwischen der Multiplikation von Dezimalbrüchen und der Multiplikation mit natürlichen Zahlen her. Zwei zentrale Beobachtungen bei den Beispielaufgaben und bei weiteren Termen sind, dass das Produkt zweier Dezimalbrüche

a) die gleiche Ziffernfolge hat wie das Produkt der Zahlen ohne Dezimalkomma und
b) so viele Nachkommastellen besitzt wie beide Faktoren zusammen.

Auf der Grundlage der anschaulichen Begründungen kann abgeleitet werden:

Satz 19.3 *Dezimalbrüche werden zunächst ohne Rücksicht auf das Komma wie natürliche Zahlen multipliziert. Das Ergebnis hat so viele Nachkommastellen wie beide Faktoren zusammen.*

Diese Beobachtungen sollten sich jedoch nicht als „Rezept" verselbstständigen, denn die Gefahr von unverstandenen Tricks ist, dass sie auf Inhalte – wie z. B. die Division – übertragen werden, in denen sie keine Gültigkeit besitzen.

19.3.7 Sonderfall: Multiplikation mit natürlichen Zahlen

Bei der Multiplikation mit einer natürlichen Zahl können die Grundvorstellungen und Strategien der Primarstufe ohne Umbruch aktiviert werden. Diese Sonderfälle sind eher geeignet, die Multiplikation natürlicher Zahlen zu wiederholen, als den nötigen Grundvorstellungsumbruch herbeizuführen.

Über den quasikardinalen Aspekt kann jeder Stellenwert des Dezimalbruchs mit der natürlichen Zahl multipliziert und in einer Stellenwerttafel übersichtlich notiert werden:

$$7 \cdot 1{,}352 = 7 \cdot (1\,E + 3\,z + 5\,h + 2\,t)$$
$$= 7\,E + 21\,z + 35\,h + 14\,t$$
$$= 9\,E + 4\,z + 6\,h + 4\,t = 9{,}464$$

E	z	h	t
1	3	5	2
7	2̲1	3̲5	1̲4
9	4	6	4

Ein mögliches Problem ist, dass die Grundvorstellung der wiederholten Addition hier für eine Strategie herangezogen werden kann, im allgemeinen Fall (Bruch mal Bruch) jedoch nicht nur keinen Hinweis auf die Strategie liefert, sondern sogar für Fehler bzw. Fehlvorstellungen („Multiplizieren vergrößert") sorgen kann. Im Fall der Multiplikation mit einer natürlichen Zahl ist die Vorstellung „Multiplizieren vergrößert" noch tragfähig und in diesem Sonderfall auch richtig.

19.4 Mögliche Problembereiche und Hürden

19.4.1 Gering ausgeprägte Grundvorstellungen

Für die Übersetzung zwischen Sachsituationen oder Zeichnungen und Termen müssen Grundvorstellungen aktiviert werden. In einer Studie mit 830 Lernenden der Sekundarstufe dokumentiert Prediger [146], dass in Bezug auf die Multiplikation von Brüchen es höchstens 10 % der Befragten sicher gelingt, von Zeichnungen oder Textaufgaben in den passenden Term zu übersetzen. Die erfolgreiche Übersetzung ist stark davon abhängig, ob hierzu Grundvorstellungen aus dem Bereich der natürlichen Zahlen (z. B. wiederholte Addition, Lösungshäufigkeiten über 80 %) oder zur Multiplikation von Bruchzahlen (Lösungshäufigkeiten unter 20 %) nötig sind. Eine Textaufgabe zu einem multiplikativen

Rechenausdruck konnten weniger als 5 % der Befragten angeben. Die Studie wurde mit Aufgaben zu gemeinen Brüchen durchgeführt, es ist jedoch davon auszugehen, dass sich die Aussagen auf Dezimalbrüche übertragen lassen.

19.4.2 Fehlvorstellungen

Die Grundvorstellung zur Multiplikation natürlicher Zahlen als wiederholte Addition ist im Bereich der Dezimalbrüche höchstens in Sonderfällen tragfähig. Es muss ein „Umbruch", ein Umbau der Grundvorstellungen herbeigeführt werden. Wenn kein neues Modell zur Multiplikation aufgebaut und dieses den Modellen, die bei natürlichen Zahlen gültig sind, gegenübergestellt wird, ist die Gefahr groß, dass sich über den nicht erfolgten Grundvorstellungsumbruch Fehlvorstellungen entwickeln. Eine resultierende Fehlvorstellung kann mit **„Multiplizieren vergrößert immer"** beschrieben werden und stellt eine zentrale Herausforderung bei der Zahlbereichserweiterung dar. Da gemeine Brüche und Dezimalbrüche nur verschiedene Schreibweisen für dieselben Zahlen darstellen, sind die Aussagen in Bezug auf diese Fehlvorstellung direkt übertragbar (vgl. Kap. 7.7.1).

Im Bereich der Dezimalbrüche sind die Auswirkungen der Fehlvorstellung noch augenscheinlicher als im Bereich der gemeinen Brüche. Ein diagnostisches Gespräch mit einer Erwachsenen soll dies verdeutlichen. Vergleichbare Interviews mit Lernenden sind z. B. bei Bell et al. [7] dokumentiert.

I: Betrachten Sie bitte folgende Aufgabe.

> 1 kg Orangen kostet 0,89 €.
> a) Wie viel kosten 8 kg?
> b) Wie viel kosten 14 kg?
> c) Wie viel kosten 0,8 kg?

E: *(tippt in den Taschenrechner und schreibt:)*

$$8 \cdot 0,89 = 7,12 \text{ und } 14 \cdot 0,89 = 12,46.$$

(zögert bei Teilaufgabe c)

I: Bevor Sie rechnen: Wie viel kosten 0,8 kg denn ungefähr?

E: Ungefähr so 60 oder 70 Cent.

I: Können Sie das genau ausrechnen?

E: *(tippt ein:* $0,89 : 0,8 = 1,1125$*, sichtlich verwirrt)*

I: Sie haben bei den 8 kg und den 14 kg jeweils mal 0,89 gerechnet, wieso rechnen Sie hier geteilt?

E: Weil es doch weniger als die 0,89 werden muss.

Die Aktivierung der Fehlvorstellung **„Multiplizieren vergrößert immer"** kann auch eine sachgemäße Bedienung eines Taschenrechners verhindern. Die sichere Verwendung von technischen Hilfsmitteln kann daher, wie in Kap. 11 geschildert, als ein zentrales Lernziel des Bruchzahlenlehrgangs angesehen werden. Die Problematik der Wahl einer falschen Rechenoperation bei Termen mit Dezimalbrüchen ist in Bezug auf diese Fehlvorstellung in der Literatur gut dokumentiert (Swan [181], Hefendehl-Hebeker/Prediger [66]). Auch Hart [52] schildert, dass die Mehrheit der Befragten in der Situation „Hackfleisch kostet 88,2 Pence pro Kilogramm. Wie wird ausgerechnet, wie viel ein Paket mit 0,58 kg Fleisch kostet?" bei acht Auswahlantworten einen Divisionsterm auswählt.

Hefendehl-Hebeker und Prediger [66] betonen, dass diese Fehler nicht als Defizite der Lernenden gesehen werden sollen, sondern in der Struktur des neuen Inhalts begründet sind. Die Autorinnen führen auch an dieser zentralen Lernhürde aus, dass die Erweiterung des Zahlbereichs nicht nur eine Einführung neuer Symbole, Regeln und Anwendungssituationen ist, sondern eine völlig neue Vorstellungswelt bedeutet. Ein bloßes Hinzufügen von Inhalten wird dem nicht gerecht, es ist vielmehr ein Umdenken und Kontrastieren erforderlich.

Für die Interviewte ist (stellvertretend für zahlreiche Lernende) für die Wahl der Rechenoperation nicht eine erweiterte Grundvorstellung zur Multiplikation, sondern deren vermeintliche Wirkung ausschlaggebend. Es ist seit Jahrzehnten gut dokumentiert, dass viele Lernende bei **strukturgleichen Textaufgaben** je nach Zahlenmaterial **verschiedene Rechenoperationen** aufgrund deren vermuteter Wirkung (vergrößern mit plus und mal, verkleinern mit minus oder geteilt) wählen. Greer [41, S. 37 ff.] beschreibt das als „nonconservation of operation".

19.4.3 Probleme bei Rechenstrategien

Komma-trennt-Strategie (KT-Strategie)
Gut die Hälfte der befragten Gymnasiasten in der Untersuchung von Padberg ([126], S. 219) löst Multiplikationsaufgaben mit Dezimalbrüchen mit ein bis zwei Nachkommastellen falsch. Auffällig ist, dass hier nicht Rechenfehler im Bereich des Einmaleins vorliegen, sondern Fehlerstrategien aktiviert werden:

Aufgabe	Lösung	Häufigkeit	Mögliche Erklärung
$0,2 \cdot 0,3$	0,6	38 %	$0 \cdot 0 = 0$ und $2 \cdot 3 = 6$
$0,8 \cdot 0,11$	0,88	42 %	$0 \cdot 0 = 0$ und $8 \cdot 11 = 88$
$0,4 \cdot 0,05$	0,2	31 %	$0 \cdot 0 = 0$ und $4 \cdot 5 = 20$
$6 \cdot 0,4$	0,24		$6 \cdot 0 = 0$ und $6 \cdot 4 = 24$
$4 \cdot 2,3$	8,12		$4 \cdot 2 = 8$ und $4 \cdot 3 = 12$

Padberg [126, S. 219] beschreibt, dass die Anwendung der KT-Strategie bei Aufgaben wie $3,2 \cdot 2,4$ ebenfalls, wenngleich nicht ganz so häufig (fast 10 %), zu falschen Ergebnissen führt (hier: 6,8). Auch international wird der Fehler „in sehr hoher Anzahl" ($0,4 \cdot 0,2 = 0,8$; vgl. Wearne/Hiebert [209]) dokumentiert.

Eine naheliegende Erklärung ist entweder die unreflektierte Übertragung der Additionsregel (Rechnen in den Stellenwerten) oder die KT-Strategie: Die Dezimalbrüche werden als Zusammensetzung zweier Zahlen (eine vor dem Komma, eine dahinter) interpretiert und entsprechend getrennt verrechnet. Auch kann eine unzulässige Verallgemeinerung einer unverstandenen Regel zur Multiplikation von gemeinen Brüchen den Fehler erklären: Bei Brüchen wird Zähler mal Zähler und Nenner mal Nenner gerechnet, bei Dezimalbrüchen entsprechend die Stellen vor und die Stellen nach dem Komma.

Die KT-Strategie wird auch bei der Multiplikation von natürlichen Zahlen mit Dezimalbrüchen beobachtet, wenn auch nur zu einem geringen Anteil (rund 5 %). Hiernach ist $3 \cdot 2,7 = 6,21$. Eine Erklärung ist auch hier die syntaktische Nähe zur häufig angewandten Fehlerstrategie bei gemeinen Brüchen (M3) $n \cdot \frac{a}{b} = \frac{na}{nb}$ (vgl. Kap. 7.7.5). Der Fehler kann demnach auch als Kombination dieser Fehlerstrategie M3 mit der Fehlerstrategie „Dezimalkomma als Bruchstrich" interpretiert werden.

Probleme bei den Stellenwerten
Die Multiplikation mit Zehnerpotenzen ist die Grundlage für ein Verständnis von Zusammenhängen zwischen den Stellenwerten. Damit stellt diese nicht nur die Basis für die Multiplikation von Dezimalbrüchen, sondern auch für Grundvorstellungen zu Dezimalbrüchen überhaupt dar. Als sehr problematisch wird daher bewertet, dass die Multiplikation von Dezimalbrüchen mit Zehnerpotenzen sehr fehleranfällig ist.

Hart [52] zeigt auf, dass nur rund die Hälfte der befragten Lernenden die Aufgabe $5,13 \cdot 10$ richtig lösen kann. Häufige Aufgabenbearbeitungen wie $2,3 \cdot 10 = 2,30$ (Padberg/Neumann/Sewing [133]) oder $5,13 \cdot 10 = 5,130$ (Hart [52]) können über einen (unverstandenen und daher unzulässigerweise übertragenen) Trick zur Multiplikation mit natürlichen Zahlen erklärt werden: Multiplikation mit 10 bedeutet demnach Anhängen einer „Endnull". Auch Fehllösungen wie $3,4 \cdot 10 = 3,4$ oder $0,48 \cdot 1000 = 0,48$ können über diese Strategie mit anschließendem Kürzen erklärt werden. Zusätzliche Schwierigkeiten bereiten Aufgaben, bei denen die kleinste Stelle des Ergebnisses Zehner oder Hunderter sind: Bei $0,48 \cdot 1000$ ist das Ergebnis nicht 48 (wie häufig angenommen), sondern 480. Hier muss die „leere" Einerstelle mit einer Null notiert werden. Eine weitere Fehlerquelle ist auch in diesem Bereich die KT-Strategie: $3,4 \cdot 10 = 30,40$ bzw. $2,56 \cdot 100 = 200,56$.

In einer empirischen Studie dokumentiert Neumann [112], dass die multiplikativen Zusammenhänge zwischen den Stellenwerten von den wenigsten der befragten 411 Lernenden sicher bearbeitet werden können. Das mit Abstand leichteste Item fragt nach dem Zusammenhang zwischen Einern und Zehntel. Im Multiple-Choice-Format wurden fünf Auswahlantworten angegeben. Rund 60 % der Befragten wählten nicht die korrekte Antwort „Einer sind zehnmal größer als Zehntel". Die Schwierigkeiten nehmen deutlich zu, wenn über mehrere Stellen oder/und über das Komma hinweg der Zusammenhang hergestellt werden soll wie bei der Aufgabe: „Welcher Zusammenhang besteht zwischen Hundertsteln und Zehnern?"

Die Multiplikation mit Dezimalbrüchen wie 0,1 oder 0,01 oder 0,001 ist noch deutlich problematischer: Die Aufgaben $5,6 \cdot 0,1$ oder $3,8 \cdot 0,01$ oder $4,7 \cdot 0,001$ werden von 30 % bis 40 % der befragten Gymnasiasten falsch bearbeitet, obwohl ein richtiges Ergebnis auch über rein syntaktisches Regel-Anwenden („Komma-Verschieben") ermittelt werden kann. Die Hauptfehler $5,6 \cdot 0,1 = 5,6$ (über 20 % aller Lernenden), $3,8 \cdot 0,01 = 0,38$ (15 %) und $4,7 \cdot 0,001 = 0,047$ (10 %) können durch einen fehlerhaften Transfer eines Rechentricks zur Addition erklärt werden: Die Anzahl der Dezimalen des Ergebnisses richtet sich nach der Zahl mit den meisten Dezimalen.

Der besonders häufige Fehler $5,6 \cdot 0,1 = 5,6$ kann durch eine weitere Fehlerstrategie erklärt werden, die bei den anderen Aufgaben am zweithäufigsten (etwa 10 % aller Lernenden) zu falschen Ergebnissen führt. Hier werden die Zahlen bei Multiplikation mit 0,1 oder 0,01 oder 0,001 wie bei der Multiplikation mit 1 unverändert gelassen.

Probleme aufgrund mangelnder Vernetzung

Deutlich aufschlussreicher als die Analyse von falschen Ergebnissen ist die Betrachtung problematischer Bearbeitungsprozesse (vgl. Kap. 1.5). Hart [52] berichtet, dass die fehlerhaften Lösungen $5,13 \cdot 10 = 5,130$ oder $50,130$ meist über sehr aufwändige schriftliche Algorithmen entstehen, auch wenn die Lösung bei Aktivierung von Zahlvorstellungen ohne Rechenaufwand ermittelt werden kann. Entweder haben die Lernenden bei Aufgaben dieser Art keine Vorstellungen zum Stellenwertsystem und den Zusammenhängen zwischen den Stellenwerten ausgebildet oder sie können diese beim Bearbeiten von Multiplikationsaufgaben nicht aktivieren.

Marxer/Wittmann [107] dokumentieren darüber hinaus, dass Zusammenhänge zwischen **gemeinen Brüchen** und Dezimalbrüchen häufig nicht genutzt werden. Der Rechenausdruck $2,4 \cdot 0,5$ kann – bei Aktivierung entsprechender Vorstellungen – im Kopf über gegensinniges Verändern ($2,4 \cdot 0,5 = 1,2 \cdot 1 = 1,2$) oder die Anteilbildung „Hälfte von 2,4" bearbeitet werden. Die Autoren berichten, dass zahlreiche Kinder jedoch nach einer offenkundig unverstandenen Regel vorgehen: Statt $2,4 \cdot 0,5$ wird $24 \cdot 5 = 120$ gerechnet, anschließend wieder ein Komma eingesetzt und $12,0$ notiert. Hinter dieser falschen Regelanwendung steht einerseits, dass Lernende „mit Ziffern [rechnen], wodurch ihnen der Blick auf Zahlen verstellt ist, sodass ihre spezifischen Eigenschaften nicht zum Tragen kommen" (Marxer/Wittmann [107], S. 31). Andererseits ist offenkundig, dass in diesen Fällen keine Grundvorstellungen zu den Zahlen und zur Operation aktiviert werden, da keine Bezüge zwischen den Zahlen der Aufgabe und des Ergebnisses hergestellt und genutzt werden können.

Die Untersuchungen von Heckmann ([57], S. 388–399) mit Sachaufgaben, bei denen Dezimalbrüche mit natürlichen Zahlen ≤ 10 multipliziert werden, liefern interessante Ergebnisse: Bei **Geldwerten** treten Fehler, die mit KT-Strategien erklärt werden können, so gut wie nie auf. Alltagserfahrungen scheinen hier für eine Aktivierung von Vorstellungen zu den Zahlen zu sorgen, sodass die Aufgaben meist innerhalb des Kontextes und nicht über formale Verfahren gelöst werden. Darüber hinaus scheint die Evaluation von Ergebnissen leichter zu sein und falsche Lösungen können eher korrigiert werden.

Aufgaben zu **anderen Größenbereichen** werden hingegen meist über formale Verfahren berechnet. Es liegen auch zahlreiche falsche Lösungen nach der KT-Strategie vor. Die Aufgabe „Lena kauft fünf Beutel Kartoffeln. In jedem Beutel sind 0,8 kg. Wie viel Kilogramm Kartoffeln hat Lena insgesamt gekauft?" wird häufig mit dem Ergebnis 0,40 kg gelöst. Vor der Behandlung der Dezimalbruchrechnung sind dies 30 %, nach Abschluss des Lehrgangs noch gut 15 % der befragten Realschüler. Im Interview tritt der Fehler noch häufiger als bei schriftlicher Dokumentation auf (vgl. Heckmann [59], S. 59).

19.5   Vorbeugen, Diagnostizieren und Fördern

19.5.1   Diagnostische Aufgaben und Beobachtungsschwerpunkte

Folgende Aufgabenstellungen können – insbesondere bei Beachtung der Bearbeitungsprozesse – zentrale Fehlvorstellungen und -strategien aufdecken:

(1)   Wie hängen Hundertstel und Zehntel (Zehner) zusammen?
(2)   Wie können 100 Zehntel anders ge- oder entbündelt werden?
(3)   Was sind 6 Hundertstel mal 10?
(4) $0{,}04 \cdot 10 = ?$ Erkläre am Decimat, am Rechteckmodell oder an der Stellenwerttafel.
(5) $0{,}4 \cdot 0{,}5 = ?$ Zeichne ein passendes Bild oder beschreibe, was du zeichnen würdest.
(6)   Wie rechnest du $0{,}4 \cdot 0{,}04$?
(7)   Wie kann die Aufgabe $1{,}4 \cdot 0{,}5$ schnell berechnet werden? Kannst du das auch noch anders ausrechnen?
(8)   Zeichne ein passendes Bild zu $3{,}2 \cdot 2{,}4$. Berechne die Aufgabe mit dem Malkreuz.
(9)   1 kg Orangen kostet 0,89 €. Wie viel kosten 6 kg ungefähr, wie viel kosten 0,8 kg ungefähr? Begründe.
(10)   Was muss bei (9) in einen Taschenrechner eingetippt werden? Begründe deine Wahl.

Beobachtet wird, ob die Bezugnahme auf konkrete oder vorgestellte Modelle eine Hilfe bedeutet oder diese selbst noch einmal besprochen werden müssen. Werden die Aufgaben (4) bis (8) nach unverstandener Regel bearbeitet oder können Modelle (Rechteck) aktiviert werden? Beeinflussen Fehlvorstellungen („Komma-trennt") oder Verwechslungen mit Rechentricks zur Addition bzw. Division die Bearbeitungen?

Bei der Aufgabe (9) wird der Lernende aufgefordert, die Aufgabe nicht zu berechnen, sondern das Ergebnis abzuschätzen. Häufig helfen hierbei Alltagserfahrungen. Es ist sehr wünschenswert, dass das Ergebnis realistisch eingeschätzt werden kann. Wegen der Dominanz der Fehlvorstellung **„Multiplizieren vergrößert immer"** kann gerade dies jedoch die Wahl der Rechenoperation auch negativ beeinflussen. Wird nämlich bei (10) **dividiert oder subtrahiert**, so wird diese Fehlvorstellung aktiviert.

19.5.2 Fördervorschläge: Grundvorstellung und Grundvorstellungsumbruch Multiplikation

Die Überwindung des Grundvorstellungsumbruchs bedeutet nicht, dass die Defizite des Lernenden beseitigt werden, sondern dass ein Konzeptwechsel (**conceptual change**) in Bezug auf die Bedeutung der Multiplikation erreicht wird (Prediger [144]). Die Autorin hebt hervor, dass im Sinne des **conceptual change** die Lernenden nicht nur einen kognitiven Konflikt wahrnehmen sollen, sondern das neue Konzept als *sinnvoll* und *vorteilhaft* erachten, dass sie – mit anderen Worten – Grundvorstellungen aufbauen. Diese Grundvorstellungen liegen den Konzepten zugrunde. Konzeptwechsel können vollzogen werden, wenn das alte Konzept „Multiplizieren als wiederholte Addition" als unzureichend und das neue Konzept **„Multiplizieren als Anteilbildung und als Flächeninhalt"** als vorteilhaft wahrgenommen wird. Vorteile bedeuten, dass es für den Lernenden einsichtig, erklärbar und fruchtbar (im Sinne von weniger Fehlern, breiten Anwendungsfeldern, effektiverem Arbeiten) ist (vgl. Posner et al. [138]). Die grundsätzliche Wirksamkeit vom **Arbeiten mit Fehlerbeispielen** für Lernende aller Leistungsgruppen haben in diesem Zusammenhang Heemsoth/Heinze [61] empirisch nachgewiesen.

Über die Grundvorstellungen zur Multiplikation können passende Multiplikationsterme in das Rechteckmodell übersetzt und auf Kästchenpapier ($0{,}3 \cdot 0{,}7$) oder Millimeterpapier (Faktoren bis Hundertstel) dargestellt werden. Zur Ausbildung eines abstrakten Modells kann mit der Zeit auch ein skizzenhaft dargestelltes Rechteck mit (ungefähr) eingezeichneten Anteilen verwendet werden. Insbesondere bei Faktoren > 1 muss darauf geachtet werden, dass die Einheit als Bezugsgröße sichtbar ist und bleibt.

Durch die gezielte Gegenüberstellung der Faktoren und des Produkts kann beobachtet werden, dass das Ergebnis (der Flächeninhalt bzw. der Gesamtanteil) kleiner als die Zahlen der Aufgabe sein kann. Diese anschaulich abgeleitete Eigenschaft der Multiplikation kann die Grundlage für Argumentationen bei präsentierten Fehlerbeispielen (vgl. Orangen-Aufgabe wie im Interview in Abschn. 19.4.2) sein. Konkrete Vorschläge für die explizite Thematisierung von Lernhürden formulieren Hefendehl-Hebker/Prediger [66]. Leitfragen beziehen sich einerseits auf die Fehlvorstellung selbst („Wie stelle ich mir Malnehmen vor, wieso denke ich, dass es immer größer wird?"), andererseits auf deren Auflösung („Wie muss ich denken, damit es auch verkleinern kann?").

Zur Verfestigung der dynamischen Vorstellung zur Multiplikation als Anteilbildung (die einen Ausgangswert systematisch vergrößert oder verkleinert) kann ein Spiel am Taschenrechner durchgeführt werden, bei dem eine Start- und eine Zielzahl vorgegeben und durch Multiplikation der Startzahl die Zielzahl möglichst genau erreicht werden muss (vgl. Swan [183], zitiert nach New Zealand Ministry of Education [113]).

Das Spiel kann in Einzelarbeit (jeder hat fünf Versuche und danach wird verglichen, wer eine besonders kleine Abweichung von der Zielzahl erreicht hat) oder in Partnerarbeit (zwei Kinder haben je drei Versuche und es gewinnt, wer die Zahl möglichst nahe erreicht) gespielt werden. Insbesondere kann die Zielzahl kleiner als die Startzahl sein. Eine

Abwandlung des Spiels ist, dass eine Zielzahl (z. B. 100) auf ± 1 erreicht werden muss und mit den Zwischenergebnissen (auf einem Taschenrechner) weitergerechnet wird:

Spieler	Eingabe	Display zeigt	Spieler denkt
1	37	37	
2	$\cdot 2,5$	92,5	etwas zu klein
1	$\cdot 1,15$	106,375	etwas zu groß
2	$\cdot 0,9$	95,7375	zu klein
1	$\cdot 1,05$	100,52437	gewonnen!

19.5.3 Fördervorschläge: Rechenstrategien

Vom Arbeiten mit Fehlerbeispielen profitieren Lernende aller Leistungsgruppen (Heemsoth/Heinze [61]). Wenn keine authentischen Fehlerbeispiele von Lernenden verwendet werden, so finden sich in zahlreichen Schulbüchern Beispiele (hier aus *Mathematik heute 2* [S15], vgl. Abb. 19.3).

In einem prozessorientierten Unterricht beschränkt sich das Arbeiten mit Fehlerbeispielen jedoch nicht darauf, die Lösung zu verbessern. Vielmehr kann diskutiert werden:

- Was hat sich der Bearbeiter wohl dabei gedacht?
- Warum hat er die Aufgabe so bearbeitet?
- Wie kann anschaulich gezeigt werden, warum die Lösung falsch ist?
- Wie kann eine richtige Lösung anschaulich ermittelt werden?

Voraussetzung für eine gezielte Thematisierung von Problemen mit Rechenstrategien (z. B. aufgrund der KT-Fehlerstrategie) ist, dass die Zusammenhänge zwischen den Stellenwerten und der Multiplikation mit Zehnerpotenzen genutzt werden können. Die Bezugnahme auf das Rechteckmodell ermöglicht eine anschauliche Erklärung des Distributivgesetzes. Wenn die Aufgabe im Malkreuz bearbeitet wird, kann an die Unterteilungen eines Rechtecks bei der Bestimmung der Teilaufgaben erinnert werden.

Weitere Fördervorschläge für die zunehmende Schematisierung von Rechenstrategien ausgehend von konkreten ikonischen Modellen können bei Glade/Schink [38] und Witherspoon [219] von den dort thematisierten gemeinen Brüchen auch auf Dezimalbrüche übertragen werden.

Wo steckt der Fehler? Berichtige.

(1) $7,4 \cdot 0,1 = 7,5$ (2) $0,2 \cdot 0,4 = 0,8$ (3) $4,7 \cdot 1,0 = 47,0$ (4) $5,3 \cdot 7,2 = 35,6$

Abb. 19.3 Arbeiten mit Fehlerbeispielen beim Multiplizieren © *Mathematik heute 2* [S15], S. 140, Nr. 9

19.6   Variationsreiches Üben und Vertiefen

Auch bei der Multiplikation kann der Fokus bewusst auf die Bedeutung der Stellenwerte gelegt werden. Das Arbeiten mit Ziffernkärtchen liefert zahlreiche Aufgabenideen, von denen einige in der *Mathewerkstatt 2* [S22] (hier Abb. 19.4), vorgestellt sind.

Möglichkeiten der Differenzierung ergeben sich, wenn nicht vorgegeben wird, dass jede Zahl genau eine Nachkommastelle haben muss, durch die Hinzunahme einer weiteren Ziffer oder durch die Vorgabe eines Intervalls, in dem (mehrere oder gar alle möglichen) Ergebnisse ermittelt werden sollen.

Weitere Vorschläge zur (inneren) Differenzierung ergeben sich durch die Öffnung von Aufgaben, beispielsweise durch die sogenannte **Zielumkehr**. Hierbei wird das Ergebnis vorgegeben und die Lernenden sollen passende Aufgaben dazu entwickeln.

Die im Schulbuch *Mathematik heute 2* [S15] (hier Abb. 19.5) vorgestellte Aufgabe kann durch Strategiebesprechungen ergänzt werden: Wie kann ausgehend von einem Term ein weiterer Term gefunden werden? Diskussionen hierüber stellen nicht nur eine ideale Grundlage für die Besprechung der Multiplikation dar, sondern ermöglichen vertiefte Einsichten in die Eigenschaften der Multiplikation wie z. B. gegensinniges Verändern.

Diese strukturellen Zusammenhänge bei der Multiplikation können auch diskutiert werden, wenn operative Übungen auf der Metaebene (wie bei *Elemente der Mathematik 2* [S4], hier Abb. 19.6) besprochen werden. Die Begründungen können anschaulich an einem beliebigen Rechteck erfolgen.

Konsens in der mathematikdidaktischen Forschungs- und Entwicklungsarbeit ist, dass Problemen mit Zahlen und Operationen nicht durch mehr Üben, sondern durch eine

$$\square,\square \cdot \square,\square =$$

Übertrage die Kästchen mit den Rechenzeichen dreimal in dein Heft und trage die Ziffern 1, 3, 4, 7 so ein, dass …
(1)   ein möglichst großes Ergebnis entsteht.
(2)   ein möglichst kleines Ergebnis entsteht.
(3)   das Produkt genau 5,18 ergibt.

Abb. 19.4 Ziffernkärtchen bei der Multiplikation © *Mathewerkstatt 2* [S22], S. 136, Nr. 11

Finde je drei Zahlenpaare, deren Produkte den gleichen
Wert haben wie die angegebene Zahl.
a) 0,75   c) 4,5   e) 8,4   g) 0,02
b) 0,012   d) 0,0024   f) 1,44   h) 0,6

$$0,36 = 4 \cdot 0,09$$
$$0,36 = 1,2 \cdot 0,3$$
$$0,36 = 0,18 \cdot 2$$

Abb. 19.5 Zielumkehr bei der Multiplikation von Dezimalbrüchen © *Mathematik heute 2* [S15], S. 140, Nr. 7

Wie verändert sich der Wert des Produktes 0,6 · 0,04, wenn du

a) den 1. Faktor verdoppelst;   **e)** beide Faktoren halbierst;

b) den 2. Faktor verdoppelst;   **f)** beide Faktoren verzehnfachst;

c) beide Faktoren verdoppelst;   **g)** den 1. Faktor halbierst und gleichzeitig

d) den 1. Faktor halbierst;   den 2. Faktor verdoppelst?

Abb. 19.6 Operative Veränderungen bei Multiplikationsaufgaben © *Elemente der Mathematik 2* [S4], S. 172, Nr. 22

bessere Aufgabenqualität begegnet werden kann. In diesem Sinne beschreiben Marxer/Wittmann [106] Aufgabenformate und Arbeitsaufträge, mit denen der Fokus weg vom produktorientierten Ausrechnen hin zur prozessorientierten Aktivierung von Zahl- und Operationsvorstellungen gelingen kann. In Anlehnung an bewährte Vorschläge aus dem Primarbereich (Müller/Wittmann [221]) schlagen die Autoren vor:

- Diskussion der Rechenmethode: Die Aufgaben werden danach sortiert, ob das Ergebnis „schnell gesehen", im Kopf oder über den schriftlichen Algorithmus bestimmt werden kann:
$$0{,}2 \cdot 0{,}5 \qquad 2{,}1 \cdot 0{,}6 \qquad 0{,}94 \cdot 0{,}38 \qquad 0{,}01 \cdot 0{,}1 \qquad 0{,}25 \cdot 40$$
  Weitere Vorschläge sind z. B. im Schulbuchbeispiel in Abb. 18.5 angegeben.

- Strukturierte („schöne") Päckchen, in denen eine Aufgabe schnell bearbeitet werden kann und die anderen davon abgeleitet werden können, z. B.:

$$3 \cdot 7 \qquad 1{,}5 \cdot 7 \qquad 1{,}5 \cdot 3{,}5 \qquad 0{,}75 \cdot 7 \qquad 0{,}75 \cdot 3{,}5$$

- Finden multiplikativer Zahlzerlegungen, z. B. $4 = 2 \cdot 2$, aber auch $0{,}2 \cdot 20$ etc.

- Bei bestimmten Aufgabenstellungen ist das *gegensinnige Verändern* eine sehr effektive Strategie: $7{,}4 \cdot 0{,}25 = 3{,}7 \cdot 0{,}5 = 1{,}85$. Weitere Aufgaben sollen gefunden werden, bei denen diese Strategie naheliegt.

Die vorgeschlagenen Aufgaben können darüber hinaus mit der Einforderung anschaulicher Begründungen angereichert werden. Durch eine Darstellung am Rechteck (Millimeterpapier) kann gegensinniges Verändern anschaulich gezeigt werden, indem das gefärbte Rechteck an einer Seite halbiert und die entstandene Hälfte an die andere Seite angelegt wird. Der Flächeninhalt bleibt erhalten. Wichtig ist eine Abgrenzung zum gegensinnigen Verändern bei der Addition: $2{,}1 \cdot 3{,}9 \neq 2{,}0 \cdot 4{,}0$.

Ziel ist, dass die Nutzung von Zahl- und Aufgabenbeziehungen die Ausbildung, Aktivierung und Vernetzung von Zahl- und Operationsvorstellungen unterstützt.

Abschließende Bemerkungen

Zahlreiche, über Fehlerstrategien zustande gekommene Lösungen weichen stark vom tatsächlichen Ergebnis ab. Durch Abschätzen des Ergebnisses mittels Überschlagen oder

Schätzen vor und nach dem Rechenprozess werden falsche Lösungen häufig offenkundig und ermöglichen einen erneuten Rechenvorgang (vgl. Kap. 21). Die zentralen Werkzeuge zum Überschlagen und Schätzen bei der Multiplikation sind:

- Gegensinniges Verändern: Ein Produkt bleibt gleich, wenn ein Faktor mit einer Zahl multipliziert und der zweite Faktor durch die gleiche Zahl dividiert wird. Das gilt insbesondere auch für die Multiplikation bzw. Division mit Zehnerpotenzen.
- Bereitschaft zum „kräftigen Runden", d. h. Rechnen mit dem größten Stellenwert.
- Wissen um die (vergrößernde und verkleinernde) Wirkung der Multiplikation.
- Sicheres Operieren mit und zwischen den Stellenwerten.
- Sicheres Abrufen der Aufgaben des kleinen Einmaleins.

Die Zusammenhänge der Stellenwerte kleiner als 1 sollen über Grundvorstellungen zu Zehnerbrüchen genutzt werden können. Daher liegt es nahe, die Multiplikation von Dezimalbrüchen erst zu behandeln, wenn **Grundvorstellungen zu gemeinen Brüchen** und Grundvorstellungen zur **Multiplikation gemeiner Brüche** aufgebaut wurden. Idealerweise wurde auch die Fehlvorstellung **„Multiplizieren vergrößert immer"** bereits bei den gemeinen Brüchen aufgegriffen und diskutiert. Die Thematisierung der Dezimalbruchmultiplikation sollte in enger Anknüpfung an die Bruchmultiplikation erfolgen. Sowohl der Aufbau von Grundvorstellungen als auch Begründungen gegen Fehlerstrategien greifen auf die gemeinen Brüche zurück.

Division von Dezimalbrüchen

20

Vorbemerkungen

In diesem Kapitel werden zunächst die Grundvorstellungen zur Division und anschließend die Bearbeitungsstrategien für Rechenausdrücke thematisiert. Die **Grundvorstellungen** ermöglichen die Übersetzung zwischen anschaulichen Darstellungsebenen und der mathematischen Symbolik. Sie ermöglichen eine Interpretation der Rechenoperation und die Identifikation, **in welchen Situationen** Divisionsterme passend sind. Bei den **Bearbeitungsstrategien** hingegen wird dargestellt, **wie Divisionsterme berechnet** werden können: über Rückgriff auf Zehnerbrüche und die Stellenwerttafel, über Größen oder durch Nutzen der Multiplikation als Umkehroperation. Das gleichsinnige Verändern wird als Hauptstrategie für das Berechnen von Divisionsausdrücken vorgestellt. Erst im Anschluss daran werden Spezialfälle wie das Dividieren durch Zehnerpotenzen oder natürliche Zahlen dargestellt.

20.1 Grundvorstellungen zur Division

Bei natürlichen Zahlen kann die Division als Verteilen („12 Äpfel werden an drei Kinder verteilt. Wie viele bekommt jedes?") und als Aufteilen/Messen („12 Äpfel werden in Portionen zu 3 Äpfeln aufgeteilt. Wie viele Portionen gibt das?") interpretiert werden. Im Bereich der Brüche kann die Grundvorstellung des Verteilens nicht direkt weitergeführt werden: Es können nicht 12 Äpfel an 0,5 Kinder verteilt werden. Die Grundvorstellung des Messens ist jedoch weiterhin tragfähig: 12 Äpfel können in Portionen zu 0,5 Äpfeln aufgeteilt werden. Die Division 12 : 0,5 ergibt die Anzahl an Portionen.

Während beim Verteilen das Ergebnis in der Regel kleiner als der Dividend ist (ein Kind bekommt weniger Äpfel, als insgesamt zur Verfügung stehen), kann beim Messen das Ergebnis auch größer als der Dividend sein: Im geschilderten Beispiel entstehen 24 Portionen, obwohl nur 12 Äpfel zur Verfügung stehen.

© Springer-Verlag GmbH Deutschland 2017
F. Padberg, S. Wartha, *Didaktik der Bruchrechnung*,
Mathematik Primarstufe und Sekundarstufe I + II, DOI 10.1007/978-3-662-52969-0_20

Für das Schulfest kaufte die Klasse 6b vier Kisten Orangensaft mit
0,7-l-Flaschen. Auf dem Fest soll der Saft in 0,25-l-Gläsern angeboten
werden. Seda und Deniz sollen ermitteln, wie viele Gläser Orangensaft
verkauft werden könnten.
Sie berechnen zuerst die Gesamtmenge an Saft: $48 \cdot 0{,}7\,l = 33{,}6\,l$
Um herauszufinden, wie viele Gläser man damit füllen kann, berechnet
jeder den Wert des Quotienten aus 33,6 und 0,25 auf seine Weise:

Seda wandelt die Dezimalzahlen in Brüche um und   Deniz verschiebt bei beiden Zahlen das Komma, bis
führt dann die Division durch.   bei der zweiten Zahl kein Komma mehr steht.

$$33{,}6 : 0{,}25 = \frac{336}{10} : \frac{25}{100}$$

$$= \frac{336}{10} \cdot \frac{100}{25}$$

$$= \frac{33600}{250}$$

$$= \frac{3360}{25}$$

$$= 134{,}4$$

$$33{,}6 : 0{,}25 = 33600 : 25 = 134{,}4$$

$$\begin{array}{r} 25 \\ \hline 86 \\ 75 \\ \hline 110 \\ 100 \\ \hline 100 \\ 100 \\ \hline 0 \end{array}$$

Abb. 20.1 Division mit Dezimalbrüchen © *XQuadrat 6* [S25], S. 65, Nr. 1

Eine alltagsbezogene Einführung zur Division bietet das Schulbuch *XQuadrat 6* [S25]
(hier Abb. 20.1).

Eine Weiterführung von Verteilkontexten im Bereich der Dezimalbrüche ist zwar über
quotientengleiche Paare mit der Frage nach der Einheit möglich, ist aber eher eine Anwendung proportionaler Zuordnungen als eine Veranschaulichung der Division. Am Beispiel
der Aufgabe „0,8 Liter Saft kosten 116 Yen, wie viel kostet 1 Liter?" dokumentieren
Okazaki/Koyama [114] eine (erfolgreiche) Unterrichtssequenz. Eine deutliche Schwie-
rigkeit mancher Lernender war allerdings, diese Situation mit der Division 116 : 0,8 in
Verbindung zu bringen.

20.2 Strategien zur Division durch Dezimalbrüche

20.2.1 Anschauliche Division am Modell

Mit dem Modell des Messens kann die Division von (sorgfältig ausgewählten) Dezimalbrüchen anschaulich durchgeführt werden (Caughlin [18], Li [93]). Insbesondere kann

gezielt thematisiert werden, dass das Ergebnis von Divisionen auch größer als beide darin enthaltenen Zahlen sein kann.

Die Rechnung 1,4 : 0,4 bedeutet am Modell: Gegeben ist eine Strecke von 1,4 Längeneinheiten. Wie viele Strecken mit 0,4 Längeneinheiten werden benötigt, um diese auszumessen? Das Bild zeigt: Es sind 3 ganze und eine halbe Strecke der Länge 0,4. Also gilt 1,4 : 0,4 = 3,5.

20.2.2   Division über Zehnerbrüche

Eine Übersetzung der Dezimalbrüche in Zehnerbrüche kann eine Vernetzung mit dem Rechnen gemeiner Brüche herstellen. Offenkundig kann diese Strategie immer verwendet werden, auch die anschaulichen Modelle des Ausmessens zu gemeinen Brüchen können (re)aktiviert werden:

$$5,78 : 3,4 = \frac{578}{100} : \frac{34}{10} = \frac{578 \cdot 10}{100 \cdot 34} = \frac{17}{10} = 1,7$$

$$0,0675 : 0,15 = \frac{675}{10.000} : \frac{15}{100} = \frac{675 \cdot 100}{10\,000 \cdot 15} = \frac{67\,500}{150.000} = \frac{45}{100} = 0,45$$

Die Größenordnungen der Ergebnisse können in beiden Fällen durch Überschlagen und Aktivieren der Grundvorstellung zur Divsion als Messen abgeschätzt werden:

5,87 : 3,4 ≈ 6 : 3 ≈ 2 und 7 h werden mit 15 h ausgemessen, das ist etwas weniger als die Hälfte des Maßes.

20.2.3   Rückgriff auf Größen

Bei ausgewählten Aufgaben kann eine Bezugnahme auf Größen und die eventuelle Umrechnung in Untereinheiten das Rechnen von Dezimalbrüchen auf natürliche Zahlen zurückführen:

$$0,42 : 0,06 \quad \text{über} \quad 0,42\,\text{m} : 0,06\,\text{m} = 42\,\text{cm} : 6\,\text{cm} = 7$$

Die Herausforderung ist auch hier, dass die Division als Messen von Größen interpetiert wird. Das Ergebnis der Division zeigt, wie oft der Divisor im Dividenden enthalten ist.

Die Aufgabe, wie oft 0,06 in 0,42 passt, ist gleichbedeutend mit den Fragen, wie oft 0,42 m mit 0,06 m oder 42 cm mit 6 cm passt: sieben Mal. Auch an dieser Aufgabe kann exemplarisch gezeigt werden, dass das Ergebnis größer sein kann als der Dividend.

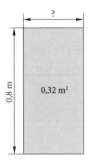

Rechne auf verschiedenen Wegen. Zeichne z. B. ein Bild und erstelle ein Malkreuz.

(1)   1,2 : 0,6   (2)   2,8 : 0,4   (3)   4,84 : 0,04

Abb. 20.2 Strategien zur Division © *Mathewerkstatt 2* [S22], S. 137, Nr. 13, 14

20.2.4   Umkehroperation

Das Nutzen der Umkehroperation ist eine Strategie, die bei der Berechnung von Termen mit Dezimalbrüchen zum Einsatz kommen kann. Die Aufgabe 0,32 : 0,8 kann gelöst werden, indem überlegt wird, mit welcher Zahl 0,8 multipliziert wird, um das Ergebnis 0,32 zu erhalten. Anschaulich kann das über das Flächeninhaltsmodell am Rechteck (vgl. Abschn. 19.3.1) gezeigt werden. Hierbei ist der Dividend der gesamte Flächeninhalt und der Divisor ist eine Seitenlänge. Gesucht ist die fehlende Seitenlänge (*Mathewerkstatt 2* [S22], hier Abb. 20.2). Das Malkreuz ist eine Notation, die sich direkt auf das Modell des Flächeninhalts bezieht.

20.2.5   Gleichsinniges Verändern

Neben sicherem Operieren mit und zwischen den Stellenwerten ist ein Verständnis des gleichsinnigen Veränderns grundlegend für Rechenstrategien bei der Division von Dezimalbrüchen. Gleichsinniges Verändern ist auch eine Strategie bei der Subtraktion: Die Differenz ändert sich nicht, wenn zum Minuend und Subtrahend der gleiche Betrag addiert oder subtrahiert wird. Bei der Division ist gleichsinniges Verändern nicht additiv oder subtraktiv gedacht ($8 : 2 \neq 9 : 3$), sondern multiplikativ: Der Quotient ändert sich nicht, wenn Divisor und Dividend mit dem gleichen Betrag dividiert oder multipliziert werden ($8 : 2 = 4 : 1 = 16 : 4 = 80 : 20$) (vgl. auch Padberg/Benz [127]).

Da die Division von Bruchzahlen bevorzugt mit dem Modell des Aufteilens bzw. Messens erklärt werden kann, empfiehlt es sich, auch die Strategie des gleichsinnigen Veränderns in einem Aufteil-Kontext anschaulich zu begründen. Die Antwort auf alle vier Rechengeschichten in Tab. 20.1 ist die gleiche, da sowohl die vorhandene Menge (Dividend) als auch die Portionsgröße (Divisor) mit dem gleichen Faktor multipliziert oder dividiert wurden.

Tab. 20.1 Gleichsinniges Verändern bei der Division

Rechnung	Rechengeschichte	Lösung
80 : 4	Es gibt 80 Liter Saft. Eine Portion (Eimer) sind 4 Liter.	Anzahl Portionen: 20
800 : 40	Es gibt 800 Liter Saft. Eine Portion (großer Kanister) sind 40 Liter.	
8 : 0,4	Es gibt 8 Liter Saft. Eine Portion (Trinkglas) sind 0,4 Liter.	
0,8 : 0,04	Es gibt 0,8 Liter Saft. Eine Portion (Schnapsglas) sind 0,04 Liter.	

Die zentrale Beobachtung ist, dass sich das Ergebnis einer Divisionsaufgabe nicht ändert, wenn sowohl der Dividend als auch der Divisor mit der gleichen Zahl multipliziert oder dividiert werden. Dieser anschaulich entwickelte und anhand der Textaufgaben illustrierte Zusammenhang kann auch symbolisch notiert werden:

$$80 : 4 = 400 : 40 = 8 : 0,4 = 0,8 : 0,04 = 20$$

Okazaki/Koyama ([114], S. 239) beschreiben die Veranschaulichung des gleichsinnigen Veränderns über die Nutzung einer Zahlengeraden und einer daraus abgeleiteten symbolischen Notation an der Verteilsituation: 0,8 Liter Saft kosten 116 Yen, wie viel kostet 1 Liter?

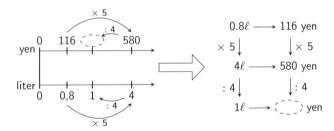

Besonders effektiv ist ein gleichsinniges Verändern, bei dem Dividend und Divisor mit einer Zehnerpotenz so multipliziert werden, dass zwei natürliche Zahlen vorliegen. Bei der Multiplikation mit Zehnerpotenzen bleibt die Ziffernfolge der Zahlen erhalten, es ändern sich „nur" die zugehörigen Stellenwerte. Eine Folge hiervon ist, dass das Dezimalkomma beider Zahlen um die gleiche Anzahl an Stellen „verschoben" wird. Selbstverständlich verschieben sich nicht die Kommata, sondern die jeweiligen Stellenwerte aller Ziffern um eine gleiche Anzahl an Stellen.

Über die Strategie des gleichsinnigen Veränderns kann der allgemeine Fall der Division von Dezimalbrüchen auf den Sonderfall der Division eines Dezimalbruchs durch eine natürliche Zahl bzw. auf den Fall „natürliche Zahl durch natürliche Zahl" zurückgeführt werden.

Satz 20.1 *Der Quotient aus Dezimalbrüchen ändert sich nicht, wenn Dividend und Divisor mit der gleichen Zehnerpotenz multipliziert werden.*

Eine (auch anschauliche) Begründung kann erfolgen über:

1. Rückgriff auf natürliche Zahlen: Der Quotient natürlicher Zahlen ändert sich nicht, wenn Dividend und Divisor mit einer Zehnerpotenz multipliziert werden. Aus Permanenzgründen wird dieser Zusammenhang auch für rationale Zahlen angenommen. Anschauliche Beispiele finden sich in der Tab. 20.1.
2. Rückgriff auf Größen: Es werden für 1,5 m Zaun ebenso viele Stücke zu je 0,25 m benötigt (1,5 : 0,25), wie für 15 m Zaun Stücke zu je 2,5 m oder für 150 m Zaun Stücke zu je 25 m benötigt werden.
3. Verfeinern der Unterteilung (Erweitern) bei Brüchen:

$$a : b = \frac{a}{b} = \frac{a \cdot 10^n}{b \cdot 10^n} = (a \cdot 10^n) : (b \cdot 10^n) \quad \text{(für } a, b, n \in \mathbb{N}\text{)}.$$

An einem Modell wie z. B. einem Rechteck bedeutet dies, dass die Anzahl der Gesamtflächen (b) und die Anzahl der davon betrachteten Flächen (a) um den gleichen Faktor vervielfacht werden. Der Anteil bleibt gleich.

Insbesondere gilt der Zusammenhang auch für endliche Dezimalbrüche. Durch Rückgriff auf ihre Notation als gemeine Brüche kann gezeigt werden:

$$\frac{a}{b} : \frac{c}{d} = \frac{a \cdot d}{b \cdot c} = \frac{a \cdot d \cdot 10^n}{b \cdot c \cdot 10^n}$$
$$= \frac{a \cdot 10^n}{b} : \frac{c \cdot 10^n}{d} = \left(\frac{a}{b} \cdot 10^n\right) : \left(\frac{c}{d} \cdot 10^n\right) \quad \text{(für } n \in \mathbb{N}\text{)}.$$

Mithilfe dieser Beobachtungen lässt sich eine Regel für die Division von Dezimalbrüchen formulieren:

Satz 20.2 *Dezimalbrüche werden dividiert, indem Dividend und Divisor mit der gleichen Zehnerpotenz so multipliziert werden, dass eine Division mit natürlichen Zahlen möglich ist. Mit Satz 20.1 ist das Ergebnis gleich dem Ergebnis der ursprünglichen Aufgabe.*

20.3 Sonderfall: Division durch Zehnerpotenzen

Wie bei der Multiplikation ist das Dividieren durch Zehnerpotenzen im Stellenwertsystem eine zentrale Voraussetzung für ein Verständnis des Divisionskalküls. Gleichzeitig findet eine Vernetzung mit dem Zusammenhang zwischen den Stellenwerten und den gemeinen (Zehner-)Brüchen statt: a Einer geteilt durch 10 sind a Zehntel, b Zehntel geteilt durch 100 sind b Tausendstel und c Zehner geteilt durch 1000 sind c Hundertstel. Eine anschauliche Begründung kann analog wie bei der Multiplikation über Decimats (vgl. Abschn. 12.3), in Spezialfällen über Größen oder verallgemeinernd über Stellenwerttafeln erfolgen.

20.4 Sonderfall: Divisionsstrategien Dezimalbruch geteilt durch natürliche Zahl

Der Sonderfall des Dividierens eines Dezimalbruchs durch eine natürliche Zahl ist häufig der erste Zugang zum Dividieren von Dezimalbrüchen. Ein Vorteil kann darin gesehen werden, dass direkt an Vorkenntnisse von Lernenden angeknüpft werden kann. Ein Nachteil ist, dass hier auch Veranschaulichungen an *Verteilsituationen* möglich sind und somit eine **Sackgasse** in Bezug auf den allgemeinen Fall darstellen. Beachtet werden sollte in allen Fällen, dass gerade bei der Multiplikation und Division ein bloßes Anknüpfen und Erweitern des Wissens nicht ausreichend ist und grundlegende *Konzeptwechsel* erforderlich sind.

Es bieten sich verschiedene Zugangswege zum Divisionskalkül an:

a) Zehnerbrüche Bei diesem Weg wird der Dividend zunächst als gemeiner Bruch notiert. Dieser wird durch den Divisor geteilt und das Ergebnis anschließend wieder als Dezimalbruch notiert:

Beispiel 1 $5{,}4 : 6 = \frac{54}{10} : 6 = \frac{9}{10} = 0{,}9$
Beispiel 2 $2{,}701 : 5 = \frac{2701}{1000} : 5 = \frac{27.010}{10.000} : 5 = \frac{5402}{10.000} = 0{,}5402$
Beispiel 3 $5{,}3 : 6 = \frac{53}{10} : 6 = \frac{53}{60} = 0{,}88\overline{3}$

In Ausnahmefällen kann das Ergebnis ohne weitere Rechenschritte abgelesen werden (Beispiel 1). Im allgemeinen Fall wird für die Durchführung der Division der Zehnerbruch in der Unterteilung verfeinert (Beispiel 2) oder fortgesetzt entbündelt. Es ist auch möglich, dass der Bruch nicht so erweitert werden kann, dass der Zähler des Dividenden durch den Divisor (ohne Rest) teilbar ist. In diesem Fall ist das Ergebnis ein periodischer Dezimalbruch. Dass bei einer Rechenoperation mit endlichen Dezimalbrüchen das Ergebnis ein nicht endlicher Dezimalbruch sein kann, tritt nur bei der Division auf.

Weiterführende Vorschläge und fachliche Hintergründe für das Arbeiten mit Zehnerbrüchen werden bei Padberg/Büchter ([129], dort in 7.2 bis 7.5) ausführlich diskutiert.

b) Halbschriftliche Strategien beim Rechnen in der kleinsten Einheit Die halbschriftlichen Divisionsstrategien mit natürlichen Zahlen können auf die Dezimalbrüche unter Verwendung des quasikardinalen Aspektes übertragen werden, indem in der kleinsten Stelle gerechnet wird: $0{,}268 : 4 = 268\,\text{t} : 4 = 67\,\text{t} = 0{,}067$.

c) Dividieren mithilfe der Stellenwerttafel Die Behandlung der schriftlichen Division in der Grundschule ist nicht mehr durch die Bildungsstandards (KMK [87]) vorgeschrieben. Wird dieser Weg gewählt, so ist zu prüfen, ob die Lernenden in der Sekundarstufe diesen Algorithmus kennen bzw. verstanden haben (Padberg/Benz [127]). Die Aufgabe $23{,}22 : 4$ kann mithilfe von Stellenwerttafeln wie beim schriftlichen Divisionsalgorith-

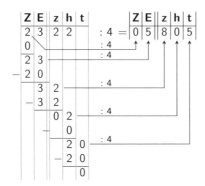

Sprechweise

- 2Z : 4 = 0Z, Rest 2Z
- Entbündle 2Z zu 20E
- 20E + 3E = 23E
- 23E : 4 = 5E, Rest 3E
- Entbündle 3E zu 30z.
- 30z + 2z = 32z
- 32z : 4 = 8z
- 2h : 4 = 0h; Rest 2h
- Entbündle 2h zu 20t
- 20t : 4 = 5t

Abb. 20.3 Schriftliche Division mit notierten und mitgesprochenen Stellenwerten

mus mit natürlichen Zahlen oder über halbschriftliche Strategien berechnet werden (vgl. Abb. 20.3).

Wird die Stellenwerttafel nicht mehr notiert, so sollten die Stellenwerte häufig mitgesprochen werden. Zentral ist der Übergang von Einern zu Zehnteln (gekennzeichnet durch das Dezimalkomma). Wird dieser beim Dividieren vollzogen, muss im Ergebnis ebenfalls das Komma notiert werden.

Es empfiehlt sich, die Anzahl der Nachkommastellen gezielt mit Aufgaben zu thematisieren, bei denen im Ergebnis nicht genauso viele Stellen wie beim Dividenden stehen. Beispiele sind $0{,}25 : 0{,}5 = 0{,}5$ oder $0{,}2 : 0{,}04 = 5$. Ausschlaggebend für die Position des Dezimalkommas ist, dass es Einer von Zehnteln trennt.

20.5   Mögliche Problembereiche und Hürden

20.5.1   Fehlende Grundvorstellungen

Wie bei der Multiplikation sind auch bei der Division von Dezimalbrüchen einige anschauliche Vorstellungen aus dem Bereich der natürlichen Zahlen (Verteilen, „Division verkleinert immer") nicht mehr generell und nur noch in Sonderfällen tragfähig. In Studien wurde wiederholt dokumentiert, dass viele Lernende, Erwachsene und sogar Lehramtsanwärter (Tirosh/Graeber [187]) das Modell des Verteilens bei der Division in $\mathbb{N}$ jedoch bevorzugt bzw. ausschließlich nutzen (Fischbein et al. [25], Swan [182]). Auch die Fehlvorstellung **„Dividieren verkleinert immer"** ist international umfassend dokumentiert (Bell et al. [7], Fischbein et al. [25], Graeber/Tirosh [39], Greer [42], eine Übersicht findet sich bei Thiemann [185]). In der Studie von Hart [52] sollten die Lernenden markieren, welcher von zwei Termen den größeren Wert hat. Gegenübergestellt wurden:

$$8 \cdot 4 \text{ oder } 8 : 4 \quad 8 \cdot 0{,}4 \text{ oder } 8 : 0{,}4 \quad 0{,}8 \cdot 0{,}4 \text{ oder } 0{,}8 : 0{,}4$$

Rund die Hälfte aller Befragten gibt ungeachtet der Zahlen an, dass der Multiplikationsterm das größere Ergebnis liefere.

Weniger als ein Viertel der 65 befragten britischen 12- und 13-Jährigen geben in der Studie von Greer [41] an, dass das Ergebnis der Aufgabe 4,6 : 0,6 größer als 4,6 ist.

Das zentrale Problem ist die **Identifikation der richtigen Rechenoperation** in Sachkontexten. Diese gelingt nur bei tragfähigen Grundvorstellungen. In einer Befragung italienischer Schüler der 5., 7. und 9. Jahrgangsstufe dokumentieren Fischbein et al. [25], dass deutlich weniger als die Hälfte der Lernenden der jeweiligen Jahrgangsstufe in der Lage ist, den richtigen Rechenausdruck für Textaufgaben in Multiplikations- und Divisionskontexten mit Dezimalbrüchen zwischen 0 und 1 anzugeben (der Rechenausdruck musste nicht berechnet werden). Sind die in den Geschichten vorkommenden Zahlen größer als 1, sind die Lösungshäufigkeiten deutlich höher.

Die entscheidende Rolle des Zahlenmaterials beim Bearbeiten von Divisionsaufgaben dokumentieren auch Bell et al. [6], Corte/Verschaffel [19], Harel/Confrey [48], Greer [42]: Die Lösungshäufigkeiten nehmen deutlich ab, wenn beim Divisor statt einer natürlichen Zahl Dezimalbrüche verwendet werden. Ist dieser kleiner als 1, so sinkt die Lösungshäufigkeit noch mehr.

In einer umfangreichen Studie dokumentiert Prediger [146], dass die Wahl der falschen Rechenoperation nicht nur von den Fehlvorstellungen „Multiplizieren vergrößert und Dividieren verkleinert immer" verursacht wird. Eine wichtige Rolle spielen auch im Text vorkommende **Signalwörter**: Wenn das Wort „von" z. B. aufgrund einer Merkregel („von" heißt „mal") mit der Multiplikation oberflächlich verknüpft ist, dann ist es naheliegend, dass die Multiplikation auch in Kontexten wie „Drei von vier Kinder sind müde, welcher Anteil ist das?" oder „Lisa trinkt 0,3 Liter von 2 Litern Saft, wie viel ist noch übrig?" gewählt wird.

Die Fehlvorstellung **„Dividieren verkleinert immer"** entsteht aus einer Vorstellung, die für natürliche Zahlen tragfähig ist. Wird sie nicht gezielt einer Grundvorstellung des Dividierens von Dezimalbrüchen gegenübergestellt und dahingehend „umgebrochen", so ist es diesen Lernenden nicht möglich, auch mit technischen Hilfsmitteln wie Taschenrechnern Sachkontexte erfolgreich zu bearbeiten. Die fehlende Grundvorstellung kann als Grund für die Fehlvorstellung oder für eine Orientierung an Signalwörtern gesehen werden, der die Auswahl der korrekten Rechenoperation verhindert. Das zentrale Ziel des Dezimalbruchlehrgangs, Grundvorstellungen zu den Rechenoperationen aufzubauen, wurde in den beschriebenen Fällen offenkundig nicht erreicht.

20.5.2 Fehlerstrategien

Im Folgenden werden die zentralen Fehlerstrategien bei der technischen Bearbeitung von Divisionstermen beschrieben. Auf weitere Probleme wie Rechenfehler wird nicht eingegangen, da deren Ursachen in der Regel unabhängig von der Dezimalbruchrechnung zu suchen und zu beheben sind. Die diskutierten Fehlermuster werden zwar beim Rechnen auf syntaktischer Ebene offenkundig, haben ihre Ursache meist jedoch in mangelhaft ausgebildeten Grundvorstellungen bzw. in Fehlvorstellungen. Geeignete Interventionen sollen sich daher nicht auf die Wiederholung von Regeln oder Tricks beschränken, sondern tragfähige gedankliche Modelle durch Darstellung bzw. Gegenüberstellung der Strategien an konkreten oder vorgestellten Arbeitsmitteln aktivieren.

Komma-trennt-Strategie Wenn die Zahlen der Aufgabe die KT-Strategie ermöglichen, dann wird diese auch häufig eingesetzt (vgl. auch Wellenreuther [211]):

Schülerlösung	Mögliche Erklärung	Anteil an Bearbeitungen
$8{,}24 : 4 = 2{,}6$	$8 : 4 = 2$ und $24 : 4 = 6$	ca. 25 %
$18{,}27 : 9 = 2{,}3$	$18 : 9 = 2$ und $27 : 9 = 3$	ca. 25 %
$0{,}44 : 0{,}11 = 0{,}4$	$0 : 0 = 0$ und $44 : 11 = 4$	fast 20 %

Der Fehler wird bei Aufgaben des Typs *Dezimalbruch geteilt durch natürliche Zahl* sowie *Dezimalbruch geteilt durch Dezimalbruch* beobachtet. KT-Fehler treten offenkundig dann besonders häufig auf, wenn der Term im Kopf ohne schriftliches Verfahren berechnet werden kann. Padberg [126] beschreibt, dass „das Korsett des schriftlichen Kalküls mit seinen normierten Schrittfolgen [...] KT-Fehler weithin [verhindert]" (S. 232).

Dies soll aber nicht als Plädoyer dafür verstanden werden, dass auch die o. g. Aufgaben mithilfe des schriftlichen Algorithmus berechnet werden sollen. Vielmehr ist eine Bezugnahme auf eine anschauliche Zahldarstellung mit einer schrittweisen halbschriftlichen Division naheliegend.

Auch eine Modellierung mit Alltagskontexten verhindert nicht das Auftreten der KT-Strategie. Heckmann [56] zeigt, dass sich bei der Aufgabe „Für 4 Tüten Bonbons bezahlt Lukas 8,24 Euro. Wie teuer ist eine Tüte?" der Anteil der Antwort „2,6 Euro" von gut 10 % vor der Behandlung der Dezimalbruchrechnung auf 25 % nach der Behandlung der Dezimalbrüche verdoppelt. Ursächlich für diesen Fehler kann nicht nur die KT-Strategie sein, sondern auch eine falsche Zuordnung der Stellenwerte beim schriftlichen Algorithmus: Nach dem Rechenschritt $8 : 2$ werden die 24 nicht als Hundertstel, sondern als Zehntel durch 8 dividiert (vgl. Heckmann [56], S. 399–403). Bemerkenswert ist der deutliche Anstieg der Fehlerstrategie durch die unterrichtliche Thematisierung der Dezimalbruchrechnung. Dieser kann erklärt werden durch eine Schwerpunktsetzung des Unterrichts auf unverstandene Algorithmen zuungunsten von Zahlvorstellungen im Stellenwertsystem.

Probleme mit dem Stellenwertsystem Schwierigkeiten bei der Anwendung der Eigenschaften des Stellenwertsystems werden bereits bei Aufgaben wie $5 : 10$, $5 : 100$ oder $5 : 1000$ deutlich. Statt diese Terme direkt durch Aktivierung der Grundvorstellung des Bruches als Anteil im Stellenwertsystem zu lösen, bearbeiten rund 30 % der befragten Gymnasiasten (7. Jahrgangsstufe) die Aufgabe $5 : 100$ falsch. Ein häufig beobachteter Fehler ist eine unreflektierte Übertragung von Eigenschaften natürlicher Zahlen: Demnach werden Hundertstel entsprechend den Hundertern an dritter Stelle und Tausendstel entsprechend den Tausendern an vierter Stelle nach dem Komma notiert: $5 : 100 = 0,005$ oder $5 : 1000 = 0,0005$.

Hart [52] dokumentiert, dass es nur deutlich weniger als der Hälfte der befragten Kinder gelingt, die Zahl 3,7 durch 100 zu dividieren. Es werden jedoch keine Aussagen zu fehlerhaften bzw. erfolgreichen Bearbeitungsprozessen getroffen.

Häufig wird die Eigenschaft der Zahlen, dass Stellen weiterhin entbündelt (auf syntaktischer Ebene: Endnullen angehängt) werden können, nicht genutzt. Während die Aufgabe $7,2 : 6$ von 90 % der Befragten richtig gelöst wird, fällt die Lösungsquote auf 75 % ab, wenn bei Aufgaben wie $7,5 : 2$ für die Ergebnisangabe zusätzlich Hundertstel angegeben werden müssen. Ein falscher Ausweg mancher Lernender ist $7,5 : 2 = 3,7$ Rest 1 (Padberg [126], S. 230).

Verwechslung unverstandener Regeln Beschränkt sich der Dezimalbruchrechenlehrgang auf Merksätze und Tricks, die nicht mit Grundvorstellungen verknüpft sind, so ist die Gefahr groß, dass gerade von leistungsschwachen Lernenden diese syntaktischen Regeln verwechselt oder unzulässig verallgemeinert werden. Die „Nullverschiebungsregeln" der Multiplikation (zunächst ohne Komma rechnen und dieses dann an bestimmter Stelle wieder einfügen) und der Division (das Komma um gleich viele Stellen verschieben) sind syntaktisch nicht sehr verschieden und können daher leicht verwechselt werden. Padberg ([126], S. 232) dokumentiert, dass eine Multiplikationsregel (am Beispiel Multiplikation mit 100) nur von 40 % der Lernenden richtig genannt und von weniger als 5 % begründet werden kann. Eine Regel für den Divisionsalgorithmus (ebenfalls am Sonderfall mit : 100) können nur 20 % der Lernenden formulieren und weniger als 5 % begründen.

Rund 10 % der Bearbeitungen bei den folgenden Divisionsaufgaben können durch die unreflektierte Übertragung der Kommaverschiebungsregel bei der Multiplikation erklärt werden:

$$5 : 0,1 = 0,5 \quad 5 : 0,001 = 0,005 \quad 3 : 0,6 = 0,5 \quad 35 : 0,7 = 0,5 \quad 8 : 0,004 = 0,002$$

Eine Beschreibung der Fehlerstrategie kann lauten: „Berechne die Terme zunächst ohne Komma und setze danach das Komma nach so vielen Stellen ein, wie die Zahlen der Aufgabenstellung zusammen aufweisen". Bei Bedarf ($3 : 0,6$) dürfen beim Dividenden auch Nullen angehängt werden.

Auch international wird dieser Fehler von Wearne/Hiebert [209] beschrieben: Die befragten amerikanischen Lernenden erhalten bei der Aufgabe $42 : 0,6$ „sehr oft" das Ergebnis 0,7.

Vermeintliche Kommutativität Bei unzureichenden Zahlvorstellungen zu natürlichen Zahlen ist eine zentrale Fehlerstrategie bei der Subtraktion, dass Aufgaben mit Zehnerüberschreitung wie folgt gelöst werden: $71 - 69 = 18$. Hier werden die Stellenwerte getrennt betrachtet, und da bei den Einern $1 - 9$ nicht lösbar erscheint, wird analog zur Addition fälschlich die „Tauschaufgabe" $9 - 1$ berechnet. Eine ähnliche Vorgehensweise ist bei der Division von Dezimalbrüchen zu beobachten. Ist der Dividend ein Teiler des Divisors, so wird häufig eine „Tauschaufgabe" berechnet:

$$5 : 100 = 20 \quad \text{(oder 0,2 oder 0,02 in Verbindung mit obigen Fehlerstrategien)}$$
$$0{,}5 : 0{,}25 = 5 \quad \text{(bzw. 0,5 oder 0,05)}$$

Manche Lernende aktivieren möglicherweise die **Fehlvorstellung**, dass eine Division nur durchgeführt werden kann, wenn der **Dividend größer als der Divisor** ist, und wenden dann eine „Kommutativität" an. Diese Fehlerstrategie ist ein Indikator für mangelhaft ausgebildete Grundvorstellungen zur Division. Die Aktivierung der Grundvorstellung des Messens ermöglicht im vorangegangenen Beispiel eine anschauliche Lösung: 0,5 m soll mit Stücken zu 0,25 m ausgemessen werden. Das Ergebnis ist 2.

In diesem Zusammenhang ist zu bemerken, dass Unsicherheiten in der Zuordnung der Zahlen als Dividend und Divisor auch bei Textaufgaben auftreten. Die in der Studie von Günther [47] gestellte Aufgabe „100 Eier wiegen 4 kg, wie viel wiegt 1 Ei?" wurde von weniger als der Hälfte der Befragten richtig gelöst. Der häufigste Fehler (über 20 %) ist die Angabe 0,25 kg. Diese Antwort kann dadurch zustande gekommen sein, dass statt $4 : 100$ der Rechenausdruck $100 : 4$ bestimmt wurde und anschließend die Ziffern in eine vermeintlich plausible Größenordnung gebracht wurden (auch wenn ein Ei sicher weniger als ein halbes Pfund wiegt).

Empirisch wurde gezeigt, dass die Fehlerquoten deutlich abnehmen können, wenn statt Rechentermen Sachkontexte gestellt werden (Padberg [126], S. 233): Während der Rechenausdruck $3 : 0{,}6$ von 25 % der Befragten falsch berechnet wurde, liegt die Fehlerhäufigkeit bei der Aufgabe „Anna macht 0,6 m lange Schritte, wie viele Schritte braucht sie, um 3 m zurückzulegen?" nur bei unter 10 % (obwohl die Aufgabe fast am Ende des Testhefts positioniert wurde und zusätzlich Lesekompetenz erfordert). Der Sachkontext ermöglicht Strategien (wiederholte Addition oder Subtraktion), die bei dem syntaktischen Rechenausdruck aufgrund der gewählten Zahlen ebenfalls möglich wären, aber nicht genutzt wurden. In der Längsschnittuntersuchung von Heckmann [57] wurde dieselbe Sachaufgabe (nur minimal geändert) eingesetzt. Die Lösungsquote von knapp 50 % vor der systematischen Behandlung der Dezimalbrüche wird durch den Lehrgang nur gering erhöht. Beim letzten Messzeitpunkt der Befragung verwenden zahlreiche Lernende den (unnötig) aufwändigen und fehleranfälligen schriftlichen Divisionsalgorithmus und immer weniger anschauliche Wege. Auffällig ist, dass mehr als 10 % der Befragten zu allen Messzeitpunkten die Zahlen multiplizieren. Möglicherweise liegt in diesen Fällen die „Dividieren verkleinert stets"-Fehlvorstellung vor und konnte durch den Unterricht nicht ausgeräumt werden. Detaillierte und qualitative Auswertungen finden sich bei Heckmann ([57], S. 407–415).

20.6   Vorbeugen, Diagnostizieren und Fördern

20.6.1   Diagnostische Aufgaben

In Bezug auf die Division können Aufgaben unterschieden werden, bei denen die Operationsvorstellung und die Rechenstrategien untersucht werden.

- Operationsvorstellungen:
  - Ein Schritt von Johanna misst 0,9 m. Wie viele Schritte braucht sie ungefähr für 300 Meter? Mit welchem Term kann das genau ausgerechnet werden?
  - In ein Glas passen 0,4 Liter. Es gibt 3 Liter Saft. Wie viele Gläser kann man füllen? Welcher Rechenausdruck passt?

$$\text{a) } 0,4 \cdot 3 \quad \text{b) } 3 : 0,4 \quad \text{c) } 0,4 : 3 \quad \text{d) } 3 - 0,4$$

  - Schreibe eine Rechengeschichte, die zu 0,4 : 0,2 passt.
  - Wie ändert sich das Ergebnis, wenn statt „: 0,2" nun „: 0,4" gerechnet wird? Begründe anschaulich (nach Schink/Meyer [162]).
  - Erzähle zu den Rechenausdrücken am Ende der nächsten Aufzählung Geschichten im Saft-Glas-Zusammenhang.
- Rechenstrategien:
  - Drei(ßig) Hundertstel werden durch 10 geteilt. Wie lautet das Ergebnis?
  - 0,04 : 10
  - Erkläre anschaulich: 2 : 0,1
  - Berechne: a) 8,16 : 4   b) 0,5 : 0,25   c) 0,25 : 0,75

20.6.2   Fördervorschläge

Auch bei der Division von Dezimalbrüchen liegt der Fokus nicht auf dem sicheren Beherrschen eines Kalküls, der nur bei Fehlern erklärt, begründet oder korrigiert werden muss. Deutlich wichtiger ist, dass die Bedeutung der Division und die Einschränkung auf die Grundvorstellung des Aufteilens bzw. Ausmessens deutlich wird und zu den Rechenausdrücken passende Sachsituationen oder Modelle generiert werden können. Auch das Aufstellen eines passenden Rechenausdrucks für Sachsituationen ist keineswegs trivial.

Empirisch wurde gezeigt, dass das Arbeiten mit Fehlerbeispielen positive Effekte auf das Wissen der Lernenden hat (Heemsoth/Heinze [61]). Okazaki/Koyama [114] regen an, kognitive Konflikte der Kinder im Unterricht konstruktiv zu nutzen. Hierbei ist sicher auch eine *Fehlerkultur* nötig, bei der Fehler nicht als Makel aufgefasst werden, sondern Lerngegenstände und Gesprächsanlässe sind. Beim Verteilkontext „0,8 Liter kosten 116 Yen, wie viel kostet 1 Liter?" akzeptierte die untersuchte Klasse zwar, dass die Lösung über · 1,25 bestimmt, nicht aber, dass sie auch über : 0,8 berechnet werden kann. Im Beitrag wird ausführlich beschrieben, wie mit dieser Situation umgegangen werden kann.

Schink/Meyer [162] schlagen vor, die aus der Grundschule bewährten Techniken der operativen Variation (Wittmann/Müller [220]) auch auf Inhalte der Sekundarstufe zu übertragen. Einige Vorschläge:

- Wie ändert sich das Ergebnis, wenn statt : 2 nun : 4 gerechnet wird?
- Wie ändert sich das Ergebnis, wenn statt : 3 jetzt : 0,3 gerechnet wird?
- Wie ändert sich das Ergebnis, wenn der Divisor verkleinert (halbiert) wird?
- Wie ändert sich das Ergebnis, wenn der Dividend vergrößert (verdoppelt) wird?
- Wie ändert sich das Ergebnis, wenn Dividend und Divisor beide verdoppelt werden?
- Wie ändert sich die Zahl, wenn sie mit 0,9 multipliziert, und wie, wenn sie durch 0,9 geteilt wird?
- Begründe deine Aussagen anschaulich (in passenden Ausmess-Situationen).

Marxer/Wittmann [107] heben die Rolle der Kommunikation bei der unterrichtlichen Besprechung der Lerninhalte hervor. Hierüber werden nicht nur die in den Bildungsplänen geforderten prozessbezogenen Kompetenzen entwickelt, sondern es können die beschriebenen Modelle aktiviert und Alternativen aufgezeigt werden. Die Autoren zeigen darüber hinaus Möglichkeiten der Vernetzung mit anderen Inhalten auf. Die Bearbeitung der Aufgabe $35 : \frac{7}{2}$ kann besonders elegant über die Umwandlung des Divisors in Dezimalschreibweise erfolgen: 35 : 3,5. Die inhaltliche Überlegung „Wie oft passt 3,5 in 35?" liefert die Lösung 10. An diesem Beispiel wird deutlich, dass weder die Aktivierung von Grundvorstellungen noch das Umwandeln von Schreibweisen einen Selbstzweck darstellen, sondern die Bearbeitung erleichtern, beschleunigen und sicherer machen können. Letztendlich dienen die Diskussionen über mögliche Rechenwege dem Ziel, flexible und sichere Zahl- und Operationsvorstellungen sowie effektive Rechenstrategien aufzubauen.

Ein Überschlagen bzw. Schätzen des Ergebnisses vor dem Rechenvorgang kann auf Fehler aufmerksam machen. Jedoch setzt das Abschätzen tragfähige Zahl- und Operationsvorstellungen voraus und kann – bei der Aktivierung von Fehlvorstellungen – auch für die Wahl der falschen Rechenoperation verantwortlich sein. Dass das Schätzen und Überschlagen selbst ein wichtiger und herausfordernder Inhalt ist, bei dem auch zahlreiche Hürden zu überwinden sind, wird im folgenden Kap. 21 systematisch dargestellt.

20.7 Variationsreiches Üben und Vertiefen

20.7.1 Wahl der Rechenoperation

Eigenschaften der Multiplikation und Division können vertieft betrachtet werden, wenn zu vorgegebenen Zahlen mögliche Rechenterme gefunden werden sollen. Die im Schulbuch *Mathewerkstatt 2* [S22] (hier Abb. 20.4) vorgeschlagenen Aufgaben können erweitert werden um die Frage, wie aus einer gefundenen Lösung weitere ermittelt und wie diese Vorgehensweisen anschaulich gezeigt werden können.

Aufgaben finden

Finde eine Multiplikations- und eine Divisionsaufgabe, sodass du die angegebenen Zahlen als Ergebnisse erhältst.

(1) 0,08   (2) 1,4   (3) 2,34

(4) 0,075   (5) 0,75   (6) 12,68

Abb. 20.4 Zielumkehr bei Mal- und Geteiltaufgaben © *Mathewerkstatt 2* [S22], S. 139, Nr. 23

Entscheide für jedes Beispiel, ob man multiplizieren oder dividieren muss.

① In den 2 m breiten Vorraum zum Aufenthaltsraum soll ein Teppichstück gelegt werden. Das Geld reicht noch für genau 5 m² des gewünschten Teppichs. Wie lang kann der Streifen sein?

② Die Decke des Raumes soll mit einer eigenen Farbe gestrichen werden. Wie groß ist die Fläche?

③ Der Hausmeister hat 5 alte Tische geschenkt, die nun farbig lackiert werden. Fünf Kinder wollen gleichzeitig streichen – deshalb soll der 2-kg-Topf Farbe aufgeteilt werden. Wie viel Farbe bekommt jedes Kind?

Abb. 20.5 Wahl der Rechenoperation © *Mathewerkstatt 2* [S22], S. 132, Nr. 4a

Die **Wahl der Rechenoperation** hingegen kann bei gemischten Textaufgaben diskutiert werden. Bei den Aufgaben des Schulbuchs *Mathewerkstatt 2* [S22] (hier Abb. 20.5) soll das Ergebnis nicht berechnet werden, in erster Linie soll ein Rechenausdruck aufgestellt und die Wahl der Rechenoperation am Modell begründet werden.

Die **Wirkung** der Multiplikation und Division kann bei Aufgaben wie aus *Mathematik heute 2* [S15] (hier Abb. 20.6) untersucht werden. Auch hier steht nicht das Rechnen im Vordergrund, sondern die Begründungen für die Wahl der Rechenoperation. Ein Arbeiten mit dem Taschenrechner ist nicht nur erlaubt, sondern erwünscht.

Setze für ▆ die Rechenzeichen · oder : so ein, dass das Endergebnis möglichst groß ist.

$$1 \xrightarrow{\ ▆\ 0,008\ } \square \xrightarrow{\ ▆\ 0,2\ } \square \xrightarrow{\ ▆\ 2,5\ } \square \xrightarrow{\ ▆\ 0,1\ } \square$$

Abb. 20.6 Wirkung der Rechenoperation © *Mathematik heute 2* [S15], S. 159, Nr. 6

20.7.2 Divisionsstrategien

Auch zur Division mit Dezimalbrüchen können Aufgaben mit Ziffernkärtchen gestellt werden, wie das Schulbuch *Schnittpunkt 2* [S23] (hier Abb. 20.7) vorschlägt. Statt der Multiplikation kann eine Division als Operationszeichen gewählt werden.

Die Aufgabe kann differenzierend erweitert werden, indem entweder mehr oder alle Ziffern zur Verfügung gestellt werden. Können Aufgaben ermittelt werden, bei denen das Ergebnis zwischen 3 und 4 liegt? Auch im Fall der Vorgabe eines Multiplikationsterms sind hier Kompetenzen zur Division als Umkehroperation von Vorteil. Noch anspruchsvoller wird die Aufgabe, wenn auf die Vorgabe verzichtet wird, dass die Rechnung mit

Abb. 20.7 Arbeiten mit Ziffernkärtchen © *Schnittpunkt 2*
[S23], S. 148, Nr. 9

Setze die Ziffern 7; 3 und 2 so in die
Kästchen ein, dass
a) ein möglichst großer Wert entsteht.
b) das Produkt den Wert 8,1 hat.

$$\blacksquare,\blacksquare \cdot \blacksquare = \ ?$$

Zahlen, die jeweils genau eine Nachkommastelle aufweisen, durchgeführt werden soll.
Leistungsstarke Lernende sollen aus den zehn Ziffern von 0 bis 9 eine Divisionsaufgabe so
legen, dass das **kleinstmögliche** bzw. **größtmögliche Ergebnis** entsteht. Zwei Kärtchen
mit einem Dezimalkomma können ergänzt werden, sodass auch dieses an jede Position
gelegt werden kann. Wichtig ist auch hier die Qualität der Begründung.

Eine Diskussionsgrundlage für Eigenschaften der Division kann auch eine (anschauliche) Argumentation über Lösungsstrategien bei der Aufgabe aus der *Mathewerkstatt 2*
[S22] (hier Abb. 20.8) sein.

Schließlich ist auch bei der Division das Arbeiten mit Fehlerlösungen ein fester Be-
standteil eines Unterrichts, der die Überwindung von Lernhürden und Grundvorstellungsumbrüchen anstrebt. Die Aufgabe aus der *Mathewerkstatt 2* [S22] (hier Abb. 20.9) kann
durch eine Besprechung, wie die Fehler wohl entstanden sind, angereichert werden:

Abschließende Bemerkungen

Die Autoren sprechen sich dafür aus, dass die Division von gemeinen Brüchen der unterrichtlichen Behandlung der Division von Dezimalbrüchen vorausgehen soll. Wie beschrie-

Finde mehrere Möglichkeiten die fehlenden Kommas in den Aufgaben zu setzen.

(1)	$032 : 080 = 4,0$	$\vdots$	$00320 : 00800 = 4,0$
(2)	$049 : 070 = 0,7$	$\vdots$	$00490 : 00700 = 0,7$
(3)	$0025 : 005 = 0,05$	$\vdots$	$00180 : 00300 = 6,0$
(4)	$0250 : 0500 = 0,5$	$\vdots$	$06300 : 00900 = 0,07$

Abb. 20.8 Zusammenhang zwischen Term und Ergebnis © *Mathewerkstatt 2* [S22], S. 137, Nr. 15c

a) Bei den folgenden Aufgaben wurden Fehler gemacht.
  - Schreibe die Aufgaben ab und finde die Fehler.
  - Markiere und verbessere die Fehler.

(1) $16 : 0,5 = 8$	(2) $0,021 : 7 = 0,03$	(3) $6,25 : 2,5 = 3,5$
(4) $20,20 : 5 = 4,4$	(5) $0,90 : 30 = 0,3$	(6) $18,06 : 6 = 3,1$

b) Wie würdest du die Fehler jeweils beschreiben (Einmaleinsfehler, Kommafehler, …)?

Abb. 20.9 Arbeiten mit Fehlerbeispielen © *Mathewerkstatt 2* [S22], S. 138, Nr. 17a, b

ben, greifen zahlreiche Strategien auf das Rechnen mit gemeinen Brüchen zurück und bereits das Rechnen im Stellenwertsystem und mit Zehnerpotenzen erfordert ein sicheres Umgehen zumindest mit Zehnerbrüchen. Zentral bei der unterrichtlichen Besprechung ist daher die Vernetzung und Anknüpfung an die Grundvorstellungen zu den gemeinen Brüchen und eine gezielte Thematisierung des Grundvorstellungsumbruches. Dabei sollte auf Sackgassen im Lernprozess geachtet werden: Da die Grundvorstellung zur Division als Verteilen im allgemeinen Fall nicht mehr tragfähig ist (oder nur über proportionale Zuordnungen wertgleicher Größenpaare aufrechterhalten werden kann), sind *umfangreiche* Besprechungen von Sonderfällen, in denen das Verteilen als Strategie bzw. als Grundvorstellung naheliegt, eher kritisch zu hinterfragen. Wenn eine Reduzierung auf wenige Themen gewünscht oder gefordert ist, dann sind Aufgaben der Bauart 3 : 0,2 (natürliche Zahl durch Bruch) sicher ergiebiger im Hinblick auf den zu vollziehenden Grundvorstellungsumbruch als 0,2 : 3 (Bruch durch natürliche Zahl). Der Schwerpunkt liegt auf Aufgaben des Ausmessens bzw. Aufteilens, die insbesondere mithilfe von Größen bereits vor der systematischen Behandlung der Division behandelt werden können.

In Bezug auf die Rechenstrategien wurde in den Ausführungen aufgezeigt, dass es deutlich mehr und anschaulichere Strategien zur Berechnung von Divisionstermen gibt als den schriftlichen Algorithmus. Keinesfalls darf sich der Lehrgang auf die Vermittlung von unverstandenen Regeln (Komma verschieben) beschränken, da diese unverstandenen Regeln im Fall von Übergeneralisierungen selbst zu Fehlerstrategien werden können.

Zentral ist bei der Besprechung der Division von Dezimalbrüchen, dass der Bezug zwischen Sachkontext und Rechenausdruck hergestellt wird und die neuen Beobachtungen (Dividieren kann den Dividenden auch vergrößern) mit inhaltlichen Argumentationen (3 Liter werden in Gläser mit jeweils 0,2 Liter gefüllt) verbunden werden. Kurz: Es geht um die Überwindung von Fehlvorstellungen und die Ausbildung von Grundvorstellungen durch die Verknüpfung von Term und Modell.

Runden, Überschlagen und Schätzen 21

Wie in Abschn. 11.3 geschildert, ist das zentrale Ziel des Dezimalbruchlehrgangs, dass die Lernenden Zahl- und Operationsvorstellungen aufbauen, mit deren Hilfe sie den Anforderungen des Alltags- und Berufslebens genügen können. Hierzu gehören vor allem ein Interpretieren und Vergleichen von Zahlenwerten und ein ungefähres Abschätzen der Ergebnisse von Rechenausdrücken oder Kontextproblemen. In privatem und beruflichem Alltag sind Kompetenzen im (schwierigeren) ungenauen Arbeiten mit Dezimalbrüchen deutlich wichtiger als das Beherrschen der Algorithmen, da für letztere elektronische Hilfsmittel zur Verfügung stehen. Deshalb kann Überschlagen und Schätzen als „Königsdisziplin" des Dezimalbruchlehrgangs betrachtet werden.

Im Gegensatz zum Raten werden beim Schätzen Vorstellungen aktiviert. Das Schätzen von Größen gelingt über die Aktivierung von Stützpunktvorstellungen (vgl. Franke/Ruwisch [27]) und das Überschlagen von Rechenausdrücken über die Aktivierung von Grundvorstellungen. Die Vorstellungen sind eine notwendige, aber noch keine hinreichende Voraussetzung. Mit den Vorstellungen muss operiert werden, sie müssen flexibel und vernetzt sein.

In der mathematikdidaktischen und psychologischen Literatur werden drei Konzepte zum „ungenauen Arbeiten" unterschieden (Hogan/Brezinski/Kristen [71]): das Schätzen von Anzahlen (numerosity), das Schätzen von Größen und das Überschlagen von Rechenausdrücken. Durch Studien wurde nachgewiesen, dass dem Schätzen von Anzahlen und Größen andere Voraussetzungen als dem Überschlagen von Termen zugrunde liegen ([71] S. 278 ff). Beim Überschlagen von Termen sind beispielsweise zusätzlich Grundvorstellungen zu den Rechenoperationen nötig. Eine nähere Erläuterung zu den Begriffen findet sich z. B. bei Lorenz [98].

Bevor auf das Schätzen eingegangen wird, werden jeweils eine eher technische und eine vorstellungsbasierte Voraussetzung hierfür diskutiert: das Runden und das Überschlagen.

F. Padberg, S. Wartha, *Didaktik der Bruchrechnung*,
Mathematik Primarstufe und Sekundarstufe I + II, DOI 10.1007/978-3-662-52969-0_21

21.1 Runden

In Alltagssituationen ist häufig das Arbeiten mit gerundeten Zahlen ausreichend. Die von den natürlichen Zahlen vertrauten Rundungsregeln können entsprechend auf Dezimalbrüche übertragen werden:

- Um eine Stelle zu runden, wird (ausschließlich) die nächstkleinere Stelle betrachtet.
- Bei 0, 1, 2, 3, 4 wird abgerundet, bei 5, 6, 7, 8, 9 wird aufgerundet.

Eine anschauliche Begründung kann über eine – geeignet unterteilte – Zahlengerade erfolgen. Im *Schweizer Zahlenbuch* [S24] ist das Runden der Zahl 1,254 auf Zehntel und Hundertstel grafisch dargestellt (vgl. Abb. 21.1).

Um auf Zehntel zu runden, wird die Hundertstelstelle betrachtet:

$$1{,}456 \approx 1{,}5 \quad 1{,}96 \approx 2{,}0 \quad 1{,}948 \approx 1{,}9$$

Beim Runden auf Hundertstel werden die Tausendstel betrachtet:

$$1{,}8746 \approx 1{,}87 \quad 1{,}438 \approx 1{,}44 \quad 1{,}996 \approx 2{,}00$$

Das Runden von Größen geschieht völlig analog:

$$4{,}51 \,\text{€ auf ganze Euro} \approx 5\,\text{€} \quad 3{,}549\,\text{km auf hundert Meter} \approx 3{,}5\,\text{km}$$

Wichtig ist, dass **nur einmal gerundet** und hierfür ausschließlich die nächstkleinere Stelle betrachtet wird. Schrittweises Runden kann andere Ergebnisse hervorbringen. Wird z. B. 0,449 auf Zehntel schrittweise gerundet, liefert das $0{,}449 \approx 0{,}45 \approx 0{,}5$, während einmaliges Runden $0{,}449 \approx 0{,}4$ ergibt.

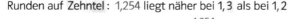

Runden auf Zehntel : 1,254 liegt näher bei 1,3 als bei 1,2

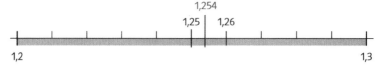

Runden auf Hundertstel : 1,254 liegt näher bei 1,25 als bei 1,26

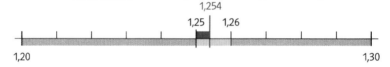

Abb. 21.1 Rundungsregel an der Zahlengeraden © *Schweizer Zahlenbuch* [S24], S. 9

Bei Multiplikations- und Divisionstermen zu Größenkontexten ist das Runden des Ergebnisses häufig inhaltlich zwingend: „Bei der Klassenfahrt wurden 230 € für 24 Kinder ausgegeben. Wie viel muss jedes Kind bezahlen?" Das Ergebnis muss – unabhängig davon, ob es über ein Rechenverfahren oder mit einem Taschenrechner bestimmt wurde – gerundet werden, um das Geld einsammeln zu können.

Zu beachten ist ein wichtiger Unterschied zwischen Dezimalbrüchen als Zahlen und als Maßzahlen. Während die Zahlen $1{,}7 = 1{,}70 = 1{,}700$ gleich sind (vgl. Kap. 15), müssen die Maßzahlen 1,7 m, 1,70 m und 1,700 m bezüglich der Messgenauigkeit unterschiedlich interpretiert werden. 1,7 m bedeutet, dass die wahre Länge zwischen 1,65 und 1,74 liegt, während sie bei 1,700 m zwischen 1,6995 m und 1,7004 m liegen muss, also einen deutlich kleineren Toleranzwert besitzt.

Bei bestimmten Aufgaben kann es vorkommen, dass das gerundete Ergebnis gekürzt werden kann. Ob dies angebracht ist, sollte diskutiert werden. Die Zahl 1,9987 soll auf Hundertstel gerundet werden: Aufrunden ergibt 2,00. Das (mathematisch korrekte) Weglassen von Zehntel- und Hundertstelstelle bedeutet inhaltlich den Verlust über Informationen der Genauigkeit, wenn sich die Zahl auf Größenangaben bezog.

21.2 Überschlagen von Rechenausdrücken

Beim Überschlagen werden die Zahlen eines Rechenausdrucks (stark) gerundet und mit den gleichen Rechenoperationen berechnet. Das Ergebnis kann – bei tragfähigen Schätzstrategien und der Aktivierung von Grundvorstellungen zu den Zahlen – in der Größenordnung eingeordnet werden. Die Zahlen werden nicht immer mathematisch gerundet. Es gibt wenigstens zwei Gründe für **nicht regelkonformes** Runden bei Überschlagsrechnungen:

(1) Bei Additions- und Multiplikationstermen wird meist gegensinnig, bei Subtraktions- und Divisionstermen gleichsinnig gerundet, um das Ergebnis nicht mehrmals in die gleiche Richtung zu verfälschen: $5{,}6852 \cdot 0{,}2892 \approx 5 \cdot 0{,}5$ oder $4{,}27 : 0{,}49 \approx 4 : 0{,}4$.

(2) Die Zahlen werden so geändert, dass mit Rechenvorteilen schneller gerechnet werden kann, z. B. $33 : 3{,}7 \approx 35 : 3{,}5$ und nicht $33 : 4$.

Überschlagen ist eine Möglichkeit, Rechnungen auf Plausibilität zu prüfen und manche Fehler (insbesondere Stellenwertfehler) aufzudecken. In Lehrwerken werden Überschlagsrechnungen häufig vor oder nach dem exakten Rechenprozess eingefordert: „Überschlage zunächst. Runde die Zahlen dabei so, dass du gut im Kopf rechnen kannst, und rechne anschließend genau." Von vielen Lernenden wird dies als zusätzlicher Aufwand empfunden und der Vorteil des Überschlagens wird nicht deutlich. Günstig sind daher Arbeitsaufträge, bei denen durch Überschlagen ein Vorteil (im Sinne von Arbeitsersparnis) entsteht oder das Überschlagen selbst Gegenstand der Aufgabe ist.

a) 8,7 + 1,9	**b)** 7,8 : 3	**c)** 0,93 − 0,63	**d)** 6,4 − 0,75	**e)** 0,6 : 0,05
0,35 · 1 000	0,15 · 1,2	11,6 : 1 000	5 : 0,002	0,14 · 1,2
0,75 · 0,002	2,03 : 1 000	7,6 : 0,004	0,47 + 3,8	1 : 0,4
1,02 : 6	10,5 − 4,8	3,5 · 0,02	0,27 · 0,04	100 : 0,2

Abb. 21.2 Aufgabensammlung für Diskussionsanlässe © *Mathematik heute 2* [S15], S. 161, Nr. 1

Zu einer beliebigen „Aufgabenplantage" (z. B. *Mathematik heute 2* [S15], hier Abb. 21.2) können beispielsweise folgende Arbeitsaufträge hilfreich sein:

• Berechne nur die Aufgaben, bei denen das Ergebnis zwischen 0,5 und 1 liegt.
• Markiere alle Aufgaben mit Ergebnissen zwischen 0,1 und 0,5 grün, mit Ergebnissen zwischen 0,5 und 1 gelb. Aufgaben mit Ergebnissen größer als 1 markiere pink.
• Rechne nur die Aufgabe mit dem größten und die mit dem kleinsten Ergebnis.

Bei diesen Aufgaben wird das Rechnen Mittel zum Zweck: In Grenzfällen muss genau nachgerechnet werden, bei vielen Aufgaben „genügt" ein Überschlagen.

Problematisch ist, wenn Lernende systematische Fehler (z. B. bei den Stellenwerten) machen oder Fehlvorstellungen aktivieren. Dann können sowohl beim Überschlagen als auch beim genauen Rechnen die gleichen Fehler entstehen. In diesen Fällen werden Fehler aufgrund falscher Größenordnung nicht offenkundig.

Das Überschlagen ist daher nicht eine „inexakte Vorarbeit" zum Rechnen, es setzt vielmehr fundierte Kenntnisse zu den Rechenoperationen und -strategien voraus (vgl. auch Günther [47], S. 39). Mit anderen Worten: „Der Überschlag gelingt nicht nach vorgegebenen Regeln, er bedarf vielmehr eines Zahlensinns" (Lorenz [97], S. 45).

21.3 Schätzen von Zahlen und Größen

Im Gegensatz zum Überschlagen, bei dem Rechenausdrücke mit gerundeten Werten und den üblichen Strategien berechnet werden können, müssen beim Schätzen Grundvorstellungen zu den Zahlen und den Operationen aktiviert werden. In diesem Sinne werden Übersetzungen zwischen Darstellungsmittel und Zahlen (in beiderlei Richtung) thematisiert:

• Wo werden an der leeren Zahlengeraden von 0 bis 1 ungefähr die Zahlen 0,8 und 0,28124 eingezeichnet? Begründe.
• Welche Zahlen können das sein? Begründe:

Häufig werden Dezimalbrüche als Maßzahlen von Größen verwendet. Geeignete Repräsentanten zu den Zahlen werden über Strategien auf der Grundlage der Operationsvorstellung verknüpft.

So kann beispielsweise der Rechenausdruck $2{,}45 : 0{,}79$ mit $2{,}5 : 1 = 2{,}5$ überschlagen werden. Eine Verknüpfung mit dem Schätzen kann hingegen erfolgen, indem überlegt wird, wie viele Portionen zu $0{,}79$ Litern aus $2{,}45$ Litern Saft gewonnen werden können. Da $0{,}8$ Liter ungefähr 3-mal in $2{,}45$ Liter passen, muss das Ergebnis etwa 3 sein.

Folgende Kompetenzen sind für erfolgreiches Schätzen nötig:

- Grundvorstellungen zu den Zahlen („Wie kann man sich $0{,}3$ vorstellen?")
- Herstellen und Nutzen von Zahlzusammenhängen („Wie sieht $0{,}28$ im Vergleich zu $0{,}02$ aus?")
- Strategien des Aneinanderlegens, Differenzbildens, Verdoppelns, Halbierens, Parkettierens, Enthaltenseins, …
- Grundvorstellungen zu den Rechenoperationen („Was bewirkt die Multiplikation mit $0{,}7$?")

Beim Schätzen von Größen sind darüber hinaus offenkundig tragfähige Größenvorstellungen erforderlich. Insbesondere setzt das Schätzen ein Repertoire an Stützpunktvorstellungen zu den gängigen Größenbereichen Längen, Gewichte, Volumina und Geld voraus (vgl. Franke/Ruwisch [27]). Auch beim Schätzen der Ergebnisse von Rechenausdrücken kann die Interpretation der Zahlen als Größen hilfreich sein.

Diskussionsanlässe können wie im Abschn. 21.2 die aufgeführten Aufgabenvorschläge sein, bei denen ein Schätzen keine lästige Vorarbeit darstellt, sondern selbst im Zentrum des Interesses steht. Eine besonders leistungsstarke Schätzung zeichnet sich übrigens nicht durch ein Ergebnis aus, das (produktorientiert) möglichst nahe am exakten Resultat liegt, sondern bei dem (1) die Strategie des Schätzprozesses (prozessorientiert) besonders tragfähig ist und diese (2) gut kommuniziert bzw. dargestellt wird. Vor diesem Hintergrund sind Spielvorschläge der Art „Erst schätzt jeder, dann wird exakt gerechnet und es gewinnt derjenige, der am nächsten beim Ergebnis ist" als kritisch einzustufen.

Abschließend sei angeregt, als Ergebnis einer Überschlags- oder Schätzaufgabe nicht nur (diskrete) Zahlen, sondern auch Intervalle zu akzeptieren. Das Ergebnis von $4 : 0{,}45$ ist kleiner als $4{,}5 : 0{,}45 = 10$, aber größer als $4 : 0{,}5 = 8$. Das Ergebnis liegt also zwischen 8 und 10.

21.4 Mögliche Problembereiche und Hürden

Zu Kompetenzen von Lernenden in Bezug auf Schätzen und Überschlagen, insbesondere zu Argumentationsschemata liegen auch international nur wenige empirische Untersuchungen vor. Als besonders fehleranfällig gelten Überschlagsaufgaben zur Multiplikation und Division, wenn die zweite Zahl kleiner als 1 ist (Bana/Farell/McIntosh [3], S. 85). Hier wirken sich die **Fehlvorstellungen „Multiplizieren vergrößert immer"** bzw. **„Dividieren verkleinert immer"** deutlich aus (vgl. Abschn. 19.4 und 20.5). Nach dieser Studie hat rund die Hälfte der befragten 14-Jährigen in den USA, Australien und Schweden bei der Aufgabe „Das Ergebnis von 29 : 0,8 soll geschätzt werden" angegeben, dass das Ergebnis kleiner als 29 sein müsse (vgl. auch Greer [41]).

Zur Frage „Wie groß ist ungefähr das Ergebnis von 59 : 190?" wurden in der Untersuchung von Hart (2004) die Auswahlantworten

a) 0,003   b) 0,03   c) 0,3   d) 3   e) 30   f) 300   g) 3000

angegeben. Das richtige Ergebnis 0,3 hat weniger als ein Viertel der Befragten gewählt. Von mehr als einem Viertel wurde 3 als Ergebnis angegeben. Dies kann durch das Anwenden einer vermeintlichen Kommutativität (59 : 190 = 190 : 59) erklärt werden. Grund für die Anwendung dieser Fehlerstrategie ist die von den natürlichen Zahlen vertraute Gewissheit, dass nur eine größere Zahl durch eine kleinere Zahl dividiert werden kann.

Das Schätzen kann demnach nicht als erleichternde „ungenaue Vorarbeit" des Berechnens exakter Terme betrachtet werden. Einerseits setzt das hier gewünschte ungenaue Arbeiten eine Vielzahl an Kompetenzen und flexible Grundvorstellungen voraus, andererseits können diese Kompetenzen durch Schätzaufgaben gut diagnostiziert und vor allem gefördert werden.

21.5 Vorbeugen, Diagnostizieren und Fördern

Folgende diagnostische Aufgabenstellungen werden zum Inhaltsgebiet Runden, Überschlagen und Schätzen vorgeschlagen:

(1) Runde die Zahl 3,4499 auf Zehntel, auf Hundertstel und auf Tausendstel.
(2) Zeichne folgende Zahlen ungefähr an der Zahlengeraden (von 0 bis 2) ein:

0,023   1,80024   0,3844   0,8   ...

(3) Überschlage, bei welchen Aufgaben das Ergebnis größer als 1, zwischen 0,5 und 1 und kleiner als 0,5 ist. Begründe deine Antworten (anschaulich am Rechenstrich):

0,82 + 0,522   1,420 − 0,99   2,492 − 2,41114   0,004 + 0,2194

(4) Überschlage, bei welchen Aufgaben das Ergebnis größer als 1, zwischen 0,5 und 1 und kleiner als 0,5 ist. Begründe deine Antworten (anschaulich am Rechteck):

0,99 · 1,42   0,5 · 0,8   0,9 · 0,9   4,39 : 2,914   0,5 : 0,6   0,998 : 0,2

Erfolgreiche und problematische Bearbeitungsprozesse beim Schätzen oder Überschlagen der Aufgaben von (3) können beispielsweise an der Zahlengeraden oder am Rechenstrich dargestellt und diskutiert werden. Hierbei ist ein ungefähres Einzeichnen der Zahlen und Operationen nicht nur ausreichend, sondern sogar gewünscht im Hinblick auf die Thematisierung von Überschlagsstrategien. Die Strategien bei den Aufgaben von (4) werden hingegen eher an flächigen Modellen und in Alltagskontexten diskutiert, bei denen die Ideen des Flächeninhalts bei der Multiplikation bzw. die des Ausmessens oder Herstellens von Portionen bei der Division im Vordergrund stehen.

21.6 Variationsreiches Üben und Vertiefen

Das Potenzial von Aufgaben hängt in hohem Maße davon ab, wie darüber gesprochen, diskutiert, argumentiert wird und wie sie auf verschiedenen Repräsentationsebenen bearbeitet werden können. Beispielsweise lassen sich die Aufgaben aus *Denkstark 2* [S2], (Abb. 21.3) durch Überlegungen an der Zahlengeraden ergänzen und erweitern.

> Welche Dezimalzahlen ergeben beim Runden auf Zehntel die Zahl 7,6?
> **a)** Nenne mindestens 5 verschiedene kleinere Ausgangszahlen.
> **b)** Nenne mindestens 5 verschiedene größere Ausgangszahlen.
> **c)** Wie viele größere Ausgangszahlen gibt es insgesamt?

Abb. 21.3 Zielumkehr beim Runden © *Denkstark 2* [S2], S. 58, Nr. 4

Darüber hinaus können Fragen ergänzt werden wie:

- Nenne die kleinste Zahl mit zwei (vier) Dezimalen, die gerundet 7,6 ergibt.
- Nenne die größte Zahl mit drei Dezimalen, die gerundet 7,6 ergibt.

Eine weitere Aufgabe mit hohem Nutzen bei anschaulicher Bearbeitung schlagen Marxer/Wittmann [107] vor:

> Ist das Ergebnis von $2,99 \cdot 4,01$ genau 12, kleiner oder größer als 12?

Die Antwort soll in jedem Fall begründet werden. Eine anschauliche Argumentation (vgl. Abb. 21.4) kann darin bestehen, wie aus einer Holzplatte der Maße 3 m × 4 m das gesuchte Rechteck 2,99 m × 4,01 m hergestellt werden kann. Die 3 m-Seite wird um 1 cm gekürzt, indem ein 4 m langer, 1 cm breiter Streifen abgeschnitten wird. Das verbleibende Rechteck ist 2,99 m × 4 m groß. Um hieraus das gewünschte Rechteck 2,99 m × 4,01 m zu erhalten, muss ein Teil des abgesägten Streifens an die kürzere Seite geklebt werden. Da etwas übrig bleibt, muss $2,99 \cdot 4,01 < 12$ gelten.

Abb. 21.4 Anschauliche Begründung für $2{,}99 \cdot 4{,}01 < 12$

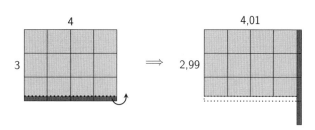

Resümee und Konsequenzen

22.1 Zielsetzung: Verstehen und Prozesse

Die allgegenwärtige Verfügbarkeit von Taschenrechnern nimmt Menschen zwar das Ausführen von Algorithmen und Rechenoperationen ab, nicht jedoch die Interpretation von Zahlen und die Zuordnung von Sachsituationen zu Rechenoperationen. Mit anderen Worten: Wichtiger als das sichere Beherrschen und Ausführen von Kalkülen ist der Aufbau von Grundvorstellungen zu Dezimalbrüchen und den Rechenoperationen. Mithilfe von Grundvorstellungen kann entschieden werden, welche Rechenoperation bei Textaufgaben und Sachkontexten zur Lösung passend ist. Zahlvorstellungen sind die Grundlage für Schätzen und Überschlagen. Dieses „ungenaue Arbeiten" ist in Alltags- und Berufssituationen mindestens so bedeutsam wie exaktes Rechnen.

Grundvorstellungen werden aufgebaut, indem mit konkreten Modellen gearbeitet wird und diese die Grundlage für gedankliche Modelle bilden. Die Arbeit mit konkreten Repräsentanten geht also deutlich über eine illustrierende Funktion hinaus. Sie stellen die Grundlage des Verstehens der Zahlen und der Operationen dar. In diesem Zusammenhang werden unverstandene Rechentricks („Komma verschieben" oder „Nullen anhängen") sehr kritisch gesehen. Regeln, die von Vorstellungen losgelöst sind, können zwar kurzfristig für richtige Ergebnisse und vordergründige Rechenerfolge sorgen, nicht jedoch für den Aufbau von dauerhaft tragfähigen und flexibel einsetzbaren Grundvorstellungen.

Auf der Basis tragfähiger Zahl- und Operationsvorstellungen sollen flexible Strategien entwickelt werden, mit denen Zahlen dargestellt, verglichen und verrechnet werden können. Diese Strategien sollen nicht nur auf syntaktischer Ebene durchgeführt und automatisiert, sondern mit den verwendeten Modellen dargestellt, über sie kommuniziert und mit ihnen argumentiert werden. Der Einsatz von Strategien zum Vergleichen von und Rechnen mit Brüchen bietet daher gleichzeitig zahlreiche Anlässe, Grundvorstellungen zu aktivieren und zu vernetzen.

Der Aufbau von Grundvorstellungen zu den Dezimalbrüchen und den Operationen wird daher durch eine deutlichere Orientierung an den Bearbeitungsprozessen erreicht. Im

© Springer-Verlag GmbH Deutschland 2017
F. Padberg, S. Wartha, *Didaktik der Bruchrechnung*,
Mathematik Primarstufe und Sekundarstufe I + II, DOI 10.1007/978-3-662-52969-0_22

Zentrum der unterrichtlichen Erarbeitung steht nicht das Ergebnis von Rechenaufgaben, sondern die Kommunikation über Bearbeitungswege, das Argumentieren und Begründen der Wahl der Rechenoperation als auch der Bearbeitungsschritte beim Vergleichen oder Rechnen, das Darstellen von Zahlen und Rechenwegen an tragfähigen Modellen sowie das Aufbauen und Anwenden dieser Modelle.

22.2 Modelle: Tragfähigkeit statt Vielfalt

Anschauungsmittel haben nicht nur eine illustrierende Funktion, sondern sind die konkrete Grundlage für gedankliche Modelle und Werkzeuge. Daher werden nur wenige verschiedene Modelle eingesetzt, diese dafür sehr sorgfältig thematisiert und häufig verwendet. Das zentrale Auswahlkriterium für ein Arbeitsmittel ist dessen Tragfähigkeit: Kann das Modell nur bei einer einzelnen Aufgabe oder Aufgabengruppe eingesetzt werden oder über mehrere Inhaltsgebiete hinweg?

In den Kap. 13 bis 21 wurde dargestellt, dass über das Auffassen und Darstellen der Dezimalbrüche hinaus alle Inhalte der Dezimalbruchrechnung mit den folgenden Anschauungsmitteln (vgl. Kap. 12) thematisiert werden können:

- Zehnersystemblöcke und Decimat für die Zusammenhänge zwischen den Stellenwerten, Größenvergleiche sowie die Addition und Subtraktion
- Millimeterpapier für die Zusammenhänge zwischen den Stellenwerten, Größenvergleiche und die Multiplikation
- Zahlengerade für Größenvergleiche, Addition, Subtraktion und Division
- Rechenstrich für die Dokumentation von und die Kommunikation über Rechenstrategien bei Addition und Subtraktion
- Stellenwerttafel für Größenvergleiche und Thematisierung von (schriftlichen) Rechenverfahren

Sind die Zusammenhänge zwischen den Stellenwerten verstanden, so ist die Stellenwerttafel ein weiteres Hilfsmittel, an dem Relationen und Operationen dargestellt werden können. Beim Arbeiten mit der Stellenwerttafel empfiehlt es sich, die Stellenwerte nicht nur zu notieren, sondern konsequent mitzusprechen.

Die Ablösung vom konkreten Modell, an dem gehandelt werden kann, hin zu einem gedanklichen Modell, mit dem in der Vorstellung operiert wird, muss häufig unterrichtlich unterstützt werden. Hilfreich sind Fragen wie „Stell dir vor ... " oder „Was müsstest du machen, um ... ". Ein Förderkonzept mit konkreten Aufgabenvorschlägen findet sich bei Wartha [203], [200].

In den Studien von Zhang/Clements/Ellerton [228] und Brousseau et al. [13] wurde aufgezeigt, dass eine größere Vielfalt an Anwendungskontexten und Modellen mit langfristiger angelegten Kompetenzen im Bereich Bruchzahlen einhergeht. Hier wird jedoch unterschieden, ob die Modelle zum **Aufbau eines mentalen Modells** oder zur Aktivierung bzw. Anwendung einer **bereits aufgebauten** Grundvorstellung herangezogen werden. Sind Grundvorstellungen bereits aufgebaut, dann ist eine Vielfalt an Modellen und Veranschaulichungen motivierend und kognitiv aktivierend.

22.3 Inhalte: Zahlen statt Ziffern

Zentral ist, dass im Unterricht vorrangig mit Zahlen und nicht mit Ziffern gearbeitet wird. Der Großteil der Fehlerstrategien beim Vergleichen und Rechnen mit Dezimalbrüchen ist auf ein mangelhaftes Stellenwertverständnis zurückzuführen. Bereits in der ersten Hälfte des 20. Jahrhunderts dokumentierte Brueckner [14], dass die meisten Fehler in seiner an mehr als 300 amerikanischen Lernenden der Jahrgangsstufen 6 bis 8 durchgeführten Studie durch mangelhaftes Verständnis der Stellenwerte erklärbar sind. Es kann als problematisch bewertet werden, dass hieraus bis heute keine überzeugenden Konsequenzen gezogen wurden und ein Schwerpunkt der Lehrgänge nach wie vor auf dem Ziffernrechnen liegt. Statt die Zahlen bei den Grundrechenarten durch gestützte Kopfrechenstrategien in Gebrauch zu nehmen, werden die schriftlichen Algorithmen sowie Regeln betont, die gerade nicht die Zahlen in den Stellenwerten berücksichtigen. Wünschenswert ist ein Umdenken, denn gerade das Rechnen mit Dezimalbrüchen als Zahlen liefert zahlreiche Anlässe, die Eigenschaften dieser Zahlen näher kennenzulernen und damit die Grundvorstellungen zu ihnen auszubauen und zu vernetzen.

22.4 Zahlvorstellungen im Stellenwertsystem

In den Kap. 11 und 12 wurde dargelegt, dass in einem zeitgemäßen Dezimalbruchlehrgang der Aufbau von Grundvorstellungen und eine stärkere Gewichtung der Bearbeitungsprozesse gegenüber den Ergebnissen zentral sind. Ein tragfähiges Zahlverständnis für Dezimalbrüche bildet sich durch häufige Übersetzungen zwischen und innerhalb der folgenden Zahlrepräsentationen aus:

- Zahlnotation (Kommaschreibweise und Bruchschreibweise)
- Zahlsprechweise (mit Stellenwerten und ziffernweise)
- Zahldarstellung (an flächigen Repräsentanten wie Millimeterpapier und ordinalen wie der Zahlengeraden)

Die Übersetzungen der gesprochenen und geschriebenen Dezimalbrüche in Zahldarstellungen können zunächst konkret vorgenommen werden, sollten aber mit der Zeit in der Vorstellung aktiviert werden. Die Stellenwerttafel erweist sich erst dann als tragfähiges Darstellungsmittel, wenn die Bedeutung und die Zusammenhänge der Stellenwerte gesi-

chert sind. Diese werden durch Anknüpfen an Vorkenntnisse zu Zahlen in Bruchschreibweise ($\frac{1}{10}$, $\frac{1}{100}$) über konkrete und vorgestellte Repräsentanten geschaffen.

Grundvorstellungen zu Dezimalbrüchen sind einerseits die Voraussetzung für die weiteren Inhalte der Curricula (Zahlvergleiche, Rechenoperationen und Schätzen), andererseits werden sie erst durch ständiges Operieren mit den Zahlen und durch häufige Aktivierung der Modelle entwickelt. Wichtig ist daher die Perspektive, dass das Vergleichen
von und das Rechnen mit Dezimalbrüchen kein Selbstzweck ist, sondern immer unter dem
Fokus der Ausbildung eines tragfähigen Zahlverständnisses steht.

Die Dezimalbruchrechnung ist ein Thema, das in hohem Maße an vorhandene Kompetenzen anknüpft: Sowohl gesicherte Kenntnisse zum Aufbau des dezimalen Stellenwertsystems als auch Grundvorstellungen zu Zahlen in Bruchschreibweise sind unverzichtbar.
Diese Vorkenntnisse werden einerseits erweitert (z. B. fortgesetztes Entbündeln auch von
Einern), andererseits müssen manche auch aufgegeben und gezielt gegenübergestellt werden: Die zentrale Fehlvorstellung „Komma-trennt" kann aus der (bis Jahrgangsstufe 4
häufig tragfähigen) Regel „Komma trennt Euro und Cent" entstehen.

22.5 Vorwissen aufgreifen, gegenüberstellen, Umbrüche vollziehen

Bei der Thematisierung der Anordnung, Multiplikation und Division von Dezimalbrüchen können die Grundvorstellungen der natürlichen Zahlen weder direkt übernommen
noch einfach durch neue ersetzt werden. Vielmehr müssen die bislang tragfähigen Vorstellungen zu den Operationen „umgebrochen", d. h. radikal geändert werden. Die Rolle des
Vorwissens ist in jedem Fall zentral, um daran anzuknüpfen oder es den neuen Vorstellungen gegenüberzustellen. Zur Fehler verursachenden Wirkung mangelhafter Vorkenntnisse
vgl. auch Wartha/Güse [205] und Wartha [201].

Ein erfolgreicher Dezimalbruchlehrgang erfasst daher die Vorkenntnisse der Lernenden
und greift sie im Unterricht auf. Zahlreiche Eigenschaften der natürlichen Zahlen können
auf die Dezimalbrüche übertragen werden. Hierzu gehören die Notation als Ziffern in einem Stellenwertsystem, die Umrechnung benachbarter Stellen mit dem Faktor 10, das
Vergleichen von Zahlen über die Stellenwerte, die Bedeutung des Addierens und Subtra-
hierens. Andere Eigenschaften von natürlichen Zahlen erweisen sich hingegen als nicht
mehr bzw. nur noch eingeschränkt tragfähig: die Anordnung der Zahlen, die Bedeutung
der Multiplikation und der Division.

Im außer- und innerschulischen Alltag kommen Kinder bereits vor der systematischen
Einführung in Kontakt mit Zahlen, die in Kommaschreibweise notiert werden. Diese Vorerfahrungen gründen sich jedoch nicht zwangsläufig auf fortsetzbare Denkmodelle, wie
die falsche Regel „Das Komma trennt Meter und Zentimeter" aufzeigt.

Die Folgerung ist, dass im Unterricht die Vorkenntnisse gesammelt und anschließend
diskutiert werden sollen. Ein Anknüpfen an die Vorkenntnisse ist sowohl möglich, indem
auf sie aufgebaut wird, als auch, indem deren Beschränktheit aufgezeigt wird und sie
neuen Modellen gegenübergestellt werden.

22.6 Probleme bei mangelnden Grundvorstellungen

Werden zu Dezimalbrüchen keine tragfähigen Vorstellungen aufgebaut, so ist es naheliegend, dass mit diesen Zahlen operiert wird, indem

(1) (unverstandene) Regeln und Tricks eingesetzt werden, die Grundvorstellungen zu den Zahlen und den Rechenoperationen weder erfordern noch ausbilden,

(2) eine Orientierung an Oberflächenmerkmalen wie *Signalwörtern* stattfindet und

(3) Eigenschaften der natürlichen Zahlen übertragen werden. Dies kann in Ausnahmefällen (Addition oder Vergleich von Dezimalbrüchen mit gleicher Anzahl an Nachkommastellen) zu richtigen Ergebnissen führen, i. A. können sich so jedoch Fehlerstrategien entwickeln, deren Behebung nicht trivial ist.

22.7 Fehlerstrategien beim syntaktischen Arbeiten

Wie in den Kap. 13 bis 20 dargestellt, werden auch international *inhaltsübergreifend* vor allem folgende Fehlerstrategien dokumentiert (Heckmann [55], Günther [47]; für USA/Israel/Frankreich: Resnick et al. [152]; für Australien: Steinle/Stacey [175]):

„Komma-trennt-Strategie" (KT-Strategie) Dezimalbrüche werden nach der häufigsten systematischen Fehlerstrategie als zwei natürliche Zahlen interpretiert, die durch ein Komma abgetrennt sind. Offenkundig wird die Fehlerstrategie beispielsweise beim Vergleichen und beim Rechnen wie in Tab. 22.1 dargestellt.

Die Ausführungen von Heckmann [60] können erweitert werden mit:

- Bündeln über das Komma: $1,185\,m = 1\,m + 185\,cm$ (Heckmann [55])
- Reihen fortsetzen: $3,7 - 3,8 - 3,9 - 3,10$
- Erweitern/Kürzen: $3,5 \neq 3,50$, aber $3,4 = 3,04$

Tab. 22.1 KT-Strategien beim Vergleichen und Rechnen, vgl. Heckmann [60], S. 21

Bereich	Fehlerhafte KT-Lösungen	Richtige KT-Lösungen	Bemerkung
Vergleich	$6,19 > 6,2$	$6,2 \quad > 6,1$ $6,725 > 6,45$	Fehler nur bei unterschiedlicher Dezimalanzahl (ca. 50 % der Fälle)
Addition	$3,48 + 4,3 = 7,51$ $5,7 \ + 2,8 = 7,15$	$3,4 + 4,3 = 7,7$	Fehler bei unterschiedlicher Dezimalanzahl sowie bei gleicher Dezimalanzahl mit Übertrag zu Einern
Subtraktion	$3,75 - 1,8 = 2,67$	$4,7 - 1,5 = 3,2$	KT-Strategie oft nicht anwendbar
Multiplikation	$5 \cdot 0,8 = 0,40$ $4 \cdot 1,3 = 4,12$	$4 \cdot 2,1 = 8,4$	KT-Strategie führt nur in Sonderfällen zum richtigen Ergebnis
Division	$8,24 : 4 = 2,6$	$4,8 : 4 = 1,2$	KT nur in Sonderfällen anwendbar

Diese Strategie wird durch Merksätze wie **„Komma trennt Euro und Cent"** oder **„Komma trennt Meter und Zentimeter"** wie sie in manchen Schulbüchern formuliert werden, in ungünstiger Weise sogar „eingeübt". Deutlich günstiger wäre die Vereinbarung **„Komma trennt Euro und 10 Cent"** bzw. **„Komma trennt Meter und Dezimeter"**. Auch die in Kap. 14 beschriebene problematische Sprechweise (2,54 als zwei Komma vierundfünfzig) unterstützt diese Fehlerstrategie (vgl. Heckmann [55], Klika [84]). Bei der Konstruktion von Aufgaben zu Dezimalbrüchen sollte berücksichtigt werden, dass die Komma-trennt-Strategie nicht (unbeabsichtigt) zu richtigen Ergebnissen führt. Bei einer produktorientierten Unterrichtsgestaltung würden Kinder mit dieser Fehlerstrategie nicht auffallen und die Vorgehensweise, Zahlen vor und nach dem Komma getrennt zu betrachten, als tragfähig erachten.

Gute diagnostische Aufgaben haben daher unterschiedlich viele Nachkommastellen und werden über die Komma-trennt-Strategie fehlerhaft bearbeitet: Während über die KT-Strategie die Aufgaben $3,4 + 4,3$ oder der Größenvergleich von $6,1$ und $6,2$ ein richtiges Ergebnis zeitigen, wäre dies bei $3,48 + 4,3$ oder $6,19$ und $6,2$ nicht der Fall.

Kein-Komma-Strategie (KK-Strategie) Bei dieser Fehlerstrategie wird das Komma ignoriert und die Zahlen betrachtet, als ob es sich um natürliche Zahlen handelt. Die Strategie kommt zum Tragen bei:

- Größenvergleich $2,91 > 23,7$ (da $291 > 237$)
- Addition und Subtraktion $2,51 + 22,1 = 4,72$ oder $47,2$

Die Fehlerstrategie kann begünstigt werden durch unverstandene Rechenregeln (z. B. Multiplikation), bei denen durch Manipulation der Zahlen aus Dezimalbrüchen natürliche Zahlen hergestellt werden („Multipliziere die Zahlen ohne Rücksicht auf das Komma wie natürliche Zahlen …"). Eine Nichtbeachtung oder ein Vergessen der gesamten Regel („… und setze beim Ergebnis das Komma wieder ein") führt bei nicht tragfähigen Zahlvorstellungen zu keinem Konflikt bei falschen Lösungen und verhindert eine Evaluation des Ergebnisses mithilfe von Zahl- und Operationsvorstellungen.

22.8 Fehlvorstellungen

Grundvorstellungen zu natürlichen Zahlen und den Rechenoperationen mit ihnen können im Bereich der Dezimalbrüche zu Fehlvorstellungen führen, wenn die Vorstellungen bei den Inhalten mit Dezimalbrüchen eingesetzt werden. Wenn zu Dezimalbrüchen keine Grundvorstellungen aufgebaut und diese nicht den **alten Grundvorstellungen gegenübergestellt** werden, so können sich Fehlvorstellungen entwickeln. Diese können sowohl beim syntaktischen (Lösen von Rechenaufgaben) als auch beim semantischen Arbeiten (Bearbeiten von Textaufgaben, anschauliche Interpretation von Zahlen und Operationen) wirksam werden. In der Literatur breit dokumentiert sind vor allem die folgenden Fehlvorstellungen:

- Anordnung: Dezimalbrüche haben Vorgänger und Nachfolger.
- Multiplikation: Multiplizieren vergrößert immer.
- Division: Dividieren verkleinert den Dividenden immer.

Die Überwindung dieser „Grundvorstellungsumbrüche" erfolgt nicht durch die Wiedergabe von Merksätzen und Regeln. Vielmehr ist ein Konzeptwechsel *(conceptual change)* nötig. Dieser wird höchstens dann vollzogen, wenn das neue Konzept bzw. die neue Vorstellung für den Lernenden einsichtig, sinnvoll, erklärbar und nützlich ist. Die Beschreibung und empirische Untersuchung von erfolgreichen bzw. nicht erfolgreichen Lernprozessen in Bezug auf die Überwindung von Fehlvorstellungen mit dem Konstrukt *conceptual change* ist international weit verbreitet (vgl. Liu et al. [94], Vamvakoussi/Vosniadou [191], Stacey/Steinle [173], Prediger [144], [146]).

22.9   Diagnose: Erfassung von Prozessen

Der Lernstand von Kindern kann nicht durch die Anzahl richtiger Lösungen eines Tests oder einer Klassenarbeit allein bestimmt werden. Deutlich aufschlussreicher bezüglich Kompetenzen und Defiziten der Lernenden ist der Blick auf die eingesetzten Bearbeitungsprozesse und die Erklärungsmuster zu den Rechenwegen. Eine Diagnose mit der Zielsetzung, den Lernenden passende Lernangebote unterbreiten zu können, fokussiert daher eher auf die Rechenwege („Wie rechnest du $4,1 - 3,9$?"), erfragt Begründungen („Wieso verschiebst du das Komma, warum stimmt das Ergebnis dann noch?") oder Darstellungen („Kannst du das an der Zahlengeraden zeigen?"). Die beobachteten Prozesse können dahingehend beurteilt werden, ob es sich um tragfähige Erklärungen auf der Basis von Zahl- und Operationsvorstellungen oder um unverstandene Tricks und Regeln handelt.

In der Literatur sind Fehlvorstellungen bzw. Defizite einerseits und aufzubauende Grundvorstellungen bzw. zu überwindende Lernhürden andererseits seit Jahrzehnten gut dokumentiert. Hingegen gibt es vergleichsweise wenige Forschungsbemühungen, bestehende Förderkonzepte empirisch zu untersuchen (Prediger [145]).

22.10   Förderung und Förderkonzepte

22.10.1   Aktivieren von Grundvorstellungen

Bei allen Aufgaben, auch bei solchen, die nur Zahlen enthalten, kann daher an die verwendeten **Modelle erinnert** werden. Diese Modelle können konkret oder *in der Vorstellung* aktiviert werden, um Bearbeitungswege zu präsentieren, zu vergleichen oder zu diskutieren. Zhang/Clements/Ellterton [227, 228] dokumentieren durch eine Interventionsstudie in den USA, dass die häufige Verwendung von Darstellungsmitteln einen mittleren bis starken Effekt auf die Kompetenzen der Lernenden haben. Wie der Aufbau von Grundvorstellungen unterrichtlich unterstützt werden kann, schildert beispielsweise Wartha [204]. Nach dem Fördermodell wird zunächst der Bezug zwischen der mathematischen Symbolik und dem passenden Modell hergestellt und die Strategie durch eine konkrete Handlung durchgeführt. Diese wird *handlungsbegleitend versprachlicht*. Im weiteren Lernprozess wird die Vorgehensweise vom Lernenden nicht mehr selbst konkret am Modell, aber durch Versprachlichung von einer anderen Person durchgeführt. Schließlich wird der Lernende aufgefordert, die Handlung *in der Vorstellung* zu beschreiben.

Ein erster Schritt für einen zu vollziehenden *Konzeptwechsel* bei Grundvorstellungsumbrüchen kann die Erzeugung eines *kognitiven Konfliktes* sein. Wird dieser von einer Instruktion begleitet, dann zeigen sich deutliche Lernerfolge. Diese wurden beispielsweise im Rahmen der Untersuchung eines Online-Lernprogramms mit chinesischen Kindern in allen Leistungsgruppen nachgewiesen (Huang/Liu/Shiu [74]). Ein kognitiver Konflikt kann beispielsweise erzeugt werden, wenn bei einer falschen Bearbeitung ($0,3 < 0,24$ wegen $3 < 24$) eine nichtsymbolische Darstellung (die Zahlen an der Zahlengeraden dargestellt) gegenübergestellt wird und diese anschließend verglichen werden.

Die Instruktion kann darin bestehen, dass zunächst Grundvorstellungen zu Zahlen aktiviert werden, beispielsweise indem die Stellenwerte bei den Zahlen (wie bei natürlichen Zahlen) mitgesprochen werden: 0,24 als „zwei Zehntel und vier Hundertstel" (Roche [153]). Die Aktivierung von Zahlvorstellungen soll ein syntaktisches Arbeiten mit Ziffern verhindern, da es häufig auf der Anwendung unverstandener Regeln beruht. Diese werden oft unzulässig verallgemeinert oder verwechselt.

In Anlehnung an das beschriebene Förderkonzept kann die Darstellung der Zahlen an der Zahlengeraden zunächst konkret („Zeichne ein ...") und später im Lernprozess in der Vorstellung („Wo müsstest du einzeichnen ...") erfolgen. In einem prozessorientierten Unterricht wird diese Darstellung von der Einforderung von Begründungen unterstützt („*Warum* ist 0,24 näher an 0,2 als an 0,3?").

Da zahlreiche Fehler („Komma-trennt") und Fehlvorstellungen („Multiplizieren vergrößert immer") durch eine Übertragung von Eigenschaften der natürlichen Zahlen entstehen, sollte darauf verzichtet werden, dass Merksätze formuliert werden, die eine Bezugnahme auf natürliche Zahlen unterstützen, wie zum Beispiel das Anhängen von Endnullen beim Vergleichen, Addieren und Subtrahieren von Dezimalbrüchen (Roche [153]).

22.10.2 Überwinden von Fehlvorstellungen

Für die Thematisierung von Fehlvorstellungen können drei Konzepte unterschieden werden: das Arbeiten mit Fehlerlösungen, das Arbeiten mit Lösungsbeispielen und das gestützte Problemlösen (Isotani et al. [79]). Beim gestützten Problemlösen werden Hilfestellungen und Rückmeldungen (insbesondere auch: richtig oder falsch) während der Bearbeitung gegeben. Während das Arbeiten mit Lösungsbeispielen und das in diesem

Sinne gestützte Problemlösen eher kritisch gesehen werden, geht die fachdidaktische Forschung davon aus, dass sich die Konfrontation mit Fehlerlösungen besonders positiv auf die kognitiven und metakognitiven Leistungen der Lernenden auswirkt. In anderen Bereichen (Wahrscheinlichkeitsrechnung mit älteren Lernenden) wurde zwar gezeigt, dass beim Arbeiten mit Fehlerlösungen nur Lernende mit hohen Vorkenntnissen profitieren (Grosse/Renkl [45]). In einer Interventionsstudie haben jedoch Isotani et al. [79] zu den zentralen Fehlvorstellungen in der Bruchrechnung verschiedene Lernumgebungen (Arbeiten mit Fehlern, mit Lösungsbeispielen und gestütztes Problemlösen) entwickelt. An 255 Lernenden der 6., 7. und 8. Klassen (Middle School, USA) wurden diese in softwaregestützten Lernumgebungen eingesetzt. Es ergaben sich keine signifikanten Unterschiede in der Wirksamkeit der Förderprogramme. Die Fehlerstrategien haben aber in allen drei Gruppen von ca. 30 % auf ca. 25 % signifikant abgenommen. Insbesondere zeigen die Autoren auf, dass beim Arbeiten mit Fehlerlösungen *alle Lernenden*, also nicht nur die mit höherem Vorwissen, *profitierten*. Kritisch anzumerken ist bei der Studie, dass es sich um softwaregestützte Lernumgebungen handelt, die eine verbale Interaktion nicht ermöglichen. Die Ergebnisse wurden in Deutschland von Heemsoth/Heinze [62] für die Überwindung von Grundvorstellungsumbrüchen in Bezug auf die Multiplikation und Division von Brüchen durch ein deutlich spezifischeres Interventionsdesign bestätigt. Die Autoren weisen insbesondere positive Effekte in Bezug auf den Aufbau von **negativem Wissen** nach.

Heemsoth/Heinze [61] zeigen auf, dass das Arbeiten mit *eigenen* Fehlerlösungen positive Effekte auf den Lernerfolg hat. In einer Interventionsstudie mit 174 Lernenden der 7. und 8. Jahrgangsstufe profitierten die Jugendlichen mehr von der Reflexion über ihre *eigenen* Fehler als Lernende, denen nur ein richtiges Lösungsbeispiel bei Fehlern angeboten wurde. Bemerkenswert ist, dass alle Lernenden unabhängig von ihrem Vorwissen höhere Lernzuwächse durch diese Vorgehensweise hatten.

Gewinnbringend im Hinblick auf langfristigen Lernerfolg ist darüber hinaus das **Gegenüberstellen** von richtigen und falschen Bearbeitungen. Durkin/Rittle-Johnson [24] berichten von einer Studie, in der die Lernenden sowohl beim inhaltlichen als auch beim technischen Arbeiten unabhängig vom Vorwissen hierdurch größere Lernfortschritte erzielen konnten.

22.10.3 Fehlerstrategien erkennen und überwinden

Den geschilderten Fehlerstrategien wie „**Komma-trennt**" kann durch folgende Maßnahmen begegnet werden:

- Offensives Thematisieren des Fehlers (auch wenn er nicht gemacht wird): „Was hat sich Max wohl gedacht, wenn er sagt: ,0,9 ist kleiner als 0,12'?" und „Was kann er sich vorstellen, um den Fehler nicht mehr zu machen?"
- Mitsprechen der Stellenwerte (6,19 sind 6 Einer und 1 Zehntel und 9 Hundertstel; 6,2 sind 6 Einer und 2 Zehntel.)

- Aktivierung von Grundvorstellungen durch (vorgestelltes oder reales) Darstellen der Anteile im Millimeterpapierquadrat, Decimat, mit Zehnersystemblöcken oder an der Zahlengeraden
- Bezug zwischen den dargestellten Zahlen der Aufgabe und dem Ergebnis auf nicht-symbolischer Darstellungsebene herstellen

22.11 Vernetzung: eine Herausforderung

Weder im privaten noch im beruflichen Alltag treten Dezimalbrüche isoliert als Zahlzeichen ohne Kontext und Bedeutung auf. Der Unterricht sollte dem Rechnung tragen, indem Vernetzungen zu Größenbereichen oder anderen Zahlschreibweisen (gemeine Brüche, Prozente) hergestellt werden. Beachtenswert ist, dass eine Interpretation der Dezimalbrüche in Größenbereichen oder Textaufgaben nicht automatisch eine Erleichterung oder eine bessere Einsicht in die mathematischen Zusammenhänge ermöglicht. Denn das Arbeiten mit Größen ist ein sehr anspruchsvoller Lerninhalt. Es sind sowohl zum Umrechnen von Größeneinheiten als auch zum Rechnen mit Größen zahlreiche Fehlerstrategien dokumentiert. Im Unterricht werden diese Inhalte in der Regel mit Sach- und Textaufgaben besprochen und wiederholt. Jedoch haben viele Lernende gerade in Bezug auf Sach- oder Textaufgaben negative Erfahrungen gemacht. Aufgaben in Alltagskontexten sind häufig unbeliebt und fehleranfällig und werden daher nicht zwangsläufig als Unterstützung oder als Lernhilfe akzeptiert. Hinzu kommt, dass zwischen Term und Sachsituation nur mit den passenden Grundvorstellungen übersetzt werden kann.

Das Modellieren von Zahlen und Rechenausdrücken in Größenbereichen ist daher eine wichtige und herausfordernde Aufgabe. Die Verknüpfung der Darstellungen und der Schreibweisen kann in diesem Sinne eine Wiederholung und Vertiefung der Konventionen und Zusammenhänge im Größenbereich sein. Gleichzeitig fördert die Vernetzung die Aktivierung von Grundvorstellungen zu den Dezimalbrüchen und deren Rechenoperationen.

Sie entscheiden …

In zahlreichen Fortbildungen wurde rückgemeldet, dass auch für Erwachsene ein **Verstehen** der Rechenoperationen und -strategien mit (Dezimal-)Brüchen eine positive Erfahrung darstellen kann. Ein prozessorientiertes Kommunizieren und Argumentieren über interessante Aufgaben auf der Grundlage tragfähiger Zahlvorstellungen kommt gleichzeitig den Anforderungen des Berufs- und Alltagslebens deutlich näher als ein Abarbeiten von „grauen Rechenpäckchen" mithilfe von unverstandenen Rechenrezepten oder Tricks.

Es liegt im Entscheidungsspielraum jeder Lehrperson, ob der Schwerpunkt im Unterricht auf das unverstandene Durchführen bzw. Nachmachen von Algorithmen *oder* auf den Aufbau von Grundvorstellungen und flexiblen Rechenstrategien gelegt wird. Ob der Fokus auf richtigen oder falschen Ergebnissen liegt *oder* auf der Diskussion tragfähiger Strategien, die richtige Ergebnisse begründet überprüfen können. Ob der Fokus allein auf exaktem Rechnen und Zahlbestimmen liegt *oder* dem ungenauen, alltagsrelevanten Arbeiten des Schätzens und Überschlagens mehr Raum gewidmet wird. Ob die Lernenden zu schnellen und sicheren Rechnern ausgebildet werden *oder* ob gelernt wird, in welchen Situationen welche Rechenoperation gefragt ist und wie die Zahlen einzuordnen bzw. zu bewerten sind. Ob Rechnen *oder* Mathematik unterrichtet wird.

Diagnostische Tests

- **Anschauliche Vorerfahrungen zum Bruchzahlbegriff und zu einfachen Rechenoperationen mit Brüchen in Modellierungskontexten**
  Der komplette Test (Version A und B) ist abgedruckt in Padberg ([123], S. 289–299).
  Sie finden ihn auch auf unserer Internetseite: www.bruchrechenunterricht.de
- **Anschauliche Vorerfahrungen zum Dezimalbruchbegriff und zu einfachen Rechenoperationen mit Dezimalbrüchen in Modellierungskontexten**
  Eine Auswahl von Testaufgaben befindet sich als Kopiervorlage in Padberg ([124], S. 44), der komplette Test (Version A und B) ist abgedruckt in Heckmann ([57], S. 641–654). Sie finden den kompletten Test auch auf unserer Internetseite: www.bruchrechenunterricht.de
- **Diagnostischer Test: Bruchzahlbegriff und Rechenoperationen mit gemeinen Brüchen**
  Der komplette Test (Version A und B) ist abgedruckt in Padberg ([121], S. 208–222).
  Sie finden den kompletten Test auch auf unserer Internetseite: www.bruchrechenunterricht.de
- **Diagnostischer Test: Dezimalbruchbegriff und Rechenoperationen mit Dezimalbrüchen**
  Der komplette Test (Version A und B, allerdings aus Platzgründen komprimierter als die Originalversion sowie in zum Teil etwas anderer Anordnung) ist abgedruckt in Padberg ([121], S. 223–234). Den kompletten Test in Originalversion finden Sie auf unserer Internetseite: www.bruchrechenunterricht.de

© Springer-Verlag GmbH Deutschland 2017
F. Padberg, S. Wartha, *Didaktik der Bruchrechnung*,
Mathematik Primarstufe und Sekundarstufe I + II, DOI 10.1007/978-3-662-52969-0

Zitierte Literatur

[1] S. Archer and C. Condon. Decimals: addressing students' misconceptions. In N. Scott, editor, *Mathematics across the ages*, pages 46–54. Mathematical Association of Victoria, Brunswick, Vic., 1999.

[2] P. Baireuther. Bruchrechnen mit Streifen. *Mathematische Unterrichtspraxis*, (4):25–34, 1991.

[3] J. Bana, B. Farrell, and A. McIntosh. Student error patterns in fraction and decimal concepts. In F. Biddulph and K. Carr, editors, *Mathematics Education Research Group of Australasia. People in mathematics education*, pages 81–87. 1997.

[4] A. Barash and R. Klein. Seventh grades students' algorithmic, intuitive and formal knowledge of multiplication and division of non negative rational numbers. In L. Puig and A. Gutiérrez, editors, *20th Conference of the International Group for the Psychology of Mathematics Education (PME 20). Proceedings*, volume 2, pages 35–42. 1996.

[5] A. J. Baroody and R. T. Coslick. *Fostering children's mathematical power: An investigative approach to K-8 mathematics instruction*. Lawrence Erlbaum Associates, London, 1998.

[6] A. Bell, B. Greer, L. Grimison, and C. Mangan. Children's Performance on Multiplicative Word Problems: Elements of a Descriptive Theory. *Journal for Research in Mathematics Education*, 20(5):434, 1989.

[7] A. Bell, M. Swan, and G. Tylor. Choice of operation in verbal problems with decimal numbers. *Educational Studies in Mathematics*, (1):399–420, 1981.

[8] H. Besuden. *Arbeitsmappe: Verwendung von Arbeitsmitteln für die anschauliche Bruchrechnung*. Wenner, Osnabrück, 1998.

[9] H. Besuden. Warum mit dem Kehrbruch malnehmen? *Mathematik in der Schule*, 37(1):6–9, 1999.

[10] C. Bonotto. How informal out-of-school mathematics can help students make sense of formal in-school-mathematics: The case of multiplying by decimal numbers. *Mathematical Thinking and Learning*, (4):313–344, 2005.

[11] R. Borasi and J. Michaelsen. a/b+c/d=a+c/b+d: discovering the difference between fractions and ratios. *Focus on Learning Problems in Mathematics*, pages 53–63, 1985.

[12] H. Brockmeyer. Die Darstellung von Stammbrüchen als Summe zweier Stammbrüche. *Mathematik in der Schule*, 35(3):140–142, 1997.

[13] G. Brousseau, N. Brousseau, and V. M. Warfield. *Teaching fractions through situations: A fundamental experiment*, volume 60 of *Mathematics education library*. Springer, Berlin [u.a.], 2013.

[14] L. J. Brueckner. Analysis of Difficulties in Decimals. *Elementary School Journal*, 29(1):32–41, 1928.

[15] L. J. Brueckner. Analysis of errors in fractions. *Elementary School Journal*, 28(10):760–770, 1928.

[16] T. Carpenter, M. Corbitt, H. Kepner, M. Montgomery Lindquist, and R. Reys. Decimals: Results and Implications from National Assessment. *Arithmetic teacher*, 28(8):34–37, 1981.

[17] T. P. Carpenter, A. Coburn, R. Reys, and J. Wilson. Notes from National Assessment: addition and multiplication with fractions. *Arithmetic teacher*, pages 137–142, 1976.

[18] H. A. Caughlin. Dividing fractions: What is the divisors's role? *Mathematics teaching in middle school*, 16(5):280–287, 2010.

[19] E. d. Corte and L. Verschaffel. An Empirical Test of the Impact of Primitive Intuitive Models of Operations on Solving Word Problems with a Multiplicative Structure. *Learning and Instruction*, 6(2):19–42, 1996.

[20] H. Coughlin. Dividing Fractions: What is the divisor's role? *Mathematics teaching in middle school*, 16(5):280–287, 2010.

[21] K. Daubert and H.-D. Gerster. Differenzierende Maßnahmen zur Vorbeugung und zur Behebung von Schülerfehlern beim Rechnen mit Brüchen. *Pädagogische Welt*, 37(12):758–763, 1983.

[22] L. Desmet, J. Grégoire, and C. Mussolin. Developmental changes in the comparison of decimal fractions. *Learning and Instruction*, 20(6):521–532, 2010.

[23] Z. Dienes. Some thoughts on the dynamics of learning mathematics. *The Montana Mathematics Enthusiast*, (Monograph 2):1–118, 2007.

[24] K. Durkin and B. Rittle-Johnson. The effectiveness of using incorrect examples to support learning about decimal magnitude. *Learning and Instruction*, 22(3):206–214, 2012.

[25] E. Fischbein, M. Deri, M. Sainati Nello, Sciolis Marino, and Maria. The role of implicit models in solving verbal problems in multiplication and division. *Journal for Research in Mathematics Education*, 16(1):3–17, 1985.

[26] L. Flade. Zur Entwicklung von Rechenfertigkeiten und zu einigen typischen Schülerfehlern. *Mathematik in der Schule*, (7-8):371–376, 1976.

[27] M. Franke and S. Ruwisch. *Didaktik des Sachrechnens in der Grundschule*. Mathematik Primarstufe und Sekundarstufe I + II. Spektrum, Akad. Verl., Heidelberg, 2 edition, 2010.

[28] H. Freudenthal. *Mathematik als pädagogische Aufgabe*. Klett, Stuttgart, 1973.

[29] M. Fromme. *Theoretische und empirische Analysen zum Stellenwertverständnis im Zahlenraum bis 100*. Fakultät III, Unveröffentliche Dissertation, PH Karlsruhe, 2016.

[30] M. Fromme, S. Wartha, and C. Benz. Grundvorstellungen zur Subtraktion. *Grundschulmagazin*, (4):35–40, 2011.

[31] L. Führer. Brüche – Lebensnähe – Bruchrechnung. In M. Neumann, editor, *Beiträge zum Mathematikunterricht 1999*, pages 185–188. Franzbecker, 1999.

[32] L. Führer. Verhältnisse. Plädoyer für eine Renaissance des Proportionsdenkens. *Mathematik lehren*, (123):46–51, 2004.

[33] K. C. Fuson, D. Wearne, and J. Hiebert. Children's conceptual structures for multidigit numbers and methods of multidigit addition and subtraction. *Journal of Research in Mathematics Education*, (2):130–162, 1997.

[34] M. Gaidoschik. *Einmaleins verstehen, vernetzen, merken: Strategien gegen Lernschwierig-keiten*. Klett and Kallmeyer, Seelze, 1 edition, 2014.

[35] H.-D. Gerster and U. Grevsmühl. Diagnose individueller Schülerfehler beim Rechnen mit Brüchen. *Pädagogische Welt*, 37(11):654–660, 1983.

[36] M. Glade. "Rechnen ist viel leichter und schneller als Kästchen zu zeichnen": Die Rechen-regel zum Anteil vom Anteil durch Fortschreitende Schematisierung erarbeiten. *Praxis der Mathematik in der Schule*, 55(52):20–25, 2013.

[37] M. Glade. *Individuelle Prozesse der fortschreitenden Schematisierung: Empirische Rekon-struktionen zum Anteil vom Anteil*. Springer Spektrum, Wiesbaden, 2016.

[38] M. Glade and A. Schink. Vom Anteile bestimmen zur Multiplikation von Brüchen: Ein Weg mit System: fortschreitende Schematisierung. *Mathematik lehren*, (164):43–47, 2011.

[39] A. Graeber and D. Tirosh. Insights fourth and fifth graders bring to multiplication and division with decimals. *Educational Studies in Mathematics*, (6):565–588, 1990.

[40] M. Grassmann. Immer wieder Brüche. *Mathematik in der Schule*, 33(5):267–278, 1995.

[41] B. Greer. Nonconservation of multiplication and division involving decimals. *Journal for Research in Mathematics Education*, (1):37–45, 1987.

[42] B. Greer. Multiplication and division as models of situations. In D. A. Grouws, editor, *Handbook of research on mathematics teaching and learning*, pages 276–295. Macmillan, New York, 1992.

[43] H. Griesel. 20 Jahre moderne Didaktik der Bruchrechnung. *Der Mathematikunterricht*, 27(4):5–15, 1981.

[44] H. Griesel. Der quasikardinale Aspekt in der Bruchrechnung. *Der Mathematikunterricht*, 27(4):87–95, 1981.

[45] C. Grosse and A. Renkl. Finding and fixing errors in worked examples: Can this foster learning outcomes? *Learning and Instruction*, 17(6):612–634, 2007.

[46] C. Grover. Unit fractions: An investigation. *Mathematics Teaching*, (148):22, 1994.

[47] K. Günther. Über das Verständnis der Schüler von Dezimalzahlen und auftretende Schüler-fehler. *Mathematische Unterrichtspraxis*, (1):25–40, 1987.

[48] G. Harel and J. Confrey, editors. *The Development of multiplicative reasonning in the learning of mathematics*. SUNY series, reform in mathematics education. State University of New York Press, Albany, 1994.

[49] K. Hart. The understanding of fractions in the secondary school. In E. Cohors-Fresenborg, editor, *Proceedings of the second International Conference for the Psychology of Mathema-tics Education*, Osnabrücker Schriften zur Mathematik, pages 177–183. Osnabrück, 1978.

[50] K. Hart. What are equivalent fractions? *Mathematics in School*, 16(4):5–7, 1987.

[51] K. H. Hart. Fractions. *Mathematics in School*, 10(2):13–15, 1981.

[52] K. M. Hart, editor. *Children's understanding of mathematics: 11-16*. London, 1981.

[53] K. Hasemann. Individuelles Verstehen und Vorgehen bei Aufgaben zur Addition von Bruch-zahlen. *Mathematische Unterrichtspraxis*, (2):33–44, 1989.

[54] K. Hasemann. Verständnis und Rechenfertigkeit: Ist die Bruchrechnung angesichts von Com-puteralgebrasystemen noch zeitgemäß? *Mathematik in der Schule*, 35(1):7–18, 1997.

[55] K. Heckmann. Von Euro und Cent zu Stellenwerten: Zur Entwicklung des Stellenwertver-ständnisses. *Mathematica Didactica*, 28(2):71–87, 2005.

[56] K. Heckmann. Zehntel, Hundertstel und andere Unbekannte – zum Stellenwertverständnis von Sechstklässlern. In I. Schwank, editor, *Beiträge zum Mathematikunterricht 2006*, pages 243–246. Franzbecker, Hildesheim, 2006.

[57] K. Heckmann. *Zum Dezimalbruchverständnis von Schülerinnen und Schülern: Theoretische Analyse und empirische Befunde*. Logos-Verl., Berlin, 2006.

[58] K. Heckmann. Von Zehnern zu Zehnteln. Das Stellenwertverständnis auf Dezimalbrüche erweitern. *Mathematik lehren*, (142):45–51, 2007.

[59] K. Heckmann. Ausbildung von Dezimalbruchverständnis über Sachprobleme? Eine differenzierte Analyse. *Der Mathematikunterricht*, (3):55–62, 2011.

[60] K. Heckmann. Was ist eigentlich 0,5? (Fehlende) Anschaulichkeit und ihre Bedeutung für die Dezimalbruchrechnung. In J. Meyer and F. Leydecker, editors, *Bruchrechnung verstehen*. Schroedel, Braunschweig, 2013.

[61] T. Heemsoth and A. Heinze. How should students reflect upon their own errors with respect to fraction problems. In P. Liljedahl, C. Nicol, S. Oesterle, and D. Allan, editors, *Proceedings of the 38th conference of the International Group for the Psychology of Mathematics Education*, pages 265–272. PME, Vancouver, Canada, 2014.

[62] T. Heemsoth and A. Heinze. The impact of incorrect examples on learning fractions: A field experiment with 6th grade students. *Instructional Science*, 42(4):639–657, 2014.

[63] L. Hefendehl-Hebeker. Brüche haben viele Gesichter. *Mathematik lehren*, (78):20–22, 47–48, 1996.

[64] L. Hefendehl-Hebeker. Nummern für die Brüche – was gedankliche Ordnung vermag. *Mathematik lehren*, (86):20–22, 1998.

[65] L. Hefendehl-Hebeker and Hussmann St., editors. *Mathematikdidaktik zwischen Fachorientierung und Empirie*. Franzbecker, Hildesheim, 2003.

[66] L. Hefendehl-Hebeker and S. Prediger. Unzählig viele Zahlen: Zahlbereiche erweitern - Zahlvorstellungen wandeln. *Praxis der Mathematik in der Schule*, 48(11):1–7, 2006.

[67] P. M. Heller, T. R. Post, M. Behr, and R. Lesh. Qualitative and numerical reasoning about fractions and rates by seventh- and eighth-grade students. *Journal for Research in Mathematics Education*, 21(5):388–402, 1990.

[68] S. Helme and K. Stacey. Can minimal support for teachers make a difference to students' understanding of decimals? *Mathematics teacher education and development*, (2):105–120, 2000.

[69] M. Hennecke. Fehlerdiagnostische Auswertung empirischer Studien in der Bruchrechnung. In I. Lehmann, editor, *Beiträge zum Mathematikunterricht 2007*, pages 195–198. Franzbecker, Hildesheim, 2007.

[70] J. Hiebert. Children's Knowledge of Common and Decimal Fractions. *Education and Urban Society*, 17(4):427–437, 1985.

[71] T. P. Hogan and Brezinski, Kristen, L. Quantitative Estimation: One, Two, or Three Abilities? *Mathematical Thinking and Learning*, 5(4):259–280, 2003.

[72] A. C. Howard. Addition of Fractions – the Unrecognized Problem. *The Mathematics Teacher*, 84(9):710–713, 1991.

[73] P. Howard, B. Perry, and M. Lindsay. Mathematics and Manipulatives: Views from the Secondary Schools. *Annual Meeting of the Educational Research Association, Singapore*, pages 2–11, 1996.

[74] T.-H. Huang, Y.-C. Liu, and C.-Y. Shiu. Construction of an online learning system for decimal numbers through the use of cognitive conflict strategy. *Computers & Education*, 50(1):61–76, 2008.

[75] H. Humenberger. Nachbarbrüche, Medianten und Farey-Reihen – entdeckender und verständiger Umgang mit Brüchen. In G. Graumann, editor, *Beiträge zum Mathematikunterricht 2005: Vorträge auf der 39. Tagung für Didaktik der Mathematik*, pages 259–262. Franzbecker, Hildesheim, 2005.

[76] S. Hußmann and S. Prediger. Mit Unterschieden rechnen: Differenzieren und Individualisieren. *Praxis der Mathematik in der Schule*, 49(17):1–8, 2007.

[77] K. C. Irwin. Students' images of decimal fractions. In L. Meira and D. Carraher, editors, *19. Annual Conference of the International Group for the Psychologie of Mathematics Education*, volume 3, pages 50–57. 1995.

[78] K. C. Irwin. Using everyday knowledge of decimals to enhance understanding. *Journal for Research in Mathematics Education*, (4):399–420, 2001.

[79] S. Isotani, D. Adams, R. E. Mayer, K. Durkin, B. Rittle-Johnson, and B. M. McLaren. Can Erroneous Examples Help Middle-School Students Learn Decimals? In R. M. Crespo García, D. Gillet, C. D. Kloos, F. Wild, and M. Wolpers, editors, *Towards ubiquitous learning: 6th European Conference on Technology Enhanced Learning, EC-TEL 2011, Palermo, Italy, September 20–23, 2011 ; proceedings*, volume 6964 of *Lecture notes in computer science*, pages 181–195. Springer, Berlin [u.a.], 2011.

[80] T. Jahnke. Bruchrechnen – ein Dauerthema? *Mathematik lehren*, (73):4–5, 1995.

[81] P. N. Johnson-Laird. *Mental models*. University Press, Cambridge, 1983.

[82] H. Klapp. 1,2,3,4, Pech! *Mathematik 5 bis 10*, 25(4):16–17, 2013.

[83] A. S. Klein, M. Beishuizen, and A. Treffers. The empty number line in Dutch second grades: realistic versus gradual program design. *Journal for Research in Mathematics Education*, 29:443–464, 1998.

[84] M. Klika. "0,5 m sind doch 5 cm, oder?" – Untersuchungen zum Verständnis der Dezimalschreibweise bei Größen. *Mathematica Didactica*, 20(1):25–46, 1997.

[85] H. Köhler. Situationen beim Bruchrechnen im 6. Schuljahr Gymnasium. *Mathematik lehren*, (64):47–50, 1994.

[86] Konferenz der Kultusminister der Länder in der Bundesrepublik Deutschland. Bildungsstandards im Fach Mathematik für den Mittleren Schulabschluss, 2004.

[87] Konferenz der Kultusminister der Länder in der Bundesrepublik Deutschland. Standards für die Lehrerbildung: Bildungswissenschaften, 2004.

[88] G. Krauthausen and P. Scherer. *Einführung in die Mathematikdidaktik*. Springer Spektrum, Berlin [u a.], 3 edition, 2014.

[89] H. Kütting and M. J. Sauer. *Elementare Stochastik: Mathematische Grundlagen und didaktische Konzepte*. Spektrum Akademischer Verlag, Heidelberg, 3 edition, 2011.

[90] M. Lai and S. Murray. Hong Kong grade 6 students' performance and mathematical reasoning in decimals tasks: procedurally based or conceptually based? *International Journal of Science and Mathematics Education*, 13(1):123–149, 2015.

[91] F. G. Lankford. *Some Computational Strategies of Seventh Grade Pupils: Final Report*. U.S. Department of Health, Education, and Welfare, Office of Education, National Center for Educational Research and Development, Charlottesville, Virginia, 1972.

[92]   F. Léonard and C. Grisvard. Sur deux règles implicites utilisées dans la comparaison de nombres décimaux positifs. *Bull. Assoc. Prof. Math.*, pages 47–60, 1981.

[93]   Y. Li. What Do Students Need to Learn about Division of Fractions? *Mathematics teaching in middle school*, 13(9):546–552, 2008.

[94]   R.-D. Liu, Y. Ding, M. Zong, and D. Zhang. Concept Development of Decimals in Chinese Elementary Students: A Conceptual Change Approach. *School Science and Mathematics*, 114(7):326–338, 2014.

[95]   F. Lopez-Real. Between two fractions. *The Australian Mathematics Teacher*, 53(3):37–40, 1997.

[96]   G. A. Lörcher. Diagnose von Schülerschwierigkeiten beim Bruchrechnen. *Pädagogische Welt*, (3):172–180, 1982.

[97]   J. H. Lorenz. Grundlagen der Förderung und Therapie: Wege und Irrwege. In M. v. Aster and J. H. Lorenz, editors, *Rechenstörungen bei Kindern: Neurowissenschaft, Psychologie, Pädagogik*, pages 165–177. Vandenhoeck & Ruprecht, Göttingen, 2005.

[98]   J. H. Lorenz. Überschlagen, schätzen, runden – drei Begriffe, eine Tätigkeit? *Grundschule Mathematik*, (4):44–45, 2005.

[99]   J. H. Lorenz. Die Macht der Materialien (?) – Anschauung und Zahlrepräsentation. In A. S. Steinweg, editor, *Medien und Materialien: Tagungsband der AK Grundschule in der GDM 2011*, volume 1 of *Mathematikdidaktik Grundschule*, pages 39–54. Univ. of Bamberg Press, Bamberg, 2011.

[100] N. K. Mack. Learning Fractions with Understanding: Building on Informal Knowledge. *Journal for Research in Mathematics Education*, 21(1):16–32, 1990.

[101] N. K. Mack. Learning rational numbers with understanding: the case of informal knowledge. In T. P. Carpenter, E. Fennema, and T. A. Romberg, editors, *Rational Numbers*, pages 85–105. Lawrence Erlbaum Associates, Hillsdale, 1993.

[102] J. C. Mähr and F. Padberg. Strategien beim Rechnen mit konkreten Dezimalbrüchen – vor der Behandlung der Bruchrechnung. *Der mathematische und naturwissenschaftliche Unterricht*, 59(3):176–186, 2006.

[103] G. Malle. Grundvorstellungen zu Bruchzahlen. *Mathematik lehren*, (123):4–8, 2004.

[104] G. Malle and S. Huber. Schülervorstellungen zu Bruchzahlen und deren Rechenoperationen. *Mathematik lehren*, (123):20–22, 2004.

[105] Z. Markovits and J. Sowder. Students' understanding of the relationsship between fractions and decimals. *Focus on Learning Problems in Mathematics*, (1):3–11, 1991.

[106] M. Marxer and G. Wittmann. Förderung des Zahlenblicks – Mit Brüchen rechnen, um ihre Eigenschaften zu verstehen. *Der Mathematikunterricht*, 57(3):26–36, 2011.

[107] M. Marxer and G. Wittmann. Auch Dezimalbrüche sind Brüche: Mit Dezimalbrüchen flexibel rechnen, um ihre Eigenschaften zu verstehen. *Praxis der Mathematik in der Schule*, 55(52):30–34, 2013.

[108] J. A. Middleton, M. van den Heuvel-Panhuizen, and J. A. Shew. Using Bar Representations as a Model for Connecting Concepts of Rational Number. *Mathematics Teaching in the Middle School*, 3(4):302–312, 1998.

[109] Ministerium für Kultus, Jugend und Sport Baden-Württemberg. Bildungsplan 2004: Allgemein bildendes Gymnasium, 2004.

[110] C. Mosandl and L. Sprenger. Von den natürlichen Zahlen zu den Dezimalzahlen – nicht immer ein einfacher Weg! *Praxis der Mathematik in der Schule*, (56):16–21, 2014.

[111] P. Nesher and I. Peled. Shifts in reasoning. The case of extending number concepts. *Educational Studies in Mathematics*, 17:67–79, 1986.

[112] R. Neumann. *Probleme von Gesamtschülern bei ausgewählten Teilaspekten des Bruchzahlbegriffes: Eine empirische Untersuchung*. Jacobs, Lage, 1997.

[113] New Zealand Ministry of Education. *Teaching fractions, decimals and percentages: Book 7 National Professional Development Projects*. Ministry of Education, Wellington, 2004.

[114] M. Okazaki and M. Koyama. Characteristics of 5th Graders' Logical Development Through Learning Division with Decimals. *Educational Studies in Mathematics*, 60(2):217–251, 2005.

[115] F. Oser, T. Hascher, and M. Spychiger. Lernen aus Fehlern. Zur Psychologie des negativen Wissens. In W. Althof and F. Oser, editors, *Fehlerwelten: Vom Fehlermachen und Lernen aus Fehlern: Beiträge und Nachträge zu einem Interdisziplinären Symposium aus Anlaß des 60. Geburtstags von Fritz Oser*, pages 11–41. Leske + Budrich, Opladen, 1999.

[116] F. Padberg. *Didaktik der Bruchrechnung*. Herder, Freiburg, 1978.

[117] F. Padberg. Über typische Schülerschwierigkeiten in der Bruchrechnung - Bestandsaufnahme und Konsequenzen. *Der Mathematikunterricht*, (3):58–77, 1986.

[118] F. Padberg. Dezimalbrüche – problemlos und leicht? *Der mathematische und naturwissenschaftliche Unterricht*, (7):387–395, 1989.

[119] F. Padberg. Problembereiche bei der Behandlung von Dezimalbrüchen – eine empirische Untersuchung an Gymnasialschülern. *Der Mathematikunterricht*, (2):39–69, 1991.

[120] F. Padberg. Über Probleme von Gymnasialschülern mit dem Dezimalbruchbegriff. Eine empirische Untersuchung. *Mathematica Didactica*, (1):48–61, 1992.

[121] F. Padberg. *Didaktik der Bruchrechnung: Gemeine Brüche - Dezimalbrüche*. Spektrum, Akad. Verl., Heidelberg and Berlin and Oxford, 2 edition, 1995.

[122] F. Padberg. Anschauliche Vorerfahrungen zum Bruchzalbegriff zu Beginn der Klasse 6. *Praxis der Mathematik in der Schule*, pages 112–117, 2002.

[123] F. Padberg. *Didaktik der Bruchrechnung: gemeine Brüche, Dezimalbrüche*. Spektrum Akademischer Verlag, Heidelberg, 3 edition, 2002.

[124] F. Padberg. Die Einführung der Dezimalbrüche – ein Selbstläufer? *Mathematik lehren*, (123):41–45, 2004.

[125] F. Padberg. *Elementare Zahlentheorie*. Spektrum, Akad. Verl., Heidelberg, 3 edition, 2008.

[126] F. Padberg. *Didaktik der Bruchrechnung*. Spektrum, Heidelberg, 4 edition, 2009.

[127] F. Padberg and C. Benz. *Didaktik der Arithmetik*. Spektrum, Akad. Verl., Heidelberg, 4 edition, 2011.

[128] F. Padberg and T. Bienert. Zur Entwicklung des Bruchzahlverständnisses und der Rechenoperationen mit gemeinen Brüchen innerhalb eines Schuljahres. *Der Mathematikunterricht*, 46(2):24–37, 2000.

[129] F. Padberg and A. Büchter. *Vertiefung Mathematik Primarstufe – Arithmetik/Zahlentheorie*. Springer Spektrum, Heidelberg, 2015.

[130] F. Padberg, R. Danckwerts, and M. Stein. *Zahlbereiche*. Spektrum Akademischer Verlag, Heidelberg [etc.], 1995.

[131] F. Padberg, R. Danckwerts, and M. Stein. *Zahlbereiche: Eine elementare Einführung*. Spektrum Akademischer Verlag, Heidelberg, 1. nachdr edition, 2001.

[132] F. Padberg and H. Krueger. Ordnen von Brüchen – Lösungsstrategien und typische Fehler. *Mathematische Unterrichtspraxis*, 18(2):35–41, 1997.

[133] F. Padberg, R. Neumann, and N. Sewing. Typische Schülerfehler bei Dezimalbrüchen. *Mathematische Unterrichtspraxis*, (4):31–42, 1990.

[134] D. M. Peck and S. M. Jencks. Conceptual Issues in the Teaching and Learning of Fractions. *Journal for Research in Mathematics Education*, 12(5):339–348, 1981.

[135] A. Peter-Koop and M. Nührenbörger. Größen und Messen. In G. Walter, editor, *Handbuch zur Implementation der Bildungsstandards Mathematk – Grundschule*. Cornelsen Scriptor, Berlin, 2008.

[136] G. Pippig. Rechenschwächen und ihre Überwindung in psychologischer Sicht. *Mathematik in der Schule*, pages 623–628, 1975.

[137] A. Pitkethly and R. Hunting. A review of recent research in the area of initial fraction concepts. *Educational Studies in Mathematics*, 30(1):5–38, 1996.

[138] G. Posner, K. Strike, P. Hewson, and W. Gertzog. Accomodation of a scientific conception: Toward a theory of conceptual change. *Science Education*, 66(2):211–227, 1982.

[139] T. R. Post. Fractions: Results and Implications from National Assessment. *Arithmetic teacher*, 28(9):26–31, 1981.

[140] T. R. Post, M. J. Behr, and R. Lesh. Research-based observations about children's learning of rational number concepts. *Focus on Learning Problems in Mathematics*, 8(1):39–48, 1986.

[141] S. Prediger. Brüche bei den Brüchen – Bildungschancen nutzen durch Auseinandersetzung mit epistemologischen Denkhürden. In H.-W. Henn, editor, *Beiträge zum Mathematikunterricht 2003*, pages 509–512. Franzbecker, Hildesheim, 2003.

[142] S. Prediger. Brüche bei den Brüchen – angreifen oder umschiffen? *Mathematik lehren*, (123):10–13, 2004.

[143] S. Prediger. Vorstellungen zum Operieren mit Brüchen entwickeln und erheben. Vorschläge für vorstellungsorientierte Zugänge und diagnostische Aufgaben. *Praxis der Mathematik in der Schule*, (11):8–12, 2006.

[144] S. Prediger. The relevance of didactic categories for analysing obstacles in conceptual change: Revisiting the case of multiplication of fractions. *Learning and Instruction*, 18(1):3–17, 2008.

[145] S. Prediger. Vorstellungsentwicklungsprozesse initiieren und untersuchen: Einblicke in einen Forschungsansatz am Beispiel Vergleich und Gleichwertigkeit von Brüchen in der Streifentafel. *Der Mathematikunterricht*, 57(3):5–14, 2011.

[146] S. Prediger. Why Johnny Can't Apply Multiplication? Revisiting the Choice of Operations with Fractions. *International Electronic Journal of Mathematics Education*, 6(2):65–88, 2011.

[147] S. Prediger, M. Glade, and U. Schmidt. Wozu rechnen wir mit Anteilen? *Praxis der Mathematik in der Schule*, 52(37), 2011.

[148] S. Prediger, N. Krägeloh, and L. Wessel. Wieso 3/4 von 20, und wo ist der Kreis? Brüche für Teile von Mengen handlungsorientiert und operativ erarbeiten. *Praxis der Mathematik in der Schule*, 55(52):9–14, 2013.

[149] S. Prediger and A. Schink. Verstehens- und strukturorientiertes Üben am Beispiel des Brüche-spiels ‚Fang das Bild'. In H. Allmendinger, K. Lengnink, A. Vohns, and G. Wickel, editors, *Mathematik verständlich unterrichten*, pages 11–26. Springer Fachmedien Wiesbaden, Wiesbaden, 2013.

[150] S. Prediger and G. Wittmann. Aus Fehlern lernen – (wie) ist das möglich? *Praxis der Mathematik in der Schule*, 51(27):1–8, 2009.

[151] E. Rathgeb-Schnierer. *Kinder auf dem Weg zum flexiblen Rechnen: Eine Untersuchung zur Entwicklung von Rechenwegen bei Grundschulkindern auf der Grundlage offener Lernangebote und eigenständiger Lösungsansätze*. Franzbecker, Hildesheim, 2006.

[152] L. B. Resnick, P. Nesher, F. Leonard, M. Magone, S. Omanson, and I. Peled. Conceptual Bases of Arithmetic Errors: The Case of Decimal Fractions. *Journal for Research in Mathematics Education*, 20(1):8–27, 1989.

[153] A. Roche. Longer is larger – or is it? *Australian Primary Mathematics Classroom*, 10(3):11–16, 2005.

[154] A. Roche. Decimats: helping students to make sense of decimal place value. *Australian Primary Mathematics Classroom*, 15(2):4–10, 2010.

[155] G. Ruddock and Mason, K. & Foxman, D. Assessing Mathematics: 2. Concepts and Skills: Decimal place value. *Mathematics in School*, 13(1):24–28, 1984.

[156] Sächsisches Staatsministerium für Kultus. Lehrplan Mittelschule Mathematik 2004/2009, 2004.

[157] C. Sackur-Grisvard and F. Leonard. Indermediate cognitive organization in the process of learning a mathematical concept: the order of positive decimal numbers. *Cognition and Instruction*, 2(2):157–174, 1985.

[158] G. B. Saxe, R. Diakow, and M. Gearhart. Towards curricular coherence in integers and fractions: a study of the efficacy of a lesson sequence that uses the number line as the principal representational context. *ZDM*, 45(3):343–364, 2013.

[159] J. F. Schaffrath. Gedanken zur Psychologie der Rechenfehler. *Der Mathematikunterricht*, (3):5–26, 1957.

[160] C. Scherres. Warum habt ihr ausgerechnet in 7/7 umgewandelt? Strategiekonferenzen über Vorgehensweisen zur Addition und Subtraktion mit Brüchen und Dezimalzahlen. *Praxis der Mathematik in der Schule*, (27):15–21, 2009.

[161] A. Schink. *Flexibler Umgang mit Brüchen: Empirische Erhebung individueller Strukturierungen zu Teil, Anteil und Ganzem*, volume v. 9 of *Dortmunder Beiträge zur Entwicklung und Erforschung des Mathematikunterrichts*. Springer, Wiesbaden, 2013.

[162] A. Schink and M. Meyer. Teile vom Ganzen – Brüche beziehungsreich verstehen. *Praxis der Mathematik in der Schule*, 55(52):2–8, 2013.

[163] W. Schipper. *Handbuch für den Mathematikunterricht an Grundschulen*. Schroedel, Braunschweig, 2009.

[164] W. Schipper, S. Wartha, and N. Schroeders. *BIRTE 2 – Bielefelder Rechentest für das 2. Schuljahr: Bielefelder Rechentest für das 2. Schuljahr/Handbuch mit CD-ROM: Bielefelder Rechentest für das 2. Schuljahr/Handbuch mit CD-ROM*. BIRTE 2. Schroedel, Braunschweig, 2011.

[165] W. Schnotz and M. Bannert. Einflüsse der Visualisierungsform auf die Konstruktion mentaler Modelle beim Text- und Bildverstehen. *Zeitschrift für experimentelle Psychologie*, 46(3):217–236, 1999.

[166] A. Schulz. Fachdidaktische Kompetenzen von Grundschullehrerinnen. In R. Haug and L. Holzäpfel, editors, *Beiträge zum Mathematikunterricht 2011: Vorträge auf der 45. Tagung für Didaktik der Mathematik*, pages 787–790. WTM, Münster, 2011.

[167] C. Selter. Building on Children's Mathematics – a Teaching Experiment in Grade Three. *Educational Studies in Mathematics*, 36(1):1–27, 1998.

[168] J. Sharp. A constructed algorithm for the divison of fractions. In L. J. Morrow and M. J. Kenney, editors, *The teaching and learning of algorithms in school mathematics: Yearbook 1998*, pages 198–203. National Council of Teachers of Mathematics, Reston, VA (USA), 1998.

[169] M. M. Shaughnessy. Identify fractions and decimals on a number line. *Teaching children mathematics*, 17(7):428–434, 2011.

[170] J. Sjuts. Hausaufgaben in Mathematik. Weg vom sturen Üben. *Der Mathematikunterricht*, 35(3):30–47, 1989.

[171] J. P. Smith. Competent Reasoning with Rational Numbers. *Cognition and Instruction*, (1):3–50, 1995.

[172] K. Stacey, S. Helme, S. Archer, and C. Condon. The effect of epistemic fidelity and accessibility on teaching with physical materials: a comparison of two models for teaching decimal numeration. *Educational Studies in Mathematics*, (2):199–221, 2001.

[173] K. Stacey and V. Steinle. Refining the Classification of Students' Interpretations of Decimal Notation. *Hiroshima Journal of Mathematics Education*, 6:49–69, 1998.

[174] V. Steinle and K. Stacey. Students and decimal notation: Do they see what we see? In J. Gough, editor, *Mathematics: Exploring all angles*, volume 35 of *Annual conference / Mathematical Association of Victoria*, pages 415–522. Brunswick, 1998.

[175] V. Steinle and K. Stacey. The incidence of misconceptions of decimal notation amongst students in Grades 5 to 10. In C. Kanes, M. Goos, and E. Warren, editors, *Teaching mathematics in new times. Proceedings*, volume 2. 1998.

[176] L. Streefland. Pizzas – Anregungen, ja schon für die Grundschule. *Mathematik lehren*, (16):8–11, 1986.

[177] L. Streefland. Über die IN-Verführer in der Bruchrechnung und Maßnahmen zu ihrer Bekämpfung. *Der Mathematikunterricht*, 32(3):45–52, 1986.

[178] L. Streefland. *Fractions in realistic mathematics education: A paradigm of developmental research*, volume 8. Kluwer, Dordrecht u.a., 1991.

[179] L. Streefland. Fractions: A realistic Approach. In T. P. Carpenter, E. Fennema, and T. A. Romberg, editors, *Rational Numbers*, pages 289–325. Lawrence Erlbaum Associates, Hillsdale, 1993.

[180] C. Streit and B. Barzel. Die Mischung macht's. Verhältnisse und Brüche – ein ambivalentes Verhältnis? *Mathematik lehren*, 30(179):9–11, 2013.

[181] M. Swan. Dealing with misconceptions in mathematics. In P. Gates, editor, *Issues in mathematics teaching*. Routledge-Falmer, New York, 2001.

[182] M. Swan. The meaning and use of decimals. Calculator based diagnostic tests and teaching materials. Pilot version. o.J.

[183] P. Swan. *Calculators in classrooms: Using them sensibly*. A-Z Type, [Bunbury, W.A.], 2007.

[184] J. Tessars. Ganzheitliches Lernen bei der Einführung des Bruchbegriffes (Klasse 5/6). *Der Mathematikunterricht*, (6):4–15, 2011.

[185] K. Thiemann. Problematische Schülervorstellungen bei der Multiplikation und Division von Dezimalbrüchen. *Praxis der Mathematik in der Schule*, 46(1):1–5, 2004.

[186] D. Tirosh. Is it possible to enhance prospective teachers' knowledge of children's conceptions? The case of division of fractions. In G. A. Makrides, editor, *Mathematics – education and applications. MC-MEA '97*, pages 61–78. 1997.

[187] D. Tirosh and A. Graeber. Preservice elementary teachers' explicit beliefs about multiplication and division. *Educational Studies in Mathematics*, (1):79–96, 1989.

[188] Z. Tunç-Pekkan. An analysis of elementary school children's fractional knowledge depicted with circle, rectangle, and number line representations. *Educational Studies in Mathematics*, 89(3):419–441, 2015.

[189] X. Vamvakoussi, W. van Dooren, and L. Verschaffel. Brief Report. Educated adults are still affected by intuitions about the effect of arithmetical operations: Evidence from a reaction-time study. *Educational Studies in Mathematics*, 82(2):323–330, 2013.

[190] X. Vamvakoussi and S. Vosniadou. Understanding the structure of the set of rational numbers: a conceptual change approach. *Learning and Instruction*, 14(5):453–467, 2004.

[191] X. Vamvakoussi and S. Vosniadou. How Many Decimals Are There Between Two Fractions? Aspects of Secondary School Students' Understanding of Rational Numbers and Their Notation. *Cognition and Instruction*, 28(2):181–209, 2010.

[192] J. van Hoof, T. Lijnen, L. Verschaffel, and W. van Dooren. Are secondary school students still hampered by the natural number bias? A reaction time study on fraction comparison tasks. *Research in Mathematics Education*, 15(2):154–164, 2013.

[193] M. Vogel and G. Wittmann. Mit Darstellungen arbeiten – tragfähige Vorstellungen entwickeln. *Praxis der Mathematik in der Schule*, 52(52):1–8, 2010.

[194] A. Vohns. Fundamentale Ideen und Grundvorstellungen: Versuch einer konstruktiven Zusammenführung am Beispiel der Addition von Brüchen. *Journal für Mathematik-Didaktik*, 26(1):52–79, 2005.

[195] R. Vom Hofe. *Grundvorstellungen mathematischer Inhalte*. Texte zur Didaktik der Mathematik. Spektrum, Akad. Verl., Heidelberg and Berlin and Oxford, 1995.

[196] R. Vom Hofe and S. Wartha. Grundvorstellungsumbrüche als Erklärungsmodell für die Fehleranfälligkeit in der Zahlbegriffsentwicklung. In A. Heinze, editor, *Beiträge zum Mathematikunterricht: Vorträge auf der 38. Tagung für Didaktik der Mathematik vom 1. bis 5. März in Augsburg*, pages 593–596. Franzbecker, Hildesheim, 2004.

[197] M. A. Warrington. How Children Think about Division with Fractions. *Mathematics Teaching in the Middle School*, (6):390–394, 1997.

[198] S. Wartha. Kompetenzen im Bruchrechnen – die Rolle von Grundvorstellungen. In I. Lehmann, editor, *Beiträge zum Mathematikunterricht 2007*, pages 187–190. Franzbecker, Hildesheim, 2007.

[199] S. Wartha. *Längsschnittliche Untersuchungen zur Entwicklung des Bruchzahlbegriffs*, volume 54 of *Texte zur mathematischen Forschung und Lehre*. Franzbecker, Hildesheim and Berlin, 2007.

[200] S. Wartha. Verständnis entwickeln: Diagnose von Grund- und Fehlvorstellungen bei Bruchzahlen. *Mathematik lehren*, (142):24–26, 43–44, 2007.

[201] S. Wartha. Rechenstörungen in der Sekundarstufe: Die Bedeutung des Übergangs von der Grundschule zur weiterführenden Schule. In A. Heinze, editor, *Mathematiklernen vom Kindergarten bis zum Studium: Kontinuität und Kohärenz als Herausforderung für den Mathematikunterricht*, pages 157–180. Waxmann, Münster, 2009.

[202] S. Wartha. Zur Entwicklung des Bruchzahlbegriffs – didaktische Analysen und längsschnittliche Befunde. *Journal für Mathematikdidaktik*, 29(1):55–79, 2009.

[203] S. Wartha. Aufbau von Grundvorstellungen zu Bruchzahlen. *Der Mathematikunterricht*, (3):15–25, 2011.

[204] S. Wartha. Handeln und Verstehen. Förderbaustein Grundvorstellungen aufbauen. *Mathematik lehren*, (166):8–14, 2011.

[205] S. Wartha and M. Güse. Zum Zusammenhang zwischen Grundvorstellungen zu Bruchzahlen und arithmetischem Grundwissen. *Journal für Mathematikdidaktik*, 29(3,4):256–280, 2009.

[206] S. Wartha and A. Schulz. *Rechenproblemen vorbeugen: Grundvorstellungen aufbauen: Zahlen und Rechnen bis 100*. Cornelsen, Berlin, 1 edition, 2012.

[207] S. Wartha and G. Wittmann. Ursachen für Lernschwierigkeiten im Bereich des Bruchzahlbegriffs und der Bruchrechnung. In A. Fritz, editor, *Fördernder Mathematikunterricht in der Sekundarstufe I: Rechenschwierigkeiten erkennen und überwinden*, Pädagogik, pages 73–108. Beltz, Weinheim, 2009.

[208] J. M. Watson, K. F. Collis, and K. F. Campbell. Development Structure in the Understanding of Common and Decimal Fractions. *Focus on Learning Problems in Mathematics*, (1):1–24, 1995.

[209] D. Wearne and J. Hiebert. Über typische Schülerfehler im Bereich der Dezimalbrüche. *Der Mathematikunterricht*, (3):78–88, 1986.

[210] D. Wearne and J. Hiebert. Constructing and Using Meaning for Mathematical Symbols: The Case of Decimal Fractions. In J. Hiebert, editor, *Number concepts and operations in the middle grades*. Erlbaum, Hillsdale, N.J., 1988.

[211] M. Wellenreuther and F. Zech. Kenntnisstand und Verständnis in der Dezimalbruchrechnung am Ende des 6. Schuljahres. *Mathematica Didactica*, (3/4):3–30, 1990.

[212] L. Wessel. *Fach- und sprachintegrierte Förderung durch Darstellungsvernetzung und Scaffolding: Ein Entwicklungsforschungsprojekt zum Anteilbegriff*. Springer Spektrum, Wiesbaden, 2015.

[213] H. Winter. Strukturorientierte Bruchrechnung. In H. Winter and E. Wittmann, editors, *Beiträge zur Mathematikdidaktik: Festschrift für Wilhelm Oehl*, pages 131–165. Hermann Schroedel, Hannover, 1976.

[214] H. Winter. Bruchrechnen am Streifenmuster: Ein Beispiel zum medienorientierten Leben. *Mathematik lehren*, (2):24–28, 1984.

[215] H. Winter. Ganze und zugleich gebrochene Zahlen. *Mathematik lehren*, (123):14–18, 2004.

[216] H. Winter. Mehr Sinnstiftung, mehr Einsicht, mehr Leistungsfähigkeit im Mathematikunterricht, dargestellt am Beispiel der Bruchrechnung. www.matha.rwth-aachen.de/de/lehre/ss09/sfd/Bruchrechnen.pdf, (10.07.2016), Download.

[217] H. Winter and E. Wittmann, editors. *Beiträge zur Mathematikdidaktik: Festschrift für Wilhelm Oehl*. Hermann Schroedel, Hannover, 1976.

[218] K. Winter and G. Wittmann. Wo liegt der Fehler? *Praxis der Mathematik in der Schule*, 51(27):15–21, 2009.

[219] T. F. Witherspoon. Using Constructed Knowledge to Multiply Fractions: Observe fourth graders' thinking in action as they connect the multiplication of wohle numbers to arrays. *Teaching children mathematics*, 20(7):445–451, 2014.

[220] E. Wittmann and G. N. Müller. *Handbuch produktiver Rechenübungen Bd. 2*. Klett, Stuttgart, 1996.

[221] E. C. Wittmann and G. N. Müller. *Handbuch produktiver Rechenübungen Bd. 1*. Klett Schulbuchverlag, Stuttgart, 1995.

[222] G. Wittmann. Die Zahlen sind entscheidend: Zur Konsistenz von Lösungswegen in der Bruchrechnung. In J. Sprenger, A. Wagner, and M. Zimmermann, editors, *Mathematik lernen, darstellen, deuten, verstehen: Didaktische Sichtweisen vom Kindergarten bis zur Hochschule*, pages 227–238. Springer, Wiesbaden, 2013.

[223] B. S. Witzel and D. Allsopp. Dynamic Concrete Instruction. *Mathematics teaching in middle school*, 13(4):244–248, 2007.

[224] V. Wright. Decimals: Getting the point. *Towards excellence in mathematics : 2004 MAV Annual Conference Monash University, Clayton 2-3 December 2004*, 2004.

[225] V. Wright and J. Tjorpatzis. What's the point? A unit of work on decimals with Year three students. *Australian Primary Mathematics Classroom*, 20(1):30–34, 2015.

[226] F. Zech. *Mathematik erklären und verstehen*. Cornelsen, Berlin, 1995.

[227] X. Zhang, M. A. Clements, and N. F. Ellerton. Conceptual mis(understandings) of fractions: From area models to multiple embodiments. *Mathematics Education Research Journal*, 27(2):233–261, 2015.

[228] X. Zhang, M. A. Clements, and N. F. Ellerton. Enriching student concept images: Teaching and learning fractions through a multiple-embodiment approach. *Mathematics Education Research Journal*, 27(2):201–231, 2015.

Zitierte Schulbücher

[S1] **Das Mathematikbuch 2**. Baden-Württemberg und Rheinland-Pfalz. Herausgegeben von W. Affolter, H. Amstad, G. Beerli, M. Doebeli, H. Hurschler, B. Jaggi, W. Jundt, R. Krummenacher, A. Nydegger, B. Wälti, G. Wieland. Klett, Stuttgart und Leipzig 2010. ISBN 978-3-12-700561-5

[S2] **Denkstark 2**. Hauptschule und Werkrealschule Baden-Württemberg. Herausgegeben von Ch. Bescherer & St. Jöckel. Braunschweig: Schroedel. 2010. ISBN 978-3-507-84816-0

[S3] **Elemente der Mathematik EdM 5**. Nordrhein-Westfalen. Herausgegeben von H. Griesel, H. Postel, F. Suhr, W. Ladenthin. Bildungshaus Schulbuchverlage (Schroedel), Braunschweig 2012. ISBN: 978-3-507-87440-4

[S4] **Elemente der Mathematik 6**. Schülerband Hessen für G9. Herausgegeben von H. Griesel, H. Postel, F. Suhr & W. Ladenthin. Schroedel, Braunschweig 2013. ISBN 978-3-507-87362-9

[S5] **Elemente der Mathematik EdM 6**. Nordrhein-Westfalen. Herausgegeben von H. Griesel, H. Postel, F. Suhr, W. Ladenthin. Bildungshaus Schulbuchverlage (Schroedel), Braunschweig 2013. ISBN: 978-3-507-87442-8

[S6] **Fokus Mathematik 6**. Nordrhein-Westfalen Gymnasium. Herausgegeben durch R. Lütticker, C. Uhl. Cornelsen Schulverlage, Berlin 2013. ISBN: 978-3-06-041487-1

[S7] **Fundamente der Mathematik 5**. Nordrhein-Westfalen Gymnasium. Herausgeber: A. Pallack. Cornelsen Schulverlage, Berlin 2013. ISBN 978-3-06-040308-0

[S8] **Fundamente der Mathematik 6**. Nordrhein-Westfalen Gymnasium. Herausgeber: A. Pallack. Cornelsen Schulverlage, Berlin 2013. ISBN 978-3-06-040313-4

[S9] **Fundamente der Mathematik 6**. Niedersachsen Gymnasium G9. Herausgeber: A. Pallack. Cornelsen Schulverlage, Berlin 2015. ISBN: 978-3-06-040349-3

[S10] **Lambacher Schweizer 6.** Mathematik für Gymnasien. Nordrhein-Westfalen. Bearbeitet von T. Jörgens, T. Jürgensen-Engel, W. Riemer, R. Schmitt-Hartmann, R. Sonntag, I. Surrey. Ernst Klett Verlag, Stuttgart Leipzig 2009. ISBN: 978-3-12-734421-9

[S11] **Lambacher Schweizer 6.** Mathematik für Gymnasien. Baden-Württemberg. Bearbeitet von H. Buck, H. Freudigmann, D. Greulich, F. Haug, R. Sandmann, T. Schatz. Ernst Klett Verlag, Stuttgart 2015. ISBN: 978-3-12-733161-5

[S12] **Mathematik heute 5.** Herausgegeben und bearbeitet von R. vom Hofe, B. Humpert, H. Griesel, H. Postel. Bildungshaus Schulbuchverlage (Schroedel), Braunschweig 2012. ISBN 978-3-507-87751-1

[S13] **Mathematik heute 6.** Herausgegeben und bearbeitet von R. vom Hofe, B. Humpert, H. Griesel, H. Postel. Bildungshaus Schulbuchverlage (Schroedel), Braunschweig 2012. ISBN: 978-3-507-87752-8

[S14] **Mathematik heute 7**. Herausgegeben und bearbeitet von R. vom Hofe, B. Humpert, H. Griesel, H. Postel. Bildungshaus Schulbuchverlage (Schroedel), Braunschweig 2013. ISBN 978-3-507-87753-5

[S15] **Mathematik heute 6**. Differenzierende Ausgabe Baden-Württemberg, Schülerband. Herausgegeben von R. vom Hofe, B. Humpert, H. Griesel & H. Postel. Bildungshaus Schulbuchverlag (Schroedel), Braunschweig 2015. ISBN 978-3-507-82948-0

[S16] **Mathematik heute 2**. Realschule Baden-Württemberg, Schülerband. Herausgegeben von H. Griesel, H. Postel & R. vom Hofe. Bildungshaus Schulbuchverlag (Schroedel), Braunschweig 2004. ISBN 978-3-507-83686-0

[S17] **Mathematik Neue Wege 5.** Arbeitsbuch für Gymnasien Nordrhein-Westfalen. Herausgegeben von H. Körner, A. Lergenmüller, G. Schmidt, M. Zacharias. Bildungshaus Schulbuchverlage (Schroedel). Braunschweig 2013. ISBN: 978-3-507-85620-2

[S18] **Mathematik Neue Wege 6.** Arbeitsbuch für Gymnasien Nordrhein-Westfalen. Herausgegeben von H. Körner, A. Lergenmüller, G. Schmidt, M. Zacharias. Bildungshaus Schulbuchverlage (Schroedel). Braunschweig 2013. ISBN: 978-3-507-85622-6

[S19] **mathewerkstatt 5**. Herausgegeben von B. Barzel, S. Hußmann, T. Leuders, S. Prediger. Cornelsen Schulverlage, Berlin 2012. ISBN: 978-3-06-040230-4

[S20] **Mathewerkstatt 1**. Baden-Württemberg, Schulbuch 5. Jahrgangsstufe. Herausgegeben von S. Prediger, B. Barzel, St. Hußmann, T. Leuders. Cornelsen Schulverlag. Berlin 2012. ISBN 978-3-06-040442-1

[S21] **mathewerkstatt 6**. Herausgegeben von S. Prediger, B. Barzel, S. Hußmann, T. Leuders. Cornelsen Schulverlage, Berlin 2013. ISBN: 978-3-06-040235-9

[S22] **Mathewerkstatt 2**. Baden-Württemberg, Schulbuch 6. Jahrgangsstufe. Herausgegeben von S. Prediger, B. Barzel, St. Hußmann, T. Leuders. Cornelsen Schulverlag, Berlin 2013. ISBN 978.3.06.040433.9

[S23] **Schnittpunkt 1**. Baden-Württemberg, Schülerband 5. Schuljahr. Herausgegeben von J. Böttner, R. Maroska, A. Olpp, R. Pongs, C. Stöckle, H. Wellstein & H. Wontroba. Klett, Stuttgart 2008. ISBN 978-3-12-740351-0

[S23] **Schnittpunkt 6**. Differenzierende Ausgabe für Baden-Württemberg, Schülerbuch. Herausgegeben von M. Backhaus, I. Bernhard, J. Böttner, G. Fechner, W. Malzacher, A. Olpp, C. Stöckle, Th. Straub & H. Wellstein. Klett, Stuttgart 2015. ISBN 978-3-12-744361-5

[S24] **Schweizer Zahlenbuch 6**: Schulbuch. Herausgegeben von W. Affolter & H. Amstad. Klett & Balmer, Zug 2011. ISBN 978-3-264-83760-5

[S25] **XQuadrat 6**. Baden-Württemberg: 6. Schuljahr - Schülerbuch. Herausgegeben von D. Baum & H. Klein. Cornelsen Schulverlag, Berlin 2015. ISBN 978-3-06-004870-0

Vertiefende Literatur

Vorbemerkungen

(1) Sehr umfangreiche Hinweise auf *ältere Literatur* befinden sich in Padberg ([116], S. 197–209), in Padberg ([121], S. 235–245), in Padberg ([123], S. 301–317 sowie in Padberg ([126], S. 256–274).

(2) Für häufiger genannte Zeitschriften bzw. Tagungsbände benutzen wir folgende *Abkürzungen*:

AT   Arithmetic Teacher
BzM   Beiträge zum Mathematikunterricht
FOC   Focus on Learning Problems in Mathematics
JMD   Journal für Mathematik-Didaktik
JRME   Journal for Research in Mathematics Education
MD   Mathematica Didactica
ML   Mathematik lehren
MNU   Der mathematische und naturwissenschaftliche Unterricht
MT   The Mathematics Teacher
MU   Der Mathematikunterricht
MUP   Mathematische Unterrichtspraxis
PM   Praxis der Mathematik in der Schule (PM)

Azim, D. S.: Preservice elementary teachers' understanding of multiplication involving fractions. In: Owens, D. T./Reed, M. K./Millsaps, G. M. (Hrsg.): 17. annual meeting of the North American Chapter of the International Group for the Psychology of Mathematics Education. Proceedings, Vol. 2, 1995, S. 226–232

Bailey, D. H./Zhou, X./Zhang, Y./Lui, J./Fuchs, L. S./Jordn, N. C./Gersten, R./Siegler, R. S.: Development of fraction concepts and procedures in U.S. and Chinese children. In: Journal of Experimental Child Psychology, 129/2015, S. 68–83

Baturo, A. R./Cooper, T. J.: Construction of multiplicative abstract schema for decimal-number numeration. In: Alwyn, O./Newstead, K. (Hrsg.): 22. Conference of the International Group for the Psychology of Mathematics Education. Proceedings. Vol. 2, 1998, S. 80–87

Behr, M. J./Wachsmuth, I./Post, Th. R.: Rational number learning aids: transfer from continuous models to discrete models. In: FOC, 1/1998, S. 64–82

Besuden, H.: Bruchrechnung schülergerecht. In: Selter, Chr./Walther, G. (Hrsg.): Mathematikdidaktik als design science. Festschrift für E. Chr. Wittmann, Leipzig: Klett Grundschulverlag 1999, S. 40–44

Besuden, H.: Bruchbegriff und Bruchrechnen – erlernt an Materialien und Stationen. In: ML, Heft 122, 2004, S. 15–19

Bikner-Ahsbahs, A.: Mit Interesse Mathematik lernen – Evaluation eines Unterrichtsversuchs zur Bruchrechnung. In: BzM 1999, S. 97–100

Bikner-Ahsbahs, A.: Eine Interaktionsanalyse zur Entwicklung von Bruchvorstellungen im Rahmen einer Unterrichtssequenz. In: JMD, 3/4/2001, S. 179–206

Bonotto, C.: From the decimal number as a measure to the decimal number as a mental object. In: Heuvel-Panhuizen, M. (Hrsg.): Proceedings of the 25th Conference of the International Group for the Psychology of Mathematics Education. Vol. 2. Utrecht: Freudenthal Institute 2001, S. 193–200

Brekke, G.: A decimal number is a pair of whole numbers. In: Puig, L./Gutiérrres, A. (Hrsg.): 20th Confenrence of the International Group for the Psychology of Mathematics Education (PME 20). Proceedings. Vol. 2, 1996, S. 137 - 144

Brendefur, J. L./Pitingoro, R. C.: Dividing fractions by using the ratio table. In: Morrow, L. J./Klenney, M. J. (Hrsg.): The teaching and learning of algorithms in school mathematics. Yearbook 1998. Reston, VA (USA): National Council of Teachers of Mathematics 1998, S. 204–207

Brueckner, L. J.: Analysis of errors in fractions. In: Elementary School Journal, 1928, S. 760–770

Comiti, C./Neyret, R.: A Propos Des Problemes Rencontres Lors de L'enseignement Des Decimaux En Classe De Cours Moyen. In: Grand N, Oktober 1979, S. 5–20

Cramer, K. A./Post, Th. R./del Mas, R. C.: Initial fraction learning by fourth and fifth-grade students: A comparison of the effects of using commercial curricula with the effects of using the rational number project curriculum. In: JRME, 2/2002, S. 111–144

Gabriel, F./Coche, F./Szucs, D./Carette, V./Rey, B./Content, A.: Developing Children's Understanding of Fractions: An Intervention Study. In: Mind, Brain and Education, 6/3, 2012, S. 137–146

Griesel, H.: Messen und Aufbau des Zahlensystems. In: Hefendehl-Hebeker/Hußmann (Hrsg.): Mathematikdidaktik zwischen Fachorientierung und Empirie, Verlag Franzbecker 2003, S. 52–64

Hackenberg, A. J.: Students' reasoning with reversible multiplicative relationships. In: Cognition and Instruction, 28(4), 2010, S. 383–432

Hallet, D./Nunes, T./Bryan, P.: Individual differences in conceptual and procedural knowledge when learning fractions. In: Journal of Educational Psychology, 102, 2010, S. 395–400

Hasemann, K./Mangel, H.-P.: Individuelle Denkprozesse von Schülerinnen und Schülern bei der Einführung der Bruchrechnung im 6. Schuljahr. In: JMD 2/3 1999, S. 138–165

Heckmann, K./Padberg, F.: Zur Entwicklung des Dezimalbruchverständnisses bei Schülerinnen und Schülern der Klasse 6. In: BzM 2007, S. 199–202

Hennecke, M.: Rechengraphen – Eine Darstellungsform für Rechenwege von Schülergruppen. In: MD, 1/2007, S. 68–96

Hennecke, M./Pallack, A.: Lernsoftware für die Bruchrechnung. Brüche leicht gemacht? In: ML, Heft 123, 2004, S. 52–56

Herden, G./Pallack, A.: Zusammenhänge zwischen verschiedenen Fehlerstrategien in der Bruchrechnung. In: JMD, 3/4/2000, S. 259–279

Herden, G./Pallack, A.: Vergleich von rechnergestützten Programmen zur Bruchrechnung – Nachhilfe Computer. In: JMD, 1/2001, S. 5–28

Herden, G./Pallack, A./Rottmann, P.: Vorschläge zur Integration von Hypermedia in den Mathematikunterricht. In: JMD, 1/2004, S. 3–32

Huinker, D.: Letting fraction algorithms emerge through problem solving. In: Morrow, L./Kenney, M. J. (Hrsg.): The teaching and learning of algorithms in school mathematics. Yearbook 1998. Reston, VA (USA): National Council of Teachers of Mathematics 1998, S. 170–182

Izsak, A./Tillema, E. S./Tunc-Pekhan, Z.: Teaching and learning fraction addition on number lines. In: JRME, 39(1), 2008, S. 33–62

Jannack, W./Koepsell, A.: Einstieg(e) in die Bruchrechnung. In: MUP, 3/1996, S. 35–42

Kamii, C./Clark, F. B.: Equivalent fractions: their difficulty and educational implications. In: The Journal of Mathematical Behavior, 4/1995, S. 365–378

Keijzer, R./Terwel, J.: Audrey's acquisition of fractions: A case study into the learning of formal mathematics. In: Educational Studies in Mathematics, 1/2001, S. 53–73

Kirsch, A.: Gehört die Multiplikation vor die Addition? Zur Operatormethode in der Bruchrechnung und möglichen Alternativen. In: MU, 1/1975, S. 7–18

Klep, J.: Elemente der Didaktik der Bruchrechnung in den Niederlanden: Das Proportionskonzept als Grundlage für das Bruchkonzept. In: MU 3/2011, S. 45–54

Koepsell, A.: Mathe-Welt. Brüchen begegnen. In: ML, Heft 123, 2004, S. 23–38

Lappan, G./Bouck, M. K.: Developing algorithms for adding and subtracting fractions. In: Morrow, L. J./Kenney, M. J. (Hrsg.): The teaching and learning of algorithms in school mathematics. Yearbook 1998. Reston, VA (USA): National Council of Teachers of Mathematics 1998, S. 183–197

Mack, N. K.: Confounding whole-number and fraction concepts when building an informal knowledge. In: JRME, 5/1995, S. 422–441

Mack, N. K.: Building a Foundation for Understanding the Multiplication of Fractions. In: Teaching Children Mathematics, 1/1998, S. 34–38

Mack, N. K.: Building on informal knowledge through instruction in a complex content domain: partition, units and understanding multiplication of fractions. In: JRME, 3/2001, S. 267–295

Marshall, S. P.: Assessment of Rational Numbers Understanding: A Schema-Based Approach. In: Carpenter, Th. P./Fennema, E./Romberg, Th. A. (Hrsg.): Rational Numbers. An Integration of Research. Hillsdale: Lawrence Erlbaum Associates 1993, S. 261–288

Martignon, L./Till, C.: Verhältnisse, Brüche und Wahrscheinlichkeiten. In: ML, 179/2013, S. 12–13

Meyer, M./Schnell, S.: Ganz wahrscheinlich. Mit Brüchen Wahrscheinlichkeiten beschreiben. In: PM 52/55, 2013, S. 26–29

Meyer, S.: Das Halbespiel – eine ganze Sache. Darstellungen und Operationen mit Bruchzahlen am Zahlenstrahl spielerisch erfahren. In: PM, 4/2010, S. 9–13

Moloney, K./Stacey, K.: Changes with age in students' conceptions of decimal notation. In: Mathematics Education Research Journal, 1/1997, S. 25–38

Moss, J./Case, R.: Developing children's understanding of the rational numbers: a new model and an experiment curriculum. In: JRME, 2/1999, S. 122–147

Murray, H./Olivier, A./Human, P.: Young students' informal knowledge of fractions. In: Puig, L./Gutiérrez, A. (Hrsg.): 20th Conference of the International Group for the Psychology of Mathematics Education. Proceedings. Vol. 4, 1996, S. 43–50

Neumann, R.: Probleme von Gesamtschülern mit dem dezimalen Stellenwertaufbau. In: MUP, 3/1997, S. 38–46

Neumann, R.: Sind gemeine Brüche und Dezimalbrüche zwei verschiedene Arten von Zahlen oder zwei verschiedene Schreibweisen für ein und dieselben Zahlen? Ergebnisse einer empirischen Untersuchung an Hauptschülern und Gymnasialschülern. In: MU, 2/2000, S. 38–49

Obersteiner, A.: Reaktionszeiten und Blickbewegungen beim Größenvergleich von Brüchen. In: BzM 2014

Oehl, W.: Der Rechenunterricht in der Hauptschule. Hannover [5]1974, *dort:* IV. Die gewöhnliche Bruchrechnung. S. 129–191, V. Die dezimale Bruchrechnung. S. 192–233

Padberg, F.: Wege zur Ableitung der Divisionsregel der Bruchrechnung. Bestandsaufnahme – Beurteilung – Folgerungen. In: JMD, 1/1982, S. 67–88

Padberg, F.: Testaufgaben bei Dezimalbrüchen. In: ML, Heft 46, 1991, S. 49–56

Padberg, F.: Die Bruchrechnung – ein Auslaufmodell? In: MU, 2/2000, S. 5–23

Padberg, F.: The Transition From Concrete to Abstract Decimal Fractions: Taking Stock at the Beginning of 6th Grade in German Schools. In: Barton, B./Irwin, K.C./Pfannkuch, M./Thomas, M. O. J. (Hrsg.): Mathematics Education in the South Pacific (Proceedings of the 25th annual conference of the Mathematics Education Research Group of Australasia). MERGA Auckland 2002, S. 536–542

Padberg, F.: Umbrüche bei den Grundvorstellungen beim Übergang von den natürlichen Zahlen zu den Brüchen – Folgen und Konsequenzen. In: Meyer, J./Leydecker, F.: Bruchrechnung verstehen. Braunschweig, 2013, S. 4–11

Padberg, F./Pruefer, S.: Zum Können im Rechnen mit Dezimalbrüchen. T. 1. Ein empirischer Ost-West-Vergleich. In: Mathematik in der Schule, 6/1994, S. 333–342

Padberg, F./Pruefer, S.: Zum Können im Rechnen mit Dezimalbrüchen. T. 2. Subtraktion, Multiplikation, Division, Schlußfolgerungen. In: Mathematik in der Schule, 7-8/1994, S. 400–408

Pagni, D.: Giving meaning to multiplication and division of fractions. In: The Australian Mathematics Teacher, 1/1999, S. 11–13

Pallack, A.: Untersuchungen zum unterrichtsbegleitenden Einsatz von Lernprogrammen zur Bruchrechnung. In: BzM 2002, S. 387–390

Pallack, A./Salle, A./vom Hofe, R.: Diagnose und individuelle Förderung im Bruchrechenunterricht. In: MU 3/2011, S. 35–44

Pantziara, M./Philippou, G.: Levels of students „conception" of fractions. In: Educational Studies in Mathematics. Volume 79, 1/2012, S. 61–83

Pearn, C. A.: Using paper folding, fraction walls, and number lines to develop understanding of fractions for students from years 5–8. In: Aust. Math. Teach., 4/2007, S. 31–36

Peter-Koop, A./Specht, B.: Problemfall Bruchrechnung. Diagnostisches Interview als Fördergrundlage. In: ML 166/2011, S. 15–19

Peters, A.: Von Brüchen und mehr. Ein erster Zugang zum Grenzwertbegriff. In: ML, 180, 2013, S. 12–13

Piel, J. A./Green, M.: De-Mystifying Division of Fractions: The Convergence of Quantitative and Referential Meaning. In: FOC, 1/1994, S. 44–50

Pinkernell, G.: Einführung des Bruchbegriffs mittels Tabellenkalkulation. In: PM, 43/54, 2012, S. 10–13

Prediger, S.: Konzeptwechsel in der Bruchrechnung – Analyse individueller Denkweisen aus konstruktivistischer Sicht. In: BzM 2007, S. 203–206

Prediger, S.: Focussing structural relations in the bar board – a design research study for fostering all students' conceptual understanding of fractions. In: Ubuz, B./Haser, C./Mariotti, M. (Hrsg.): Proceedings of the 8th Congress of the European Society for Research in Mathematics Education (CERME 8, Antalya 2013). Ankara 2014, S. 343–352

Prediger, S./Schink, A.: „Three eights of which whole?" – Dealing with changing referent wholes as a key to the part-of-part-model for the multiplication of fractions. In: Tzekaki, M./Kaldrimidou, M./Sakonidis (Hrsg.): Proceedings of the 33rd Conference of the International Group for the Psychology of Mathematics Education (PME). Thessaloniki 2009, S. 4-409–4-416

Prediger, S./Schink, A.: Verstehens- und strukturorientiertes Üben am Beispiel des Brüchespiels „Fang das Bild". In: Allmendinger, H./Lengnink, K./Vohns, A./Wickel, G. (Hrsg.): Mathematik verständlich unterrichten an Schule und Hochschule. Wiesbaden, 2013, S. 11–26

Prediger, S./Wessel, L.: Fostering German language learners' constructions of meanings for fractions – Design and effects of a language- and mathematicsintegrated intervention. In: Mathematics Education Research Journal, 25(3), 2013, S. 435–456

Reeve, R. A./Pattison, Ph. E.: The Referential Adequacy of Students' Visual Analogies of Fractions. In: Mathematical Cognition, 2/1996, S. 137–169

Rottmann, Th.: Das kindliche Verständnis der Begriffe „die Hälfte" und „das Doppelte". Theoretische Grundlegung und empirische Untersuchung. Hildesheim: Franzbecker 2006

Schink, A.: Vom Falten zum Anteil vom Anteil – Untersuchungen zu einem Zugang zur Multiplikation von Brüchen. In: BzM 2008, S. 697–700

Schink, A.: Und was ist jetzt das Ganze? Vom Umgang mit der Bezugsgröße bei Brüchen. In: BzM 2009, Münster, S. 839–842

Schink, A.: Vom flexiblen Umgang mit dem Ganzen – Eine Studie zur Vorstellung von Brüchen. In: BzM 2011, Münster, S. 743–746

Schink, A.: Strukturelle Zusammenhänge bei Brüchen herstellen. Diagnose und Förderung für Lernende mit Schwierigkeiten. In: BzM 2013, S. 878–881

Stacey, K./Steinle, V.: A longitudinal study of children's thinking about decimals: a preliminary analysis. In: Zaslavsky, O. (Hrsg.): 23. Conference of the International Group for the Psychology of Mathematics Education (PME-23). Vol. 4. Proceedings. Haifa (Israel): Israel. Inst. of Technology 1999, S. 233–240

Stacey, K. u. a.: Confusions between decimals, fractions and negative numbers: a consequence of the mirror as a conceptual metaphor in three different ways. In: Heuvel-Panhuizen, M. (Hrsg.): Proceedings of the 25th Conference of the International Group for the Psychology of Mathematics Education. Vol. 4. Freudenthal Institute, 2001, S. 217–224

Taber, S. B.: Understanding multiplication with fractions. An analysis of problem features and students strategies. In: FOC, 2/1999, S. 1–27

vom Hofe, R./Wartha, S.: Probleme bei Anwendungsaufgaben in der Bruchrechnung. In: ML, Heft 128, 2005, S. 10–16

von Steinen, J.: Einstiege in die Bruchrechnung. In: PM, 5/1995, S. 193–197

Walther, G.: Über die Summe von Stammbrüchen. In: PM, 5/1996, S. 199–201

Wartha, S.: Wenn Übersetzen das Problem ist. Hintergründe zum Diagnostizieren und Bearbeiten semantischer Fehler am Beispiel Bruchrechnung. In: PM, 51/27, 6/2009, S. 9–13

Wiese, H./Wiese, I.: Zwei Dreiviertelstunden sind kürzer als zwei drei Viertel Stunden. In: JMD, 2-3/1998, S. 220–237

Wittmann, G.: Zum Zusammenhang von Lösungswegen und Beliefs in der Bruchrechnung. In: BzM 2006, S. 20–22

Wittmann, G.: Von Fehleranalysen zur Fehlerkultur. In: BzM 2007, S. 175–178

Wittmann, G.: Mit Bruchzahlen experimentieren. Darstellungen wechseln – Grundvorstellungen entwickeln. In: ML, Heft 142, 2007, S. 17–23

Bisher erschienene Bände der Reihe Mathematik Primarstufe und Sekundarstufe I + II

Herausgegeben von
Prof. Dr. Friedhelm Padberg, Universität Bielefeld
Prof. Dr. Andreas Büchter, Universität Duisburg-Essen

Bisher erschienene Bände (Auswahl):

Didaktik der Mathematik

P. Bardy: Mathematisch begabte Grundschulkinder – Diagnostik und Förderung (P)

C. Benz/A. Peter-Koop/M. Grüßing: Frühe mathematische Bildung (P)

M. Franke/S. Reinhold: Didaktik der Geometrie (P)

M. Franke/S. Ruwisch: Didaktik des Sachrechnens in der Grundschule (P)

K. Hasemann/H. Gasteiger: Anfangsunterricht Mathematik (P)

K. Heckmann/F. Padberg: Unterrichtsentwürfe Mathematik Primarstufe, Band 1 (P)

K. Heckmann/F. Padberg: Unterrichtsentwürfe Mathematik Primarstufe, Band 2 (P)

F. Käpnick: Mathematiklernen in der Grundschule (P)

G. Krauthausen: Digitale Medien im Mathematikunterricht der Grundschule (P)

G. Krauthausen/P. Scherer: Einführung in die Mathematikdidaktik (P)

K. Krüger/H.-D. Sill/C. Sikora: Didaktik der Stochastik in der Sekundarstufe (S)

G. Krummheuer/M. Fetzer: Der Alltag im Mathematikunterricht (P)

F. Padberg/C. Benz: Didaktik der Arithmetik (P)

P. Scherer/E. Moser Opitz: Fördern im Mathematikunterricht der Primarstufe (P)

A.-S. Steinweg: Algebra in der Grundschule (P)

G. Hinrichs: Modellierung im Mathematikunterricht (P/S)

R. Danckwerts/D. Vogel: Analysis verständlich unterrichten (S)

C. Geldermann/F. Padberg/U. Sprekelmeyer: Unterrichtsentwürfe Mathematik Sekundarstufe II (S)

G. Greefrath: Didaktik des Sachrechnens in der Sekundarstufe (S)

G. Greefrath/R. Oldenburg/H.-S. Siller/V. Ulm/H.-G. Weigand: Didaktik der Analysis für die Sekundarstufe II (S)

K. Heckmann/F. Padberg: Unterrichtsentwürfe Mathematik Sekundarstufe I (S)

F. Padberg/S. Wartha: Didaktik der Bruchrechnung (S)

H.-J. Vollrath/H.-G. Weigand: Algebra in der Sekundarstufe (S)

H.-J. Vollrath/J. Roth: Grundlagen des Mathematikunterrichts in der Sekundarstufe (S)

H.-G. Weigand/T. Weth: Computer im Mathematikunterricht (S)

H.-G. Weigand et al.: Didaktik der Geometrie für die Sekundarstufe I (S)

Mathematik

M. Helmerich/K. Lengnink: Einführung Mathematik Primarstufe – Geometrie (P)

F. Padberg/A. Büchter: Einführung Mathematik Primarstufe – Arithmetik (P)

F. Padberg/A. Büchter: Vertiefung Mathematik Primarstufe – Arithmetik/ Zahlentheorie (P)

K. Appell/J. Appell: Mengen – Zahlen – Zahlbereiche (P/S)

A. Filler: Elementare Lineare Algebra (P/S)

S. Krauter/C. Bescherer: Erlebnis Elementargeometrie (P/S)

H. Kütting/M. Sauer: Elementare Stochastik (P/S)

T. Leuders: Erlebnis Algebra (P/S)

T. Leuders: Erlebnis Arithmetik (P/S)

F. Padberg: Elementare Zahlentheorie (P/S)

F. Padberg/R. Danckwerts/M. Stein: Zahlbereiche (P/S)

A. Büchter/H.-W. Henn: Elementare Analysis (S)

B. Schuppar: Geometrie auf der Kugel – Alltägliche Phänomene rund um Erde und Himmel (S)

B. Schuppar/H. Humenberger: Elementare Numerik für die Sekundarstufe (S)

G. Wittmann: Elementare Funktionen und ihre Anwendungen (S)

P: Schwerpunkt Primarstufe
S: Schwerpunkt Sekundarstufe

Printing: Ten Brink, Meppel, The Netherlands
Binding: Ten Brink, Meppel, The Netherlands